La huella ballenera en el norte de la península Ibérica

ÀLEX AGUILAR, MAX AGUILAR

La huella ballenera en el norte de la península Ibérica

Inventario-guía de restos históricos

Universidad de Barcelona. Datos catalográficos

Aguilar, Àlex, autor
La huella ballenera en el norte de la Península Ibérica : inventario-guía de restos históricos

Inclou glossari i bibliografia
ISBN 978-84-1050-178-2

I. Aguilar, Max, autor   II. Títol
1. Balenes   2. Indústria pesquera   3. Història   4. Península Ibèrica

© Edicions de la Universitat de Barcelona
  Adolf Florensa, s/n, 08028 Barcelona, tel.: 934 035 430
  comercial.edicions@ub.edu, www.edicions.ub.edu

© de los textos y las imágenes: Àlex Aguilar y Max Aguilar

Fotografías de la cubierta: Grabado del artículo «Las ballenas en las costas oceánicas de España» (1889), de Mariano de la Paz Graells, y factoría ballenera de Caneliñas (Cee, A Coruña).

ISBN: 978-84-1050-178-2
Depósito legal: B 15813-2025
Impresión y encuadernación: Gráficas Rey

La publicación de esta obra ha contado con la colaboración de la Consellería do Mar de la Xunta de Galicia, el Concello de Cee, el Museu Marítim de Barcelona, el Aquarium-Museo Marítimo de San Sebastián, el Museo do Mar de Galicia y el Museo de la Pesca de Palamós.

Sumario

Agradecimientos

Els Aguilar sempre busquem. No sabem exactament què, però busquem igual.

Este es un libro escrito a cuatro manos, un procedimiento que en náutica se conoce como «navegar en conserva». La expresión describe cuando dos o más barcos avanzan juntos, prestándose apoyo mutuo. Y esto es, más o menos, lo que hemos hecho los autores. Al releer las pruebas de imprenta nos cuesta incluso distinguir qué ha hecho cada uno. Pero, además, un libro de este tipo es necesariamente una obra colectiva en su sentido más amplio. Aunque nos hayamos apropiado de la narrativa y estampado nuestros nombres en la cubierta, lo que hemos volcado en estas páginas es fruto de las contribuciones de muchas personas a quienes hemos entrevistado, con quienes simplemente hemos conversado, o cuyas publicaciones nos han ofrecido información e incontables detalles, en ocasiones grandes y en otras pequeños.

Por otra parte, la travesía ha sido larga —hemos tardado más de cinco años en completar el libro— y en el esfuerzo de remar han contribuido muchos otros brazos cuya ayuda, aunque no haya logrado que avanzáramos más rápidamente, sí nos ha permitido llegar más lejos. Varias personas han jugado un papel determinante: Meritxell Anton creyó en el proyecto cuando el libro no era ni siquiera un proyecto; con mirada casi maternal, lo abrazó y lo hizo suyo sin cuestionarlo. Mireia Sopena fue generosa en horas de coordinación y revisión a pesar de las complicaciones que los autores le creábamos una y otra vez. Carmen Cascajosa puso en línea nuestro primer texto, a menudo retorcido y rico en curvas. Ian Palomo concibió un diseño para la obra que solo ha recibido elogios. Albert Martínez produjo una magnífica infografía que por fin permite entender qué son las barbas de las ballenas. Helena Aguilar Giralt puso sus pinceles a trabajar y creó una lámina brillante y maravillosamente fidedigna de las especies de cetáceos que se pescaron en las aguas del Cantábrico. Cesc Bonet compuso la maqueta y la revisó una y otra vez conforme le hacíamos la vida difícil modificando imágenes y generando líneas huérfanas, viudas o, simplemente, imposibles de ubicar. Y, antes de que todo eso sucediera, Carmen Garrido iluminó los años pasados en Caneliñas que constituyen el punto de partida de esta obra. Ole Romer Sandberg fue una insustituible compañía en los días de estudio en los archivos noruegos. Y, finalmente, acompañando y soportando con paciencia inacabable la producción del libro, Xon Borrell y Blanca Torrens han jugado un papel determinante a lo largo del proceso; su sombra, y también la de Max, el *golden* hijo de madre cazadora, aparecen recurrentemente en las fotografías que ilustran el recorrido que la obra nos ha llevado a transitar.

Diversas personas han aportado información personal, han revisado partes del texto y corregido errores, o alertado de los incontables y aparentemente invisibles gazapos: Covadonga López de Prado Nistal, Víctor Castiñeira, Aquiles Garea, Santi Llovo, Marcos Emilio Amado, Alfredo López, Alex Larrodé, Pablo Casares, Xosé Iglesias, José Ramón García López, Peio Urrutia y Vicente Caramés.

Por otra parte, este libro es rico en imágenes. La mayor parte son obra de uno u otro de los autores, aunque algunas se las debemos a Esteve Grau y el resto es fruto de la cesión de archivos fotográficos y museísticos: el Museo Massó, el Museo do Mar de Galicia, la Coordinadora para o Estudo dos Mamíferos Mariños (CEMMA), el Euskal Itsas Museoa, el Museo Naval de Madrid, el Archivo Histórico Municipal de Cádiz, el New Bedford Whaling Museum, el Australian National Maritime Museum, el archivo de Ole Romer Sandberg, el Vestfold Arkivet, el Slottsfjellsmuseet y el Hvalfangstmuseet.

Introducción

En 1851, Herman Melville describía así a la ballena en su magnífica novela *Moby Dick*: «Veo en la ballena una fuerza atroz poseída de una perversidad inescrutable que odio por encima de todo. La ballena es un ser demoníaco, la más espantosa de las bestias. Su chorro es venenoso... ¡Cuánta tristeza, cuánto odio hay en ella!». En 1974, poco más de un siglo después, pero ya en un mundo muy distinto, el zoólogo Victor Scheffer escribió: «Debemos dejar de pescar ballenas. Las ballenas viven en familias, juegan bajo la luz de la luna, hablan unas con otras y ayudan a las que están en dificultades. Aunque nuestras razones son francamente sentimentales, estamos convencidos de que los sentimientos son una de las mejores razones para decidir proteger las ballenas».

En muchos aspectos, la pesca de la ballena es una de las aventuras humanas más fascinantes y longevas. Quizás por eso su imagen ha ido mudando con el paso del tiempo. En la oscuridad del medievo, su pesca era una epopeya entremezclada con leyendas que sucedían en parajes ignotos. En la Edad Moderna se convirtió en una gesta heroica protagonizada por aguerridos marinos que luchaban contra las bestias más desafiantes de los océanos. En tiempos recientes ha pasado a percibirse como una vileza sanguinaria perpetrada por avariciosas empresas. En esa mudanza, la ballena pasó de ser el monstruo que devoraba a Jonás a convertirse, de un plumazo, en una víctima.

¿Por qué esta transmutación? Sin duda, el pecado de la pesca de la ballena fue que siempre resultó un suculento negocio. En el siglo XII, el arponero que lograba capturar una sola ballena se hacía rico y alimentaba a su familia, a sus vecinos, al pueblo entero. En el siglo XIX, los beneficios de la flota americana oscilaron entre el 25 y el 50% anual, lo que permitía a un armador recuperar la inversión en la compra de un barco en tan solo tres o cuatro años. Pero eso solo eran las cifras promedio. El *Lagoda*, una bricbarca de New Bedford a la que los astros sonrieron, en solo doce años proporcionó a sus armadores una suma ciento veinte veces superior a la invertida, algunos años arrojando un dividendo del 361% anual. En el siglo xx, la pesca en la Antártida generó beneficios que en ocasiones superaron el 100% anual. Aunque el rendimiento se moderó con el declive de las poblaciones de ballenas, la eficiencia de producción —medida en términos monetarios o de cantidad de pesca obtenida— siempre superó con creces a otros sistemas de pesca. Además de beneficios, la pesca reportó alimentos que en ocasiones podían resultar críticos. Así, en los años siguientes a la Segunda Guerra Mundial, cuando media Europa tenía sus despensas vacías y los campos se hallaban arrasados, muchos países pudieron alimentarse gracias a los productos que sus barcos balleneros desembarcaban.

Ello no quita que también fuera una inversión plagada de incertidumbres. Dar caza a un ser de tamañas dimensiones en el mar, un medio ya de por sí peligroso, era una tarea arriesgada. No resultaba raro que un arponero muriera en el ejercicio de su oficio o que un buque regresara a casa con las bodegas vacías después de haber circunnavegado el globo durante dos o tres años. O, aún peor, el buque podía naufragar en medio del océano, llevándose al abismo inversiones y vidas humanas.

Pero este riesgo nunca desincentivó la actividad. Sin duda, uno podía arruinarse, pero el resplandor del oro atrajo grandes cantidades de capital al negocio de la ballenería. Y la avaricia fue a largo plazo la sentencia de la industria. Durante al menos mil años el hombre llevó a cabo una explotación para la que inventó instrumentos, barcos y artilugios, aumentando de manera imparable su capacidad mortífera. A partir del siglo XVIII, las poblaciones de ballenas comenzaron a desplomarse una tras otra sin que por ello los arpones cesaran su actividad. Algunas poblaciones fueron completamente exterminadas, y el resto, reducidas a niveles mínimos. El impacto dejó una huella irreparable, de la cual, aún medio siglo después de que entrara en vigor la moratoria global sobre la caza comercial de ballenas, nuestros mares aún no se han recuperado.

Las ballenas pertenecen al orden de los cetáceos (Cetacea), un colectivo que incluye también a los cachalotes, los calderones, las orcas, los delfines, las marsopas y los zífidos. Son mamíferos de respiración aérea y temperatura corporal constante, es decir, son homeotermos. Aunque no son los únicos mamíferos que han conquistado el medio marino, sí son los que lo han logrado con mayor éxito. Las focas o los manatíes, por ejemplo, permanecen estrechamente ligados al medio terrestre. Por el contra-

rio, excepto unas pocas especies de delfines que habitan aguas someras o grandes ríos, como el Ganges, el Amazonas o el Yangtsé, la mayor parte de los cetáceos tienen vida oceánica y solo se aproximan a las costas cuando erran en la navegación o cuando están moribundos y la debilidad les hace temer su hundimiento y la consiguiente asfixia. Además, a menudo los cuerpos de los animales que mueren en alta mar son llevados a la costa por las corrientes y el oleaje, lo que explica que esporádicamente aparezcan cetáceos varados en las playas. Estas apariciones sin duda revelaron a la humanidad aquella generosa fuente de materiales y pronto aprendimos cómo aprovecharlos.

En algún momento se produjo el salto del uso ocasional de los cadáveres de cetáceos que aparecían en las playas a la persecución activa de los ejemplares vivos. Seguramente nunca conoceremos quiénes fueron los primeros en hacerlo, pero sí sabemos que su caza se desarrolló de manera independiente en diversas culturas y localidades: desde los antiguos esquimales inuit, hasta los vikingos o diversos pueblos del Pacífico asiático. Sin embargo, quienes por primera vez convirtieron la explotación de estos animales en una industria estable y desarrollaron canales de comercialización fueron los vascos. Desde el siglo XI existen documentos que regulan la venta de los productos de la ballenería y establecen los procedimientos de caza: una vez avistada la ballena, se la perseguía mediante pequeños botes tripulados por remeros —las velas se

empleaban solo en las maniobras de aproximación—, y cuando se la alcanzaba, se le lanzaba a mano un arpón para asegurarla a la embarcación; a continuación, la mataban empleando aguzadas lanzas o sangraderas y la remolcaban hasta su base en tierra firme o a un barco situado en las proximidades. Con el tiempo, los vascos expandieron sus operaciones a todo el Atlántico Norte, llegando incluso a las lejanas costas de Brasil. Esta actividad dejó un amplio legado documental, arqueológico y cultural que se extiende a lo largo del País Vasco, el resto de la costa cantábrica y el frente atlántico de Galicia.

Más tarde, cuando las condiciones políticas y económicas se volvieron en contra de los vascos, la tecnología que estos habían desarrollado pasó a manos de holandeses y británicos. Durante los siglos XVII y XVIII las flotas de estos dos países dominaron las operaciones, que centraron sus actividades principalmente en las aguas del ártico europeo. En el siglo XIX, el siglo de *Moby Dick*, las flotas yanquis de la costa oriental de Norteamérica tomaron el control de la pesquería y, con sus fragatas de vela, la extendieron a todos los océanos. Transitaron por las costas atlánticas ibéricas y utilizaron el golfo de Cádiz y las islas Canarias como caladeros de pesca, aunque, como procesaban los ejemplares en alta mar y se llevaban sus productos a casa, el único rastro local que dejó su ir y venir fue la merma de las poblaciones de cachalote, la especie que con mayor avidez perseguían.

Rorcual común herido de muerte por dos disparos realizados por el cazaballenero *IBSA TRES* en 1981.

¿Pudo Jonás ser engullido por una ballena?

El mito que más contribuyó a que la ballena se hiciera un espacio en el imaginario popular fue el de Jonás. Aunque el Tanaj, o Biblia hebrea, el Antiguo Testamento y el Corán recogen la historia con pocas diferencias, muchos pueblos la perfilaron con aroma local. En Marruecos se sabe con certeza que Jonás se embarcó en Jaffa a bordo de un navío fenicio que iba a Thersis. Arrojado al mar por la tripulación, Jonás fue devorado por una gigantesca ballena y vivió tres días en su vientre, hasta que la bestia fue a parar a la desembocadura del río Massa, donde murió sobre una roca, liberando a Jonás. En la zagüía de Sidi Ouassei se conservó durante siglos una vértebra del animal, pero la veneración popular llevó a muchos a arrancar pequeños fragmentos para preparar con ellos supuestos filtros mágicos destinados a curar enfermedades. Aquello hizo desaparecer la preciada reliquia. Sin embargo, la leyenda perduró y, en el lugar donde supuestamente Jonás puso el pie en tierra, todavía hoy mujeres piadosas de la región colocan rosas en los agujeros de la roca.

La discusión acerca de si el mito podría estar basado en un hecho real ha sido interminable y apasionada. Originalmente, la evidencia estaba más hinchada por los vientos de la religión que por los de la observación científica. En cambio, durante el último cuarto del siglo xix y la primera mitad del xx, los hombres de ciencia tuvieron por fin un acceso efectivo a los grandes cetáceos y se entregaron al examen

La fábula de Jonás, según la recoge el *Speculum humanae salvationis* de 1470-1480 que se conserva en la Biblioteca Municipal de Marsella.

de encías y paladares, a la medición de esófagos y al análisis de ácidos gástricos, y las ballenas pronto fueron descartadas: al ser filtradoras y alimentarse de animales minúsculos, sus tragaderas eran de dimensiones tan reducidas que por allí no podía en modo alguno circular una persona. La sospecha recayó entonces en el cachalote, un animal que devora gigantescos calamares tres veces más gruesos y largos que un hombre y que, además, tiene un indiscutible mal genio. En la época en que este cetáceo era capturado desde pequeños botes, no era raro que, al sentirse herido, reaccionara agresivamente, rompiendo embarcaciones, golpeando a sus atacantes y, en ocasiones, incluso engulléndolos. Los relatos de estos eventos y sus supuestos supervivientes fueron colocados bajo la lupa para ser examinados con precisión entomológica.

Varios casos famosos saltaron a la prensa. En 1891, James Bartley, marinero de 21 años del ballenero británico *Star of the East*, fue deglutido por un iracundo cachalote al que su lancha había intentado dar caza en aguas de la isla de Goicoechea (New Island), islote perteneciente al archipiélago de las Malvinas. El cuerpo del infeliz marino no fue recuperado y el capitán, John Killam, anotó en su cuaderno de bitácora que se le daba por muerto. A pesar de la pérdida, la persecución del cetáceo prosiguió hasta que finalmente se logró su captura. Al proceder a su cuarteamiento se abrieron sus vísceras y en su interior los marinos descubrieron asombrados el cuerpo de Bartley. Eso sí, su piel tenía el aspecto de haber sido hervida y tenía una blancura cadavérica, además de carecer por completo de pelo, efectos que atribuyeron a los jugos gástricos del estómago de la bestia en los que el hombre había permanecido sumergido durante más de quince horas. Con todo, Bartley aún estaba vivo, si bien se hallaba en un estado de semiinconsciencia y le asaltaban frecuentes desvaríos. Al cabo de tres semanas se recuperó y entonces relató que había oído un ruido espantoso, que creyó que era el batir del agua por la cola de la ballena. Luego le rodeó

una oscuridad aterradora y sintió que se deslizaba por un conducto liso que parecía empujarlo hacia adelante. Esta sensación duró solo un instante, y luego sintió que tenía más espacio. Palpó a su alrededor y sus manos entraron en contacto con una sustancia viscosa y flexible que parecía encogerse ante su tacto. Podía respirar, pero el calor era terrible. Entonces comprendió que había sido tragado por el cachalote. En aquel terrible silencio y espantosa oscuridad, le invadió el horror y se desmayó. Lo siguiente que recordaba era hallarse de nuevo a bordo del *Star of the East*. El suceso fue descrito por diversos periódicos, entre otros el *St. Louis Globe-Democrat*, el *New York World* y el *Time*, y recogido en la literatura por George Orwell, Julian Barnes y Arthur C. Clarke.

El único problema es que nunca existió un barco británico con el nombre de *Star of the East* que se dedicara a la pesca de ballenas, ni un marinero llamado James Bartley, aunque sí un muchacho de aspecto inusualmente enfermizo que utilizó aquella historia para ganarse unos peniques exhibiendo su cadavérica imagen mientras se hacía pasar por un fabulado Bartley. Y, sobre todo, un par de predicadores anglicanos aprovecharon para difundir el engaño como prueba irrefutable de la literalidad del Evangelio con el objetivo de contrarrestar a los teólogos apóstatas, que proliferaban en aquella época.

Pero esta mistificación no quita para que, en la época en que a los cachalotes se los daba caza desde pequeñas lanchas, pudiera haber marineros devorados por animales enfurecidos, cuyos cuerpos fueran posteriormente recuperados del interior del animal. Los eventos bien documentados invariablemente señalan la existencia de traumatismos tan graves que hay consenso en que la probabilidad de un desenlace feliz es inexistente. No obstante, en uno de estos eventos, el examen del accidentado reveló que los piojos que poblaban su cabeza estaban aún vivos. Esto podría indicar que la atmósfera en el vientre del cachalote no es tan corrosiva ni tan falta de oxígeno como para producir una muerte inmediata en el caso de que la infeliz víctima lograse alcanzar el estómago de la bestia con traumatismos no letales. Pero eso significaría que habría cruzado sana y salva los tres metros de encías sembradas de aguzados dientes, habría discurrido por una faringe en contracción, habría buceado a lo largo de otros tres metros de esófago musculoso y habría sobrevivido al horror el tiempo suficiente hasta el rescate. Y en el caso particular de Jonás, el camino tendría que haber sido recorrido, además, también en sentido contrario, y con igual fortuna.

En todo caso, aquí entraría en juego el milagro.

Sin embargo, salvo por el hecho de liberar la pesca de su atadura terrestre y expandirla por todos los océanos, los marinos holandeses, británicos y americanos llevaban a cabo la práctica de su oficio igual que los vascos. Durante ocho siglos los procedimientos se mantuvieron prácticamente idénticos. ¿Cómo es que no evolucionaron? Quizás porque estaba en manos de gente de mar, y pocos colectivos humanos son tan conservadores. Las primeras representaciones de arpones balleneros vascos muestran instrumentos idénticos a los que se emplearon en Groenlandia hasta 1920. Las chalupas cántabras del siglo XIII iban tripuladas por seis marineros: cuatro remeros, un arponero y un timonel; en la flota americana que operaba en 1920 en el Pacífico Sur, era lo mismo. En 1835 Lewis Temple introdujo una de las escasas innovaciones existentes en la tecnología ballenera tradicional: el arpón de cabeza basculante; cuando, en 1976, llegó a la factoría gallega de Caneliñas un cachalote con una punta de un arpón azoreano alojada en su grasa, el arpón aún era idéntico al diseñado por Temple. En algún momento del siglo XVIII, un barco ballenero construyó su andana para descuartizar ballenas en el lado de estribor, y nunca un ballenero se atrevió después a trasladarla a babor; el *Rey Alfonso*, un moderno buque factoría que trabajó en Corcubión en la década de 1920, así lo hacía. ¿Por qué el marino está tan aferrado a la costumbre? Quizás porque el mar es un mundo tan cambiante que siente la necesidad de preservar las pequeñas certidumbres que aún

le quedan. Es posible que eso le ayude a tirar adelante.

Muy al contrario, el hombre de tierra, sea industrial o inversor, se aferra menos a la tradición. Desde el año 1059, al que se remontan los registros más antiguos de explotación comercial de ballenas, la industria se ha desarrollado a partir de cuatro grandes impulsos industriales sucesivos: el vasco, el holandés, el estadounidense y el noruego. Estos impulsos fueron consecuencia de innovaciones que abrían nuevas oportunidades de explotación. Los vascos fueron los pioneros en desarrollar la técnica de extracción del aceite mediante hornos de cocción. Los holandeses inventaron las rampas y las plataformas de despiece que permitían un mejor aprovechamiento de las ballenas capturadas y perfeccionaron la logística y la distribución de los productos en los mercados. Los estadounidenses desarrollaron la industria de la transformación de aceites y emplearon la siderurgia y la armamentística en la mejora de cientos de herramientas aplicadas al oficio, como la fabricación de arpones de cabeza basculante o las lancetas explosivas. Finalmente, a mitad del siglo XIX la revolución industrial llegó al mar y los balleneros noruegos pusieron en marcha un círculo virtuoso propio de la época: la industria armamentística permitía la fabricación de cañones arponeros de gran calibre, mientras que el desarrollo siderúrgico posibilitaba la construcción de barcos de hierro movidos por vapor y de grandes máquinas para manipular las ballenas en tierra y transformar sus productos. Estas mejoras producían grandes beneficios, los cuales, a su vez, generaban más capital. Este capital se invertía en la construcción de barcos, factorías y máquinas aún más potentes y sofisticados, lo que permitía procesar más ballenas y, de este modo, obtener mayores beneficios en un ciclo continuo de expansión y explotación.

En cada ciclo, la nueva industria resultaba más letal y productiva que sus predecesoras. Al final, en la etapa noruega, el negocio fue tan grande que las empresas balleneras se multiplicaron, alcanzando los rincones más apartados del planeta. En la década de 1920, varias compañías se asentaron en diversos puntos de la costa atlántica ibérica y, tras un período de frenética actividad, abandonaron la región. El conocimiento del oficio fue asimilado localmente y en la segunda mitad del siglo xx surgieron empresas balleneras nacionales. En su mayor parte, estas operaciones modernas dependieron de factorías terrestres para aprovechar las piezas capturadas, lo que hizo que se levantaran diversas factorías a lo largo de las costas atlánticas peninsulares, no solo en el norte de España, sino también en Portugal y en el estrecho de Gibraltar. No obstante, esta industria moderna, enormemente productiva a la vez que agresiva, fue también la que provocó un cambio radical en la percepción que la sociedad tenía sobre la pesca ballenera. La explotación había mutado de aventura mítica a pecado ecológico y, a mitad de la década de 1980, la presión social desembocó en el cierre de las últimas factorías que se hallaban operativas.

El legado de la actividad que ha sobrevivido hasta nuestros días varía entre regiones. En el País Vasco, cuna de la actividad hace más de mil años y centro comercial y financiero de la pesca antigua, se preservan escudos nobiliarios, atalayas y abundante toponimia. Este rastro se va desvaneciendo conforme nos desplazamos a lo largo de la costa hacia el oeste, donde las instalaciones balleneras fueron más efímeras y a menudo estaban gobernadas por tecnología y capital vascos. Por el contrario, la reciente pesca ballenera moderna, que en el norte de la península se limitó a Galicia, dejó allí un rico y abundante patrimonio arquitectónico e industrial —además del cultural y económico— que aún hoy se conserva.

Durante el siglo xvii, Holanda desbancó a los balleneros vascos de su virtual monopolio de la industria ballenera. Fragmento de un grabado publicado hacia 1680 por Frederick de Wit (1630–1706), que muestra las operaciones holandesas en la isla de Spitzberg.

Esta obra busca ser un compendio de este legado. No nos atrevemos a pensar que sea un inventario exhaustivo de los vestigios existentes, ya que periódicamente se descubren nuevos restos, pero sí que es una relación de todo aquello que hasta la fecha se conoce. Después de unos capítulos introductorios que narran la historia de la pesca ballenera a lo largo del tiempo, exploraremos, localidad a localidad, el rastro histórico que esta actividad dejó en cada una. El contenido no ha sido redactado para ser leído como una novela. Tal vez esto sería cierto para la primera parte, dedicada a los aspectos históricos, pero los capítulos siguientes, que abordan de manera pormenorizada la cincuentena larga de puertos balleneros que salpican la costa cantábrica, están concebidos para una lectura independiente. De esta manera, el libro también puede servir como guía de viaje. Porque estos puertos conforman un magnífico paisaje, físico y humano, y recorrerlos en busca de la información e imágenes necesarias para la elaboración de este libro ha sido para nosotros una experiencia deliciosa. Esperamos que su lectura permita reconstruir la huella que la pesca ballenera ha dejado en nuestro país y, sobre todo, disfrutar del viaje tanto como nosotros lo hemos hecho.

Cola de un rorcual común recién cazado por un ballenero gallego en la década de 1970.

La pesca ballenera en la literatura

A lo largo de los años, numerosos hombres de letras se vieron de un modo u otro involucrados en el oficio ballenero y contribuyeron con sus relatos a generar la épica que lo rodea. Sin embargo, estos relatos adulteraron extremadamente la realidad. El aburrimiento de los interminables días sin trabajo, la soledad, el hacinamiento y la tensión reinantes en barcos que durante meses no tocaban tierra, los alimentos rancios y agusanados, la absoluta falta de higiene, el frío en las expediciones polares y el abrasador calor de los trópicos, la enfermedad, el escorbuto y los accidentes, todo era sistemáticamente minimizado. Por el contrario, la aventura de descubrir los rincones más exóticos del planeta, el dominio extremo del arte de la navegación, el periódico enfrentamiento con la bestia y el triunfo sobre los mares más arbolados eran exaltados para ejemplarizar el dominio del ser humano sobre las fuerzas de la naturaleza.

Uno de estos hombres fue Conan Doyle, el creador de Sherlock Holmes. Durante el siglo xix, los balleneros ingleses estaban obligados a incluir entre su oficialidad a un cirujano, y, a sus recién cumplidos 21 años, Doyle hizo sus prácticas sirviendo como cirujano en el *Hope*, una corbeta de Peterhead. Nunca pudo olvidar la cruda belleza del ártico ni la excitación de la caza. A pesar de que calificó el trabajo como «brutal» y de que en varias ocasiones cayó a las aguas heladas y estuvo a punto de morir, años más tarde escribiría: «La vida de un ballenero es tan fascinante que comprendo que los hombres encuentren difícil abandonarla. A bordo del *Hope* había marinos que nunca habían visto crecer el maíz».

Pero pocos libros han situado la pesca de la ballena en el imaginario colectivo de un modo tan definitivo como *Moby Dick*. Esta novela, que curiosamente pasó desapercibida hasta setenta años después de su publicación, es hoy considerada una de las principales obras literarias estadounidenses del siglo xix. En ella, Herman Melville reconstruye con magnífica minuciosidad el quehacer de aquellos

hombres de mar. Pero esto no es lo importante. El escritor manipula la tragedia y el lirismo con una habilidad tan extrema que el lector no puede sustraerse a una lectura sembrada de símbolos y dominada por la pasión primaria de la venganza. El capitán Ahab, obsesionado por exterminar el cachalote que años atrás le había devorado la pierna, está tan empecinado en la persecución que esta se convierte en un elemento de su propia alma. El cachalote simboliza las fuerzas oscuras de la Creación, si no el mal mismo, y su destrucción refleja el deseo del hombre del siglo xix de dominar las fuerzas de la naturaleza, tan a menudo destructivas. La tenacidad humana, unida al imparable progreso de la técnica, debe domar las fuerzas más desafiantes e imponer la ley del hombre en el corazón de los océanos, el último bastión de lo desconocido. Aunque se esconda en las profundidades, ataque a traición y huya al sentir la herida del arpón, la gigantesca y cruel bestia terminará inevitablemente convertida en aceite lubricante para maquinaria pesada.

La fotografía de la página anterior, muestra el izado en la cubierta de un ballenero de un maxilar de ballena polar con su ristra de barbas, fue incluida por Conan Doyle en su relato «Life on a Greenland whaler», publicado en *The Strand Magazine* en enero de 1897. Doyle estuvo embarcado a bordo del *Hope*, de Peterhead, mientras que esta imagen procede del *Maud*, otro ballenero, pero de Dundee.

Historia de la pesca ballenera

La pesca costera tradicional

Los varamientos de cetáceos, especialmente los de gran tamaño, siempre han atraído la atención de las personas y han sido utilizados como fuente de productos. Pintura al óleo de Esaias van de Velde (1587-1630) de un cachalote varado entre las localidades holandesas de Scheveningen y Katwijk el 20 o 21 de enero de 1617. Cortesía del New Bedford Whaling Museum, Kendall Collection, 2001.100.4763.

Desde la noche de los tiempos el ser humano ha considerado a los grandes cetáceos como una valiosa fuente de alimentos y materiales. Un animal moribundo en una playa o una hembra pariendo en aguas someras eran dádivas que nadie podía dejar pasar de largo, y el estudio de antiguos yacimientos costeros evidencia que, ya desde la prehistoria, los cetáceos que aparecían muertos en las playas eran aprovechados al máximo. Pero de eso a desarrollar una explotación comercial de estos animales había un gran paso, que no pudo darse hasta que el desarrollo naval y el empecinamiento de algunos hombres temerarios lo permitieron.

Las primeras evidencias de la existencia de una industria ballenera proceden del País Vasco y se remontan al año 1059, cuando el mercado de Bayona emitió una orden para regular la venta de los productos de las ballenas, una normativa que no hubiera tenido sentido de no existir en aquella plaza un suministro regular de este tipo de mercancías. Sin embargo, esta localidad no fue necesariamente la pionera de la actividad, pues abundan los documentos de muy pocos años después relativos a esta industria provenientes de distintos puertos del litoral vascongado, principalmente de Gipuzkoa, lo que indica que en aquellas décadas la actividad se hallaba ya consolidada y extendida a lo largo del litoral.

Como el resto de los mamíferos, los cetáceos respiran aire. Cuando un ejemplar se halla enfermo o débil y le cuesta nadar, con frecuencia se aproxima a la costa en busca de aguas superficiales para evitar un hundimiento que le dificultaría tomar aliento. Sin embargo, si el oleaje, las mareas o las corrientes lo acaban dejando varado en la playa, el desenlace será siempre fatal. La caja torácica de los cetáceos está diseñada para una vida acuática en la que el peso corporal no es un problema; la mayor parte de las costillas —en algunas especies, todas ellas— son flotantes, es decir, no están fijadas al esternón, lo que confiere una gran flexibilidad al tórax. Esta disposición anatómica permite una ventilación pulmonar más eficiente y facilita el vaciado completo de los pulmones cuando el animal se sumerge. De esta manera se reduce su flotabilidad y, en inmersiones a gran profundidad, disminuye la posibilidad de accidentes por la solubilización de nitrógeno en la sangre. Sin embargo, la falta de rigidez del tórax resulta fatal cuando el ejemplar se halla en seco, pues su propio peso le aplasta los pulmones. No es raro que muchos cetáceos acaben así sus días.

A lo largo del litoral español, los centros de recuperación de animales marinos recogen cada año cerca de dos centenares de cetáceos varados, en su inmensa mayoría ya muertos.

En algunas especies gregarias, como los calderones y los cachalotes, los varamientos pueden implicar a grupos enteros de individuos que se hallan en perfectas condiciones de salud y vitalidad. Estos eventos, que se conocen como varamientos masivos, obedecen a causas diversas que nada tienen que ver con un «suicidio», como a menudo se apunta con infundada emotividad. Los varamientos masivos se deben a errores de orientación o ecolocalización del líder del grupo, generalmente un macho adulto que puede estar enfermo o desorientado. También pueden ser causados por reacciones grupales erróneas ante fenómenos excepcionales, como la persecución por una manada de orcas, una tempestad violenta o anomalías locales en los campos magnéticos que los cetáceos utilizan para orientarse durante la navegación.

El ejercicio de la pesca

A diferencia de otros tipos de explotación marina, en la que los pescadores se adentraban en el océano en busca de sus presas, a las ballenas se las esperaba en la costa. En lo alto de los acantilados de Mutriku o de Deba, en el promontorio de la isla de San Antón (actualmente, el monte conocido como Ratón de Getaria), junto a la ermita de Santa María de la Atalaya de Bermeo, en fin, en todos aquellos altozanos del litoral cantábrico desde donde se divisaba un amplio horizonte marítimo, las cofradías levantaron atalayas y apostaron vigías que mantenían una constante vigilancia. Muchas de estas atalayas eran simples plataformas o resguardos construidos con madera y cualquier rastro de ellas ha desaparecido, pero su existencia ha dejado abundantes topónimos que jalonan la costa. Cuando el atalayero avistaba un soplo en el horizonte, alertaba de inmediato a los vecinos acerca de la presencia de cetáceos y los convocaba a «ballenear». Si la atalaya se hallaba próxima a la población, el aviso se daba tañendo una campana que repicaba «a ballena», mientras que, cuando se encontraba algo más distante, se hacía mediante una hoguera. En estos últimos casos, cuando el sol lucía con intensidad, el atalayero quemaba leña húmeda para producir abundante humo o, si estaba anocheciendo o amaneciendo, alimentaba el fuego con leña seca para generar una luz brillante que destacara en la semioscuridad.

Advertido el aviso, en pocos minutos el mar se poblaba de ligeras chalupas tripuladas por entre seis y diez hombres armados con arpones y lanzas. El arponero más experimentado se situaba en la proa, y el timonel más diestro, en la popa. Junto con ellas se botaban también pinazas, más pesadas y lentas, pero que, al ir equipadas con velas, disfrutaban de mayor capacidad de remolque, de manera que podían prestar apoyo a las chalupas de arponeo.

Cuando la primera lancha alcanzaba al cetáceo, el arponero le lanzaba a mano un arpón acabado en punta aguzada y dos barbas laterales en forma de flecha. El vástago, de dos o tres palmos de largo, terminaba en un cono que se ensamblaba a presión en un asta larga de madera que se desprendía inmediatamente después del impacto. La cuerda o estacha que aseguraba el arpón estaba, por esta razón, unida al cono y no a la asta, que generalmente se perdía después del lanzamiento. El arpón debía arrojarse desde cierta distancia de la ballena, por lo que era necesariamente de dimensiones reducidas y penetraba solo de manera superficial en el cuerpo del animal, quedando así fijado a modo de banderilla en la capa de grasa de la ballena, sin causar heridas mortales. De hecho, el arponazo solo servía para asegurar al cetáceo a la embarcación y, secundariamente, para demostrar la propiedad del arponero de la captura que al final se lograra. Al percibir el arponazo, la ballena lógicamente se sumergía huyendo de la agresión. Como impedirlo era imposible, desde la cha-

La pesca ballenera medieval exigía tres requisitos que el destino hizo que confluyeran en las costas cántabras: la existencia de una especie de ballena cuyo cuerpo flotara después de morir, una distribución de esta misma ballena que fuera próxima a la costa durante el período de reproducción y una topografía abrupta del litoral que permitiera apostaderos de vigilancia desde puntos elevados. En pocos lugares se produce una coincidencia semejante de condiciones y ello, sin duda, facilitó el desarrollo de la industria. Grabado del *Diccionario histórico de los artes de la pesca nacional*, de Antonio Sáñez Reguart, Madrid, 1791-1795.

Con toda certeza, la pesca con chalupas está detrás de las actuales regatas de traineras. En caso contrario, ¿por qué la tradición iba a pedirle a un bote de remos que avanzara rápido? Los oficios del mar solían demandar a las embarcaciones capacidad de almacenaje o resistencia frente a los embates de las olas, pero era en la pesca ballenera donde la velocidad lo era todo. Cuando una ballena aparecía en el horizonte, la primera chalupa que la hiriera tendría prioridad en su caza y en el reparto de productos. Más rapidez, mayor beneficio.

lupa se largaban centenares de metros de cuerda, a veces con pequeños barriles vacíos o botas de piel llenas de aire atados a ella para ofrecer mayor resistencia a la natación de la ballena. Sin embargo, los perseguidores tenían especial cuidado en evitar tirones bruscos o generar una tensión excesiva de la cuerda que pudiera desgarrar la piel del animal y precipitar su pérdida. Pero una ballena no puede permanecer más de unos minutos sumergida y, cuando esta comenzaba a ascender a la superficie para tomar aire, desde la chalupa se cobraba rápidamente cuerda, de manera que, en el momento en que el animal rompiera la superficie, la embarcación se hallara lo más próxima posible a la presa. Entonces se la arponeaba de nuevo y se la lanceaba con largas sangraderas que buscaban los puntos vitales: el corazón y los pulmones.

Una vez muerta, la ballena era amarrada por la cola y remolcada hasta la playa más próxima. Como en la época generalmente no se disponía de máquinas ni de cabos de suficiente resistencia, no se intentaba izar el cuerpo del animal hasta tierra firme. Simplemente se esperaba a la pleamar y entonces se llevaba el cuerpo hasta un punto practicable de la costa, donde se lo varaba con la ayuda de animales de tiro para mantenerlo allí fijo hasta que la marea comenzaba a descender y quedaba en seco. Allí mismo era frecuente que la ballena fuera subastada y que su propiedad pasara de aquellos que habían participado en su captura a un comerciante. Una vez hecho esto, se

procedía a su despiece, que comenzaba con la extracción de la gruesa capa de tocino o grasa subdérmica en largas tiras que eran llevadas hasta el lugar donde se obtendría el aceite o saín. Una vez allí, las tiras eran troceadas en pedazos manejables y, para favorecer la extracción del aceite, a cada pedazo se le practicaban numerosos cortes, separados por unos milímetros, hasta que los pedazos quedaban convertidos en un conjunto de láminas unidas por la piel y constituían lo que en ocasiones se conocía como el «libro» o la «biblia». Así preparados, los pedazos se arrojaban a grandes calderos de hierro llenos de agua y dispuestos sobre hornos o fogones llamados «lumeras». Allí se dejaban hervir durante horas, hasta que exudaban el valioso saín. Una vez logrado esto, la parte líquida se vertía en un recipiente y se dejaba enfriar para que, por decantación, el aceite se separara del agua. El aceite sobrenadante era recogido con cucharones y vertido en barricas para su preservación y transporte. Habitualmente toda esta operación se llevaba a cabo en la intemperie,

Las herramientas de la caza en el siglo XVII: arpones aflechados y sangraderas en forma de lanza con largos mangos que permitían arrojarlos o maniobrarlos a distancia. Grabado del *Diccionario histórico de los artes de la pesca nacional*, de Antonio Sáñez Reguart, Madrid, 1791-1795.

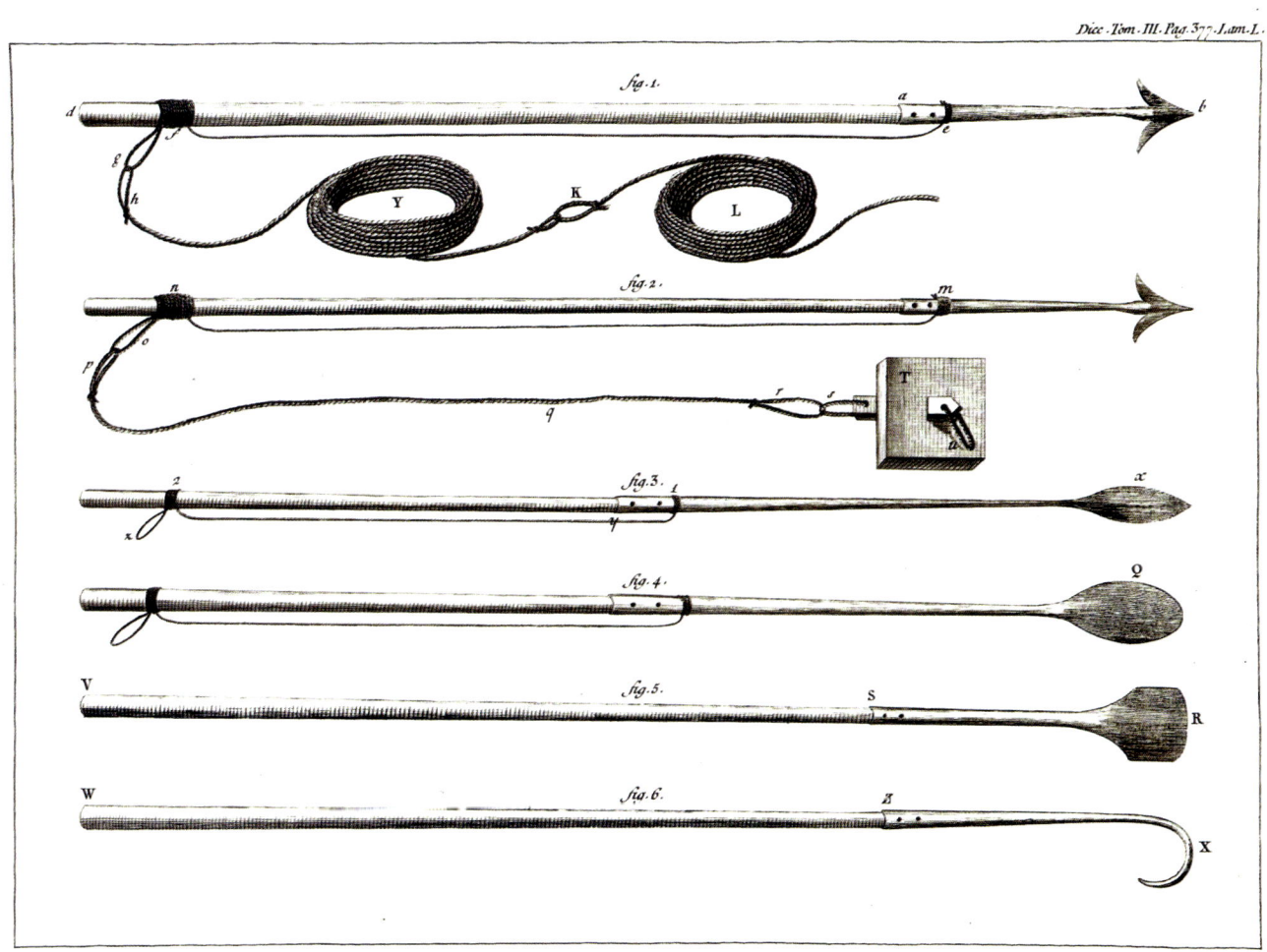

Dicc.Tom.III.Pag.377.Lam.L.

Hasta bien entrado el siglo XVII, cuando los cabrestantes y tornos comenzaron a ser habituales en los puertos, el procesado de las ballenas acostumbraba a realizarse en las playas a fuerza de brazos y con simples hachetas, cuchillos y ganchos. Solo algunos puertos particularmente bien equipados, como los de Lekeitio o Donostia, disponían de máquinas de izado. Grabado de la *Histoire générale des drogues*, de Pierre Pomet, París, 1694, basado en un grabado anterior del suizo Conrad Gessner de 1560.

La temporada de pesca ocupaba los meses centrales del invierno y, a efectos organizativos, se ajustaba a fechas del santoral. Así, en el País Vasco, la temporada de pesca de la ballena, al igual que la del besugo, comenzaba el día de santa Catalina, el 25 de noviembre, y se extendía hasta san Blas, el 3 de febrero. En Galicia, en cambio, la campaña comenzaba antes: se iniciaba el 1 de noviembre, por Todos los Santos, y se prolongaba hasta el inicio del *entroido* o carnaval gallego, que se celebra entre mediados de febrero y la primera semana de marzo, según el año.

en el mismo arenal, aunque en los puntos del litoral de mayor actividad se construyeron «casas de ballenas» para alojar hornos y calderas, además de servir como primer lugar de almacenaje de las barricas e, incluso, como residencia de los balleneros cuando aquello sucedía en puertos distantes.

La operación no estaba exenta de conflictos. La costa vasca, y por extensión la cantábrica, está salpicada por un reguero de pequeños puertos que a menudo se hallan muy próximos entre sí. Ello hacía que la aparición de una ballena en el horizonte pudiera ser igualmente avistada desde atalayas de puertos vecinos, lo que a menudo llevaba a que desde cada uno de ellos se botaran chalupas de manera simultánea, lo cual desembocaba en riñas sobre la propiedad de la pieza cobrada. En general se aceptaba que el primer heridor del cetáceo era quien tenía prioridad, pero con frecuencia esto no quedaba claro y la disputa estaba entonces servida. Además, la rivalidad que existía entre villas próximas desde luego no contribuía a mitigar los encontronazos. Bien documentadas han quedado, por ejemplo, las disputas y querellas interpuestas con motivo de ballenas en cuya caza habían participado arponeros de las cofradías de Ondarroa y Lekeitio, de Zarautz y Getaria, o de Deba y Mutriku, por poner algunos ejemplos. Esto llevó a que los escribanos vertieran abundante tinta en reglamentos, acuerdos y litigios sobre cómo repartir los beneficios obtenidos de una ballena pescada.

Por otra parte, todas aquellas discusiones, y desde luego los esfuerzos y los riesgos que asumían los valerosos *arrantzales* o pescadores que se arrojaban al océano a perseguir al leviatán, no habrían tenido sentido sin que comerciantes que trabajaban en oscuros gabinetes hubieran tejido una red de distribución y comercialización de los productos que se obtenían. El aceite, el principal producto, enseguida experimentó una fuerte demanda desde Castilla, principalmente por su uso en la entonces floreciente industria lanera de la región, que necesitaba abundante aceite para fabricar el jabón con el que lavar y desengrasar el vellón y la borra que extraían del ganado ovino. Más adelante, este mismo aceite comenzó a usarse para alimentar lámparas y ello incrementó aún más la demanda y, sobre todo, abrió los mercados del norte de Europa. Así, las barricas de saín viajaban de la costa vasca al interior de la península ibérica en barcazas por el río Deba, pero también a los principales puertos de Francia, Inglaterra, los Países Bajos y los países bálticos en panzudas galeras que partían de los principales puertos cántabros para retornar semanas más tarde cargadas de productos que España no tenía. Así, el saín se intercambiaba por trigo y otros cereales de los que el País Vasco era deficitario, y también por sal para la conserva, por pieles y cueros para el calzado, o por productos manufacturados, como textiles, armas y herramientas que la más desarrollada industria del norte de Europa producía.

La *Descripcion del Reyno de Galizia* del licenciado Molina

En 1549, la pesca de la ballena tuvo un testigo de excepción: el licenciado Juan (o Francisco) Molina. Aunque nacido en Málaga, Molina se graduó en Derecho en la Universidad de Santiago de Compostela y posteriormente fue nombrado canónigo magistral del obispado de Mondoñedo, entonces bajo el gobierno del obispo Diego de Soto. Su obra más conocida es la *Descripcion del Reyno de Galizia*, que imprimió precisamente en Mondoñedo y en la que incluye una descripción pormenorizada de los puertos marítimos de la costa gallega. Su proximidad al obispado, que para asegurarse el cobro de los correspondientes diezmos controlaba con puño de acero la pesca de la ballena e incluso llegó a involucrarse armando armazones balleneros (véanse la página 218), le permitió sin duda tener una visión cercana de cómo se desarrollaba la pesquería. En el apartado correspondiente a San Cibrao y Nois, la *Descripcion* incluye abundantes detalles acerca de esta en dichos puertos: «Subesa una atalaya a la punta de una sierra que cae sobre la mar, y de allí ve de lejos saltar cantidad de agua para arriba haziendo mucha espuma y aun la misma vallena viene la mitad del cuerpo fuera del agua, y ansí la atalaya da aviso a los marineros, los cuales armando sus barcas y poniendo dentro mucha cantidad de cuerdas y en los cabos atados unos dardos arponados, se van a ellas y, tirándoles, como se sienten heridas van luego muy bravas para lo alto de la mar llevando metidos aquellos arpones, y los pescadores, dándoles siempre cuerda, las siguen hasta que ya de muy dessangradas, y perdida aquella furia las traen tirando dellas hasta tierra, donde haciendo grandes fuegos sacan dellas mucho azeyte».

Portada de la *Descripcion del Reyno de Galizia*, por el licenciado Molina, de 1551. Biblioteca del Monasterio de Poio, Pontevedra, Galiciana – Biblioteca Dixital de Galícia.

Todo ello hacía que la pesca de la ballena fuera una actividad rentable. Sin embargo, dar muerte a una bestia de 70 toneladas en medio de un mar inclemente no era tarea fácil y entrañaba riesgos ciertos. Pero los vascos pronto descubrieron que el gigante tenía su talón de Aquiles. La ballena franca es una especie que para reproducirse busca aguas protegidas y someras. Según lo que sabemos de la especie congenérica que habita en el hemisferio sur, la ballena austral, los partos tienen lugar tan cerca de la costa que la hembra puede llegar a tocar el fondo con su panza. Además, la madre muestra un enorme apego por su cría y no la abandona suceda lo que suceda. La ballena franca debía de comportarse de un modo parecido y los balleneros aprendieron que lo más práctico era buscar a las parejas reproductoras para arponear al pequeño, remolcarlo a puerto, y una vez allí, si la hembra, obedeciendo a su instinto, había seguido a su retoño, le daban también muerte en la seguridad de las aguas protegidas. Tan extendida era esta práctica, y tan eficaz, que el primer heridor de la cría tenía su parte en el reparto de los productos de la madre sin necesidad de haber participado en la captura de esta última. Las estadísticas reflejan de manera escalofriante la extensión de este procedimiento: en el País Vasco, más de una cuarta parte de las ballenas capturadas en los puertos balleneros de Getaria y Lekeitio eran crías lactantes, y hay que suponer que una proporción semejante debían de ser sus madres.

En su *Compendio historial de la M.N. y M. L. provincia de Guipuzcoa*, Lope Martínez de Isasti relata: «Ha sucedido también, acercándose a la ballena herida, con el esquife y peleando con ella, esgrimir con la cola de tal manera que, con la gran ferocidad, parte el esquife por medio y lo echa al fondo con toda su gente, lo cual se ha visto hacer, no solamente con el golpe de la cola, pero sobre el arrimo y aire de ella, y levantarlos en el aire y matarlos sin golpe».

Hasta bien entrado el siglo XVII, la pesca se realizaba exclusivamente en aguas costeras, ya que la tecnología naval de la época aún era demasiado limitada para permitir la caza de ballenas en alta mar.

En su *Diccionario histórico de la pesca nacional*, Sáñez Reguart cuenta lo siguiente: «Si los pescadores encuentran una ballena con su cría, desde luego dirigen á esta sus conatos, á pesar de que saben no puede darles utilidad; pero como la madre nunca la desampara, asegurando el ballenato se cuentan ya dueños de aquella, porque se proporciona mejor al tiro del harpon». Grabado ilustrativo procedente de dicha obra.

La expansión de la pesca vasca por la cornisa cantábrica

El resultado de perseguir crías y hembras, es decir, el segmento reproductivo que asegura la supervivencia de la población de ballenas, no sorprendería hoy a nadie que supiera de gestión de especies animales. Las ballenas pronto comenzaron a escasear localmente, lo que llevó a los pescadores vascos a extender sus actividades a otras áreas. Por otra parte, a partir de la Baja Edad Media la tecnología naval había permitido el desarrollo del cabotaje. En aquella época, el transporte de mercancías pesadas era infinitamente más fácil por mar, siguiendo la ruta costera que bordeaba la península, que hacerlo por los abruptos caminos, plagados de lodazales y bandoleros, que comunicaban la costa cantábrica con Castilla.

En los albores del siglo XVI, ya acabada la Reconquista y con el camino hacia las Américas canalizado a través de Sevilla, el sur de España y más tarde el Mediterráneo se volvieron enormemente atractivos, y esto no hizo sino intensificar el tráfico por la ruta marítima. La cornisa cantábrica fue, por ello, una vía de expansión tanto de la pesca como del comercio vascos, y esto explica la pronta llegada de los balleneros guipuzcoanos a Cantabria y Asturias en el siglo XIII. Y a Galicia llegaron a finales de aquel mismo siglo, si bien allí la presencia vasca alcanzó su apogeo en los siglos XV y XVI. Como explica José Antonio Azpiazu en su estudio sobre la expansión marinera vasca por las costas cantábricas, en el siglo XVI la sardina gallega y el vino de Rivadavia se servían en las tabernas guipuzcoanas y el hierro vasco nutría las forjas gallegas.

Para los vascos, estos desplazamientos eran estacionales, pues las ballenas solo se acercaban a la costa a reproducirse en invierno. Los viajes duraban cuatro o cinco meses y su periodicidad obligaba a arreglos familiares. El marido que marchaba a la costera registraba ante el escribano las llamadas «licencias maritales», que concedían a la esposa poderes judiciales para poder cobrar recibos o arrendar tierras y casas, prerrogativas que en aquellos tiempos estaban limitadas al cabeza de familia. Sin embargo, esta expansión no dobló el cabo Finisterre a pesar de que, aparentemente, las ballenas también se hallaban presentes en las Rías Bajas y en las costas de Portugal.

Así, en el siglo XVIII, el padre Martín Sarmiento (1695-1772) nos relata que la aparición de ballenas en la ría de Pontevedra era constante y se daba en época fija; sin embargo, «por no haber arponeros ni disposición para esta pesca, nadie las ofendía y las dejaban correr pacíficamente aquellas aguas».

Por su lado, cántabros, astures y gallegos pronto descubrieron que las expediciones vascas eran una fuente de ingresos y, además de ofrecer a los forasteros víveres y repuestos para sus embarcaciones, comenzaron a exigir diezmos para permitir la actividad. Por otra parte, las expediciones vascas con frecuencia involucraban a hombres de mar locales en la operación. Al principio, esta participación se limitaba a las tareas subsidiarias, como el remolque de ejemplares capturados o el estibado de los productos, pero de modo inevitable los lugareños fueron aprendiendo el oficio y con el tiempo se preguntaron por qué no practicaban ellos mismos una actividad tan lucrativa. En muchos puertos, en especial gallegos, aparecieron iniciativas locales para crear armazones. A menudo tuvieron éxito e incluso se invirtieron los papeles cuando llegaron ellos mismos a contratar arponeros o bateleros vascos para trabajar como subordinados a bordo de sus chalupas. Todo ello hizo que el flujo a lo largo de la cornisa cantábrica se hiciera intenso y que proliferaran las colaboraciones e, inevitablemente, los conflictos entre locales y foráneos. En algunos puertos, como el de Malpica, el éxito de los arponeros locales fue tal que, a mitad del siglo XVII, llegaron a prohibir a las compañías vascas el acceso a sus aguas. Este tipo de conflictos, así como los que se daban en el seno de una comunidad, se agravaron cuando las ballenas comenzaron a escasear, y durante los siglos XVI y XVII se produjo una avalancha de reglamentos locales acerca de cómo distribuir los productos obtenidos de una ballena y, al mismo tiempo, un aumento de los conflictos entre puertos vecinos.

Presidiendo todo aquello estuvo siempre la sombra alargada de la Iglesia, inmisericorde con la posibilidad de hacer su agosto aprovechando la ventaja de su preeminencia. Era fácil. Como bien describe Azpiazu, el carácter mítico de la ballena fue utilizado por el clero como excusa para hacer valer sus derechos sobre algo fuera de lo común, pues «la aparición y caza de aquellos monstruos se vinculaba fácilmente a factores ajenos al puro esfuerzo humano». Además, no teniendo suficiente con poner el cazo, altos clérigos y hu-

mildes párrocos se implicaron en persona en el balleneo. Un ejemplo notable fue el deán del cabildo catedralicio de Mondoñedo, Diego de Saavedra y Osorio, que en 1633 decidió convertirse en armador y jugó un papel central en la pesca ballenera a lo largo del tramo de costa que caía bajo su jurisdicción.

No obstante, la expansión a lo largo del litoral septentrional ibérico no resolvió la progresiva escasez de ballenas. En sus nuevos destinos, los vascos no prestaron atención a errores pasados y los balleneros gallegos, astures y cántabros aprendieron de ellos una técnica de explotación centrada sobre todo en las hembras lactantes y sus ballenatos. La totalidad del horizonte se acabó poblando de atalayeros vigilantes, los puntos de captura se multiplicaron y la población de ballena vasca se precipitó a lo largo del litoral ibérico a finales del siglo XVII. Cuando uno examina las capturas anuales de un puerto dado puede comprobar que las cifras son de unos pocos ejemplares por año. Sin embargo, hay que tener en cuenta que a lo largo del litoral cantábrico se ha identificado al menos una cincuentena de bases que en un momento u otro sirvieron de apoyo para esta explotación; y, si bien es cierto que no todas estuvieron activas simultáneamente, en la recopilación hecha

Extrayendo el saín de la grasa de las ballenas. Grabado del *Diccionario histórico de los artes de la pesca nacional*, de Antonio Sáñez Reguart, Madrid, 1791-1795.

por Aguilar en 1986 se refleja que el total de capturas realizadas entre 1530 y 1610, el período del que se dispone de mejor información, probablemente excedió las cuarenta mil ballenas, mucho más de lo que la población de cetáceos local podía soportar. Para el siglo XVIII, las aguas cantábricas ya estaban vacías de ballenas francas y la explotación languideció.

La relación entre los vascos que residían a un lado y otro de la frontera era ambivalente. Se consideraban hermanos, hablaban la misma lengua y les resultaba fácil colaborar entre ellos, pero al mismo tiempo se pisaban los negocios y competían por ballenas y mercados. Además, durante los siglos XVI, XVII y XVIII, España y Francia estuvieron periódicamente enzarzadas en conflictos bélicos entre sí, lo que de manera inevitable entorpecía las relaciones entre los pescadores. Según señala el historiador José Antonio Azpiazu, el mismo año que Carlos V, a instancias de balleneros guipuzcoanos, prohibía que sus colegas franceses fueran a pescar a Galicia, el asimismo guipuzcoano Juan Bidari, vecino de Lekeitio, se asociaba para ir a pescar a Galicia con un vecino de la localidad vascofrancesa de Donibane Garazi (San Juan de Pie de Puerto). Los decretos que excluían a los franceses se sucedieron a lo largo de los siglos XVI y XVII, pero con el paso de los años la necesidad de que los vascos del otro lado del Bidasoa echaran una mano a los españoles se volvió más acuciante, a medida que estos últimos iban perdiendo su capacidad para reunir las embarcaciones y el capital necesarios para las expediciones, en particular cuando estas tenían por destino la lejana Terranova.

Las expediciones a caladeros lejanos: Terranova, Islandia y Svalbard

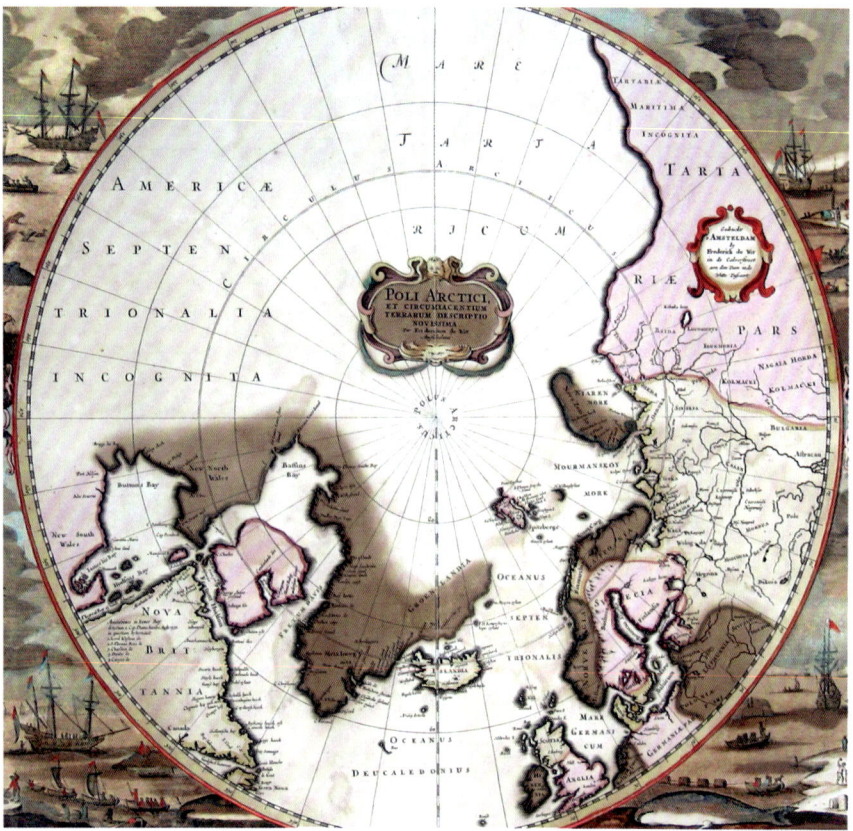

En el siglo XVII, el Ártico era aún una región parcialmente explorada. Los europeos la contemplaban solo como una fuente de productos pesqueros, entre los que el aceite de ballena era el más preciado. Mapa publicado hacia 1680 en Ámsterdam por Frederick de Wit (1630-1706) que muestra en las esquineras las distintas fases del balleneo.

Mucho antes de que las capturas en el litoral cantábrico comenzaron a declinar, los vascos dirigieron sus ojos a aguas lejanas. Se contaban con toda certeza entre los mejores marinos de la época y, persiguiendo la ballena y el bacalao, exploraron el mar de Irlanda y el canal de la Mancha, recorrieron las costas de Noruega hasta alcanzar las ensenadas más apartadas del Ártico y alcanzaron Groenlandia y Terranova. Siguiendo su estela, balleneros gallegos, asturres, cántabros y franceses también armaron expediciones, aunque en mucho menor número que los vascos. En Terranova, aparte de unos generosos caladeros de bacalao, dieron con una población de ballenas francas nunca antes explotada y además descubrieron la ballena polar, otro miembro de la familia de los balénidos que resultaba igualmente accesible y de la que se podían obtener cantidades de preciado saín aún mayores que de la ballena franca. A esto había que añadir que esta nueva especie tenía un número mayor de barbas, y que además estas eran de mucha mejor calidad, de mayor tamaño y más gruesas, lo que permitía obtener cerca de 1,5 toneladas de este producto por ejemplar capturado, el doble que de una ballena franca. Las expediciones a Terranova se hicieron habituales, y ya en el siglo XVI existían allí bases estables que los balleneros vascos ocupaban cada verano, para luego regresar, en otoño, a la península ibérica, escapando de los gélidos inviernos septentrionales.

La fecha tan prematura de estas expediciones a aguas canadienses ha alimentado la sospecha de que los vascos podrían haber llegado a América antes de que lo hiciera Cristóbal Colón. Sin embargo, no hay evidencia de que así fuera, y lo más probable es que los vascos conocieran la existencia de aquellas tierras por las descripciones que de ellas hizo Giovanni Caboto, el genovés naturalizado veneciano que iba al mando de la expedición británica que en 1497 navegó por primera vez a lo largo del territorio de Canadá. Ello no quita la influencia que los vascos tuvieron en estas aguas de ultramar. En Terranova se bautizaron varios puertos con nombres vascos. La historiadora Miren Egaña Goya ha identificado y estudiado medio centenar de topónimos en Terranova con raíz vasca, incluidos algunos en los que

Las primeras expediciones conocidas a Terranova tuvieron lugar en 1526, pero curiosamente el rey no las autorizó hasta el 15 de julio de 1557, cuando les otorgó a los vecinos de Gipuzkoa, Bizkaia y las Cuatro Villas de la Costa de la Mar su beneplácito a la pesca en aguas de ultramar.

aún hoy se reconoce su origen, como Placentia, por Plasencia; Port Au Choix, por Portuchoa; Burin, por Burua; Barrachois Bay, por Barrachoa; y Old Ferrol, por Ferrol Çahar, entre otros. Todo ello refleja el hecho de que, durante un tiempo entre el siglo XVI y el XVII, en Terranova entraban y salían buques balleneros vascos con la misma frecuencia que en los puertos vizcaínos o guipuzcoanos. En un memorial sobre las pesquerías de Terranova escrito en 1643 que se conserva en el archivo Vargas Ponce del Museo Naval de Madrid, se dice que solo de Donostia (San Sebastián) y Pasaia cada año zarpaban rumbo a aquel destino veinte navíos de gran porte —de unas 600 toneladas de promedio—, lo que involucraba a unos dos mil marineros. A esta cifra habría que añadir las expediciones que partían de otros puertos, por lo que el número total de barcos que desde la costa cantábrica viajaban hasta aquellas aguas en busca de bacalaos y ballenas probablemente duplicaba esa cifra.

Esta abundancia de expediciones obligó a los navíos a repartirse a lo largo de la costa, lo que explica que en Terranova y la costa oriental del Labrador, en lo que hoy se conoce como estrecho de Belle Isle, se conozcan al menos una veintena de yacimientos arqueológicos de explotaciones balleneras vascas. El estrecho no solo era un lugar de paso de las ballenas, sino que también ofrecía un refugio natural seguro a las embarcaciones, todo lo que permitía una operación costera bastante parecida a la que tradicionalmente se venía llevando a

cabo en el Cantábrico. Sin embargo, al tratarse de una tierra sin dueño, enseguida surgieron tensiones entre vascos españoles y franceses por el control de los mejores puertos. La práctica de buena convivencia consistía usualmente en reconocer la preferencia del primer barco que llegara al fondeadero, lo que se indicaba levantando un poste con una tablilla en la que constaba escrito el nombre del barco y su fecha de arribada al lugar; no obstante, como la zona estaba militarmente dominada por Francia, los buques de esta nacionalidad no siempre respetaban esa pauta de convivencia. Así, en 1563, el representante de Donostia reclamó ante las Juntas Generales de Guipúzcoa que se hicieran gestiones ante el Gobierno francés por las presiones que los balleneros de este país ejercían sobre los donostiarras, hasta el punto de expulsarlos de los mejores fondeaderos.

Dejando aparte los inevitables conflictos humanos, las condiciones a las que se hallaban sometidos los miembros de estas expediciones eran miserables. Las penurias comenzaban en el viaje. Los buques de transporte disponían de poco espacio cubierto, ya que este se reservaba principalmente para la carga, y durante la travesía los tripulantes a menudo debían permanecer en cubierta expuestos a las inclemencias del tiempo. Además, los barcos eran de dimensiones modestas, entre 20 y 30 metros de eslora, lo que limitaba aún más el espacio disponible para la convivencia de la dotación. De manera general, un buque de aquellas dimensiones habría podido ser pilotado por solo una docena de marineros, pero las condiciones de hacinamiento se acrecentaban porque las expediciones balleneras embarcaban a cincuenta o setenta hombres. Aquel abundante personal sería necesario al llegar a destino, pues allí se precisaría de marinería no solo para equipar las lanchas de arponeo, sino también para formar los equipos que trabajaban en tierra descuartizando las piezas cobradas, extrayendo y depurando el saín, y estibando en barricas el aceite depurado. Por si esto fuera poco, en 1549, un acuerdo del Consejo de Mutriku conservado en el archivo Vargas Ponce registra la entrega al maestre de nao Pedro de Echáriz, que en breve partirá hacia Terranova, de una patena y un cáliz —que pesa un cuarto de onza y media— para que el sacerdote Andrés de Ariz, que también se incorpora a la expedición, pueda celebrar la santa misa a bordo y en destino.

Los problemas de espacio, además de generar incomodidades a la dotación, limitaban el equipaje. La prioridad era lógicamente todo aquello que se requería para la pesca, como las chalupas, los remos y los arpones y sangraderas, pero también los materiales de cons-

Dicc. Tom. III. Pag. 430. Lam. LXXI.

Una vez extraídas las tiras de la capa de grasa que recubría el cuerpo de la ballena, el cuarteado y laminado del tocino se hacía en mesas situadas junto a los calderos de extracción de saín. Grabado del *Diccionario histórico de los artes de la pesca nacional*, de Antonio Sáñez Reguart, Madrid, 1791-1795.

trucción que no se encontrarían en tierras canadienses, como tejas y clavos. Ello llevaba a economizar en los víveres para la travesía. Los listados de carga demuestran que estos eran severamente frugales y consistían básicamente en galleta, habas y sardina o bacalao secos. Eso sí, se incluía siempre una generosa ración de sidra y chacolí, ya que estas bebidas tenían propiedades calóricas muy necesarias para las gélidas condiciones que aquellos hombres debían enfrentar, además de que su contenido en alcohol las hacía resistentes a la descomposición, una propiedad de la que carecía el agua fresca conservada en barril. A título de ejemplo, un navío que en 1681 partía a la ballena desde el puerto de Pasaia, embarcó dos barricas y media de sidra y un cuarto de barrica de chacolí por cada tripulante.

Al llegar a destino, la naturaleza del lugar tampoco ofrecía mejores expectativas. El clima era hostil y extremadamente duro. Cuando en 1534 el explorador francés Jacques Cartier visitó la región, en su diario anotó que aquella era «la tierra que Dios concedió a Caín». Sin embargo, inasequibles al desánimo, una vez allí los expedicionarios que iban a trabajar en tierra firme levantaban en la misma orilla precarios refugios cubiertos con teja para proteger los fogones necesarios para la extracción de saín, que a toda costa debían quedar a resguardo de la lluvia y el viento. Si además sobraba algo de espacio, este se reservaba al almacenamiento de las preciosas barricas llenas de aceite y, a excepción de algunos afortunados toneleros,

que ocasionalmente podían refugiarse en los almacenes, el resto de los trabajadores se las arreglaban por su cuenta en recovecos en la roca o bajo protecciones naturales que ofrecieran abrigo del viento, donde construían refugios rudimentarios con maderas, telas y barbas de ballena. La función del personal de tierra era el descuartizamiento de las ballenas, la cocción de la grasa y la depuración y envasado del aceite. Debían además construir los fogones y repararlos continuamente, ya que las altas temperaturas alcanzadas durante la cocción deterioraban rápidamente el granito local. Entre ellos era frecuente que hubiera una pequeña dotación de muchachos de entre 12 y 14 años, cuya principal tarea era buscar leña y cocinar. Mientras tanto, la parte de la tripulación que trabajaba en el mar cazando ballenas vivía en las chalupas o, en el mejor de los casos, a bordo de los barcos, aunque sus condiciones de vida no eran probablemente mucho mejores que en tierra.

Por otra parte, en Terranova los vascos entraron en contacto con la población indígena, con la que mantuvieron una relación ambivalente. Por un lado, el interés por el intercambio de productos facilitaba la cordialidad entre ambos colectivos e incluso condujo a que los indios aprendieran algunos términos vascos. Lope de Isasti relata que, ante el usual saludo vasco «nola zaude» ('¿cómo estás?'), los indios respondían con la igualmente común respuesta vasca «apaizak hobeto» ('los curas, mejor'). Pero esto no significa que las relaciones siem-

pre fueran fáciles. Los enfrentamientos y sucesos violentos eran frecuentes, y se sabe que esporádicamente resultaron en la muerte de balleneros. Además, como el canibalismo era una práctica aparentemente común entre los indígenas, algunos expedicionarios fueron capturados y devorados por estos últimos. Fuera como fuese, de modo accidental la interacción comportó para los indígenas un efecto positivo, aunque, tal vez de consecuencias poco tangibles para ellos: fue un argumento para que los europeos los consideraran humanos. Como relata Miren Egaña, en 1537 el papa Pablo III defendió que los indios eran seres que tenían razón y alma, en oposición a los animales. Pero este dictamen no agradó al rey español Carlos I, quien, para rebatirlo, convocó al estamento eclesiástico del país en la denominada Controversia de Valladolid. Para la contrariedad del rey, durante el cónclave se reconoció que los indios eran capaces de aprender euskera en poco tiempo, por lo que, «a pesar de ser gente silvestre, careciente de razón y de todo lo político», no se podía descartar completamente su condición humana.

Todas esas circunstancias sumaban para que las muertes entre los expedicionarios no fueran infrecuentes. Las investigaciones del historiador Michael Barkham Huxley han permitido identificar los documentos más antiguos escritos en Canadá, y estos son, precisamente, testamentos de balleneros moribundos en Terranova que sus compañeros de expedición llevaron de regreso a sus hogares para ampa-

Soldadas que recibieron los tripulantes de un filibote, propiedad de Sebastián de Burboa, al regreso de la expedición realizada en 1580 a Terranova bajo el mando del patrón Martín de Gayangos. Este último recibió 28 barricas de saín y 200 barbas; el piloto, 14 barricas y 40 barbas; y así van disminuyendo las soldadas hasta llegar a la de «los dos muchachos y el philipillo», que recibieron solo 2 barricas cada uno. Documento número 10, tomo III, del archivo Vargas Ponce, Museo Naval de Madrid.

rar a viudas y descendientes. No fueron pocos los que allí quedaron. Aún hoy pueden contemplarse en distintos puntos de aquella tierra inhóspita las lápidas sepulcrales de marineros vascos, si bien, como señala Mariano Ciriquiain Gaiztarro, como la actividad que comportaba un riesgo más alto era la captura de las ballenas, la mayor parte de los fallecidos desaparecerían engullidos por el océano y no tendrían sepultura ni lápida que perpetuara su memoria. Y, por encima de aquel cúmulo de riesgos, el destino de la expedición podía volverse particularmente nefasto si, al llegar el otoño, no podía regresar al País Vasco

y se veía forzada a permanecer en Terranova. La invernada acostumbraba a resultar mortífera. Juan de Echeveste, un ballenero de Zarautz, consignó en un memorial que en el año 1577 los hielos se cerraron antes de lo habitual, obligando a varias naos a permanecer en Terranova. Murieron quinientos cuarenta «de los más honrados marineros que se habían conocido en aquel tiempo», diecisiete de ellos de Zarautz.

Sin embargo, cuando esta fatalidad se lograba esquivar, al finalizar la costera las barricas de saín se cargaban a bordo de la nao y los super-

vivientes regresaban a casa con la esperanza de obtener un apetecible beneficio si la mano de los arponeros había sido suficientemente hábil. En promedio, el sueldo que obtenía un expedicionario a Terranova era de más de 2.000 ducados, el doble de lo que conseguiría en casa. En total, la expedición le habría obligado a abandonar el hogar durante unos seis meses, de los cuales más o menos la mitad los habría necesitado para navegar hacia y desde Terranova.

Selma Barkham Huxley, la historiadora canadiense que arrojó luz sobre la pesca ballenera vasca en Terranova

El día de santa Bárbara de 1565, una violenta tormenta azotó un asentamiento ballenero vasco situado en el estrecho de Belle Isle, que separa la península del Labrador de la isla de Terranova, provocando que las aguas enfurecidas engulleran un buque ballenero de Pasaia allí fondeado, el *San Juan*. No era un navío cualquiera. Se trataba de una nao de tres palos y 21 metros de eslora que además contaba con tres cubiertas, lo que para la construcción naval europea de la época era una novedad que solo los poderosos astilleros guipuzcoanos eran capaces de construir. En el momento del naufragio, la nao atesoraba en sus bodegas una carga de mil barriles de aceite. Su tripulación, al mando de la cual se hallaba el capitán Joanes de Portu, logró rescatar las velas, parte del aparejo, provisiones y aproximadamente la mitad de las barricas de aceite, y con todo ello regresaron a casa a bordo de otro buque guipuzcoano. Dejaron atrás el pecio y la mitad de las barricas, que quedaron hundidos a 10 metros de profundidad en las frías aguas del Labrador. Cuatrocientos años más tarde, Selma Huxley, una historiadora canadiense que había estudiado paleografía española y que llevaba años realizando un minucioso trabajo en el Gipuzkoako Probintziako Artxibo Historikoa (Archivo Histórico de Protocolos de Guipúzcoa), en Oñati, dio con un manuscrito que describía con precisión el lugar del naufragio. En 1978, un equipo de arqueólogos subacuáticos canadienses, dirigido por Robert Grenier, localizó los restos del barco junto con los de cinco chalupas, algunas de ellas extraordinariamente bien conservadas. Después de estudiar el pecio con minuciosidad y catalogar cada una de sus piezas —más de tres mil—, lo dejaron sumergido en su emplazamiento para asegurar su conservación. Se trata del barco del siglo xvi mejor conservado, y hoy forma parte de la Estación Ballenera Vasca de Bahía Roja (Red Bay National Historic Site), lugar que en 2013 fue declarado Patrimonio de la Humanidad por la UNESCO. Podremos ver maquetas de este barco en el Aquarium y en Euskal Itsas Museoa, ambos en Donostia (véase la página 352), y, para los que deseen algo de mayor envergadura, en la Albaola Itsas Kultur Faktoria de Pasaia se está reconstruyendo una réplica de tamaño real de acuerdo con los planos y los procedimientos navales de la época (véase la página 359).

Los trabajos de Huxley permitieron además identificar el actual estrecho de Belle Isle, el canal que separa el Labrador de Terranova, como el lugar que los vascos denominaban Gran Baya, y situar allí la ubicación de los principales fondeaderos balleneros. Principalmente, estos se situaban en el tramo septentrional y más angosto del estrecho y, entre ellos, uno de los puertos más importantes fue el de Buttes, hoy conocido como Red Bay (Bahía Roja), el lugar donde naufragó el *San Juan*. En aquella bahía se han llegado a localizar hasta una veintena de complejos de hornos de cocción de grasa, así como un cementerio con más de ciento cuarenta tumbas de hombres que perdieron la vida en el desempeño de su oficio. Sin embargo, las expediciones vascas no se limitaron a esta zona, sino que se extendieron también hacia el sur en dirección a la desembocadura del río San Lorenzo hasta alcanzar las proximidades de la actual ciudad de Quebec.

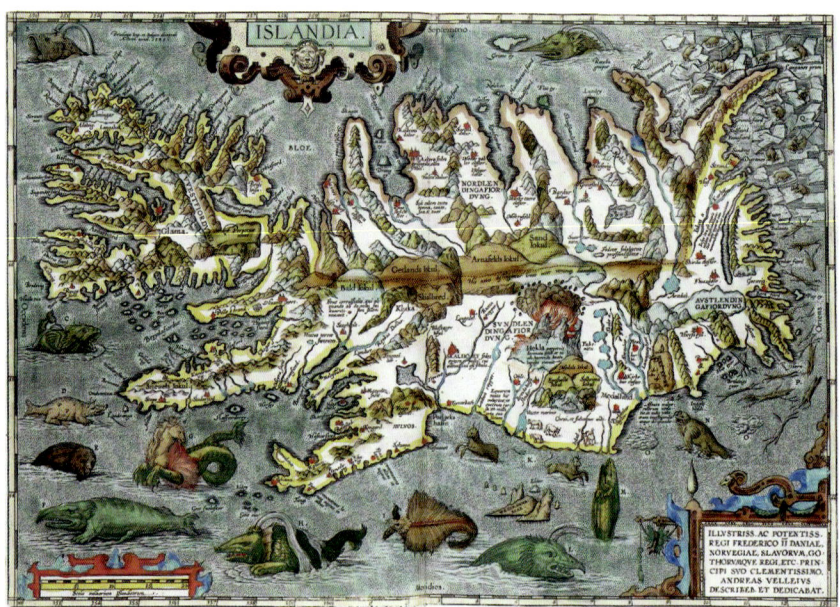

Islandia, tal como se veía desde Europa en el siglo XVI. Mapa del cartógrafo flamenco
Abraham Ortelius (1527-1598).

Debió de ser entonces cuando Islandia comenzó a volverse atractiva, pues no solo eran aguas poco explotadas, sino que además se trataba de una región poco conflictiva, al hallarse alejada de los intereses de otras naciones. La historiadora Viola Miglio sitúa las primeras citas seguras de presencia vasca en esta isla en 1613, y, aunque como destino nunca alcanzó la magnitud de Terranova, sí recibió un buen número de expediciones. Las relaciones de los visitantes con la población local eran cordiales. Los vascos pagaban tasas por las ballenas que pescaban e intercambiaban productos con los islandeses, y todo ello llevó a una relación tan intensa que incluso se desarrolló una lengua mixta, o *pidgin*, vascoislandesa, de la que se conocen más de setecientos vocablos.

Pero la fatalidad hizo que la concordia llegara un día a su fin. En un relato recogido en 1614 por un cronista local, Jón Gudmundsson, también conocido como Jón lærði (Jon el Culto), algunos balleneros vascos habían robado algunas ovejas y vacas, y tratado con malos modales a algunos granjeros de la localidad de Bjarnarfjördur, lo que desembocó en que estos presentaran una queja ante el rey Cristián IV de Dinamarca, país al que Islandia entonces pertenecía. El invierno que siguió fue extremadamente duro y muchos islandeses murieron de hambre, lo que sin duda contribuyó a que recordaran con ira los robos y maltratos sufridos meses antes. Al llegar la primavera, aparecieron de nuevo una docena de barcos vascos. Casi al final de su campaña, la mala

El estrecho de Belle Isle fue sin duda el caladero ballenero más importante de la época y, tras la firma de la Paz entre España y Francia en 1559, durante tres décadas centró el destino de la mayor parte de las expediciones balleneras vascas a aguas lejanas. Sin embargo, al cabo de un siglo de explotación, también allí la población de ballenas empezó a mostrar síntomas de sobreexplotación. Esto no era raro, pues se calcula que cada año se sacrificaban unas cuatrocientas ballenas, una cantidad notable en comparación con las cuaren-

ta que se capturaban en la costa cantábrica. Ya a partir de 1612 comienzan a aparecer escritos de expedicionarios que refieren que las ballenas, al sentirse acosadas, mudaban su curso yendo más hacia el norte, pero esto podía ser una impresión subjetiva y simplemente reflejar la carestía de ejemplares. Al colapso de la población de cetáceos se añadía la creciente competencia en la región con pescadores ingleses, franceses y portugueses, y todo ello llevó a los armadores vascos a buscar nuevos destinos.

suerte quiso que la noche del 20 de septiembre entrara un terrible vendaval que envió a pique a tres de los buques con las bodegas llenas del aceite de once ballenas. Tres tripulantes murieron, pero ochenta y tres sobrevivieron y quedaron desamparados en tierra. Se repartieron en varios grupos y comenzaron a recorrer la isla en busca de un barco con el que regresar a casa. Por el camino, sin duda necesitados de lo más básico, volvieron a robar leña y ganado y a enfrentarse con los habitantes locales que hallaban a su paso. Llovía sobre mojado, y la situación encendió los ánimos de los granjeros locales. Para su infortunio, los náufragos desconocían que el libro de leyes islandés de 1281 (Jónsbók) establecía que ladrones y otros hombres violentos podían ser legalmente asesinados, y que el mismo representante real en el Consejo islandés había confirmado que el reciente comportamiento de los «vizcaínos» los situaba en aquella categoría. Un terrateniente de la zona, Ari Magnússon, decretó la persecución y, en pocos días, la orden desembocó en una brutal masacre en la que treinta y dos de los náufragos fueron asesinados y mutilados mediante horrendos métodos. Según Jón lærði, los vascos fueron «deshonrados y hundidos en el mar, como si fueran paganos de la peor especie y no inocentes cristianos», una manera suave de describir la orgía de hachazos, decapitaciones y mutilaciones de ojos, orejas, narices y genitales a la que se entregaron los islandeses. Eso sí, los islandeses se quedaron maravillados cuando vieron que algunos de los perseguidos

en su huida se lanzaban al mar y nadaban, una habilidad cuya existencia ellos desconocían. En 2015, cuando se cumplieron cuatrocientos años de los hechos, el Gobierno de Islandia organizó en el mismo lugar de la matanza, Hólmavik, un acto simbólico de reconciliación. Con descendientes de protagonistas de ambas partes, la antigua ley —que todavía seguía vigente— fue solemnemente derogada, por lo que a partir de aquel momento en Islandia ya no sería legal matar vascos.

Sorprendentemente, los británicos, a pesar de su tradición naval, durante siglos habían permanecido ajenos a la carrera ballenera. Con su habitual destreza para evitar hacer por sí mismos aquello que era desagradable o arriesgado, habían permanecido lejos de aquella industria y compraban aceite o barbas a los balleneros vascos. Pero, cuando el aumento de la demanda hizo que el precio del aceite en el mercado de Londres se disparara, el aguijón económico hizo que la flema británica se desperezara.

La primera expedición ballenera de esta nacionalidad tuvo lugar en 1594, cuando varios barcos fueron despachados hacia la isla del Cabo Bretón, en lo que hoy es la Nueva Escocia canadiense, para cazar morsas y ballenas. Uno de estos barcos, el *Grace*, de Bristol, regresó con una carga de barbas que había hallado en un barco vasco embarrancado y abandonado tres años antes en la bahía de San Jorge. Estas fueron las primeras barbas de ba-

llena que llegaron a Inglaterra, y generaron una enorme expectación y animaron el adormecido capital londinense. Casi paralelamente, en 1596, una expedición comandada por el holandés Willem Barents, que pretendía encontrar una ruta que permitiera alcanzar Asia bordeando Siberia, descubrió el archipiélago de Svalbard. Poco después el británico Hudson visitó la zona y, al regresar a su país, alertó de la abundante presencia de cetáceos en la región, con lo que de inmediato se iniciaron las expediciones a estas islas. Según William Scoresby, durante los primeros tiempos de la pesca en aquellas aguas, las ballenas eran tan confiadas y curiosas que ellas mismas se aproximaban a las chalupas balleneras que les habían de dar muerte.

Aunque los británicos habían sido los precursores, el resto de los países europeos pronto tomaron nota y sus flotas comenzaron a acudir a la zona. Al ver aquello, y alegando un inexistente derecho de descubrimiento, la Corona británica otorgó a la Compañía Moscovita, una firma mercantil creada unos años antes para el descubrimiento de tierras desconocidas, un privilegio real que le concedía el monopolio de las islas Svalbard, al tiempo que unilateralmente prohibía a los barcos de otras banderas el acceso a aquellas aguas. El primer año en que esto sucedió, en la zona coincidieron cinco barcos británicos, ocho españoles, seis franceses y dos holandeses. Los barcos de la Moscovia, mosquete en mano, amedrentaron al resto de los pesqueros en la

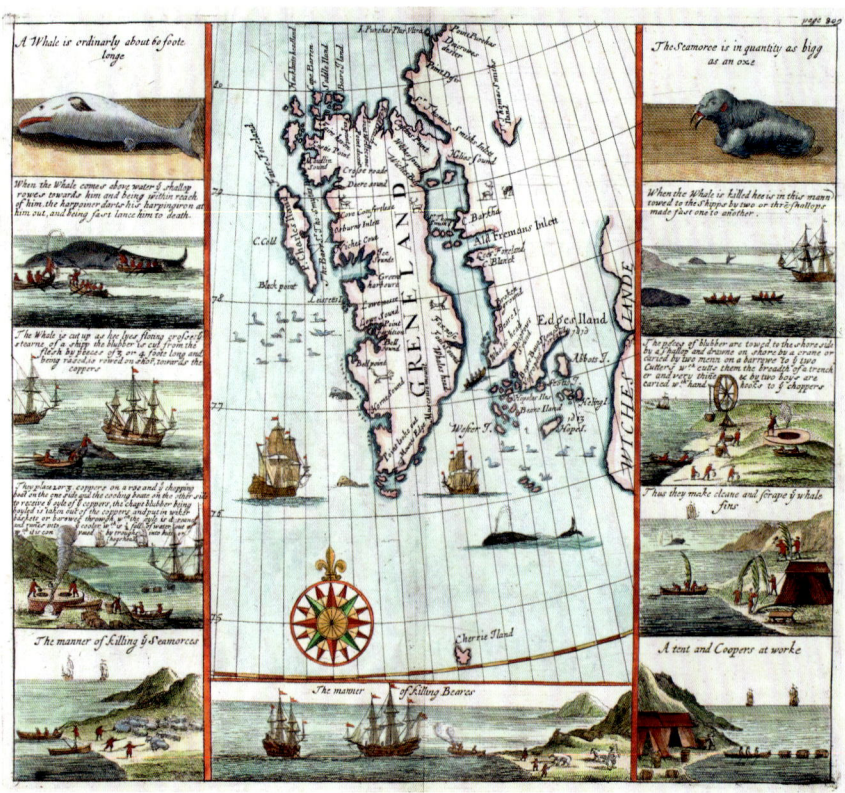

Mapa de la isla de Spitzberg que acompañaba el diario
de Thomas Edge, uno de los primeros capitanes de la
Compañía de Moscovia que fue allí a capturar ballenas,
en 1611. Las viñetas describen los trabajos en la isla, los
cuales, tal como puede observarse, no se limitaron a los
cetáceos, ya que también capturaron numerosas
morsas. Grabado incluido en la obra publicada en 1704
en Londres por Awnsham y John Churchill: *A collection
of voyages and travels.* Australian National Maritime
Museum Collection 00019689.

zona y confiscaron el aceite y los arpones y
demás artilugios de pesca a un par de balleneros franceses, obligándolos así a volver a
casa con las bodegas vacías. Pero la respuesta
no se hizo esperar y, en 1613, mientras la Corona británica enviaba trece barcos a las Svalbard, los holandeses mandaron dieciocho,
cuatro de ellos armados hasta los dientes. Los
daneses, por su parte, pusieron algo más de
sal en el cocido despachando también dos buques de guerra para proteger a sus balleneros.
Fue un buen argumento. Londres se avino a
negociaciones y las Svalbard fueron divididas
en distritos que se asignaron a las distintas
naciones con intereses pesqueros, incluida
España, a quien le correspondió una pequeña
península situada en el norte de la isla de Spitsbergen. La toponimia usada en los mapas de
la época refleja claramente este reparto: isla
Ámsterdam, isla de los daneses, bahía inglesa
y... cabo Vizcaya.

La competencia allí pronto fue feroz y, a pesar
de haber sido los británicos los primeros en
explotar el caladero, la intrincadísima burocracia de aquel país y las luchas entre distintas
compañías nacionales restaron competitivi-
dad a la Moscovia. Por su parte, las empresas
vascas españolas perdían fuelle por la crisis
en la que nuestro país se hallaba sumida, que
comportaba la reiterada confiscación real de
buques y una completa desorganización de la
administración. Además de Islandia, las aguas
atlánticas septentrionales ofrecían numerosos
caladeros de ballena que genéricamente los vas-

cos englobaban bajo el término de «Noruega»: Groenlandia, la isla de Jan Mayen y el archipiélago de Savlbard, cuya principal isla es Spitzberg. Según relata Fernández Duro, en 1612 una nao vasca recaló en Groenlandia, a la formidable latitud de 78º 30', y allí se encontró con tal abundancia de ballenas que al año siguiente partieron con aquel destino diez naos de Donostia y Pasaia. Sin embargo, estas expediciones no tuvieron la misma suerte que su predecesora, pues se toparon con una flota armada inglesa que les impidió el acceso, reclamando aquellas aguas como propias, y, de paso, les confiscaron el aceite que los vascos habían recolectado hasta aquel momento. Poco después, entre 1614 y 1620, diversos navíos vascos se dirigieron a las costas del norte de Noruega y establecieron pequeñas estaciones de procesamiento en lugares como Vardø, Kjelvik o el fiordo de Lakse, pero tampoco allí tuvieron buena acogida. En algunos casos los barcos fueron confiscados y en otros los expedicionarios tuvieron que partir apresuradamente, dejando tras de sí instalaciones y equipos. En menos de una década los holandeses lograron imponer su supremacía en la región,

A principios del siglo XVII confluyeron en las islas Svalbard las flotas de los países del norte de Europa que ansiaban implantar una industria ballenera propia: Inglaterra, Francia, Dinamarca y Holanda fueron los principales participantes en aquella carrera. Los más diligentes fueron los holandeses, en buena medida gracias al decidido apoyo gubernamental y la agilidad de sus empresas. Grabado de la *Histoire des pêches, des découvertes et des établissemens des Hollandois dans les Mers du Nord*, de Bernard de Reste, 1791.

Pesca de la ballena en la isla Jan Mayen. Grabado incluido en la obra publicada en 1704 en Londres por Awnsham y John Churchill: *A collection of voyages and travels*.

convirtiendo *de facto* las Svalbard en un territorio bajo su control. En 1619, en aquellas aguas operaron treinta y cuatro buques, de los cuales ninguno era vasco; nueve eran británicos; dos, daneses; y veintitrés, holandeses. Aquello permitió a los holandeses establecer en Spitsbergen una funcional base operativa, Smeerenberg, a la que acudían año tras año. Ellos organizaban expediciones y aportaban el capital y la mayor parte de los hombres, pero durante mucho tiempo siguieron confiando las labores más especializadas a balleneros vascos, a los que les reconocían su preeminencia en el arte de la ballenería.

En otras regiones del planeta las cosas no fueron mejor para los intereses españoles. En 1614, un conflicto semejante al de Svalbard tuvo lugar en Loppa, en la costa septentrional de Noruega. La presencia continuada de buques vascoespañoles y vascofranceses no agradaba a la Corona danesa, entonces propietaria nominal de aquellas costas, que aquel año despachó una flotilla para poner orden. Los daneses atraparon una veintena de barcos, a los que impuso severas multas. A una expedición de dos barcos vascofranceses les fueron confiscadas quinientas barricas de aceite y una de las naves, y a dos patrones de Donostia les fueron incautadas seiscientas barricas de aceite, que eran el producto de dieciocho ballenas, es decir, el producto completo de una temporada de pesca. Aun así, aquella muestra de fuerza no impidió que las expediciones vascas, normandas y holandesas se mantuvieran a lo largo de la costa noruega, y de hecho alcanzaron un máximo entre 1640 y 1660, aunque a partir de entonces fueron disminuyendo hasta extinguirse a principios del siglo XVIII, cuando, a causa de la pesca excesiva, menguó la población de las ballenas.

Por otra parte, los horizontes de los mareantes vascos no se limitaron al Atlántico Norte. Buscando aguas menos conflictivas, en 1602 el capitán Pedro de Urecha y su socio Julio Miguel, ambos de Bilbo (Bilbao), obtuvieron de Felipe III, entonces rey de España y Portugal, el privilegio de pescar ballenas en las costas de Brasil. Se establecieron en Bahía, y en la amplia ensenada que forma el Recôncavo Baiano estuvieron durante diez años cazando cetáceos, probablemente una combinación de ballenas francas meridionales y de yubartas. Sin embargo, tampoco allí la iniciativa progresó. Al finalizar la concesión real en 1612, los vascos fueron sustituidos por compañías portuguesas locales, que continuaron explotando las poblaciones de ballenas hasta bien entrado el siglo XX.

En los albores del siglo XVIII la pesca ballenera española se hallaba en pleno declive. Pero
no sucedió así con la de otras naciones. En
las Svalbard, la excesiva presión hizo que a las
pocas décadas las ballenas escasearan en el
interior de las bahías y que los barcos se vieran obligados a buscar la pesca primero en
aguas abiertas y luego en las costas de Islandia
y del este de Groenlandia. Hacia 1670, se trabajaba a tal distancia de la costa que los barcos
dejaron de remolcar las piezas capturadas hasta Smeerenberg y comenzaron a despiezarlas
en alta mar, cargando la grasa directamente a
bordo. Como su posterior desembarco en las
abruptas playas de las Spitzberg resultaba un
trabajo cargado de dificultades, los navíos balleneros comenzaron a obviar el paso por
Smeerenberg y a transportar la grasa directamente a Holanda para su fundido. Por otra
parte, la escasez de ballenas llevó a los holandeses a penetrar en 1719 en el estrecho de
Davis, entre Groenlandia y el continente
americano, y a la zaga les siguieron balleneros
escoceses y estadounidenses. Scoresby, que
describió aquella pesquería en 1820, detalló
que, durante los ciento veinte años que se ex-
tendían entre 1669 y 1778, los holandeses enviaron más de diecisiete mil expediciones y
capturaron casi sesenta y cinco mil ballenas.
En 1744 se alcanzó un máximo de 1.494 expediciones a aquellas aguas en un solo año, una
cifra descomunal para la época. Como siempre, la sobreexplotación causó estragos en las
poblaciones de ballenas y la flota holandesa,
debilitada además por las continuas guerras

La escasez de ballenas se notó primero cerca de la orilla, y esto obligó a los barcos a ir a buscarlas lejos de la costa, hasta el punto de que ya no resultaba práctico remolcarlas hasta los centros de procesado en tierra firme. Por este motivo, las ballenas comenzaron a ser descuartizadas en alta mar, amadrinadas al buque. Grabado de la *Histoire des pêches, des découvertes et des établissemens des Hollandois dans les Mers du Nord*. Bernard de Reste, 1791.

con Inglaterra y Francia, perdió nervio. Tanto,
que en 1798 solo quedaban nueve barcos operativos. Como había sucedido con los vascos
anteriormente, los experimentados balleneros
holandeses no tuvieron reparo en alistarse en
las flotas inglesas y americanas, sus hasta entonces feroces competidores, y traspasarles su
conocimiento del oficio.

Las expediciones a aguas lejanas dieron lugar
a una innovación en el procedimiento de captura y procesado que a partir de la segunda
mitad del siglo XVIII tendría una influencia
central en el desarrollo de la pesca oceánica: la
colocación de los hornos de extracción de saín
a bordo de los navíos. Esta novedad aportaba
muchas ventajas: por un lado, concentraba las

En los barcos de pequeño porte, los hornos de cocción inventados por Sopite se armaban sobre la cubierta, principalmente en la popa. En los buques de mayor porte, como el representado en este grabado, se emplazaban sobre la segunda cubierta, lo que facilitaba el trabajo de los hombres que manipulaban la grasa desde la boca superior de los calderos. Grabado del *Traité général des pêches*, de Henri-Louis Duhamel du Monceau, 1769-1782.

distintas operaciones en un espacio menor y el aceite podía ser envasado y almacenado en el mismo lugar donde luego se estibaría para el tornaviaje; por otro, permitía mayor movilidad a la expedición, al desligarla de ataduras terrestres. No obstante, comportaba enormes peligros. Para mejorar la estanqueidad de los cascos de los barcos, la tablazón de madera se impermeabilizaba con brea, un material altamente inflamable. A esto se añadía que, a medida que la expedición avanzaba y se desguazaban ballenas en cubierta, la madera iba absorbiendo la grasa y el aceite. Todo ello hacía que una simple chispa pudiera transformar el buque en una tea y, si esto sucedía,

aparte de las posibles pérdidas personales, el regreso a casa podía resultar inviable.

Sin embargo, en 1635 un capitán ballenero de Ziburu, François (o Martin) Sopite, dio con la manera de evitar estos peligros y construir hornos de cocción seguros. Pronto la novedad se extendió entre la flota vasca. La ballena dejó de cuartearse en la playa. Se amadrinaba al costado del barco, se desollaba en el agua y se izaban a bordo las tiras de grasa mediante poleas. Resulta llamativo el hecho de que los holandeses desconfiaran del invento y, en su masiva explotación ballenera en las islas Svalbard, siempre realizaran en tierra firme la extracción

del saín. Aunque algunos buques vascos fueron pioneros en la construcción de estos hornos, no fue hasta el traspaso del testigo a la flota americana un siglo después cuando la incorporación de los hornos a bordo de los barcos se generalizó, lo que permitió que la operación se llevara a cabo por completo en alta mar, abriéndose así la explotación a especies oceánicas, como el cachalote.

Hornos para la cocción construidos con ladrillos dispuestos en la cubierta de una goleta estadounidense del siglo XIX. Grabado de *Nimrod of the Sea; or, The American Whaleman*, do William M. Davis, New York, 1874.

La decadencia de la industria ballenera nacional

La industria ballenera española se hundió entre la segunda mitad del siglo XVII y principios del XVIII. De hecho, el pistoletazo de salida lo había dado algo antes Felipe II al ordenar, en 1588, la integración de las naos balleneras vascas en la Grande y Felicísima Armada, más conocida por el irónico nombre de Armada Invencible, que debía conquistar Inglaterra. El fracaso de aquella expedición, que conllevó la muerte de más de diez mil marineros, no desanimó a la Corona y los reyes sucesores persistieron en su inclinación a incomodar tanto a las potencias vecinas como a los distintos rincones de su propio imperio.

Durante el mandato de Felipe IV (1605-1665) se entablaron conflictos armados con Francia, Inglaterra y los Países Bajos, y se provocaron sublevaciones en Portugal, Cataluña, Nápoles y Sicilia, e incluso en lugares tradicionalmente dóciles, como Aragón y Andalucía. Para poder apagar los sucesivos incendios, la Corona incurrió en enormes gastos y echó mano de aumentos abusivos de impuestos, devaluaciones de la moneda y el secuestro de remesas de metales preciosos que llegaban de las Indias. A la muerte del rey, España había sufrido varias bancarrotas y una inflación galopante, y se hallaba sumida en una recesión imposible de reconducir. El País Vasco la acusó particularmente. Como explica Azpiazu, la flota vasca estaba estrechamente unida al devenir de Castilla y sucumbió a las crecientes exigencias a que obligaban las aventuras marítimas del monarca, con lo que sufrió directamente las consecuencias del fracaso del proyecto imperialista que este promovía.

El rey sucesor, Carlos II, conocido como el Hechizado (1661-1700), logró dar un pequeño respiro a la economía, pero su incapacidad física y su infertilidad, debidas a la acumulación de taras genéticas por la repetida consanguinidad de los enlaces matrimoniales reales, desembocaron en la sangrienta guerra de Sucesión que dividió España e implicó a la práctica totalidad de Europa. El vencedor de la contienda fue Felipe V (1683-1746), un rey que, curiosamente, ha pasado a la historia como el Animoso a pesar de que sus problemas mentales lo mantenían de modo casi permanente sumido en depresiones de tal magnitud que en sus momentos álgidos llegaba a creer que era una rana o que podía cabalgar a lomos de los caballos pintados en los tapices que decoraban los muros de palacio. A pesar de su estado mental, sus ejércitos lograron someter por las armas a Aragón, Valencia y Cataluña, aunque para obtener la paz con el resto de los países la Corona se vio obligada a abundantes concesiones, entre ellas a firmar los tratados de paz de Utrecht de 1713 y 1715 que, aunque en su capítulo 15 específicamente reconocía el derecho de los vascos a pescar en Terranova, Inglaterra incumplió sus compromisos e impidió el acceso a los bancos pesqueros de aquellas aguas.

En los albores del siglo XVIII el escenario para los pescadores vascos era catastrófico, y no solo por la pérdida de Terranova. El país estaba sumido en la ruina, pero al mismo tiempo la Corona se empeñaba en mantener el dominio de un enorme imperio. El control de las posesiones desperdigadas por los cinco continentes requería galeones y marinos que solo podían obtenerse mediante levas forzosas y la confiscación de barcos mercantes y de pesca. Aquello entorpecía las expediciones balleneras a los lugares que aún no habían sido vetados, como Islandia o las islas Svalbard. Las consecuencias de todo ello no se hicieron esperar. Los balleneros vascos comenzaron a enrolarse en flotas extranjeras.

Las deserciones a buques neerlandeses fueron particularmente importantes y se vieron facilitadas por el hecho de que los Países Bajos estaban dentro de la esfera de influencia de la Corona española, lo que facilitaba los movimientos de las personas. Ello explica que los cuadros holandeses del siglo XVIII que representan la entonces floreciente industria ballenera de aquel país muestren arponeros y laboreros del saín luciendo *txapelas*. Así, los oficiales y marineros de los galeones, el personal de apoyo en Smeerenberg y los remeros de los botes balleneros eran holandeses, pero los maestros descuartizadores, los encargados de supervisar la extracción del aceite y, sobre todo, los arponeros, timoneles y remeros de los botes eran, todos ellos, vascos. Aquella hemorragia de trabajadores hizo que los españoles dejaran de ser empresarios para pasar a ser empleados, aunque, eso sí, distinguidos empleados. No es de extrañar que, en la literatura holandesa de la época, la azarosa carrera que, después de arponear a una ballena, emprendían los botes sobre las olas a remolque de la bestia enfurecida reciba el nombre de «carretilla española»; y que los mangos de los arpones se denominen «estacas»; los cuchillos, «machetes»; y los cabos que aseguraban las lanzas, «va-y-ven».

El otro destino preferido de los arponeros vascos fue, por proximidad, la flota francesa. Según J. E. Casariego, en aquella época el 70% de los marinos que tripulaban los buques balleneros franceses eran españoles. A finales del siglo XVII, de los treinta y dos capitanes balleneros de Honfleur cuyo origen conocemos, solo tres no eran vascos. En 1684, el *Saint Etienne*, un ballenero de 160 toneladas, embarcó una tripulación de treinta y nueve hombres compuesta a partes iguales por vascos y normandos: eran vascos el piloto, los cinco arponeros, el primer piloto, dos carpinteros, tres toneleros, dos timoneles, un mayordomo y tres marineros, es decir, diecinueve hombres; por su parte, el contingente normando lo componían el médico, dos carpinteros, un arponero, un tonelero y catorce marineros, lo que suma también diecinueve hombres. Aun así,

la ocupación de estos últimos indica que conformaban la parte menos especializada de la tripulación.

Una composición paritaria de este tipo era frecuente, cuando no sucedía que los vascos predominaban. Y esto no ha de hacer pensar que una vez a bordo las diferencias se disiparan. Más bien al contrario, se mantenían de manera muy marcada, no solo en el trabajo que cada parte realizaba, sino también en su organización y comportamiento. El sistema de salarios era transparente: los vascos cobraban en función de la pesca que realizaban, mientras que los normandos viajaban a sueldo fijo, lo que refleja que la responsabilidad de la expedición recaía en los primeros: si hacían bien las cosas, los vascos sacaban una tajada probablemente muy superior al contingente funcionarial normando; en cambio, si las cosas se torcían, como en el caso de la expedición de 1688 del *Saint Étienne*, que después de cinco meses regresó a Honfleur habiendo cazado únicamente un narval, regresarían a su hogar con los bolsillos vacíos y envidiando el modesto pero seguro salario que los normandos se embolsarían. Por este y otros motivos, la vida a bordo no estaba exenta de fricción. En 1671, Isaac Lecordier, comandante normando del *Espérance*, se lamentaba con indignación bien justificada de que, cuando su barco embarrancó, los miembros vascos de la tripulación abandonaron la nave sin hacer el mínimo esfuerzo para ayudar al resto de los tripulantes a salvarla.

La sangría generalizada de marinos hizo que la flota nacional se desproveyera progresivamente de balleneros experimentados. La reacción de la Corona fue la usual: en vez de intentar resolver el problema de fondo —es decir, las dificultades en el acceso a los caladeros y la confiscación de barcos producida por la incesante política de agresiones a potencias vecinas—, echó el peso de la ley sobre los hombros de los afectados. Se enfrascó en la emisión de una retahíla de edictos que amenazaban a todo aquel que incurriera en lo que consideraba una traición a la patria. Los castigos a los infractores incluían la apropiación de sus bienes, la inhabilitación para el oficio de marinero, el destierro e incluso la pena capital. Las primeras órdenes reales en este sentido son del primer cuarto del siglo XVII, pero se intensifican particularmente a partir de la firma de los Tratados de Utrecht, en el primer cuarto del XVIII. Aun así, el ruido administrativo sirvió de poco y el flujo humano fue tan intenso que pronto la flota nacional quedó desprovista de conocedores del oficio.

Ninguna industria ha sido capaz de mantener sus secretos indefinidamente. Pero la emigración de los marineros más capacitados, combinada con las abundantes subvenciones con las que las potencias del norte de Europa regaban sus industrias, en oposición a las amenazas y las confiscaciones que imperaban en España, aceleraron el traspaso del conocimiento. En pocas décadas, los empresarios vascos habían perdido definitivamente el monopolio de la pesca ballenera y esta se había convertido en un empeño internacional. Francia, Inglaterra, Holanda y Dinamarca pasaron a formar la primera fila del frente ballenero. Durante un tiempo los mercaderes vascos, que ahora se veían obligados a comprar los productos con los que comerciaban a compañías extranjeras, mantuvieron sus redes de distribución e incluso participaron como inversores en el armamento de flotas balleneras vascofrancesas, pero poco a poco todo aquello acabó diluyéndose. En 1732, el Consulado donostiarra intentó recuperar las glorias perdidas creando la Compañía Ballenera de San Sebastián, pero la iniciativa acabó en un rotundo fracaso. Después de cerca de setecientos años de vitalidad, finalmente la industria había muerto.

El paso del tiempo no ha sido inocuo: los arpones, calderos y cuchillas han sucumbido a la herrumbre y las antiguas estructuras a lo largo del litoral han sido reemplazadas por puertos y edificios modernos. Aun así, la huella que la pesca ballenera costera ha dejado en la costa cantábrica sigue siendo abundante. Los archivos documentales están repletos de edictos y órdenes reales, litigios, testamentos, contratos y memoriales. Algunos de ellos, así como diversos libros de la época, incluyen imágenes, aunque, dado que hasta finales del siglo XVIII los dibujantes o grabadores nunca habían sido testigos directos de la operación ni habían visto una ballena en su vida, sus representaciones son a menudo fantasiosas y poco ajustadas a la realidad. Muchas villas os-tentan en sus iglesias y edificios escudos nobiliarios y concejiles, con motivos balleneros. En lo que respecta a los restos arquitectónicos, en Galicia y Asturias aún se conservan antiguas casas de ballenas, y podemos observar huesos de cetáceos empleados en la construcción de edificios y el mobiliario doméstico. Curiosamente, en Bizkaia y Gipuzkoa, que fueron la cuna de la actividad, es donde menos restos de este tipo han sobrevivido, probablemente debido al mayor grado de transformación que ha experimentado la costa vascongada. De cualquier modo, a lo largo de todo el litoral aún podemos contemplar vestigios de diversas atalayas, en buena medida gracias a que se erigían en peñascos o lugares elevados que el mundo moderno no ha logrado urbanizar.

Como la pesca ballenera fue un motor de la navegación y el comercio de la región, y muchas familias vivieron directa o indirectamente de ella, su legado antropológico y social en las comunidades costeras cantábricas fue significativo. Sin embargo, la industria tenía una cara oscura. Dar muerte a un animal de más de 70 toneladas, que reaccionaba violentamente al sentirse herido, era una acción ya de por sí arriesgada. Pero si aquella tarea debía llevarse a cabo en las poco amigables aguas invernales del Cantábrico, los riesgos se multiplicaban. Joanes Etxeberri Ziburukoa, un eclesiástico de la Ilustración que escribía canciones y versos en metros populares para que los pescadores los cantaran, redactó en 1627 la *Balea colpatu eta*, u *Oración de la ballena arponeada*, en la que decía: «Señor, hemos herido con golpe de arpón la ballena, más por tu gracia que por nuestro arte, sin que nos haya herido con su fuerza, ni roto el parejo con los latigazos de su cola, o las conmociones de su cuerpo, ni puesto quilla al sol la chalupa o arrastrada mar adentro; cuídanos en estos trances para que podamos volver a tierra y darte las gracias; protege nuestras vidas». Era un perfecto resumen de los riesgos cotidianos que aquellos balleneros primitivos afrontaban con conocimientos, embarcaciones y herramientas a menudo muy precarios. Sin embargo, aquellos hombres nunca tuvieron conciencia de ello. La visión de la pesca ballenera como una gesta heroica llevada a cabo por aguerridos marinos es una construcción moderna. Los documentos y memoriales que entonces se escribieron sobre la pesca ballenera son fríamente sucintos. Nunca hablan de riesgos, ni de heridos, ni de muertes, porque todo aquello se daba por descontado y no merecía ni una línea. La tinta se reservaba para lo sustancial, que era la producción de aceite, los repartos, los diezmos, los litigios…, en fin, todo aquello que importaba para el negocio. Como bien describe Ciriquiain Gaiztarro, los textos son propios de la mano de escribanos y contables. Los padecimientos y los muertos los llevaban los pescadores en el corazón y solo el océano supo alguna vez cuántos balleneros murieron.

Carta del virrey de Navarra en la que comunica a
la provincia de Cipuzkoa la orden real que prohíbe la
contratación de arponeros en barcos de «los estados
de Flandes e islas de Olanda y otras partes fuera de
los Reynos de España, que tratan de conducir
arponeros y marineros a la nueva pecquoría de
ballenas que se ha descubierto en Noruega».
Instruye para que se apliquen castigos a los
implicados y a los «mercaderes y personas que los
inducen y conciertan, so pena a la vida y perdimiento
de bienes». Archivo Vargas Ponce, tomo III,
documento 46, folio 91, Museo Naval de Madrid.

Sáñez Reguart, el político ilustrado que se empeñó en resucitar la industria ballenera nacional

Antonio Sáñez Reguart fue un personaje arquetípico de la Ilustración. Hijo de militar y nacido en Barcelona en el seno de una familia solariega que había perdido parte de su fortuna como consecuencia de la guerra de Sucesión, recibió una sólida educación y adquirió un profundo conocimiento del idioma francés, entonces la lengua habitual en la corte borbónica. En 1763 ingresó como funcionario de la Administración y a partir de 1780 prestó una fructífera carrera durante tres lustros al servicio de la Secretaría de Marina. Por orden del rey, colaboró con el Real Gabinete de Historia Natural, lo que le permitió profundizar en la ciencia de la ictiología. Durante este período recibió también el encargo de «indagar y proponer» medios para fomentar la pesca en España, puesto que, de modo incomprensible dada la longitud de costa existente y la abundante disponibilidad de caladeros locales, el país dependía masivamente de las importaciones de pescado del extranjero, sobre todo del bacalao proveniente de Terranova a través de Inglaterra. Este encargo le llevó a recorrer todos los puertos del litoral ibérico y a redactar en 1789 unas pioneras ordenanzas generales de pesca. Además, los viajes le sirvieron para construir un enorme fondo documental, que fue la base de su *Diccionario histórico de los artes de la pesca nacional*, que vio la luz entre 1791 y 1795. Esta obra, una de las más destacadas de la Ilustración española, es una monumental publicación en cinco tomos de tamaño folio, cada uno de ellos compuesto por cuatrocientas o quinientas páginas y una setentena larga de grabados calcográficos de extraordinaria calidad. En ella se describen en detalle los distintos sistemas y artes de pesca con los que en aquella época se explotaba el mar.

En el tercer volumen del *Diccionario*, más de ciento veinte páginas y veinticinco láminas están dedicadas al término «harpón», es decir, a la pesca de la ballena. Esta entrada contiene una de las descripciones más detalladas y mejor informadas de los métodos utilizados por la industria ballenera durante la Edad Moderna, y en ella se constata la decadencia de la actividad a finales del siglo XVIII. De hecho, Sáñez Reguart realizó una encuesta para localizar arponeros, pero no logró hallar siquiera uno solo que aún estuviera vivo en un puerto español, lo que le llevó a plantearse contratarlos en Holanda para rescatar el conocimiento del oficio. Como resulta evidente a partir de la lectura del texto, el autor quedó cautivado por el tema, hasta el extremo de que decidió impulsar una iniciativa que permitiera recuperar las glorias arponeras que habían caído en el olvido. Fiel a este empeño, logró que en 1789 Carlos IV creara la Real Compañía Marítima, una empresa pública cuya misión era precisamente el renacimiento de la ballenería en nuestro país. La parafernalia burocrática fue formidable: unos estatutos compuestos por setenta y nueve artículos y el nombramiento de numerosísimos directores y consejeros que se repartían entre los diversos puertos cantábricos, además de, por descontado, la capital, Madrid. Como irónicamente razonó Ciriquiain Gaiztarro, con tanto director era difícil cazar ballenas, por lo que no resultaba difícil vaticinar que la Compañía acabaría naufragando en un mar de burocracia.

Aun así, en 1789 se logró armar una expedición compuesta por dos fragatas y dos goletas, que partieron rumbo a Puerto Deseado, en la Patagonia Argentina. La elección de aquel destino respondía a un doble objetivo. Por un lado, Carlos III había creado la década anterior el virreinato del Río de la Plata, pero la zona meridional del país corría el peligro de ser colonizada por Inglaterra o Francia debido a la escasa presencia española. Era vital crear con rapidez asentamientos propios. Sin embargo, para hacerlo no bastaba con enviar soldados y colonos, sino que era necesario encontrar para ellos un medio de supervivencia. La pesca de la ballena podía jugar este papel, puesto que las expediciones de John Byron, Juan de la Piedra y otros exploradores habían señalado, todas ellas, la gran abundancia de ballenas en aquellas aguas. Byron incluso llegó a afirmar que en las cercanías de Puerto Deseado el número de ballenas era tan grande que la navegación se hacía peligrosa.

No obstante, los planes diseñados en la capital no siempre se desenvuelven con acierto en las provincias, sobre todo si son tan remotas y aisladas como lo era entonces la Patagonia. En lo que respecta a las ballenas, la expedición fue un completo fracaso. Desde luego en aquellas aguas, principalmente en el golfo de San José, los expedicionarios hallaron ballenas, y muchas, pero los intentos de darles caza acabaron casi siempre en un rotundo fracaso. Cuando se hubieron perdido todos los arpones y estachas, la tripulación decidió centrarse en la captura

de lobos y leones marinos, infinitamente menos productivos, pero mucho más fáciles de sacrificar. Como describe Damián Vales (2024), posteriormente, la Compañía se trasladó a la bahía de Maldonado, al sur de Uruguay, y allí prosiguió sus trabajos con éxito parecido hasta 1803, año en el que se disolvió. Durante sus casi tres lustros de actividad, la Compañía solo fue capaz de capturar aproximadamente un centenar de ballenas, la mayor parte crías, de las que obtuvo unas cantidades misérrimas de aceite. Eso sí, se estima que dio muerte a unos doscientos mil lobos marinos y leones marinos, y a algunos elefantes marinos, de los que fundamentalmente extrajeron «cueros», es decir, pieles para el curtido. El único legado tangible que dejó aquella empresa ballenera fue el escudo de armas de la ciudad uruguaya de Maldonado, que, al igual que los antiguos puertos vascos de abolengo ballenero, exhibe un castillo almenado bajo el cual una ballena nada mientras lanza chorros de agua.

Real Cédula concedida en Madrid el 19 de septiembre de 1789 por Carlos IV mediante la cual se crea la Real Compañía Marítima. El empaque de la iniciativa fue tal que incluso se diseñó una bandera con emblema específico para identificar la pesca ballenera. Museo Naval de Madrid.

La pesca oceánica en barco de vela

Durante el siglo XIX, New Bedford se convirtió en el corazón de la pesca ballenera. En 1857 alcanzó su auge con trescientos veintinueve buques dedicados a esta actividad y más de diez mil empleados. La flota valía más de 12 millones de dólares, lo que convertía la caza de ballenas en la quinta industria de Estados Unidos. Según el censo, aquello daba a New Bedford la mayor riqueza per cápita del mundo, con un patrimonio de 1.615 dólares por habitante. Gracias a la herencia de dos grandes fortunas balleneras, Hetty Green, conocida como la Bruja de Wall Street, se convirtió en la mujer más rica de América.

En 1712, un pequeño bote ballenero de Nantucket, una pequeña isla situada en la región norteamericana de Nueva Inglaterra, estaba buscando ballenas francas cerca de la costa cuando fue arrastrado a aguas abiertas por un vendaval. Al amainar la tormenta, el bote dio de bruces con un cachalote. Individuos de aquella especie habían aparecido varados en las playas anteriormente, y los balleneros sabían que de ellos se podía extraer un aceite de calidad superior, muy apreciado para la iluminación. Dejándose llevar por el entusiasmo, su capitán, Christopher Hussey, decidió arriesgarse. La suerte le sonrió y de este modo tan fortuito se inauguró una nueva era. Al año siguiente toda la isla de Nantucket se dedicaba a la caza del cachalote, y quince años más tarde el puerto contaba con una flota de veinticinco goletas cachaloteras que organizaba expediciones por todo el Atlántico Norte y las costas de Brasil.

A mediados del siglo XVIII, los procedimientos de Sopite para cocinar la grasa y extraer el aceite a bordo de los buques se habían generalizado entre la flota ballenera, y a las ballenas se las perseguía y cuarteaba en alta mar, amadrinadas al costado de la nave. La operación se había librado definitivamente de su atadura costera. A esto se añadía que el desarrollo de los barcos y de la tecnología naval ofrecía una navegación más segura, lo cual impulsó la extensión de la actividad a aguas cada vez más lejanas.

Pronto, la pesca del cachalote se extendió como una mancha de aceite. En 1787, un primer ballenero, el *Amelia*, dobló el cabo de Hornos y regresó un año y medio más tarde con 139 toneladas de aceite obtenido en el Pacífico, abriendo así definitivamente las puertas de la pesca a este océano. Hacia 1820 se descubrieron los productivos caladeros de la costa de Japón, y tres años más tarde los balleneros ya surcaban el Índico y las ricas aguas de Madagascar y el

golfo Pérsico. Finalmente, en 1835, con el descubrimiento del caladero de Kodiak, en el golfo de Alaska, se extendió la actividad a las latitudes árticas del Pacífico, unas aguas donde abundaban las ballenas francas y las polares.

El ejemplo americano fue pronto seguido por Inglaterra, Francia y otros países europeos, aunque durante todo el siglo XIX la flota ballenera de Nueva Inglaterra mantuvo su preeminencia. En 1842, momento álgido de la industria, de los 882 barcos balleneros registrados en todo el mundo, 652 eran de esta región. El resto procedía principalmente de Inglaterra y de Francia. En este último país, la pesca ballenera tuvo un cierto resurgimiento al terminar las guerras napoleónicas, en 1815, pues el Gobierno de esta nación concedió abundantes ayudas para resucitar una industria que allí se había extinguido. Con ello logró que numerosos balleneros norteamericanos, que con la independencia de Inglaterra habían visto vetadas sus exportaciones de aceite a los mercados de Londres, se trasladaran a Francia con sus barcos, tripulaciones y conocimiento del oficio. En aquella segunda fase de la pesca ballenera francesa, el centro de gravedad de la industria se desplazó desde el País Vasco francés, donde hasta el siglo XVIII había estado basada, hasta puertos más septentrionales, principalmente Burdeos, Nantes, Honfleur y Le Havre.

De cualquier modo, con independencia de su puerto de origen, las modernas goletas y bricbarcas balleneras se esparcieron por los océa-

A diferencia de las ballenas, que son animales que pacen en los océanos filtrando minúsculos organismos planctónicos, el cachalote es un depredador que consume grandes peces y calamares gigantes. Su reacción al sentirse atacado nunca resultaba pacífica y era frecuente que con la cola desfondase las chalupas desde las que se le intentaba dar muerte. Pescar esta especie resultaba mucho más peligroso que pescar ballenas, pero también mucho más rentable.

nos del planeta en busca de cetáceos, y en ese divagar iban reclutando mano de obra barata en cualquier rincón de la geografía. Las expediciones partían con los brazos imprescindibles y contrataban al resto de la tripulación en Brasil, Perú, Cabo Verde, las Azores, Fiyi o Tonga. Queequeg, el exótico arponero que acompañaba en sus aventuras al protagonista de *Moby Dick,* y a quien Herman Melville describió, entre la admiración y la repugnancia, como un «George Washington con desarrollo de caníbal», era un nativo de los mares del sur «a medio civilizar» que se rasuraba la barba con el canto afilado de su arpón de cazar ballenas. Queequeg no era un recurso literario para animar la narración. Según el mismo Melville, en los muelles de los puertos balleneros «charlaban en las esquinas auténticos antropófagos» y los individuos que se enrolaban en los barcos procedían de los más apartados rincones de la Tierra.

La cuna de la industria estuvo en los puertos de Nantucket, New Bedford y Boston. Estas ciudades estaban pobladas por ciudadanos temerosos de Dios, que habían edificado una sociedad basada en el esfuerzo, la sobriedad y el divino mandato de conseguir el pan con el sudor de la frente. A pesar de ello, su puritanismo no les impedía tener una visión radicalmente capitalista del mundo y gobernaban sus negocios con mano de hierro, exprimiendo sus empresas hasta extraer el último centavo. Por otra parte, su credo los llevaba a afirmar que los hombres no podían ser juzgados por el color de su piel. Con todo ello, no resulta extraño descubrir que buena parte de las tripulaciones de sus barcos fueran hombres de color huidos de las plantaciones del sur. Los armadores atendían de este modo sus preceptos religiosos al tiempo que obtenían mano de obra barata y poco exigente. El resto de la marinería se reclutaba entre el segmento más marginal de la población portuaria. Así, los barcos se llenaron de aventureros, rufianes, desertores del ejército, soñadores de fortunas, ociosos de los muelles, hijos descarriados, fugitivos de la ley y borrachos insalvables. A alguna de estas categorías debían de pertenecer, porque, de lo contrario, ¿quién iba a desear enrolarse en un barco ballenero? Únicamente aquellos para quienes disfrutar de un camastro, ropa decente y comida regular resultara perentorio.

Por otra parte, para el enrolamiento, la edad no era una limitación. Los barcos alistaban grumetes de once o doce años, los denominados *greenhands,* que cargaban con las tareas más tediosas y que requerían menos experiencia: baldear la cubierta, pintar el barco o limpiar la zona de cuarteamiento una vez acababa el grasiento despiece de un cachalote.

Las expediciones solían durar entre tres y cinco años, y de ellas nunca se tenía la certeza de si se regresaría con vida. De los 787 barcos que a lo largo de los años compusieron la flota de New Bedford, 272 —es decir, más de un tercio— se perdieron durante el viaje. Por otra parte, los accidentes fatales no eran novedad entre la

De los 3.896 hombres que en 1880 componían las tripulaciones de la flota de New Bedford, un tercio eran americanos, otro tercio provenía de las Azores o Cabo Verde, y el resto eran negroafricanos, canacos y otros. Un cachalotero británico compuso su tripulación con un capitán ruso, un sobrecargo holandés, un patrón árabe, un contramaestre nigeriano y una marinería formada por ciudadanos de otras diez nacionalidades.

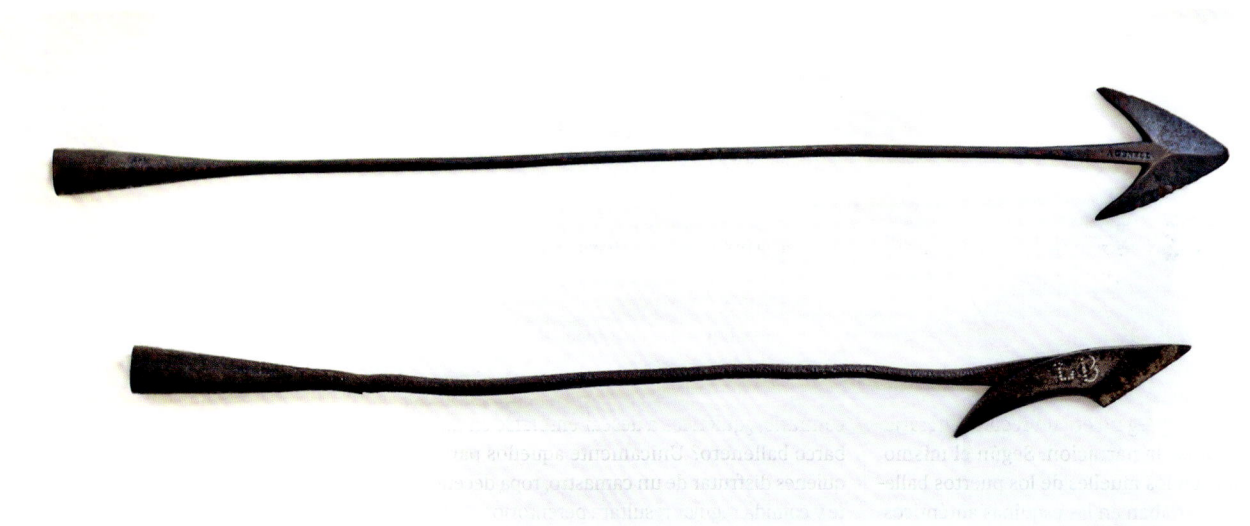

En todos los casos, el arpón utilizado por los balleneros de vela se fabricaba con hierro maleable para que, al penetrar en el cuerpo del cetáceo, las tensiones de la cuerda que lo sujetaba no rompieran el vástago, sino que este cediera deformándose sin llegar a quebrarse. Esto hacía que, con el uso, los arpones perdieran rápidamente su rectitud. En la punta del arpón situado en la parte inferior de la imagen pueden observarse las iniciales con que se distinguían los arpones de cada chalupa; en este caso se lee «LB», que corresponde a «larboard», es decir, la chalupa de babor de la nave. Al principio se utilizaron arpones de cabeza aflechada (*arriba*) similares a los que habían empleado los vascos pero, a partir de 1848, con la construcción de los primeros arpones de cabeza basculante (*abajo*), estos fueron reemplazando paulatinamente los modelos anteriores, ya que ofrecían una mayor capacidad de penetración y agarre.

marinería. El cachalote, la principal presa, no era un animal dócil y con frecuencia arremetía contra las chalupas que le daban caza e incluso contra los mismos buques. Hacia 1850, los periódicos de New Bedford relataban con detalle el padecimiento de las tripulaciones del *Essex* y el *Kathleen*, dos bricbarcas de más de 250 toneladas que se habían ido a pique cuando cachalotes furibundos habían abierto, a trompadas, vías de agua en su costado.

Los riesgos no quedaban compensados por la paga. A excepción del capitán y los oficiales, que cobraban sueldos generosos, los estipendios eran misérrimos, además de que la marinería solo cobraba al regresar a puerto, después de que los armadores hicieran cuentas de lo gastado en la expedición y de lo ganado con la venta del aceite. De hecho, no era raro que al final de una mala campaña los marineros se fueran a casa con los bolsillos vacíos. A eso se añadían también unas penosas condiciones de vida a bordo. En los barcos había poco espacio habitable y la marinería se hacinaba en camarotes del castillo de proa, unos oscuros agujeros donde la falta de ventilación impedía renovar la irrespirable mezcla de humedad, aire viciado, humo y mugre que invadía hasta el último de los rincones. La altura de estos camarotes era insuficiente para que un hombre adulto pudiera mantenerse erguido y los diarios de los marineros hablan con frecuencia de las ratas que visitaban los entrepaños y de la insufrible presencia de chinches y pulgas entre la ropa de abrigo. El número de camastros solía ser un tercio inferior al de tripulantes, pues se asumía que como mínimo un tercio de los hombres debía permanecer de guardia. La comida era escasa y de pésima calidad, en buena medida debido a que los barcos no tocaban tierra durante meses y los sistemas de conserva en aquella época eran rudimentarios. El vino se agriaba, los víveres se pudrían o se plagaban de gusanos y el agua se corrompía o, en el término al uso, se «mareaba». Un *greenhand* con notable capacidad para la síntesis describió la situación con llaneza: «Trabajamos como caballos y vivimos como cerdos».

Con todo, la dureza del oficio no parecía ser un obstáculo y, durante la época de Moby Dick y el capitán Ahab, la pesca ballenera se convirtió en una de las principales industrias marinas de Estados Unidos. Fue, además, de las primeras de todo el mundo en tener un alcance global. El Atlántico Norte, por su cercanía a Nueva Inglaterra y a los países balleneros europeos, fue intensamente explotado. En sus aguas árticas se cazaron ballenas francas y polares, mientras que en las templadas y tropicales predominó la captura de cachalotes y yubartas. Las aguas ibéricas no pasaron desapercibidas. Las fragatas británicas que desde los puertos de Londres y Gravesend se dirigían

hacia el océano Pacífico ponían rumbo primero a Galicia para luego descender hacia el sur siguiendo la costa occidental de la península ibérica, y, si por el camino avistaban un cachalote, no dudaban en interrumpir su marcha para darle caza. Por su parte, los buques estadounidenses solían hacer escala en las Azores

para reclutar marineros, tras lo cual permanecían varias semanas dedicándose a la caza de cachalotes alrededor de las islas, así como en el tramo entre ellas y la península ibérica. Más tarde, una parte de ellos se dirigía al golfo de Cádiz, donde se estableció un bien conocido caladero que fue explotado principal-

La bricbarca *Canton II* zarpó de New Bedford el 16 de mayo de 1883 con rumbo a las Azores. Desde allí se dirigió al golfo de Cádiz, donde permaneció los meses de julio y agosto cazando cachalotes. En septiembre se encaminó al sur, hasta alcanzar Sudáfrica, para más tarde atravesar el Índico, hasta llegar a Australia. Al cabo de tres años, finalmente volvió a casa. Aquella resultó ser una excelente campaña, de la que regresó con 2.300 barriles de aceite de cachalote en sus bodegas. Imagen de una postal de la época.

A bordo de los balleneros, la carne fresca era un lujo tan preciado que, cuando en la fragata *Richmond* un pollo se les escapó por la borda, el capitán dio la orden de bajar velas de inmediato y botar dos lanchas para rescatarlo antes de que se lo zampara un tiburón. La maniobra significó la pérdida de varias horas de navegación, pero sin duda un muslo de pollo bien debía de valerlas.

Izado de una tira de grasa de ballena polar a bordo de un ballenero en Groenlandia. Imagen de una transparencia de linterna mágica.

mente durante la segunda mitad del siglo xix. Desde allí, algunos barcos esporádicamente penetraban en el Mediterráneo y se llegaron a pescar algunos cachalotes y calderones frente a las costas andaluzas y de las islas Baleares, aunque en general este mar fue evitado por considerarse que su modesta población de cachalotes no merecía mayor atención.

Aunque estas expediciones pescaban en aguas españolas, muy raramente tocaban puerto, y cuando lo hacían era simplemente por la necesidad perentoria de repostar agua y víveres. En general, mantenían una discreta distancia.

El número total de expediciones estadounidenses de balleneros de vela se situó en torno a quince mil; si a esta cifra se le añade el número correspondiente a las expediciones inglesas, escocesas, alemanas, francesas y de otras nacionalidades —un número no bien determinado, pero probablemente cercano a cinco mil—, entonces la cifra total de expediciones debe de aproximarse a veinte mil.

Un tripulante de la bricbarca de New Bedford *Kathleen* anotó en su diario, mientras trabajaba frente a la costa marroquí del golfo de Cádiz: «Podemos ver las dunas y dos o tres faluchos cerca de la costa. Cuando sopla viento de tierra nos llega el olor de las cabras. Desde lo alto del mástil puedo ver algunas casas dispersas, palmeras de dátiles, camellos y caballos». Al no tocar costa, aquellas expediciones no pagaban tasas por la actividad, no reclutaban tripulantes locales y no comerciaban el aceite obtenido a través de puertos españoles. Esto hizo que la actividad no dejara un rastro local relevante, aparte, eso sí, de una merma en la población ibérica de cachalotes. Aun así, muchos de los arpones balleneros y las delfineras que hoy pueden contemplarse en los museos españoles son del tipo de cabeza basculante, lo que significa que fueron fabricados durante la segunda mitad del siglo XIX y provienen probablemente de balleneros americanos o británicos. También, en el Museo Massó de Bueu se conserva un exvoto procedente del santuario de San Andrés de Teixido que muestra una bricbarca del siglo XIX con una ballena de plata sujeta a su costado (véase la página 203). Desafortunadamente, tanto los eventos que llevaron a un marinero a hacer aquel exvoto como su fecha de confección y origen son desconocidos.

En las últimas décadas del siglo XIX y las primeras del XX, el modelo de pesca ballenera de los barcos de vela estadounidenses y británicos entró en crisis. Aunque hubo diversos intentos de modernizar la operación incorporando pequeñas armas de fuego para aumentar la letalidad del arponeo tradicional y algunos barcos fueron equipados con máquinas de vapor para mejorar su capacidad de maniobra, los procedimientos de las expediciones y el sistema de procesado de los ejemplares capturados se mantuvo inalterado y pronto quedó obsoleto al verse obligado a competir con las innovaciones industriales que estaban introduciendo los balleneros noruegos.

En 1925 partió del puerto de New Bedford la goleta *John R. Manta* con destino a los bancos de pesca de Hatteras, situados en las latitudes centrales del Atlántico septentrional. A su agente le costó reunir una tripulación, ya que los precios del aceite de cachalote estaban por los suelos, los salarios que podía ofrecer resultaban miserables y los escasos hombres con experiencia que aún pudo encontrar en la ciudad parecían tener mejores ocupaciones. Quizás fue la falta de experiencia de los veintidós tripulantes finalmente reclutados lo que convirtió la campaña en un fracaso. Al cabo de tres meses y medio de faenar en aguas de la corriente del Golfo, la *John R. Manta* regresó a puerto con una lamentable carga de trescientos barriles de aceite como resultado de la captura de treinta cachalotes de ínfimo tamaño. Los armadores, hartos de ver cómo los números rojos invadían sus libros de cuentas, dieron carpetazo a la industria que sus tatarabuelos habían fundado. Esta fue la última expedición ballenera de un barco de vela.

En la década de 1850 se comenzaron a utilizar armas de fuego para lanzar arpones o rematar a los cetáceos previamente heridos. En la foto, lanchas de un ballenero pescando ballenas polares en la bahía de Baffin, entre Groenlandia y Canadá. Las lanchas están equipadas en la proa con cañoncillos Greener de 30 milímetros de calibre, que disparaban arpones de punta aflechada o cabeza basculante.

La formidable base documental de los cuadernos de bitácora, o *logbooks*, de los balleneros de vela

En la mayoría de los cuadernos de bitácora, los avistamientos y capturas de cetáceos se indicaban con sellos de tinta con la silueta de un cachalote o una ballena para así facilitar su localización. Los avistamientos se señalaban con una cola, y las capturas, con la figura completa del animal; en este último caso, en el centro del sello se dejaba un espacio en blanco para que el patrón anotara posteriormente el número de barriles de aceite que se había obtenido del ejemplar.

Los tripulantes de las largas expediciones de los balleneros de vela cobraban su salario al final del viaje. Esto era así por diversos motivos. Por un lado, las expediciones tenían un final incierto. Algunos barcos regresaban con las bodegas repletas de aceite, otros lo hacían con una cosecha menguada y algunos naufragaban en lugares remotos y de ellos nunca más se volvía a saber. Por otro lado, la marinería estaba sujeta a numerosas incidencias. Algunos tripulantes fallecían por escorbuto, malaria o accidentes de pesca, otros eran desembarcados en escalas intermedias al enfermar o por mal comportamiento, y otros desertaban hartos del viaje o porque creían que sobre la expedición pendía un maleficio al haberse avistado pocas ballenas. Además, el mercado del aceite fluctuaba de manera caprichosa y un armador no tenía modo de predecir el beneficio que obtendría. Por todo ello, se esperaba a la conclusión del viaje y la venta del aceite para repartir las ganancias netas entre la tripulación. Este sistema tenía la ventaja para el empresario de que transfería al empleado una porción sustancial del riesgo, pero le requería complejos cálculos basados en lo acontecido a bordo durante la navegación.

Para poder hacer estas cuentas, los armadores impusieron que el cuaderno de bitácora o diario de navegación fuera un registro fidedigno de los acontecimientos a bordo y que en él se anotaran prolijamente todos los eventos acaecidos. El escrito tenía un valor notarial, decidía sueldos y penalizaciones, y a menudo era el único documento que daba fe de una defunción, un delito o una deserción. Dada su importancia, muchos de estos cuadernos se preservaron en las oficinas de los empresarios, pues nunca se sabía cuándo podía aparecer reclamando su parte un huérfano, o la viuda de un tripulante fallecido, o un enfermo que había sido abandonado en el otro extremo del océano y que por fin había regresado a casa.

Por suerte, esta naturaleza fedataria hace que muchos de estos cuadernos hayan llegado hasta nuestros días. Una parte permanece en manos privadas, pero alrededor de cinco mil han acabado depositados en bibliotecas y archivos públicos. Dado que el número total de expediciones de balleneros de vela se cifra en cerca de veinte mil, aproximadamente una cuarta parte de ellas cuenta con su correspondiente cuaderno de bitácora, que incluye, aparte de la actividad ballenera y la posición geográfica exacta donde se hallaba el barco cada día, también la meteorología y el estado de la mar, la presencia de ballenas con detalle de especie y número, la existencia de peligros para la navegación, como icebergs, y la abundancia de aves, tortugas, delfines y otros animales que llamaban la atención de los marineros. Todo ello nos ofrece una imagen fidedigna de cómo eran los mares en siglos pasados y conforma una robusta base documental que ha sido ampliamente utilizada no solo para estudiar la distribución, la abundancia y la migración de los cetáceos, sino también para investigar la evolución del clima y la glaciología.

Monday October the 4th 1847 Commences with fine pleasant weather the 2 boats on shore to the cape at sunset the boats returned the boat from shore on board this day the [illegible] employed in boiling at daylight went on shore to the cape saw whales chased them without success so ends

Tuesday October the 5th Commences with pleasant gales the boats on shore at sunset came on board middle part light air at daylight went on shore saw whales but without success so ends

Wednesday October the 6th Commences with fine clear air at sunset [illegible] at 11 AM saw the [illegible] for them at 12 struck a small bull whale and killed him this day at 2 PM the ship Brandt of New Bedford came in Captain Simpson Master 100 bbls oil

Thursday October the 7th begins with fine weather the whale in tow at 4 PM got him alongside and made him fast at daylight commenced cutting at [illegible] finished and began to paint ship saw whales but without success so end

Friday October the 8th commences with fine weather at 7 began to boil middle and latter part employed in boiling at daylight saw [illegible] right whale [illegible] the Brandt [illegible] went [illegible] shore to the Island [illegible]

Saturday October the 9th commences with [illegible] raining weather at 2 the waist boat went on shore and got the boats crew at sundown went [illegible] the boats crew [illegible] saw a right whale at 4 PM found the ship aground on the Island called all hands [illegible]

Sunday October the 10th 1847 Commences with light airs the boats [illegible] the Cape saw nothing but 1 right whale at sundown came on board at daylight went to the cape 3 boats went to black point saw nothing so ends

Monday October the 11th Commences with light airs and calms the starboard boat to the cape employed in stowing down at 12 meridian finished got dinner and went for water at 5 PM took 12 pipes of fresh water in tow lost 2 of them hoisted them in

Tuesday October the 12th Commences with light breeze the boats after water at 5 PM took a raft in tow came [illegible] got them hoisted in middle part [illegible] at daylight went after more water saw the [illegible] to the mizzen peak for whales took chase the starboard boat went on and did not strike so ends

Wednesday October the 13th Commences with light gales at 2 PM came on board and stowed the blubber room middle part squally at daylight broke out plank for chain and painted same latter part employed in various jobs so ends

Thursday October the 14th Commences with brisk breeze Employed in splicing the [illegible] middle part light gales with [illegible] at daylight took the [illegible] planks on shore and took 3 pipes in tow and went a watering filled 3 and rolled them to the beach [illegible] came on board [illegible]

La pesca moderna industrial

La última expedición de un ballenero de vela tuvo lugar en 1925, cuando el *John R. Manta* regresó a puerto con una misérrima carga de 300 barriles de aceite. Aquel mismo año, un solo barco arponero de la Compañía Ballenera Española capturaba 560 ballenas y obtenía 9.500 barriles de aceite, lo que multiplicaba por treinta y dos la producción del *John R. Manta*. La sustitución tecnológica era ya irreversible.

En el último tercio del siglo XIX, la industria ballenera había sufrido profundos cambios. En la iluminación, los aceites de ballena y de cachalote habían sido sustituidos primero por el queroseno y luego por la electricidad. La producción de aceites vegetales había aumentado y competía con ventaja con el de ballena, cuyo precio estaba en caída libre. Además, la sobreexplotación había agotado las poblaciones de ballenas francas y ballenas polares, y el cachalote, aunque se hallaba en mejor estado, ya no era tan abundante como antes. Las expediciones estadounidenses no cubrían costes y poco a poco reducían su frecuencia y duración.

En aquel escenario, Noruega asumió el liderazgo de la industria, reemplazando a Estados Unidos gracias a innovaciones que impulsaron un renovado auge del sector a nivel global. Los noruegos idearon métodos para capturar y aprovechar los rorcuales, unos cetáceos que, a pesar de ser los más grandes y abundantes, habían sido históricamente excluidos de la

A la izquierda, el noruego Svend Foyn, padre de la industria ballenera moderna; a la derecha, una yubarta a la espera de ser cuarteada en la primera factoría que en 1870 Foyn estableció en Vadsø, en el norte de Noruega. Fotografías de Th. Larsen, Slottsfjellsmuseet, y de M. G. Pouchet, Hvalfangstmuseene.

explotación tradicional porque se trataba de animales enormes y de natación rápida y, sobre todo, porque resultaban imposibles de mantener a flote una vez muertos. Los nuevos avances de la industria permitieron por fin su explotación y, aunque el aceite de estos cetáceos era de calidad algo peor que el de cachalote o el de ballena franca, la obtención de grandes cantidades con un bajo coste de producción reportaba elevados beneficios. Las innovaciones técnicas determinantes fueron la motorización de las embarcaciones cazadoras, que otorgaba mayor velocidad y maniobrabilidad; la incorporación de bombas de compresión, para inflar los cuerpos de las ballenas y evitar su hundimiento; y, en especial, el desarrollo de cañones lanza-arpones de gran calibre que permitían la captura de los gigantescos rorcuales desde una distancia de 20 o 30 metros.

El primero en poner sobre la mesa estas innovaciones fue Svend Foyn (1809-1894), un empresario visionario del condado noruego de Vestfold. Foyn, que inicialmente se había dedicado a la caza de focas y morsas, decidió a mitad del siglo XIX redirigir sus esfuerzos hacia las ballenas tras observar que una sola ballena azul rendía lo mismo que cuatrocientas focas y podía ser cazada y procesada con mucha menos mano de obra. Además, aquel noruego era un hombre profundamente religioso y consideraba su obligación cumplir el mandato divino de ordeñar al máximo el rebaño bíblico que Dios había puesto en los mares a disposición de la humanidad. En 1863 botó el primer barco ballenero moderno, el *Spes et Fides*, que estaba equipado con un motor de vapor y un monumental cañón giratorio de una tonelada que eliminaba los ángulos muertos, a la vez que disparaba arpones de 80 kilos a 30 metros de distancia. También dotó su armamento de diversos artilugios novedosos, como cabezas de arpón cargadas de explosivo o rellenas de ácido sulfúrico para acelerar la muerte de la ballena, o cordajes de calibre hasta entonces nunca vistos y que eran capaces de resistir los más formidables tirones de las ballenas. Después de unos cuantos ensayos —con resultados muy variables, todo hay que decirlo—, Foyn consideró que sus procedimientos estaban suficientemente perfeccionados, y en 1870 estableció la primera factoría moderna para el procesamiento de ballenas. Igual que sus barcos, la instalación industrial se hallaba equipada con maquinaria impulsada por vapor y calderas de grandes dimensiones, lo que permitía el cuarteado rápido de los cetáceos y la extracción del aceite de manera muy eficiente.

Su modelo fue rápidamente adoptado, y quince años más tarde en Noruega ya operaban veinte compañías balleneras con treinta y cinco barcos similares a los de Foyn. Este desa-

Durante la primera mitad del siglo xx, la navegación experimentó una revolución: los buques se hicieron más rápidos, adquirieron una mayor autonomía e incorporaron instrumentos modernos. Además de los radares, las radios y las sondas, los barcos balleneros disponían de un sistema conocido como ASDIC, que consistía en un transmisor-receptor que detectaba a los cetáceos por debajo de la superficie. Anuncio en la *Norsk Hvalfangsttidende*, 1961.

rrollo marcó el inicio de una caza industrial. Las técnicas tradicionales de la época de Moby Dick habían quedado obsoletas y la actividad ballenera recibía una bocanada de aire fresco. A principios del siglo xx, en Noruega las capturas se contabilizaban en miles de ejemplares por temporada, algo impensable pocas décadas atrás, cuando las expediciones de los barcos de vela no apresaban más de una decena de animales por buque y año. Pero aquella rápida expansión conllevó numerosos conflictos sociales. Las factorías eran extremadamente contaminantes, vertían masivos desechos al agua y liberaban gases pestilentes que pronto provocaron el rechazo de las comunidades locales. En 1904, el Gobierno noruego decretó la prohibición de la pesca de ballenas en su territorio.

Lejos de frenar la industria, esta prohibición hizo que se extendiera como una mancha de aceite por todo el planeta. Primero lo hizo por el Atlántico Norte, llegando a Islandia, las islas Faroe, Hébridas y Terranova, para a continuación cruzar el ecuador y alcanzar las costas del sur de África, Sudamérica, Japón, Alaska y Australia. A finales del siglo XIX, los barcos balleneros enfilaron hacia las inciertas aguas antárticas, que los primeros exploradores habían asegurado que se hallaban habitadas por ingentes poblaciones de ballenas. El destino principal fueron las islas de Georgia del Sur, descubiertas un siglo antes por James Cook, quien las había descrito como un lugar «salvaje y horrible, en el que no se ve ni un árbol [...] y que está condenado por la naturaleza a no ser nunca calentado por los rayos solares y a quedar sepultado por hielos y nieves eternas». A pesar de lo acertado de la descripción, aquellas condiciones no resultaron una traba para los balleneros y allí obtuvieron beneficios astronómicos que impulsaron aún más el desarrollo de la industria. El modelo operativo, que combinaba eficiencia y letalidad, transformó la caza de ballenas en una carnicería global con consecuencias irreversibles para los ecosistemas marinos. Se estima que durante el siglo XX en la Antártida se cazaron más de dos millones de ballenas y cachalotes, lo que implicó la extracción de aquellas aguas de aproximadamente cien millones de toneladas de biomasa. Si a estas cifras añadimos las capturas realizadas en otros rincones del planeta, la suma es mucho más abultada aún.

Durante las primeras fases de la expansión, España permaneció al margen del proceso. En el siglo XIX, la pesca ballenera en España era ya solo un recuerdo; la ballena franca había desaparecido de nuestras aguas y el conocimiento del oficio se había perdido. En 1901, la nostalgia trasnochada de las antiguas gestas balleneras llevó a que, al avistarse una ballena desde las playas de Orio, los mozos del lugar se lanzaran a su captura a bordo de pequeñas embarcaciones (véase la página 337). Sin embargo, lo hicieron sin saber cómo consumar su objetivo. No llevaban con ellos arpones ni sangraderas, y su ignorancia era tal que no se les ocurrió otra manera de dar muerte al infeliz animal que lanzándole cartuchos de dinamita. La víctima, una cría de pocos metros, acabó sucumbiendo a aquellos excesos y el cuerpo exánime fue expuesto como trofeo en el puerto. Como la ignorancia del negocio era completa, nadie supo qué hacer con los despojos y, al parecer, el único provecho que los aguerridos participantes de la gesta obtuvieron fue una merienda ofrecida en su honor por el Ayuntamiento.

Nada hacía presagiar que la actividad fuera a renacer en nuestro país. Pero el azar concatenó una ristra de casualidades. En abril de 1896, un carguero partía de Bergen con destino a Islandia. A bordo viajaba Peter Herlofson, un naviero que había logrado atesorar un pequeño capital con la pesca de focas y ballenas en Noruega. Iba acompañado de su familia y de un puñado de empleados diestros en la pesca ballenera con la intención de establecer una estación ballenera en el fiordo de Álftafjörður, situado en la inhóspita costa noroeste de Islandia. Entre ellos estaba su hijo Carl Fredrik Herlofson (1872-1939), un joven de veinticuatro años que no había precisamente despuntado en la escuela y al que Peter, que se encontraba ya en una edad avanzada, tenía la intención de confiarle la dirección de la estación ballenera. Aquella mudanza familiar podría parecer sorprendente, pero el motivo era que las autoridades islandesas exigían a quien quisiera obtener una licencia nacional de explotación que el propietario tuviera ciudadanía islandesa y residiera en la isla de modo permanente, unas condiciones a las que Peter no tuvo más remedio que someterse. Paralelamente, dos pequeños buques arponeros navegaban rumbo a Álftafjörður para reunirse con los patrones cuando estos alcanzaran su destino. En la chimenea lucían la característica «H» que distinguía la compañía Harpunen AS, que Peter había fundado el año anterior.

Una gigantesca ballena azul espera a ser procesada en la factoría de Prince Olavs Harbour, en Georgia del Sur. Fotografía de Hans Mauritz Himberg, Hvalfangstmuseet.

El carguero que Herlofson
contrató para llevarlo a Islandia
transportaba, distribuidas entre
la bodega y la cubierta, las
máquinas necesarias para
equipar la planta de despiece
que planeaba construir en la
isla. En la cubierta, protegido
bajo una lona, también viajaba
un piano destinado a su esposa
Nicoline, con el que podría
entretenerse cuando el mal
tiempo le impidiera salir
al exterior.

Carl Herlofson en la isla de Harris. Archivo Ole Rømer Sandberg.

La aventura islandesa duró exactamente siete años. En las proximidades de la factoría de Harpunen había otras siete plantas balleneras, cada una de las cuales procesaba centenares de ballenas por temporada. En consecuencia, la elevada presión de captura precipitó el colapso de las poblaciones locales de cetáceos.

Para el joven Herlofson, Islandia se había convertido en un callejón sin salida, y en 1903 convenció a su padre para trasladarse a la isla escocesa de Harris, situada en las Hébridas Exteriores. Allí otras empresas balleneras estaban ya operando, cierto, pero la competencia parecía menor.

Rorcual común en la rampa de izado de la factoría de Peter y Carl Herlofson en la isla de Harris.

El *Sir Samuel Scott*, el barco arponero de la compañía Harpunen con el que Carl Herlofson descubrió el caladero ibérico en 1910. Vestfoldarkivet.

En la primavera de 1904 los Herlofson completaban la mudanza, y sus barcos arponeros comenzaron a surcar aquellas aguas en busca de ballenas. A lo largo de los años siguientes las capturas de Harpunen no superaron el modesto centenar y medio de cetáceos por temporada, pero aquello era algo mejor que lo que habían obtenido en Islandia los últimos años. Además, allí había también cachalotes, unos animales que producían un aceite que entonces estaba muy valorado. No obstante, la zona estaba frecuentada sobre todo por ballenas francas, una especie que Carl solo había conocido esporádicamente en Islandia y que en otras regiones había desaparecido como consecuencia de siglos de tenaz persecución. Los cañones de la Harpunen lograron abatir noventa y un ejemplares de esta especie y, de ellos, Carl obtuvo jugosos beneficios, puesto que aquellos animales no solo rendían cantidades extraordinarias de grasa, sino que también llevaban en sus bocas unas barbas de excelente calidad que en aquella época la industria de la costura pagaba a precio de oro para la fabricación de corsés.

Tal fue el beneficio que aquellas ballenas francas generaron, que Carl decidió ir a buscarlas allí donde él pensaba que debían de invernar: las costas de África. En octubre de 1907 llevó a cabo una primera expedición, cuyo desenlace es desconocido, y en 1910 emprendió un nuevo intento. A bordo del cazaballenero *Sir Samuel Scott* y acompañado por su experto arponero Alex Andreassen, zarpó hacia aguas meridionales, pero la expedición no pudo alcanzar aguas africanas, pues era diciembre, época del año en la que el golfo de Cádiz es todo menos tranquilo. Un violento temporal los obligó a refugiarse en Gibraltar, donde permanecieron varios días. Al hacerse de nuevo a la mar, los ojos de Carl descubrieron maravillados que aquellas aguas estaban atestadas de rorcuales comunes y de cachalotes.

No se lo pensó dos veces. Además de que el caladero era virgen y los cetáceos abundaban, las condiciones de vida en el golfo de Cádiz parecían bastante más amables que en Harris, cuyo clima era particularmente duro incluso para personas habituadas a latitudes nórdicas. Sin embargo, sabía que el bocado era demasiado grande para actuar en solitario. La Harpunen sobrevivía, pero los magros beneficios de la empresa no permitían alegrías inversoras. Por este motivo, además de iniciar pasos para traspasar la factoría de Harris, el noruego recurrió a viejos conocidos. La respuesta más entusiasta le vino de Lorentz Foyn Bruun, nieto de Svend Foyn, el pionero de la pesca ballenera industrial en Noruega. Lorentz regentaba la Blacksod Bay Whaling Company, una factoría ballenera ubicada en el este de Irlanda, una zona en la que, como sucedía en la relativamente vecina isla de Harris, las poblaciones de cetáceos daban muestras de fatiga. Lorentz no solo se prestó a contribuir con su conocimiento del oficio —él mismo ejercía de arponero en el cazaballenero de su propiedad *Carsten Bruun*—, sino que además se ofreció a desmantelar la factoría de la Blacksod para trasladar la maquinaria a España, así como a aportar para la nueva empresa sus socios financieros.

Carl y Lorentz se pusieron manos a la obra. En 1912 recorrieron el sur de España y dieron con el que les pareció el lugar más adecuado para erigir una planta ballenera: la ensenada de Getares, un entrante de la bahía de Algeciras muy próximo a los puertos de Gibraltar y Algeciras. Además de hallarse a resguardo de los indómitos vientos que azotan la zona, desde allí podrían exportar con facilidad el aceite y el guano que produjera la factoría. Sin embargo, con lo que no contaron los dos noruegos fue con otra fuerza de la naturaleza igualmente indómita: la burocracia española. Sortear los escollos que la laberíntica Administración estatal imponía quedaba claramente más allá de las capacidades de aquellos racionales nórdicos, y pronto advirtieron que, si deseaban que su proyecto se hiciera realidad, debían lubricar con aceite local la anquilosada maquinaria. Para ello crearon una empresa, que inexactamente bautizaron con el nombre de Compañía Ballenera Española, en la que diligentes intermediarios articularon un consejo de administración integrado por un nutrido ramillete de aristócratas y políticos próximos a la Corona que actuaban de testaferros, todos ellos presididos nada menos que por el influyente político Álvaro López de Carrizosa y Giles, conde del Moral de Calatrava, que además era consuegro de Antonio Maura.

El *Condesa Moral de Calatrava*, sin duda, el cazaballenero con el nombre más aristocrático de la historia. La imagen fue tomada desde el *Pepita Maura*, otro buque de nombre igualmente ilustre.

Al parecer, bastó la presencia de aquellas personalidades para que los permisos, de forma milagrosa, dejaran de ser un obstáculo. En el articulado de la empresa todo quedó perfectamente equilibrado: los noruegos ponían el capital, los equipos, el conocimiento del oficio y su red de comercialización, mientras que los españoles prestaban su nombre a cambio de una jugosa participación en los beneficios. Por si esto fuera poco, disfrutaron también del honor de ver los barcos de la nueva empresa rebautizados con sus nombres o los de sus familiares. Así, aparecieron nombres tan peculiares para un barco arponero como *Condesa Moral de Cala-trava* —por María del Milagro Girona y Canaleta, condesa del Moral de Calatrava—, *Pepita Maura* —por Josefa Maura López de Carrizosa, nieta de Antonio Maura y del conde del Moral de Calatrava—, o *Morote* —por José Morote y Greus, diputado del Partido Liberal—. En un orden de decisiones más efectivas, la Compañía Ballenera Española nombró a Manuel Nogueira y Nogueira como consejero delegado, y este sí se destacó por su dedicación, pues de hecho fue uno de los principales artífices nacionales de que la empresa tirara adelante. Los obstáculos parecían vencidos al fin y las obras de construcción de la nueva factoría arrancaron en julio de 1914.

Pero la fecha no pudo ser más funesta. Aquel mismo mes, el Imperio austrohúngaro invadía Serbia y se desencadenaba una cascada de conflictos que acabaron desembocando en la Primera Guerra Mundial. El capital nunca se ha llevado bien con la incertidumbre, y los accionistas, que eran sobre todo británicos y por ello se hallaban directamente involucrados en la contienda, reclamaron la interrupción de las obras. La iniciativa no pudo reemprenderse hasta que los nubarrones de la guerra desaparecieron del horizonte. Por fin, el 11 de abril de 1921, Alex Andreassen, el arponero y capitán del ballenero con el que

Carl había descubierto el caladero del golfo de Cádiz durante su fallida expedición al norte de África en busca de ballenas francas, dio muerte a un primer y gigantesco rorcual común y, pocas horas después, el animal era despiezado con rapidez en la flamante factoría recién inaugurada.

En comparación con Álftafjörður y Harris, las aguas del golfo de Cádiz resultaron ser una maravilla. La densidad de ballenas y cachalotes era elevadísima, los animales se hallaban muy cerca de la costa y, además, estaban presentes durante todo el año. Esto último era una grata sorpresa, pues los caladeros que con anterioridad habían sido explotados en el Atlántico eran todos de frecuentación tan solo estival. Todo ello convirtió la operación en enormemente rentable, y en 1923 en Getares se obtuvo el segundo récord mundial de barriles de aceite producido por barco de toda la historia de la pesca ballenera mundial, un resultado que solo fue superado en las islas Georgias del Sur en 1931.

Dado que la licencia obtenida del Gobierno permitía la instalación de una segunda factoría, los excelentes resultados de las primeras campañas animaron el espíritu inversor de la empresa y pronto esta se puso a buscar emplazamientos donde radicar una nueva planta. La ubicación escogida fue Caneliñas, una pequeña ensenada cerca del cabo Finisterre (véase la página 160). El lugar presentaba todas las ventajas. Por un lado, se hallaba próximo al Banco de Galicia, una elevación submarina situada a unas 200 millas de la costa y donde se sabía que las aguas eran muy productivas y frecuentadas por rorcuales. Además, estaba suficientemente alejada del golfo de Cádiz como para presuponer que la población de ballenas que allí se explotaría sería distinta a la de Getares. Por otro lado, la zona se encontraba en una situación económicamente deprimida, lo que favorecía la contratación de mano de obra local a costos moderados. Asimismo, aunque en las proximidades había algunas aldeas y caseríos dispersos, los núcleos urbanos más próximos, Cee y Corcubión, se hallaban a suficiente distancia como para que los inevitables olores y las aguas residuales que una factoría generaba no incomodaran a la población.

Rápidamente, Carl Herlofson y Lorentz Foyn Bruun se encontraron en faena. Caneliñas había albergado diversas salazones y contaba ya con unos edificios que podían reaprovecharse para instalar allí una planta de desguace de ballenas. A principios de 1924 se iniciaron las obras de adecuación, y en el mes de julio fondeaba en la ensenada de Caneliñas el *Erris*, una goleta de cuatro palos y 76 metros de eslora que pertenecía a la compañía Blacksod y que transportaba en sus bodegas la maquinaria necesaria para equipar la factoría. Poco después llegaba el *Morote*, un flamante barco arponero recién construido en los astilleros Jarlsø Verft, también pertenecientes a Lorentz Bruun. Lamentablemente, Lorentz murió poco después y fue

A pesar de su nombre, la Compañía Ballenera Española estaba dirigida por los hermanos Bruun y por Anton von der Lippe desde Tønsberg. Las tripulaciones de los cazaballeneros, los oficiales de factoría y los trabajadores especializados eran todos noruegos. En cambio, las tareas genéricas de mantenimiento, el despiece de las ballenas y el procesado de los productos y la limpieza eran llevados a cabo por personal español.

sustituido en el mando de la empresa por sus hermanos Svend Foyn Bruun y Carsten Bruun, a los que poco después se añadió otro socio inversor, Anton von der Lippe.

La primera ballena en caer bajo el cañón del *Morote* fue un descomunal rorcual común que sirvió al público asistente a la inauguración de la factoría como indicio de lo que pronto iba a seguir. En solo tres años de actividad, la planta procesó la descomunal cantidad de 1.273 rorcuales comunes, 7 rorcuales boreales, 2 ballenas azules y 84 cachalotes.

Noruegos en Iberia

En la década de 1920, Noruega y España eran países muy distintos. En Noruega, la clase dominante estaba formada por esforzados profesionales y empresarios que generaban empleo y riqueza en el seno de una sociedad tan impregnada de puritanismo luterano que aprobó una estricta ley seca. En España, en cambio, regía una élite aristocrática que vivía opulentamente gracias a bienes heredados y que, en vez de generar riqueza, dilapidaba su fortuna mientras el resto del país pasaba estrecheces. Cuando los empresarios noruegos llegaron a España para pescar ballenas, el encuentro entre las dos culturas dio lugar tanto a conflictos como a curiosos entendimientos.

La desconfianza española hacia lo extranjero hizo que, para crear una compañía, los noruegos tuvieran que contratar testaferros próximos a la Corona —cuando no a la misma Corona—. Además, el proteccionismo nacional obligaba a que al menos la mitad de la plantilla de cualquier empresa estuviera compuesta por empleados españoles. Al principio, Herlofson se quejó de esta imposición, pues deseaba personal con experiencia. Pero acabó cambiando de opinión, sobre todo por la tendencia de sus empleados noruegos a sucumbir a las tentaciones locales. En una carta enviada a la oficina de Tønsberg, escribió: «Los hombres propensos a la bebida son inútiles aquí. El vino es extremadamente barato y se produce demasiado cerca de la factoría. La tentación es demasiado grande». A bordo de los barcos, el problema era igualmente acuciante. Cada vez que se tocaba puerto existía el riesgo de una estancia más larga de lo esperado, y en más de una ocasión, sucedió que un barco encallara debido al exceso de bebida del patrón. El 8 de junio de 1925, Herlofson escribía a Svend Foyn Bruun: «Hoy he ido con Christophersen a Corcubión para comprobar si el *Condesa* había zarpado. Siento decir que el barco aún estaba allí y el maquinis-ta y el primer piloto estaban tirados en el camastro, completamente borrachos. Afortunadamente, el arponero Olsen estaba sobrio, lo que me alegró sobremanera. Es imposible continuar si me envías estas tripulaciones. En tierra podemos aceptar que estén siempre borrachos, pero a bordo de los balleneros esto es inaceptable».

Otro motivo de preocupación era el contrabando. En España escaseaban productos como la seda, el tabaco y ciertos alimentos, y esto propiciaba que el personal llegado desde Noruega llevara en la maleta más artículos de lo que sería razonable. Cuando las aduanas españolas imponían multas, Herlofson pedía a la oficina de Tønsberg que estas se dedujeran del salario de los culpables, pero la oficina solía hacer la vista gorda e incorporaba la sanción a los gastos corrientes de la empresa. Un caso de contrabando especialmente delicado era el de la pólvora para los cañones arponeros. Las leyes españolas prohibían su importación y los explosivos locales eran de pésima calidad. No quedaba más remedio que traerla clandestinamente a bordo de los barcos de transporte procedentes de Noruega, cosa que se hacía en cantidades que en ocasiones superaban la media tonelada. La pólvora era transbordada a una barcaza, desde donde los cazaballeneros podían recogerla, pero esta era una operación que enervaba a Herlofson, quien avisaba repetidamente de que aquello comportaba «un riesgo demasiado grande».

Tripulación de un ballenero de la compañía Harpunen. Archivo Ole Rømer Sandberg.

Svend Foyn Bruun en la boca de un rorcual común. Factoría de Caneliñas, hacia 1925.

Obras de edificación de la factoría de Caneliñas en agosto de 2024. Junto al muelle recién construido, se halla el *Erris*, el barco de transporte que acarreaba la maquinaria y los equipos especializados.

Aquellos exorbitantes resultados, combinados con las igualmente abultadas cifras de captura que la Compañía Ballenera Española obtenía de su factoría de Getares, no pasaron desapercibidos, y ya en 1922 la revista noruega de pesca ballenera *Norsk Hvalfangsttidende* calificó las aguas ibéricas como «uno de los mejores caladeros balleneros nunca descubiertos». Todo ello llevó a que otras compañías balleneras solicitaran licencias para operar en aquellas aguas tan generosas. De las siete que solicitaron licencias —todas ellas noruegas—, cuatro lo consiguieron: dos para hacerlo en España, y dos, en Portugal.

La primera compañía en actuar en nuestras aguas fue la propietaria de la *Bas II*, una factoría flotante que trajo consigo cuatro barcos arponeros. A esta le siguió la compañía Wrangell que, para aceitar los trámites y asegurarse un buen trato fiscal en España, siguió a pies juntillas el ejemplo dado por la Compañía Ballenera Española y superó cualquier apuesta antes hecha fichando, nada más y nada menos, que al propio rey de España. Para disipar cualquier duda sobre el patrocinio del monarca, la compañía fue registrada con el nombre de Corona SA, los barcos arponeros fueron rebautizados como *Corona I, II, III y IV*, respectivamente, y el buque factoría que les servía de base mudó su nombre original de *Crenella* a *Rey Alfonso*.

Portugal, al no querer quedarse atrás en el reparto del pastel, concedió a Søren L. Christensen una licencia para operar con el buque fac-

La factoría ballenera flotante *Rey Alfonso*, en la ría de Vigo en junio de 1925.

toría *Professor Gruvel*, de su filial A/S Congo, que trajo de escoltas tres buques arponeros, y le autorizó a edificar bajo una empresa pantalla, la Sociedade Portugueza da Pesca de Cetaceos Ltda., una factoría terrestre en Troia, cerca de Lisboa, a la que se dotó con nada menos que cinco barcos arponeros adicionales.

En tan solo siete temporadas de pesca, las factorías terrestres y flotantes operantes en las aguas ibéricas capturaron más de 6.700 cetáceos —en su mayoría rorcuales comunes—, un resultado extraordinario que justificaba las expectativas puestas en el caladero. Sin embargo, las licencias otorgadas por las administraciones española y portuguesa, aunque por algunos consideradas en su momento como insuficientes, en realidad habían resultado desmedidas. Las poblaciones de cetáceos colapsaron y las distintas empresas se vieron obligadas a reubicar sus operaciones, dejando en la estacada al flamante elenco de aristócratas que habían reclutado como testaferros.

Una vez los noruegos hubieron levantado el vuelo, el caladero ibérico quedó en relativa calma. Algunos buques balleneros en tránsito realizaron intentos esporádicos de efectuar operaciones de caza, pero los resultados fueron tan poco notables que disuadieron de nue-

Al cerrar las factorías de la Compañía Ballenera Española en España, los barcos fueron vendidos o traspasados a dos nuevos empeños empresariales de los Bruun: la British-Norwegian Whaling Company, que estaba poniendo en marcha una factoría terrestre en el Labrador canadiense, y una factoría ballenera flotante, la *Antarctic*, cuyo destino sería el polo sur, y a bordo de la cual viajaría Carl Herlofson como director técnico.

La factoría de la Industrial Marítima SA en Ceuta empleó personal noruego, español y marroquí. Pese a las inyecciones de capital noruego, los bajos costos laborales y las exenciones fiscales que tenía el entonces Protectorado Español de Marruecos, la empresa solo sobrevivió siete años. Fondo General Varela, Archivo Histórico Municipal de Cádiz.

vos esfuerzos. A esto se añadió la guerra civil española, que acabó por desalentar cualquier tentación inversora. Finalizada la contienda, España no estaba ciertamente para lanzar cohetes. Toda la pólvora se había gastado en aquel enfrentamiento cruel e inútil. El país estaba devastado; la agricultura y la pesca, desestructuradas; la industria, hundida; las colonias ya hacía décadas que no aportaban su savia al erario nacional; y encima el régimen político de Francisco Franco había conducido al país al aislamiento internacional, dificultando importaciones y negocios con el exterior.

Este contexto catastrófico explica que el primer intento de revitalizar la industria en la península ibérica tuviera lugar en Portugal, cuando, en 1944, Søren L. Christensen reabrió la factoría de Troia. Desde allí movió papeles y logró que, tres años más tarde, con el respaldo económico y técnico de su empresa, entonces llamada Hector Whaling Co., se creara en España una filial denominada Industrial Marítima SA, con la que inauguró una nueva planta en Ceuta. Poco después, en 1950, esta vez con capital y dirección únicamente españoles, nació una nueva empresa denominada Ballenera del Estrecho, que reabrió la antigua factoría de Getares.

No obstante, las poblaciones de cetáceos que habitaban las aguas del sur de la península no se habían recuperado de la sacudida recibida en los años veinte. A las nuevas empresas no les quedó más remedio que centrar sus capturas principalmente en los cachalotes, cuyo rendimiento era considerablemente menor al de las ballenas. Aun empleando un mayor número de barcos, durante la década y media en que estas nuevas empresas operaron, las cifras de explotación no alcanzaron ni una décima parte de las habituales en la década de 1920.

Aquellos descorazonadores resultados no fueron obstáculo para que en Galicia un puñado de empresarios coruñeses decidieran darle una nueva oportunidad al negocio y, aunque con muchas dificultades, consiguieran salirse con la suya. El promotor de todo ello fue José Chas Rodríguez, quien obtuvo una licencia para reabrir la antigua factoría noruega de Caneliñas bajo el nombre de Industria Ballenera SA (IBSA). Chas llevaba el anhelo en la sangre, pues anteriormente había armado con un cañón la proa de un pequeño pesquero llamado *Kiko*, con el que intentó capturar pequeños cetáceos, probablemente calderones, para producir aceite. Aunque todo indica que en aquel empeño tuvo poco éxito, contagió su interés a una treintena de empresarios coruñeses, entre ellos los industriales Julio Wonenburger Canosa y José Freire Costas. Estos también debían de tener interés por el tema, pues habían estado presentes en la inauguración de la primera planta de Caneliñas en 1924. En particular, Julio Wonenburger había seguido de cerca las vicisitudes de la compañía noruega e incluso, en un almuerzo de personalidades que tuvo lugar en el hotel Viuda de Pequeño de Corcubión, había propuesto que el Ayuntamiento de esta localidad diera a una calle el nombre de Manuel Nogueira, el factótum local de la Compañía Ballenera Española. Más aún: se ofreció a costear personalmente el fundido en bronce de la placa señalizadora de dicha calle.

Sin embargo, el entusiasmo de aquellos empresarios chocó con dos obstáculos que parecían insuperables: la escasez de capital en la España de la posguerra y la rigidez administrativa del Gobierno. Este último no solo veía con desconfianza cualquier adquisición en el extranjero, sino que también era incapaz de proporcionar el apoyo industrial necesario para impulsar un proyecto de aquella envergadura. La primera tarea que se impuso Freire, que para entonces actuaba como presidente de la compañía, fue adquirir barcos arponeros apropiados. Tras rebuscar por todos los rincones del planeta, dio por fin con dos de ellos en Sudáfrica y pudo negociar con la firma propietaria, la Union Whaling Company, hasta lograr por fin su compra por 7.754.000 pesetas, todo un éxito. Pero aquella había sido solo la parte fácil del trámite. Lo peor vino después, cuando, al solicitar al Estado el visto bueno para la importación, se dio de bruces con un muro de cemento. Por suerte, las relaciones de los coruñeses con El Pardo estaban bien lubricadas. Recabaron la intervención directa de Juan Antonio Suances —compañero de promoción de Nicolás Franco y ministro de Industria y Comercio del primer gobierno franquista—, el cual, no sin dificultades, arrancó por fin el plácet personal del Generalísimo. Superado el obstáculo, los barcos navegaron rápido y, una vez en España, fueron bautizados como *Temerario* y *Caneliñas*.

Aun así, aquel éxito solo garantizaba una parte de lo que la empresa necesitaba. Quedaba pendiente el equipamiento de la factoría, y en aquel terreno las cosas estaban aún más enfangadas. Importar maquinaria del extranjero era impensable, tanto por su coste como por las trabas burocráticas, por lo que se tuvo que recurrir a la industria nacional. Pero la escasez de materiales era tan enorme que, cuando IBSA encargó a la Factoría Vulcano de Vigo la construcción de los autoclaves para fundir la grasa, se encontró con que la empresa retrasaba los plazos indefinidamente debido a la falta de hierro. La práctica totalidad de este metal disponible en territorio nacional había sido reconducido por el Estado a la construcción de petroleros destinados a Argentina, como parte del compromiso de Franco con Juan Domingo Perón en agradecimiento por su apoyo financiero y los envíos de alimentos.

Cuatro años se alargó la construcción de la factoría y, poco después de que esta entrara en funcionamiento, en septiembre de 1951, Freire fallecía prematuramente, con solo 57 años. Fue sustituido en la presidencia de la compañía por José Docampo Prada (1900-1992), entonces principal accionista de IBSA, quien se mantendría en el cargo hasta el cierre de la

empresa. Como mano derecha tendría al abogado y político gallego Manuel Iglesias Corral (1900-1989), antiguo diputado y alcalde de La Coruña durante la Segunda República y, durante la democracia posfranquista, senador y diputado del Parlamento gallego.

Los inicios de la factoría de Caneliñas no fueron fáciles. Cuando por fin el *Caneliñas* y el *Temerario* regresaron a puerto con ballenas recién capturadas, el problema fue que nadie sabía bien qué hacer con ellas. A IBSA no le quedó otro remedio que contratar en las factorías del sur a operarios andaluces para dirigir los trabajos. Eso no impidió que la factoría de Caneliñas fuera un importante factor de revitalización de la región. Generó empleo en localidades aisladas cuya subsistencia dependía de la agricultura de minifundio y la pesca de bajura. Además, trajo adelantos modernos a la zona. En 1953, el gobernador civil, a petición de los vecinos de Gures, una aldea próxima a la factoría, gestionó un permiso para llevar electricidad hasta sus casas. La conexión costó 1.000 pesetas por vivienda, un precio elevado para la época, pero la conexión fue posible gracias a que antes la factoría había hecho llegar hasta allí el cableado de alta tensión.

Por otra parte, la preocupación inicial de los accionistas de IBSA por que las cosas les pudieran ir tan mal como a las empresas que operaban en el golfo de Cádiz se disipó al comprobar que el caladero de Galicia no estaba tan esquilmado como el del sur. Si bien al principio los

arponeros se vieron obligados a centrarse en los cachalotes, menos valorados pero más abundantes, con el tiempo las capturas de ballenas fueron ganando protagonismo, hasta volverse mayoritarias en la década de 1970. Por otra parte, a diferencia de los años veinte, en los años cincuenta era posible fabricar hielo con el que refrigerar los productos, lo que permitió comenzar a enviar carne fresca a los mercados de las grandes capitales. Esto aumentaba en gran medida el beneficio que se obtenía de cada animal capturado, pues anteriormente el único producto de valor que se había obtenido era el aceite. A diferencia de la etapa noruega, este avance hacía posible que la industria se mantuviera económicamente viable sacrificando un número mucho menor de cetáceos.

Esta bonanza hizo que a IBSA pronto le apareciera un competidor. Un gigante de la industria conservera gallega, Massó Hermanos SA, llevaba tiempo barruntando cómo entrar en el negocio. IBSA disfrutaba de una licencia que le otorgaba el monopolio de pescar ballenas desde la frontera de Portugal hasta el cabo Estaca de Bares, pero la licencia no decía nada acerca del procesado de los ejemplares capturados. Valiéndose de aquel resquicio legal, el entonces director de la conservera, Gaspar Massó García (1893-1991), aprovechó el hundimiento de la factoría de Ceuta de la Industrial Marítima SA para adquirir a bajo precio su maquinaria y equipos de producción, los cuales trasladó a una pequeña factoría que construyó en los mismos terrenos que su con-

Durante las décadas de 1950 y 1960, el cachalote fue la principal captura de las factorías gallegas, pues las ballenas, que eran más rentables, aún escaseaban.

servera tenía en Cangas do Morrazo, en la ría de Vigo (véase la página 142).

Aquel movimiento encendió las alarmas de IBSA, que inmediatamente puso en marcha su maquinaria jurídica y política con el único objetivo de eliminar aquel incipiente rival. Pero Massó Hermanos no era un contrincante débil. Las maniobras de influencia, presiones, denuncias y zancadillas se intensificaron entre ambas partes, sin que, a la larga, ninguna lograra imponerse sobre la otra. Después de un par de años de ataques cruzados, se alcanzó finalmente un acuerdo, aceptando que ambas empresas tenían derecho a procesar y comercializar los productos de cetáceos. Sin embargo, teniendo en cuenta que IBSA tenía en su poder el monopolio de la operación de pesca, esta última pondría a disposición de Massó Hermanos un barco arponero que le suministraría los cetáceos necesarios para el funcionamiento de su planta de aprovechamiento de Cangas. El barco designado para prestar este servicio fue el *Lobeiro*, un antiguo cazaballenero de la Industrial Marítima que para aquella función adquirió IBSA.

La factoría de Cangas, bautizada como Balea por ser este el nombre de la punta en la que se hallaba ubicada, inició sus operaciones en octubre de 1955. Con la incorporación de esta segunda factoría y del cazaballenero *Lobeiro*, las capturas en el caladero gallego aumentaron un 50% respecto a años anteriores. Desde el punto de vista comercial, aunque ambas empresas operaban por separado, en la práctica formaban un pequeño cartel, coordinando precios y compartiendo información sobre clientes, gastos y liquidaciones. Durante años, el acuerdo funcionó sin problemas, dejando satisfechas a ambas partes. Sin embargo, en 1959 se produjo el cierre definitivo de la factoría de Getares, que llevaba años moribunda, y aquello prendió la chispa que encendió de nuevo el pesebre ballenero. Gaspar Massó, siempre lamentándose porque la adscripción de un solo barco a su factoría le obligaba a frecuentes intermitencias en la actividad, propuso a IBSA la compra de los barcos y equipos de Getares para consolidar las operaciones.

Inicialmente, IBSA hizo oídos sordos a la petición, pero tanto insistió Gaspar que finalmente el secretario de la empresa coruñesa, Manuel Iglesias Corral, accedió a viajar a Algeciras a evaluarlos. Regresó diciendo que todo aquello era una «chatarra» y que no valía siquiera el coste de su traslado a Galicia.

Gaspar Massó no era hombre inclinado a la resignación. De inmediato desenterró el hacha de guerra y tomó el tren hacia Algeciras para examinar aquella «chatarra». En un rápido vistazo halló todas las bondades y allí mismo cerró el trato, adquiriendo al mismo tiempo barcos, equipos y la licencia que la Industrial Marítima tenía para dedicarse a la pesca de cetáceos. Con los permisos en el bolsillo y casi una década de experiencia, Gaspar Massó se veía por fin con las manos libres para operar con independencia de IBSA. A su regreso a Cangas, encargó al director de la planta de Balea y a un par de marineros de su confianza que recorrieran la costa que se extendía más allá del cabo Estaca de Bares, el límite de la concesión de pesca que tenía IBSA, con la misión de examinar cada centímetro del litoral hasta dar con la mejor ubicación para una nueva planta de desguace. Así nació la tercera factoría moderna gallega, la de Morás, situada entre Portocelo y San Cibrao, en la provincia de Lugo (véase la página 210). Su emplazamiento no era tan bueno como el de las plantas de Caneliñas y Balea, pues se hallaba algo alejada del grueso del paso de los cetáceos, pero desde su inicio la operación devino ren-

Del mismo modo que la factoría de Caneliñas necesitó a trabajadores andaluces para arrancar, la de Cangas se vio obligada a recabar la ayuda de operarios marroquíes de la recién cerrada factoría de Ceuta. Como estos eran musulmanes, la empresa tuvo que acondicionar un espacio para que dichos operarios pudieran cumplir con la preceptiva celebración de los cinco rezos diarios.

La factoría de Morás estuvo servida por dos balleneros adquiridos por Gaspar Massó a la Ballenera de Getares y que, al llegar a Galicia, fueron rebautizados como *Cabo Morás* (previamente, *Antoñito Vera*) y *Carrumeiro*. En la fotografía, los barcos aún con la enseña en la chimenea de Bruun y Von del Lippe, los antiguos propietarios. La enseña solo cambió cuando los barcos comenzaron a operar en Galicia.

table y permitió a Massó Hermanos SA consolidarse rápidamente como una empresa ballenera independiente.

Cuando IBSA advirtió el error que había cometido al despreciar la «chatarra» algecireña, presionó a Massó Hermanos para que diera marcha atrás y amenazó con llevar el asunto a los tribunales, si bien finalmente el conflicto no superó el intercambio —eso sí, intenso— de reproches. Como el buen entendimiento era más rentable que la disputa, en 1971 IBSA y la división ballenera de Massó Hermanos SA aprobaron fusionarse. Lo hicieron manteniendo la marca comercial de IBSA, pero, aunque Docampo se mantuvo como presidente de la empresa, la gerencia pasó a manos de Juan José Massó, quien, en la práctica, se convirtió en su principal ejecutivo. La nueva situación aportaba beneficios a todos: con una flota de cinco cazaballeneros se optimizaba la cobertura del caladero y los barcos podían intercambiar entre ellos información sobre los movimientos de los cetáceos. Además, en caso de necesidad podían remolcarse o traspasarse recambios y suministros. Algo similar sucedía entre las tres factorías, y la coordinación entre ellas permitió estabilizar la producción de aceite y carne de ballena. Por su parte, la red de comercialización se fusionó, ampliándose y consolidándose.

A diferencia de José Docampo, que era un orensano hecho a sí mismo en el sector de la pesca, Juan José Massó disfrutaba de una moderna formación empresarial y tenía un amplio conocimiento de idiomas. En su agenda llevaba la internacionalización de la compañía. Puso manos a la obra y, al año siguiente, IBSA iniciaba las exportaciones a Japón a través de AUCOSA, una compañía de intermediación pesquera. Primero se establecieron acuerdos con Taiyo Fishery Co., la segunda empresa más grande de comercialización de pescado de Japón, y enseguida siguieron contratos con otros dos titanes del mismo mercado, la Nisshin Suisan y la Kochi Corporation. Los japoneses pagaban los productos de las ballenas a precios astronómicos en comparación con el mercado español y, además, aprovechaban para el consumo humano directo la grasa, las vísceras y otras partes de los cetáceos que antes iban directamente a las calderas para producir aceite. Los accionistas de IBSA se frotaron las manos al ver cómo los dividendos de la empresa se multiplicaban, y la producción se centró en aquel cliente tan jugoso. Si bien en 1972 las exportaciones a Japón representaban el 38% de lo producido, en 1981 alcanzaban el 96%.

Reorientar la producción al mercado nipón significó una pequeña revolución en los procedimientos. Los japoneses pagaban muy bien, cierto, pero también eran muy exigentes. Los productos debían estar perfectamente frescos, y eso implicaba que, una vez cazada, a la ba-

El *Lobeiro*, con dos ballenas recién pescadas, amadrinadas al costado.

llena no se le podía inyectar aire en la panza para dejarla flotando en alta mar mientras se daba caza a otros ejemplares, como se había hecho hasta entonces. Ahora era preciso seccionar de inmediato el vientre del animal para favorecer la refrigeración de la cavidad visceral. Esta acción obligaba al buque arponero a navegar con la ballena amadrinada a su costado, lo que restringía su velocidad y su capacidad de maniobra en sucesivas capturas. Además, el remolque hasta la factoría tenía que ser rápido, pues el tiempo máximo para el procesado del ejemplar cazado era de 24 horas. Todo aquello exigía barcos más grandes y potentes, por lo que los antiguos cazaballeneros fueron sustituidos por tres buques provenientes de la pesquería antártica que, al llegar a nuestras aguas, fueron de inmediato abanderados con los nombres de *IBSA UNO*, *IBSA DOS* e *IBSA TRES*. Por otra parte, los cambios no se limitaron a la operación de caza, y las factorías se vieron obligadas a incorporar nuevas medidas de higiene, a acondicionar modernas neveras de hielo y a modificar radicalmente el sistema de corte y manipulado de la carne para adaptarse al mercado nipón. Como aquello no era sencillo y requería conocimientos específicos, las tareas de procesado en factoría pasaron a ser supervisadas por operarios que llegaron de Japón.

La renovación de barcos y factorías obligó a IBSA a abundantes inversiones que, a pesar de la bonanza económica, generaron tensiones en los libros de cuentas. Pero, como cuan-

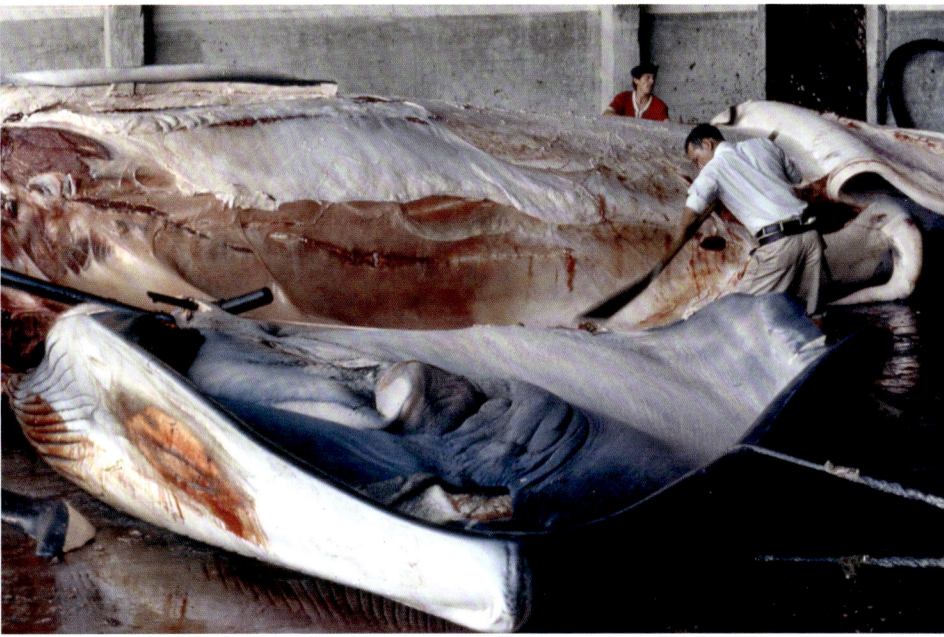

A partir de 1972, en las factorías gallegas coexistieron los operarios españoles (*al fondo*) con los japoneses (*delante*). Estos últimos supervisaban los procedimientos de corte y envasado de los productos destinados a la exportación (fotografía de Esteve Grau).

do el viento sopla de un lado suele hacerlo durante un cierto tiempo, el consejo de administración de la empresa recibió un regalo llovido del cielo. Hacía tiempo que la compañía internacional de aluminio Alcoa buscaba emplazamiento para construir una fábrica de grandes dimensiones con la que abastecer al mercado español, y después de barajar distintas posibilidades, escogieron San Cibrao, lo-

calidad lucense muy próxima a la factoría de Morás; fue entonces cuando, dado que la convivencia entre ambas industrias era imposible, Alcoa se prestó a comprar la factoría por el triple de su valor. Era una proposición imposible de rechazar, e IBSA vio cómo de un plumazo podía no solo saldar los créditos pendientes, sino además añadir varios ceros a su cuenta de beneficios.

El arponero Miguel López en el castillo de proa del *IBSA TRES*. El cañón de la imagen es un Kongsberg de 90 milímetros, de fabricación noruega.

La factoría de Morás cerró en 1977, concluyendo con ello el que sin duda fue el mejor año de IBSA. Desde los excesos de la década de 1920, nunca la industria ballenera moderna en España había visto el mundo tan de color de rosa como entonces. Las ballenas abundaban, e IBSA tenía el monopolio de la explotación ballenera en nuestras aguas, disponía de tres nuevos y flamantes cazaballeneros y sus cuentas de empresa estaban más que saneadas gracias a los contratos con Japón y la venta de Morás.

Y justo en aquel dulce momento comenzó la debacle. La primera mala noticia fue que la Comisión Ballenera Internacional (CBI), una organización que desde 1946 regulaba la pesca ballenera en todo el mundo, aprobó una norma interna que prohibía a sus Estados miembros importar productos de países que no formaran parte de la organización. Si España quería continuar exportando a Japón debía adherirse a la CBI, un paso que nuestro país se había resistido a dar, pues comportaba controles y estar sometido a límites de captura.

Pero no había más remedio y, haciendo de tripas corazón, el Estado español dio los primeros pasos para su ingreso, que no se hizo efectivo hasta 1979.

Pero aquello era lo de menos. El ecologismo, un movimiento ideológico que había arrancado tímidamente a mediados de los años sesenta, en la década de 1970 se estaba consolidando ya como un pensamiento social generalizado. Reflejando esta nueva forma de pensar, la prensa internacional llevaba un tiempo acusando a la industria ballenera de expoliar los mares y de llevar a cabo una matanza indiscriminada y cruel. Sin embargo, hasta aquel momento el desafío se había quedado en simples titulares. Todo cambió el 4 de agosto de 1978 con la aparición en el caladero gallego del *Rainbow Warrior*, el buque insignia de la organización ecologista Greenpeace. Sus lanchas neumáticas rodearon al cazaballenero *Carrumeiro* cuando este se hallaba a punto de arponear a una ballena y le impidieron la maniobra hasta que desde Ferrol llegó la fragata *Vicente Yáñez Pinzón*. De momento, la escaramuza se resolvió y todo quedó en un par de días de pesca perdidos, pues el músculo de Greenpeace aún carecía de la fuerza que alcanzaría más adelante. De hecho, la campaña en España solo había sido posible gracias a un donativo de 5.000 dólares de los Beatles con aquella finalidad.

Sin embargo, justo un mes más tarde, el 4 de septiembre, el conflicto subió de tono. A las

En 1978, el ecologismo era aún un movimiento social pobremente encarrilado. Para impulsar su campaña en contra de la pesca de cetáceos, a la Asociación para la Defensa de la Naturaleza (ADENA) no se le ocurrió otra idea que alquilarle a un exhibidor suizo una ballena disecada, preservada en formol, para pasearla por los distintos rincones de la geografía nacional.

El *IBSA UNO* y el *IBSA DOS* en el muelle de Marín, justo después de haber sido hundidos con una bomba lapa adosada a su casco.

tres de la madrugada una bomba explotaba bajo la línea de flotación del *IBSA UNO*, que aquella noche se había refugiado por mal tiempo en el muelle de Corcubión. El atentado habría podido acabar en desgracia, pues la tripulación se hallaba durmiendo a bordo, pero afortunadamente la explosión solo produjo daños menores en el casco y el eje de cola del barco. El *IBSA UNO* se vio obligado a pasar dos meses en el varadero. Años después, la autoría de aquel sabotaje sería reivindicada por una organización radical ecologista, Sea Shepherd ('pastor de los mares'), fundada por Paul Watson, un activista al que Greenpeace había expulsado por abogar por las acciones violentas.

La noticia no tuvo eco en los medios de comunicación, en parte porque la empresa optó por la discreción y, en parte, porque en 1978 la atención del ciudadano español se preocupaba por otras cosas: una demoledora crisis económica que había producido un millón de parados, una inflación de niveles casi sudamericanos y la aprobación de la recién nacida Constitución que acababa definitivamente con la dictadura franquista. A pesar de ello, la tranquilidad mediática no impidió que a IBSA se le dispararan todas las alarmas. Viendo los nubarrones que se aproximaban, Juan José Massó dio órdenes generalizadas de protección. Contrató guardias armados para que vigilaran las factorías, mandó encerrar entre muros y techar la plaza de despiece de la planta de Balea, hasta entonces una plataforma descubierta a los cuatro vientos, y ordenó cerrar con portalones el arco frontal de Caneliñas, que desde la inauguración de la factoría en 1951 había permanecido abierto.

Sin embargo, aquellas medidas sirvieron de poco. El 27 de abril de 1980, justo antes de que comenzara la temporada, un nuevo atentado enviaba a pique el *IBSA UNO* y el *IBSA DOS* mientras estos se hallaban fondeados en el muelle de Marín, en la ría de Pontevedra. Afortunadamente era domingo, los barcos estaban a la espera de hacerse a la mar y por este motivo se hallaban vacíos de tripulantes. Del atentado, que como el anterior sería reivindi-

cado por la organización Sea Shepherd, solo salió indemne el *IBSA TRES*.

La situación situó a IBSA frente al abismo. Las compañías de seguros rechazaron hacerse cargo de las pérdidas por tratarse de un atentado terrorista. A los previsibles gastos de reparación de los buques siniestrados se añadían las pérdidas asociadas a la falta de actividad, ya que la temporada de pesca estaba a punto de arrancar. Se acababan de firmar los contratos del personal para toda la temporada, pero solo quedaba un cazaballenero operativo para suministrar ballenas a las factorías de Balea y de Caneliñas. Como la distancia entre ambas era de más de 200 kilómetros, resultaba imposible que el barco las provisionara simultáneamente, lo que imposibilitaba el trabajo continuado. La única solución era que el *IBSA TRES* se mantuviera permanentemente en el caladero y que se contrataran dos remolcadores para realizar el transporte a tierra de las ballenas. Pero esto significaba más gastos. Y todo ello se desarrollaba en un contexto apocalíptico, en el que empresarios y trabajadores sentían su vida amenazada.

El 9 de mayo, el *IBSA TRES* se hizo a la mar con la instrucción de cazar tanto y tan rápido como

Tarjeta postal pidiendo la aprobación de la moratoria enviada al presidente de la CBI en 1981. La bandera española encabezaba la lista de los entonces principales países balleneros.

Rorcual común en la rampa de izado de la factoría de Caneliñas.

pudiera. Siguiendo órdenes, la primera ballena que arponeó fue un macho de 16,1 metros de longitud, pero la segunda solo medía 14,6 metros, lo que constituía una infracción, pues la normativa de la CBI, organización a la que España acaba de adherirse, establecía para el rorcual común una talla mínima de captura de 15,2 metros. El arponero consultó con la dirección y recibió órdenes de no parar mientes, que la situación era demasiado crítica como para respetar las normas. A fin de cuentas, los ecologistas tampoco habían jugado demasiado limpio, que digamos.

Enseguida al *IBSA TRES* se le unió el *Carrumeiro*, que inicialmente no iba a participar en la costera, pues se hallaba en un estado lamentable e iba a ser desguazado. Sin darle ni una mano de pintura salió a la mar, aunque su incorporación no alivió la presión de los arponeros. El resultado de aquella temporada de caza fue una masacre. Más del 18% de ballenas capturadas resultaron ser de tamaño inferior al límite fijado por la CBI. Algunas de ellas medían 11 o 12 metros, la dimensión corporal de un lactante. Además, dejando de lado las posibles multas de la CBI por infracciones, la captura de ejemplares tan pequeños comportaba para la empresa un problema aún más preocupante: mientras que un rorcual común de 21 metros tenía un peso de unas 60 toneladas, uno de 12 metros con dificultad alcanzaba las 10 toneladas. Por tanto, los animales jóvenes rendían una cantidad miserable de productos y equilibrar números solo era po-

sible si se capturaban muchos de ellos. Así fue como, en el primer año en que la CBI otorgó a España una cuota de 220 rorcuales comunes, IBSA se la saltó a la torera, al capturar más del doble, 442 ejemplares.

La Administración decidió echar tierra sobre el asunto y presentó estadísticas de captura y tallas corporales falsas a la CBI. Sin embargo, los ecologistas vigilaban desde los acantilados y enseguida se produjeron filtraciones desde dentro de la misma empresa, lo que hizo que nadie creyera aquellas estadísticas amañadas. La situación no hizo sino azuzar aún más al ecologismo, reforzándolo localmente. El protagonismo fue asumido sobre todo por una muy activa Sociedad Galega de Historia Natural, que articuló una virulenta guerra mediática.

Sin embargo, si bien la situación local era en extremo tensa, la batalla más feroz se dio en el seno mismo de la CBI. Los medios ecologistas acusaron a España de saltarse todas las normas e incluso de asesinar a bebés ballena, algo que técnicamente era cierto. El resto de los países balleneros, incómodos con la munición que nuestro país proporcionaba a los conservacionistas, se distanciaron de España. Todo aquello hizo que la situación fuera endiablada para nuestra representación institucional, particularmente en un momento en que España estaba negociando su adhesión a una Unión Europea que casi de forma unánime se inclinaba en contra de esta industria. Esto llevó a

que en 1982 el Gobierno español decidiera cambiar de lado en el ajedrez ballenero, que hasta entonces había permanecido en tablas, pues el número de países balleneros era semejante al de los que abogaban por la protección. En junio de aquel año la posición española se alineaba con el conservacionismo y la balanza se decantaba, propiciando que la CBI promulgase un cese temporal, o moratoria, en la caza comercial de ballenas. El acuerdo alcanzado consistía en un alto temporal en las operaciones que comenzaría en 1986 y finalizaría cinco años más tarde, en 1991, de tal manera que la pesca se podría reemprender en 1992.

Mantener una empresa sin actividad durante un lustro era económicamente insostenible y el Estado español, sintiéndose responsable del cierre de una industria que habría sido perfectamente viable de no haber sido por su voto favorable a la moratoria, ofreció aportar fondos para compensar a los trabajadores y mantener en estado vegetativo a factorías y barcos mientras durase la medida. Así, en octubre de 1985, después de que el *IBSA TRES* hubiera dado muerte a la última ballena que se cazaría en España, la empresa entró en estado de hibernación. Pero el maná estatal fue insuficiente y, finalmente, en 1992 IBSA suspendió pagos. Fue, de hecho, un destino conveniente, pues la moratoria en la pesca comercial de ballenas, en un principio aprobada con la condición de que fuera solo temporal, se fue prorrogando una vez y otra hasta llegar a nuestros días, cuando aún está vigente. Para bien o para mal, aquel fue el final de una industria milenaria en nuestro país.

En lo que respecta a la estricta gestión de un recurso natural, la lección de lo sucedido es contradictoria. Los grandes excesos de las compañías balleneras tuvieron lugar durante el siglo xix y la primera mitad del siglo xx. A partir de la década de 1960, la CBI comenzó a regular de una manera cada vez más efectiva la industria, hasta que llegó un momento en que, en los años setenta, las únicas poblaciones que estaban abiertas a la captura se halla-

ban todas en buen estado. Los *stocks* balleneros de España se hallaban en esta situación, aun a pesar de la anomalía que representó la campaña de 1980. Los censos realizados aquellos años y posteriormente cifran en unos quince o veinte mil ejemplares la población de rorcuales comunes que habita las aguas gallegas. No obstante, la imagen que la industria ballenera histórica había dejado impresa en la retina de la humanidad era tan negativa, que la inercia en las percepciones del gran público llevó a interrumpir la explotación precisamente cuando era sostenible y se disponía de mecanismos de control adecuados.

¿Qué ha sucedido en la época posterior a la moratoria? La pesca ballenera ha proseguido en casi una decena de países, si bien a niveles modestos en comparación con los de la primera mitad de la década de 1980. Los caminos utilizados para ello han sido diversos.

Estados Unidos, Groenlandia, Rusia y algunas pequeñas islas, como Saint Vincent, en el Caribe, o Lembata, en Indonesia, definieron su explotación como «no comercial» y evadieron de esta manera la moratoria. Se consideró que la realizaban «aborígenes» y que los productos obtenidos eran para consumo local de subsistencia. Dejando aparte que el término «aborigen» también puede ser aplicable a un japonés en su isla como a un esquimal en Alaska, en algunos casos esta clasificación ha sido utilizada como subterfugio para justificar prácticas de explotación que se asemejan a las industriales. Por ejemplo, durante años, la pesca «aborigen» practicada en los territorios rusos del Pacífico se realizaba desde cazaballeneros convencionales equipados con cañones arponeros, el despiece de las ballenas se llevaba a cabo en plantas industriales y, si bien una parte de los productos eran consumidos por la población local, otra se vendía a granjas de visones y zorros de Siberia.

Otros países, en cambio, decidieron proseguir con su actividad industrial acogiéndose a diversos mecanismos legales. Así, Noruega presentó ante la CBI una objeción formal a la moratoria, lo que significaba que legalmente la

Leopoldo Romeo, un enfermizo escritor que se enroló en 1866 en una expedición del ballenero *Luisita* por prescripción facultativa, escribió acerca de la posible extinción de las ballenas: «Será muy posible que las pocas ballenas que queden se retiren a vivir entre los hielos de los polos, donde el hombre no podrá alcanzarlas, pero aún habrá para cuatro generaciones nuestras en toda la inmensidad del océano». Acertó matemáticamente. En 1966, justo un siglo después, y en lo que en términos humanos corresponde justo a cuatro generaciones, la Comisión Ballenera Internacional aprobó la prohibición de la caza de la ballena azul por considerar que esta especie estaba comercialmente extinguida en todo el mundo. A esta norma le siguió una cascada de prohibiciones que fueron podando la actividad hasta acabar estrangulándola en 1985, cuando entró en vigor la moratoria en la caza comercial de ballenas.

medida no se le podía aplicar, y hoy pesca cada año más de medio millar de rorcuales aliblancos desde pequeños cazaballeneros que procesan sus capturas en alta mar. Islandia abandonó la CBI en 1992 y se reincorporó en 2002, pero lo hizo presentando una reserva a la moratoria, por lo que nuevamente esta medida no le afecta; aunque con intermitencias, pesca cada año alrededor de un centenar de rorcuales comunes, que desguaza en una factoría terrestre, y unas decenas de rorcuales aliblancos, que procesa en alta mar. Por último, Japón, que después de haber cazado rorcuales aliblancos mediante factorías flotantes en la Antártida durante décadas acogiéndose a un permiso científico, en 2019 abandonó la CBI y hoy concentra sus operaciones en el Pacífico Norte, donde pesca casi un centenar de rorcuales aliblancos y dos centenares de rorcuales boreales y de Bryde desde factorías tanto terrestres como flotantes.

Lógicamente, esta perpetuación parcial de la pesca ballenera no ha sido bien acogida por quienes apostaban por su completa abolición, y la ira de los sectores más radicales, protagonizada en solitario por Sea Shepherd, se ha dirigido hacia aquellos que habían plantado cara a la moratoria: en 1986 la organización saboteó una factoría ballenera islandesa y hundió dos de sus barcos en el puerto de Reikiavik, para más tarde centrarse en los pequeños balleneros que capturaban rorcuales aliblancos en Noruega: en 1992 el *Nybraena* fue parcialmente hundido en las islas Lofoten; en

1994 el *Senet* fue barrenado en Bergen; en 1998 el *Elin-Toril* sufrió importantes daños en las Lofoten; el mismo año el *Morild* —que pertenecía a un parlamentario noruego— fue hundido en Brønnøysund; y en 2007 el *Williamsen Senior* fue enviado a pique en un fiordo en las Lofoten. Sea Shepherd también acosó y propició colisiones con los barcos japoneses que pescaban en la Antártida, lo que llevó a Japón a emitir una orden internacional de detención contra Paul Watson, que se hizo efectiva en 2024 mientras se hallaba en Groenlandia. Después de pasar cinco meses en prisión, fue finalmente liberado por su avanzada edad, aunque se halla pendiente de juicio.

Por otra parte, la presión ecologista no ha hecho mella entre las filas balleneras; más bien al contrario, pues muchos opinan que ha resultado contraproducente y que la actual firmeza de Japón, Noruega o Islandia está alimentada por un deseo de reafirmación de la soberanía nacional. Y, mucho más importante, la CBI, que al crearse en 1946 era una organización pionera en la gobernanza de los recursos marinos, en la actualidad es un ave que vuela con un ala rota. Solo administra y establece cuotas de captura de aproximadamente un tercio de las ballenas que se pescan en el mundo y no tiene jurisdicción sobre la explotación de los pequeños cetáceos, como calderones, delfines, narvales o belugas, que se pescan a millares en distintos países. A diferencia de lo que ocurría a principios de la década de 1980, hoy únicamente decide los lí-

mites de captura de la pesca «aborigen», mientras que los de la caza comercial los establecen unilateralmente aquellos países que la ejercen. Además, como la cuantía de las cuotas de los países miembros se fijan en función de la magnitud de su pesca, la organización se ha encontrado con que los números rojos inundan sus balances y por falta de fondos se ha visto obligada a vender su sede y sus reuniones ya no se celebran anualmente sino bienalmente.

Resulta difícil vaticinar qué camino seguirá la pesca ballenera. En muchos países occidentales, las ballenas se ven como seres necesitados de protección y la opinión pública está mayoritariamente en contra de su explotación. En cambio, países con importantes intereses pesqueros, tanto occidentales como en desarrollo, incluidos varios de África, América Latina y Asia, observan con preocupación el crecimiento de las poblaciones de cetáceos, pues consideran que estas especies consumen una parte significativa de los recursos de peces y cefalópodos que estiman esenciales para garantizar su seguridad alimentaria. En la CBI, los dos bloques están muy igualados y la dirección que acabará tomando esta pesca resulta difícil de predecir.

Un rorcual común a la espera de ser izado a la rampa de despiece de la factoría islandesa de Hvalfjörður en 2023. Al fondo, dos cazaballeneros atracados en el muelle.

El pecado ballenero

Rorcual común recién arponeado bajo la proa de un ballenero en Galicia.

La pesca ballenera ha dejado una huella cultural que las generaciones actuales consideran globalmente negativa. Numerosos manuales presentan esta pesca como uno de los ejemplos mejor documentados de mala gestión o de falta de gestión. Esta sería una opinión que resultaría bastante tranquilizadora, pues aquello que se estropea por culpa de la inacción puede corregirse con la acción; sin embargo, la realidad es otra. La caza de la ballena fue un desastre para las poblaciones explotadas porque el hombre así lo quiso: existió gestión, planificada e inteligente, pero esta en ningún momento tuvo como objetivo la sostenibilidad de la explotación. Los empresarios descubrieron muy pronto que las ballenas eran enormemente rentables, pero también que tenían unas tasas de reproducción en extremo bajas. Por ello, de forma intencionada invirtieron los principios básicos de la gestión pesquera: en vez de buscar la conservación del recurso, optaron por el expolio. Aquello significaba, sí, que la explotación que implantaran en un lugar determinado sería de corta duración y que al cabo de poco deberían irse con factorías y barcos a otra parte, pero las ganancias de vaciar el océano de ballenas eran tan grandes que de lejos compensaban con los gastos de la mudanza. Ello explica que a menudo construyeran sus factorías con edificios de madera o metal prefabricados y que los tinglados y calderas de hierro fueran desmontables y fácilmente trasladables.

La saga de los Herlofson, que trajo la pesca ballenera moderna a nuestras costas, es un buen ejemplo de ello. El patriarca, Peter, inició sus actividades en Noruega en la década de 1880. En 1896 estableció una factoría en Islandia. La cerró al cabo de cinco años y se la llevó en 1902 a la isla de Harris, en Escocia. Allí fue sustituido por su hijo Carl, que en 1921 desplazó el centro de operaciones al golfo de Cádiz y en 1925 lo trasladó a Galicia. En 1928 lo llevó a Terranova y en 1932 ya trabajaba en Namibia, para acabar finalmente su carrera profesional en un barco factoría en la Antártida. En resumen, entre el padre y el hijo, a lo largo de cincuenta años, los Herlofson explotaron ocho zonas balleneras distintas, es decir, en promedio una cada seis años. Está claro que, como decía Carl en una de sus cartas, su intención era extraer rápidamente «la crema» de cada una de ellas para pasar inmediatamente a una nueva.

Por otra parte, las empresas balleneras no siempre jugaron limpio y a menudo engañaron a la CBI. El país que sin duda peor lo hizo fue la extinta Unión Soviética, cuyos barcos capturaron cualquier ejemplar que se pusiera a tiro de los cañones y que de modo masivo falsificó estadísticas: solo en la campaña de 1961-1962, cuando la CBI hacía décadas que había establecido la estricta protección de la ballena franca, un solo barco soviético cazó 1.200 individuos de esta especie que, naturalmente, fueron cosméticamente recalificados como rorcuales comunes. En la misma década, en cinco años, los buques soviéticos capturaron 37.000 yubartas, de las que solo declararon 1.800. Globalmente, de los más de 534.000 cetáceos capturados por la Unión Soviética, únicamente 178.700 (el 33,5%) entraron en las estadísticas. La magnitud de la masacre solo se conoció cuando, con el fin de la Guerra Fría, los científicos rusos revelaron la verdad.

Estos abusos condujeron al cambio en la percepción social acerca de la pesca ballenera, con lo que la ballena se convirtió en la bandera de la conservación en el mar, y precipitaron, en definitiva, la aprobación de la moratoria que llevó, si no a la extinción de la industria, sí a su drástica reducción.

Las especies explotadas

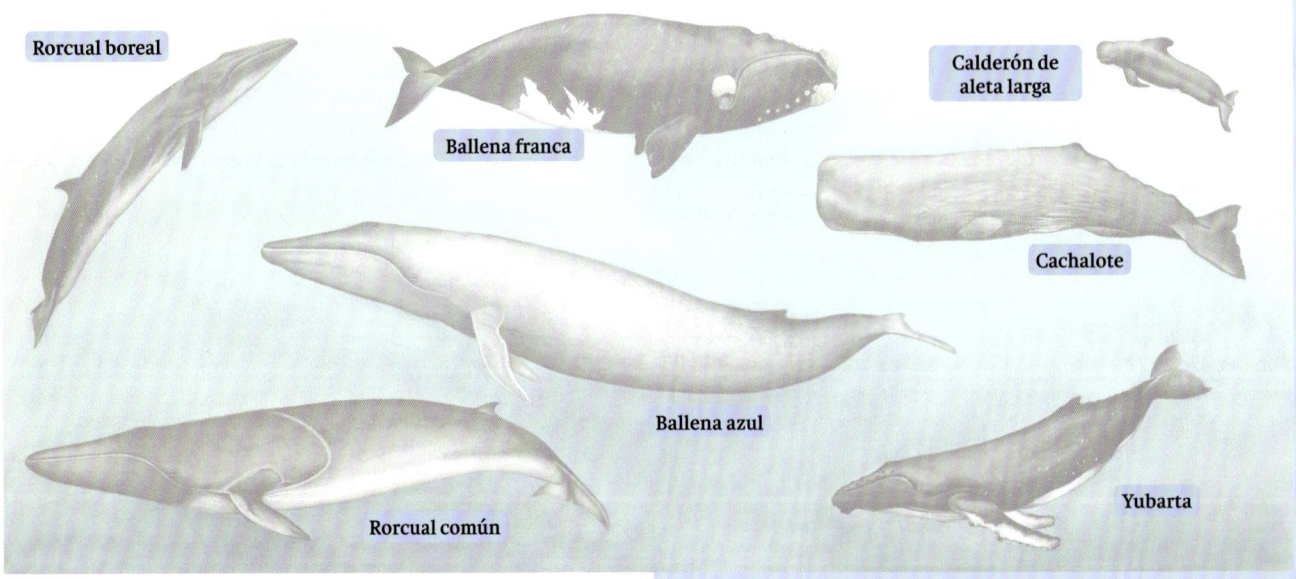

Especies de cetáceos que fueron explotadas en las aguas ibéricas.
Infografía de Helena Aguilar Giralt.

¿Caza o pesca? Cuando la semántica resulta determinante

Cuando se habla de la explotación ballenera, muchos se preguntan qué término, «caza» o «pesca», es el más apropiado para denominarla. Como la voz «pescado» se utiliza para designar no solo a los peces propiamente dichos, sino de manera genérica a todas las especies que se extraen del mar, como los cefalópodos o los crustáceos, podríamos pensar que las ballenas son un producto más del mar y que, por lo tanto, se «pescan». De hecho, los balleneros con frecuencia se referían a los cetáceos que capturaban como «pescados». Pero la captura de peces suele realizarse con artes de pesca que atrapan a las presas de manera agregada y con una intervención más bien indirecta del pescador, mientras que las ballenas y los cachalotes son capturados individualmente por arponeros que buscan, persiguen y dan muerte a los animales. Lo logran lanzándoles arpones, en un ejercicio que se asemeja más al modo en que en tierra firme se da caza a los ciervos o a los elefantes, que a lo que comúnmente se entiende como pesca. Esto ha llevado a que a menudo se hable también de «caza» cuando se menciona la actividad ballenera. Ambos términos son semánticamente correctos y pueden por ello ser utilizados de manera indistinta.

Sin embargo, en pleno reinado de Carlos I, la distinción entre un término u otro no resultaba menor. Como registra una ejecutoria de 1547 procedente del archivo de la Catedral de Mondoñedo, cuando Juan Abad, provisor del obispado de Mondoñedo, exigió a los capitanes vascos que habían capturado a una treintena de ballenas en el puerto de Bares que pagaran «el diezmo de todo el pescado ansí de ballenas como de otra cualquiera pesca», estos respondieron que «la relación hecha por el dicho Juan Abad era falsa cuanto más que ellos no debían ni eran obligados a pagar los dichos diezmos, ni la costumbre tal había sido por ser pescado, por no matar con red, antes con lanza e con aparejos de montería, e de más que se debía inferir caza que pesca e donde ponían en grave riesgo sus personas de que si hubiesen de tratar por interés ajeno no lo harían». Dicho esto, concluyeron pidiendo la anulación del mandato sobre el diezmo, porque «de derecho no eran obligados a darlas». El dictamen del obispo Diego de Soto, encargado de dirimir la cuestión, no fue favorable a los vascos. Esta decisión podría sentar jurisprudencia de que la captura de cetáceos era pesca y, por extensión, de que estos animales eran de hecho «pescados».

Cuatrocientos años más tarde, la controversia continuaba abierta. En 1952, la Industria Ballenera SA inició un litigio contra la Administración de Aduanas reclamando que la harina de ballena dejara de estar sujeta a los aranceles de la «harina de pescado» y pasara a cotizar aranceles de «despojo animal», sensiblemente más baratos. La discusión duró cuatro años, al cabo de los cuales, el director general de Aduanas determinó, coincidiendo con el obispo de Mondoñedo, que la ballena era una «clase de pescado, como viviente en el mar». En 1960, Massó Hermanos SA abrió de nuevo la caja de Pandora, pero esta vez en sentido contrario: planteó que el término «pescado» se refería al género de los peces, y que los cachalotes y las ballenas eran mamíferos, por lo que la venta de su carne no debía estar sujeta al gravamen del 2% de la venta de pescado. La controversia llegó a la mesa del ministro del ramo quien, ya harto del tema, resolvió «interpretar la aplicación de la tarifa en el sentido más amplio, sin distinción de clasificaciones zoológicas».

A lo largo de la historia, los pescadores de ballenas fueron variando el objetivo de sus arpones en función de las demandas del mercado y, sobre todo, de la tecnología que en cada momento tenían a mano. En el medievo, cuando a los cetáceos se les daba caza con pequeñas chalupas que tenían su base en la costa, la explotación se centró casi únicamente en la ballena franca. Era una especie que a lo largo del año realizaba amplias migraciones y que, al alcanzar la época de reproducción, acudía a las aguas someras de la costa cantábrica, donde era fácilmente visible desde las incontables atalayas que salpicaban los altozanos. Su natación lenta y sus hábitos pacíficos la hacían además muy fácil de cazar, pero la característica determinante que la convirtió en el principal y casi único objetivo de la pesquería fue una propiedad que, para la rudimentaria tecnología disponible en la época, resultaba esencial: una vez muerta, flotaba. Ello permitía transportar con facilidad su cuerpo exánime a costa y allí izarlo a una playa o esperar a que la bajamar lo dejara en seco.

La ballena franca pertenece a la familia de los balénidos. Su paladar en forma de bóveda configura una enorme boca que favorece la filtración de los organismos planctónicos que constituyen su fuente de alimento. Como resultado de esta disposición del cráneo, las barbas, que son los órganos filtradores de las ballenas, adquieren igualmente unas grandes dimensiones y en algunas especies pueden llegar a medir hasta 5 o 6 metros de longitud. Esto hacía a

Para los arponeros medievales, que una ballena muerta flotara era esencial. Una ballena hundida era una ballena perdida. Detalle de un grabado del *Diccionario de los artes de la pesca nacional*, de Sáñez Reguart, publicado en 1785.

esta ballena aún más atractiva, pues a partir del siglo XVI las barbas de las ballenas pasaron a ser un producto extremadamente valioso (véase la página 123).

La ballena franca, que en algunos períodos se conoció científicamente como ballena vasca, ballena euskara o *Balaena biscayensis*, fue perseguida no solo en el Cantábrico, sino también en Noruega, Islandia, Groenlandia y Terranova. Sin embargo, en las latitudes más extremas los vascos dieron también con otra especie de balénido que se le parecía mucho y con la que durante siglos permaneció confundida para los científicos: la ballena de Groenlandia. Esta especie, similar a la ballena franca por su morfología y medidas corporales, compartía con ella la propiedad esencial de flotar una vez muerta. En Terranova, los análisis de restos óseos hallados en yacimientos arqueológicos vascos del siglo XVI demuestran que ambas especies fueron objeto de explotación.

No obstante, todo cambió a finales del siglo XVII, cuando los vascos cedieron el protagonismo ballenero a las flotas británicas y norteamericanas. Al realizar estas sus capturas desde barcos que se desplazaban por el océano, las ballenas francas y polares comenzaron a compartir la persecución con otras especies de cetáceos que también flotaban, o lo hacían parcialmente, pero que además vivían en aguas alejadas de la costa. Así comenzó la explotación del cachalote y de la ballena jorobada.

Durante el siglo XIX, el cachalote, que producía un aceite de primera calidad que se empleaba sobre todo en la iluminación, fue la principal diana de los arpones. Se trataba de un cetáceo muy distinto a las ballenas antes descritas. A pesar de que, debido a una mala traducción del inglés, en ocasiones se denomina «ballena de esperma», no es en modo alguno una ballena, pues carece de barbas filtradoras: se trata de un cetáceo odontoceto, es decir, un animal con la boca armada con dientes. Esto significa que no es un animal filtrador, sino un activo predador, y ello hace que ya no sea tan manso. Con frecuencia, el cachalote reaccionaba violentamente a su captura y agredía a sus perseguidores —recordemos la fábula de *Moby Dick*—, pero la aparición de las armas de fuego resolvió el problema. Cuando se les daba caza, los cachalotes eran asegurados a la embarcación mediante un arpón que se lanzaba a mano, como se hacía con las ballenas, pero para rematarlo se recurría a dis-

El cuerpo de un par de delfines yace en el muelle al lado de un cazaballenero de la Compañía Ballenera Española. Durante la década de 1920, esta empresa capturó también delfines y calderones para su aprovechamiento en número indeterminado. Posteriormente, en los años que siguieron a la guerra civil española, se produjeron varios intentos de desarrollar su pesca industrial, si bien no tuvieron éxito.

pararle balas explosivas que medían casi dos palmos de longitud.

La situación dio un vuelco en el último cuarto del siglo XIX gracias a los balleneros noruegos, quienes lograron combinar diversos avances tecnológicos surgidos de la Revolución Industrial para mejorar la eficacia de la caza. Los viejos arpones lanzados a fuerza de brazo dieron paso a cañones de grueso calibre capaces de disparar arpones de 80 kilos equipados con una granada cargada de trilita, que detonaba pocos segundos después de penetrar el cuerpo de la ballena y aceleraba su muerte. Aquello, junto con el invento del aire comprimido

Para combatir la penuria de alimentos que afligía a la España de posguerra, el ministro falangista José Luis Arrese propuso una solución: alimentar a la población con bocadillos de delfín y pan elaborado a base de harina de pescado. Afortunadamente, la idea no prosperó.

—que permitía insuflar gas en el interior del vientre de las ballenas para hacer que flotaran— y las mejoras en los barcos y cordajes con los que asegurar las piezas cobradas, posibilitó que comenzara la explotación de los balenoptéridos, un grupo de ballenas que habían eludido los arpones por su gran tamaño y flotabilidad negativa, que las hacía inalcanzables para los balleneros tradicionales. Los balenoptéridos, también conocidos como rorcuales por poseer numerosos pliegues en la zona ventral que permiten la distensión de sus bocas, poseían —a diferencia de los balénidos— unas barbas relativamente pequeñas y poco valiosas. La buena noticia era que se trataba de animales de mayores dimensiones y de los que se podían extraer enormes cantidades de aceite y carne. Desde entonces y hasta la actualidad, los rorcuales han representado el grueso de las capturas en todo el mundo.

Aun así, no hay que pensar que el resto de los cetáceos, de menor tamaño, quedaron al margen de la persecución. Las orcas, los delfines y las marsopas han sido también históricamente capturados mediante arpones lanzados a mano, conocidos como delfineras. Tradicionalmente, su captura era llevada a cabo por pescadores que se dedicaban a otras faenas, pero que no dudaban en aprovechar una fuente de carne de calidad que tenían al alcance de la mano. Así, la captura de delfines fue particularmente frecuente en operaciones pesqueras que se desarrollaban en aguas alejadas de la costa y que obligaban a los pescadores a es-

tancias largas en la mar, como sucedía con la pesca del bonito o la del bacalao. Ello explica que, hasta hace pocos años, el consumo de carne de delfín fuera habitual en los puertos pesqueros del Cantábrico.

Por otra parte, aunque los delfines y las marsopas no eran más que migas del apetitoso pastel que representaban las grandes ballenas y los cachalotes, en algunos momentos se intentó su pesca industrial. La tentativa más importante fue la realizada por la Compañía Ballenera Española, que en la década de 1920 armó un barco, el *Don Carlos*, para destinarlo a esta labor equipándolo con un cañón de pequeño calibre que lanzaba arpones de dos uñas. Aunque se desconoce cuántos animales llegó a cazar, al parecer la iniciativa no tuvo éxito, porque pronto fue abandonada. Ello no evitó que en el estrecho de Gibraltar una empresa ceutí lo intentara asimismo poco después, ni que, en los años cuarenta, José Chas Rodríguez —el coruñés que obtuvo la primera concesión para pescar industrialmente cetáceos en el norte y el noroeste de España— se dedicara transitoriamente a capturar calderones en Galicia con un vaporcillo denominado *Kiko*. En el caso de Chas, se cree que de ellos extraía aceite, pero como poco después el coruñés pasó a formar parte del accionariado de la Industria Ballenera SA —que con la factoría de Caneliñas comenzó a pescar cachalotes y rorcuales comunes, que resultaban infinitamente más rentables— pronto abandonó el intento.

¿Qué nos puede decir el ADN de los restos históricos de cetáceos capturados? Los estudios de la CEMMA descubren algunas sorpresas

La Coordinadora para o Estudo dos Mamíferos Mariños (CEMMA) es una asociación de Galicia que desde hace más de tres décadas centraliza la investigación y la conservación de los cetáceos en esta comunidad autónoma. Cuando se produce el varamiento de un cetáceo, una foca o una tortuga, la CEMMA es responsable ante el Ministerio para la Transición Ecológica y la Xunta de Galicia de acudir al lugar del evento, examinar el ejemplar, determinar su especie y la causa de varamiento y, si el animal aún está vivo, intentar rehabilitarlo y devolverlo al medio. Con material recolectado de estos varamientos, la CEMMA ha contribuido de manera significativa a los fondos de los principales museos gallegos. Buena muestra de ello es la colección osteológica del Museo de Historia Natural de Ferrol, gestionado por la Sociedade Galega de Historia Natural, y el formidable esqueleto de cachalote que preside la Sala de Biología Marina del Museo do Mar de Vigo. Además, la CEMMA ha llevado a cabo numerosos estudios y ha organizado exposiciones y conferencias sobre la biología y la ecología de estos animales. Entre sus investigaciones destaca la recolección sistemática de restos de cetáceos presentes en colecciones privadas, enterrados en playas o sumergidos en las aguas de los antiguos asentamientos balleneros gallegos. Gracias a esta labor, los buceadores de la CEMMA lograron recopilar más de trescientas piezas óseas de las que más tarde extrajeron y analizaron su ADN para comprobar la especie de la que se trataba. Sus resultados confirmaron lo que ya se presentía: que la mayoría pertenecían a ballenas francas, pero también identificaron huesos de yubarta, una especie que, si bien se halla presente en nuestras aguas, no sería una captura fácil para las chalupas medievales, tanto por su

rapidez de natación como por su flotabilidad negativa al morir. Aún más sorprendente fue el hallazgo de huesos de ballena gris, un misticeto que en el Atlántico Norte se extinguió hacia el siglo XVI y que hoy solo habita en las aguas del océano Pacífico. Aunque las causas de la desaparición de la ballena gris no se han podido establecer con certeza, se cree que se debió sobre todo a cambios en las condiciones climáticas y ecológicas, aunque estos resultados podrían indicar que la explotación ocasional de una población biológicamente comprometida contribuye asimismo a precipitar su desaparición.

Miembros de la CEMMA posando junto a una monumental mandíbula de ballena franca que acaban de rescatar del fondo del puerto de Bares. La mandíbula puede verse hoy en el Museo Massó de Bueu. Fotografía cedida por la CEMMA.

Los objetivos de los balleneros

Dejando aparte la captura ocasional de los cetáceos de menor tamaño, en la península ibérica la pesca ballenera se ha centrado a lo largo de la historia en siete especies de cetáceos:

Ballena franca del Atlántico Norte (*Eubalaena glacialis*). Es uno de los cetáceos con mayor riesgo de extinción del planeta. Se trata de un balénido de cuerpo robusto, que carece de aleta dorsal, y cuya cabeza es grande y arqueada, con callosidades distintivas en la piel. Se halla emparentada con otras especies de ballenas francas, como las que habitan el hemisferio austral o en el Pacífico Norte, pero sus rasgos morfológicos y genéticos son suficientemente distintos como para diferenciarlas. Los machos pueden alcanzar hasta 15 metros de longitud y las hembras, unos 16 metros. El peso medio de los adultos oscila entre 50 y 70 toneladas. Tiene una distribución restringida al Atlántico Norte, donde se repartía originalmente en dos poblaciones en apariencia independientes: una que ocupaba la vertiente oriental o

europea de la cuenca, y otra, en la occidental o americana.

Esta ballena se halla sobre todo en hábitats costeros y de plataforma continental, en especial durante la temporada de cría y alimentación. Realiza migraciones estacionales, desplazándose hacia el sur para reproducirse durante el invierno y hacia el norte para alimentarse en verano. El ciclo reproductivo incluye una gestación de alrededor de doce meses, y las hembras dan a luz a una cría cada tres, cuatro o cinco años. La alimentación se basa en el consumo de zooplancton, sobre todo crustáceos copépodos de unos pocos milímetros, pero también crustáceos eufausiáceos planctónicos de unos pocos centímetros. Estos últimos forman grandes enjambres que resultan muy convenientes para la alimentación de las ballenas y genéricamente se los conoce bajo la denominación «kril» (del noruego *krill*, 'pez pequeño').

Históricamente, esta especie fue explotada de manera intensa por la industria ballenera debido a su alto contenido en grasa, su elevada flotabilidad y la facilidad con la que podían ser cazadas, lo que llevó a una drástica reducción de sus poblaciones. La presión pesquera

Ballena franca en la planta de despiece de la factoría de Carl Herlofson en la isla de Harris, en Escocia. Era uno de los últimos ejemplares de la población europea de esta especie y su captura aceleró la extinción definitiva de la ballena franca en el lado oriental del Atlántico.

continuada durante siglos resultó excesiva, y hoy la población oriental o europea se considera extinta, aunque de manera esporádica puedan aparecer ejemplares aislados probablemente provenientes de la población occidental o americana. Esta última está compuesta por apenas unos trescientos individuos, y su número poco a poco va reduciéndose, lo que ha conducido a la Unión Internacional para la Conservación de la Naturaleza (UICN) a catalogar la especie como en «peligro crítico» en su Lista Roja.

Rorcual común (*Balaenoptera physalus*). Conocido comúnmente como rorcual común o ballena de aleta, es el segundo animal más grande del planeta, solo superado por la ballena azul. Su cuerpo es alargado y estilizado, con una cabeza plana y una aleta dorsal en forma de hoz situada hacia la parte posterior del cuerpo. La coloración de la parte anterior del cuerpo es asimétrica: el lado derecho de la mandíbula inferior es blanco, mientras que el izquierdo es gris oscuro, casi negro; asimismo, el primer tercio de las barbas del lado derecho son de color crema, mientras que el resto y todas las del lado derecho son gris pizarra. En el Atlántico Norte, los machos pueden alcanzar una longitud máxima de 22 metros, mientras que las hembras son ligeramente más grandes, y pueden sobrepasar los 23 metros. El peso medio de los adultos oscila entre 40 y 60 toneladas, aunque los individuos más grandes pueden superar estas cifras. La distribución del rorcual común es muy amplia y abar-

ca todos los océanos del mundo. En el Atlántico Norte se reparte en distintas subpoblaciones. La de las aguas ibéricas penetra estacionalmente en el Mediterráneo y se cree que se extiende desde el estrecho de Gibraltar hasta el norte de las islas Británicas. Esta subpoblación parece independiente de las que ocupan las aguas de Islandia, Noruega, las islas Faroe y Canadá, si bien algunos ejemplares seguidos con marcas de satélite muestran movimientos cruzados entre las subpoblaciones.

El rorcual común prefiere aguas profundas y migra estacionalmente entre áreas de alimentación en latitudes altas, que ocupa en verano, y áreas de reproducción en latitudes más bajas, donde se encuentra en invierno. El ciclo reproductivo comprende un período de gestación de alrededor de 11 meses, al que sigue una lactancia de unos 6 o 7 meses. Las hembras dan a luz a una cría de unos 6 metros de talla cada dos o tres años. En cuanto a su alimentación, estos gigantes se alimentan en esencia de pequeños peces y, sobre todo, de kril.

Históricamente, el rorcual común fue objeto de una intensa explotación durante el siglo xx debido a su gran tamaño y valor comercial. Tan solo en el Atlántico Norte se capturaron más de ochenta mil ejemplares, doce mil de ellos en aguas ibéricas. La caza masiva llevó a una drástica reducción de sus poblaciones y en la actualidad la especie se encuentra catalogada como «vulnerable» según la Lista Roja

Un rorcual común en la rampa de izado de la factoría ballenera de Caneliñas en la década de 1980. Su coloración asimétrica, con el lado izquierdo negro y el derecho blanco, es una peculiaridad única entre los mamíferos y se relaciona con el hábito de nadar de costado cuando captura enjambres de kril o de pequeños peces.

de la UICN. Aunque la caza comercial disminuyó mucho su abundancia, las distintas poblaciones han ido recuperándose hasta alcanzar un estado globalmente bueno, aunque muy variable. La población del Atlántico Norte se cree del todo recuperada, pese a que prosigue aún hoy una explotación moderada en Islandia y Groenlandia, donde se capturan poco más de un centenar de ejemplares cada año. La población total en el Atlántico Norte se cree que excede los ochenta mil individuos, de los cuales unos dieciocho mil visitan las aguas del norte de la península ibérica en verano. A esta cifra hay que añadir la población presente en el Mediterráneo, que se estima que permanece estable en unos tres mil quinientos individuos.

Rorcual boreal o norteño (*Balaenoptera borealis*). Es un cetáceo que se distingue por su cuerpo esbelto e hidrodinámico, adaptado a una natación rápida. Dorsalmente su cuerpo es de color gris oscuro y con frecuencia presenta conspicuas manchas claras, lo que hizo que en Galicia fuera conocido como «ballena de pintas». Ventralmente adopta un tono más claro hasta llegar a ser blanco en su parte más inferior. Posee una aleta dorsal curvada y prominente, más alta que la de otros rorcuales, localizada en el tercio posterior del cuerpo. Los machos pueden alcanzar una longitud máxima de unos 15 metros, y las hembras, unos 16-17 metros. El peso medio de los adultos varía entre las 20 y las 30 toneladas.

Su distribución es cosmopolita y habita en todos los océanos del mundo, si bien prefiere las aguas profundas y alejadas de la costa. Realiza migraciones estacionales, moviéndose hacia aguas frías y productivas durante el verano para alimentarse, y hacia aguas más cálidas en invierno para reproducirse. En el norte de la península ibérica acostumbra a aparecer en otoño, aunque lo hace de una manera muy errática y su abundancia varía en gran medida entre años. El ciclo reproductivo incluye una gestación de once o doce meses, y las hembras dan a luz a una cría cada dos o tres años. Al poseer unas barbas más finas que el resto de los rorcuales, su alimentación se basa en el consumo de especies planctónicas de reducido tamaño, como copépodos, kril juvenil y pequeños peces.

La especie fue intensamente explotada en las latitudes altas del Atlántico Norte durante el siglo XX, pero en la península ibérica fue solo una captura secundaria a la del rorcual común, debido a su menor abundancia y su inferior rendimiento comercial. Las estadísticas de pesca recogen algo menos de quinientos ejemplares a lo largo de todo el siglo XX, con un máximo de capturas en el mes de octubre. Después de décadas de protección, en el Atlántico Norte la especie está en la actualidad catalogada como de «preocupación menor» en la Lista Roja de la UICN y su población se estima en un mínimo de once mil individuos.

Ballena azul (*Balaenoptera musculus*). Se trata del animal más grande que jamás haya exis-

El peso medio de una ballena azul adulta oscila entre las 100 y las 150 toneladas, el equivalente a treinta elefantes africanos o siete diplodocus. Algunos individuos excepcionalmente grandes pueden llegar a pesar hasta 200 toneladas.

tido. Su cuerpo es largo y estilizado, de color azul grisáceo con manchas más claras, y su cabeza es ancha y aplanada con un hocico en forma de U. Su aleta dorsal es la más pequeña de todas las de los rorcuales y se sitúa hacia la parte posterior del lomo. En el Atlántico Norte, las hembras pueden alcanzar una longitud máxima de 27 metros, mientras que los machos llegan a los 26 metros. El peso de los animales de mayor tamaño con facilidad excede las 100 toneladas.

La ballena azul tiene una distribución cosmopolita. Como otros rorcuales, prefiere las aguas profundas y frías, y realiza migraciones estacionales entre áreas de alimentación en latitudes altas y áreas de reproducción en latitudes bajas, aunque se ha comprobado que los ejemplares jóvenes limitan sus movimientos a las aguas

Ballena azul de 22,4 metros de longitud en la rampa de izado de la factoría ballenera de Cangas do Morrazo. Fue capturada por el cazaballenero *IBSA DOS* el 24 de julio de 1978. Fotografía cedida por Jesús Cancelas.

más templadas. Por eso en España la mayor parte de los ejemplares capturados eran individuos jóvenes, que no sobrepasaban los 20 metros de longitud. El ciclo reproductivo incluye una gestación de aproximadamente 11 a 12 meses, y las hembras dan a luz a una cría cada dos o tres años. La alimentación de la ballena azul se basa casi exclusivamente en el kril, por el que compite, sobre todo, con el rorcual común.

Debido a su elevada rentabilidad comercial, la ballena azul ha sido una de las especies más diezmadas por la explotación. En la década de 1930, momento álgido de su pesca, en todo el mundo se capturaban más de treinta mil individuos anuales. Ello hizo que la década siguiente prácticamente todas las poblaciones comenzaran a mostrar indicios de sobrepesca, pero no fue hasta 1960 cuando la CBI declaró la especie protegida en el Atlántico Norte. En estas aguas había sufrido una intensa persecución durante el último cuarto del siglo XIX y la primera mitad del siglo XX por parte de Islandia, Noruega e Inglaterra, aunque en nuestras aguas, al tratarse de una especie poco abundante, nunca se registraron cifras de captura elevadas. Así, las estadísticas de pesca registran la captura de algo más de sesenta ejemplares entre 1921 y 1985, la mayor parte de ellos desde factorías gallegas. Sin embargo, es posible que se capturaran algunas más que en las estadísticas fueron erróneamente consignadas como rorcuales comunes. La última ballena azul que se cazó en el mundo fue un ejemplar capturado por la flota de IBSA y que fue procesado en la factoría de Caneliñas en 1979. En la actualidad, la población que habita las aguas atlánticas europeas se estima en aproximadamente unos cuatro o cinco mil ejemplares, y se halla aún muy lejos de su plena recuperación. En consonancia con esta situación, la Lista Roja de la UICN cataloga la especie como «en peligro».

Ballena jorobada o yubarta (*Megaptera novaeangliae*). Se trata de uno de los rorcuales más icónicos. Su cuerpo robusto es característico por su joroba, situada delante de la aleta dorsal, y sus extraordinariamente largas aletas pectorales, que pueden medir hasta un tercio de su longitud corporal. Tanto la parte superior de la cabeza como las aletas pectorales presentan unos característi-

cos nódulos irregulares que contienen cada uno un folículo piloso con función sensorial. En el Atlántico Norte, los machos pueden alcanzar hasta 14 metros de longitud, mientras que las hembras pueden llegar a medir 15 metros. El peso medio de los adultos varía entre las 25 y las 30 toneladas.

Las ballenas jorobadas tienen una distribución cosmopolita. A diferencia de otros rorcuales, prefieren hábitats costeros y de plataforma continental, pero, como el resto, también realizan migraciones estacionales entre áreas de alimentación en latitudes altas durante el verano y áreas de reproducción en latitudes bajas durante el invierno. Su ciclo reproductivo incluye una gestación de aproximadamente once meses, y las hembras dan a luz a una cría cada dos o tres años.

Las ballenas jorobadas se alimentan de kril y pequeños peces, utilizando técnicas de caza únicas, como la creación de redes de burbujas para agrupar a sus presas y facilitar su captura. También es frecuente que en las operaciones de captura cooperen varios miembros de un grupo, un comportamiento que nunca tienen otras especies de rorcuales.

Históricamente, las ballenas jorobadas fueron objeto de intensa caza comercial, lo que llevó a una drástica reducción de sus poblaciones durante el siglo XX. En nuestras aguas, no obstante, se trata de una ballena muy poco frecuente, por lo que las capturas fueron esporá-

dicas. En la actualidad, gracias a las medidas de protección, la especie está globalmente en proceso de recuperación y en el Atlántico Norte se considera que disfruta de una población robusta, compuesta por unos quince mil individuos. Por este motivo, la especie está catalogada como de «preocupación menor» por la Lista Roja de la UICN, aunque es probable que algunas subpoblaciones estén aún recuperándose de la explotación.

Cachalote (*Physeter macrocephalus*). Es el odontoceto más grande del mundo y uno de los mamíferos marinos de comportamiento más complejo y rasgos biológicos más peculiares. Su cuerpo es robusto y macizo, con una cabeza enorme que constituye aproximadamente un tercio de la longitud total del cuerpo. La cabeza contiene el órgano de espermaceti, una enorme bolsa esponjosa llena de un aceite ceroso que, según se cree, ayuda en la ecolocalización, la emisión de sonidos y la regulación de la flotabilidad. La aleta dorsal de los cachalotes tiene una forma triangular de contornos suaves, a la que siguen en dirección caudal dos o tres pequeñas jorobas de menor tamaño. A diferencia de las ballenas, que tienen un orificio nasal o espiráculo doble, en el cachalote los dos conductos nasales afloran a la superficie corporal formando un único espiráculo de forma sigmoidal que se encuentra en la parte frontal izquierda de la cabeza. La especie presenta un marcado dimorfismo sexual. En el Atlántico Norte, los machos pueden alcanzar una longitud máxi-

Visión ventral de un cachalote que está siendo izado a la planta de despiece de la factoría de Caneliñas, en los años setenta. Obsérvese que, en esta especie, las dos mandíbulas se hallan fusionadas en una única barra ventral que les sirve para arar el lecho marino y así levantar los peces y grandes calamares que viven sobre el fondo.

ma de 18 metros, mientras que las hembras, mucho más pequeñas, llegan a un máximo de 12 metros. Ello hace que el peso medio de los adultos varíe significativamente entre sexos, con machos de más de 50 toneladas, y hembras de aproximadamente la mitad.

Es una especie cosmopolita, que se encuentra en todos los océanos y mares profundos del mundo. Ocupa hábitats oceánicos profundos, aunque suele concentrarse sobre el talud oceánico, donde busca su alimento. La gestación es más larga que en otros cetáceos y se cree

que dura unos 16 meses. Durante los primeros años de vida, la cría es muy dependiente de la madre y, aunque pronto comienza a ingerir alimento sólido, recurre esporádicamente a la lactancia materna hasta los seis o siete años de edad. Esto hace que el intervalo entre gestaciones sea largo, generalmente de cuatro a seis años. No realiza migraciones estacionales marcadas, y los grupos reproductivos, formados por una o dos decenas de individuos y compuestos por hembras adultas, sus crías, juveniles y algún macho adulto, acostumbran a restringir su distribución a las aguas más cálidas. Al aproximarse a la madurez sexual, los machos se desplazan poco a poco hacia latitudes altas, donde permanecen de manera más o menos estable, y solo realizan visitas periódicas a las aguas cálidas para tener acceso a las hembras. Este peculiar comportamiento hace que en el Atlántico Norte podamos encontrar machos y hembras de cualquier edad hasta la altura más o menos de Normandía, mientras que más al norte solo haya machos adultos. Los cachalotes se alimentan principalmente de peces y calamares, incluidos los calamares gigantes, que son habitantes de las fosas abisales. Por este motivo, la capacidad de buceo de los cachalotes es extraordinaria: pueden permanecer sumergidos durante 40 o 50 minutos y alcanzar profundidades de hasta 2.000 metros.

Históricamente, el cachalote fue muy perseguido por su aceite, en particular el que se halla contenido en su órgano de espermaceti. Durante el siglo XIX, este aceite, muy rico en ceras, se usó mucho como combustible de lámparas de aceite o para fabricar velas. De este cetáceo también se aprovechaban los dientes, compuestos por marfil de elevada calidad, y el ámbar gris, un producto muy apreciado por la industria de la perfumería (véanse las páginas 128-129). Aparte de las capturas en aguas ibéricas por balleneros de vela británicos y estadounidenses durante el siglo XIX, que probablemente no superaron los pocos centenares, las factorías de Galicia y del estrecho de Gibraltar capturaron unos 7.500 individuos a lo largo del siglo XX. Las poblaciones se resintieron de esta explotación, pero no disminuyeron tanto como las de las ballenas, ya que, por el dimorfismo sexual de la especie, el objetivo principal de los balleneros fueron los machos adultos. Ello hizo que el impacto de las bajas en las tasas reproductivas de la población fuera limitado. En todo caso, debido a sus hábitos buceadores y su extrema movilidad, es un animal muy difícil de censar y no se dispone por ello de estimas de abundancia fiables para el Atlántico Norte. Aun así, se cree que la población mundial excede los cien mil individuos. Actualmente, el cachalote está clasificado como una especie «vulnerable» por la Lista Roja de la UICN.

Aparte de la segregación por edad y sexo que existe en la población, el cachalote es una especie muy nómada que realiza movimientos de gran amplitud. Ello explica que en las factorías gallegas fueran capturados individuos que antes habían sido marcados en Canadá o en las islas Azores. Se sabe que algunos ejemplares incluso habrían mudado de hemisferio a lo largo de su vida.

Durante el siglo XX, el cachalote fue intensamente explotado desde las islas Azores por pescadores locales que habían aprendido las técnicas de arponeo de los balleneros de vela estadounidenses. Para asegurar al animal, empleaban pequeños arpones de cabeza basculante que lanzaban a mano. Durante la campaña de 1976, la cuchilla de uno de los trabajadores de la factoría gallega de Caneliñas dio con un objeto metálico mientras cortaba la grasa de un cachalote recién capturado. Examinado el hallazgo, resultó ser la punta de un arpón azoriano que presentaba retorcido 90º el inicio del vástago que la unía al resto del arpón. Al limpiar la punta del óxido que la cubría aparecieron varias iniciales grabadas en el acero. En un lado podía leerse con letras mayúsculas «C. B. F.» y en el otro, con tipografía similar, «AL». Además, también era posible identificar las letras «CG», escritas mediante un punteado repicado a mazo.

Una fotografía de la punta, con los caracteres bien visibles, se puso en circulación entre las compañías balleneras de las Azores para solicitar su identificación. Al cabo de varios meses llegó la respuesta desde Horta, la capital de la isla de Fayal, que se halla a unos 1.700 kilómetros de Galicia. En ella, Antonio José Silveira explicaba que el arpón pertenecía a la Companhia Baleeira do Faial (de ahí las iniciales «C. B. F.») y que había formado parte del equipo de uno de sus arponeros, llamado Alberto Leal (de ahí, «AL»). Según relataba, Leal había emigrado a América en 1957 poco después de que hiciera erupción el volcán de Capelinhos, situado junto al lugar donde se estacionaban

Punta de arpón azoriano hallada en el cuerpo de un cachalote capturado en Galicia en 1976.

las canoas balleneras, lo que impidió la pesca. Por lo tanto, el arpón habría sido utilizado antes de aquella fecha y habría permanecido incrustado en la grasa del cachalote hasta el momento de su captura frente a las costas de Galicia. En otras palabras, el animal vivió con él durante al menos diecinueve años. Lamentablemente, nunca se ha llegado a saber cuál era el significado de las iniciales «CG» que al-

guien, probablemente Alberto Leal, grabó a golpes de mazo en la punta del arpón. ¿Quizás se trataba de una invocación de buen augurio? ¿Corresponderían las letras con el nombre de la lancha que aquel día el arponero utilizó para salir a dar caza al cachalote?

Calderón de aleta larga (*Globicephala melas*). También conocido como ballena piloto, debi-

do a una incorrecta traducción del inglés, es un cetáceo odontoceto reconocible por su cabeza globosa, su apariencia robusta y las largas aletas pectorales. Como muchos otros cetáceos, tiene la aleta dorsal en forma de hoz, pero en los individuos de mayor tamaño esta adopta una base muy ancha y contornos redondeados. El cuerpo de este calderón es negro o gris oscuro, con una característica mancha en forma de ancla en el vientre. En el Atlántico Norte, los machos alcanzan los 7 metros de longitud, y las hembras, 6 metros. El peso medio de los adultos varía entre 2 y 3 toneladas. Su distribución abarca las aguas templadas y frías del Atlántico Norte y el hemisferio sur. Prefiere hábitats oceánicos y de aguas profundas, donde forma grupos estables que con facilidad alcanzan los dos centenares de miembros.

El ciclo reproductivo de esta especie incluye una gestación de aproximadamente quince meses, y las hembras suelen dar a luz a una cría cada tres, cuatro o cinco años. No parece que haga migraciones estacionales, pero los grupos suelen tener un comportamiento nómada a pesar de que en algunas localidades pueden volverse residentes. Se alimentan sobre todo de calamares, pero también consumen peces, como la caballa y el arenque. En algunos casos, emplean técnicas de caza cooperativa, organizándose en grupos para acorralar mejor a sus presas.

Históricamente, el calderón de aleta larga ha sido cazado por su carne y su grasa, que produce un aceite de gran calidad empleado en el lubricado de mecanismos de relojería o de precisión. En las islas Feroe su pesca es una tradición cultural, pero en el resto del Atlántico Norte solo ha sido explotado de manera ocasional cuando escaseaban otras especies de mayor tamaño y mayor rendimiento económico. En la península ibérica fue capturado por balleneros estadounidenses y británicos durante el siglo XIX. A lo largo del siglo XX se produjeron diversos intentos de explotación tanto en el estrecho de Gibraltar como en Galicia, si bien hay que destacar que los resultados fueron pobres y no progresaron, por lo que se deduce que las capturas fueron escasas. Eso sí, fue una de las presas preferidas del general Francisco Franco cuando, en los años sesenta, este se aficionó a la pesca ballenera (véase la página 159). El estado actual de las poblaciones de este calderón es bueno y la IUCN lo cataloga como especie sujeta a «preocupación menor».

Aunque de menor tamaño que las ballenas o el cachalote, el calderón es un animal fuertemente gregario y ello lo hacía bastante atractivo para los balleneros. En ocasiones podía cazarse la manada completa, compuesta por muchas decenas de ejemplares.

Los productos de las ballenas

Sección de la grasa hipodérmica o tocino de la zona ventral de un rorcual común. Pueden verse los pliegues que forman la zona de distensión ventral del animal.

Una ballena mide la longitud de dos autocares y pesa lo mismo que dos mil personas. La anatomía de este gigantesco animal alberga formidables reservas de grasa, proteínas y huesos, y, como el hambre y la laboriosidad humanas no podían ignorar una presa tan atractiva, desde tiempos remotos se le ha dado caza.

El producto que a lo largo de la historia se ha obtenido más extensamente de estos animales ha sido el aceite, que se extrae sobre todo de la gruesa capa de grasa que recubre el cuerpo del animal. Las ballenas son mamíferos y, como tales, son homeotermos, es decir, han de mantener una temperatura corporal constante de unos 36-37 ºC. En el agua, el pelo pierde su función de aislante térmico, por lo que, al igual que ocurre en muchos otros mamíferos de vida acuática, como los hipopótamos o las focas, en las ballenas el pelaje es sustituido o reforzado por una capa de grueso tocino, o hipodermis, que recubre la práctica totalidad del cuerpo. En una ballena franca adulta, la hipodermis puede alcanzar un grosor de 30 centímetros y su peso total puede rondar las 40 toneladas, de las cuales entre el 60 y el 80% son puro aceite.

De hecho, durante siglos, el producto más valorado de las ballenas fue su aceite, ya que podía almacenarse durante largos períodos sin necesidad de bajas temperaturas, salazón u otros métodos de conservación, procedimientos que sí exigía la carne. Además, a diferencia de lo que sucede en nuestras sociedades actuales, en las que los elevados niveles de colesterolemia han adquirido dimensiones epidémicas, la agricultura aún rudimentaria del medievo y la Edad Moderna producía un ganado cuya carne tenía un contenido graso reducido, lo que convertía a las grasas y los aceites en bienes preciados.

El aceite, antiguamente denominado «saín», se extraía cocinando en agua hirviente la grasa troceada, operación que se solía realizar en grandes calderos colocados en fogones. En muchos pueblos costeros con actividad ballenera, la concentración de fogones dio lugar a las denominadas «lumeras» o zonas reservadas a la cocción de la grasa. Para favorecer la extracción del aceite, el panículo adiposo era seccionado en finas láminas que se mantenían unidas por la piel, constituyendo lo que en el argot del oficio se conocía como «libro» o «biblia». En el siglo xx, el aceite pasó a extraerse en grandes contenedores cerrados o autoclaves, en los que la cocción se realizaba a presión

En las factorías balleneras modernas, el aceite se extraía en los autoclaves, grandes contenedores a presión que cocinaban el cuarteado de las ballenas. Entre ellos destacaba el aparato Hartman, un autoclave de gran tamaño que era capaz de triturar incluso los huesos. Factoría de Caneliñas, en 1979.

En 1622 un oficial cestero de Deba que se había comprometido a construir cuatrocientas cestas para sardina puso como condición que le proporcionaran para su trabajo «grasa de ballena para alumbrar de noche» (Azpiazu, 2000b).

Grasa de ballena para el cuidado de cueros y arneses y para el engrasado de los cascos de los caballos.

y podía alcanzar elevadas temperaturas. Esto permitió extraer el aceite no solo de la grasa, como se había hecho hasta entonces, sino también de otros tejidos, como los huesos, las vísceras o aquellas partes del animal que no resultaran aprovechables para otros usos.

El aceite de ballena tenía un amplio abanico de aplicaciones, entre las cuales desde siempre estuvo la alimentación. Durante la segunda mitad del siglo XX, en España se utilizó para fabricar margarina, para enriquecer quesos y preparados alimentarios —como sopas o cubitos concentrados de pollo— e incluso para adulterar el aceite de oliva. Pero este no era su único destino. A pesar de que Galeno, el médico romano del siglo II de nuestra era, ya describiera cómo fabricar jabón a partir de grasa tratada con un material alcalino, como la lejía,

y lo recomendara para la higiene corporal, durante siglos este producto se mantuvo como un artículo de lujo y su uso en la población no se popularizó hasta el siglo XIX. Eso no quita que ya a partir del siglo XV su fabricación se extendiera ampliamente, si bien los usos que recibía eran sobre todo industriales. Entre estos, uno muy importante era el lavado y desengrasado de la lana. Como la materia prima y más costosa para la fabricación del jabón

eran las grasas, y la grasa de ballena era abundante y resultaba más económica que los aceites vegetales o de otros animales, la industria lanera de Castilla, Navarra y Aragón, que abastecía a los fabricantes de paños de Francia, Italia, Inglaterra y el norte de Europa, volvió sus ojos hacia las barricas de saín de los balleneros vascos. La comunión de intereses llevó a una articulación estrecha entre las redes mercantiles de ambos productos. Por este motivo, la ciudad de Burgos, cuyos mercaderes controlaban la producción de la preciada lana merina de Castilla, emergió como uno de los principales centros de apoyo económico de las expediciones vascas a Terranova. El capital burgalés asumía los seguros de las naves, participaba en su construcción e incluso financiaba directamente algunas expediciones. Además, los aceites y las grasas de los cetáceos también vieron un amplio uso allí donde re-

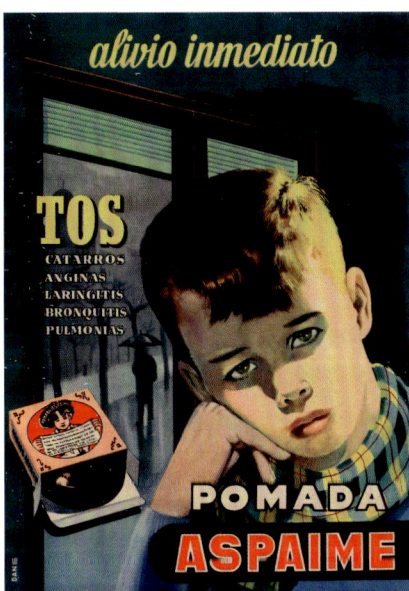

Anuncio de Aspaime, una pomada farmacéutica ampliamente utilizada en nuestro país durante la primera mitad del siglo XX y cuya base principal (más del 95%) era espermaceti.

sultara necesario un engrasado de bajo coste: por ejemplo, se empleaban para lustrar calzado, lubricar maquinaria, fabricar pinturas o curtir pieles.

Capítulo aparte merecen las funciones que ejercieron los productos grasos de los cetáceos en la iluminación. En un principio la grasa se empleaba para fabricar teas, pero cuando en la Edad Moderna mejoró la elaboración del producto, el aceite de ballena depurado se empleó para alimentar masivamente candiles y lámparas. En particular, este uso experimentó un impulso en el siglo XIX con el desarrollo de la captura del cachalote. De la cabeza de este animal se extraía un aceite espeso y blanquecino que recibió el nombre de «espermaceti» o «esperma de ballena» —denominación que hacía pensar a los profanos que provenía de ciertas regiones íntimas del animal, cuando en realidad se extraía de su enorme cabeza—. El espermaceti es rico en ceras y carece prácticamente de proteínas. Esta composición hacía que, al quemar, el espermaceti no produjera la pestilencia propia del aceite de ballena y, por descontado, de los mucho peores sebos de vaca, oveja o cerdo. Por desgracia, esta característica le costó a la especie centenares de miles de bajas, el aceite de cachalote lubricó la maquinaria y alimentó las farolas públicas desde la mitad del siglo XVIII hasta bien entrado el siglo XX, cuando la electricidad se impuso como fuente de luz más conveniente y menos olorosa. Asimismo, el espermaceti se destinó de un modo extensi-

vo a la fabricación de velas y, más modernamente, tuvo un uso esporádico en la industria farmacéutica como emoliente o para fabricar cremas y ungüentos.

En cuanto a la carne de las ballenas, siempre ha sido apreciada, aunque, dado que es un producto de rápida descomposición, cuando no existían métodos de conservación industriales solo se consumía localmente y de modo inmediato a la captura del cetáceo, por lo que la importancia de su comercialización era muy modesta. En la pesca costera en el Cantábrico, mención aparte merecía la lengua: a pesar de tratarse de un tejido que contenía abundante proteína y que, por ello, era de conservación problemática, podía llegar a representar hasta la mitad del valor de la ballena cobrada. El motivo era simple: la lengua era un bocado delicado, que la Iglesia pagaba a precios astronómicos, pues a aquellos animales, aunque fueran mamíferos, se los consideraba peces, por lo que su consumo estaba permitido incluso bajo las más estrictas reglas de abstinencia. Este dudoso honor lo compartían las ballenas con otros cetáceos de menor tamaño, como los delfines y las marsopas, e incluso con algunas aves oceánicas, como los frailecillos, pues sus hábitos marinos convirtieron durante siglos a este conjunto de animales en plato de consumo cuaresmal.

En España, a diferencia de países como Japón, Noruega o las islas Feroe, donde el cosumo de

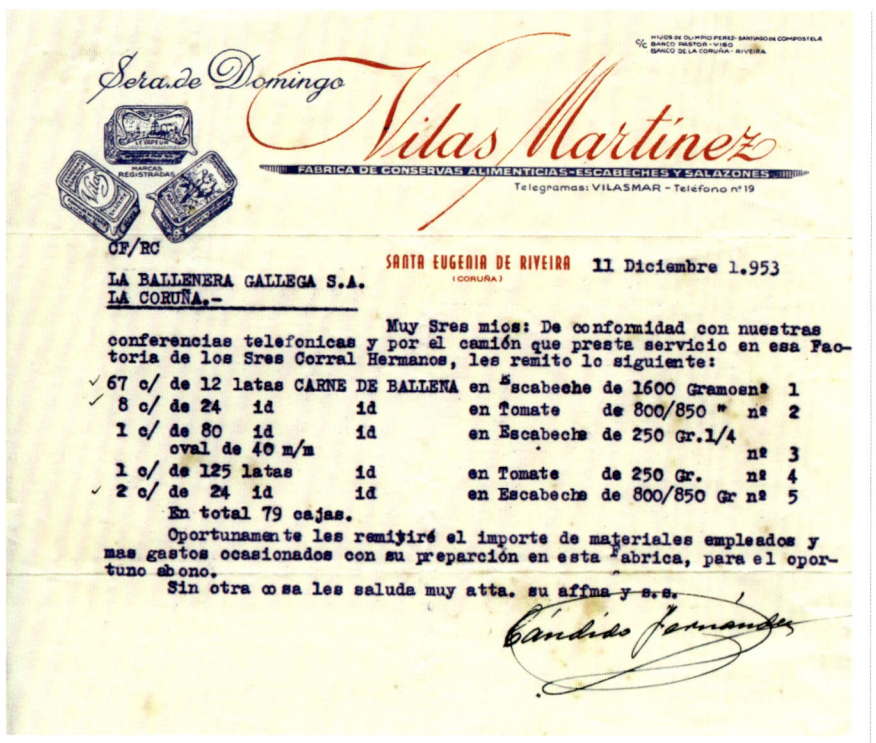

Factura de 1953 de distintos tipos de conservas de carne de ballena producidos por una fábrica de escabeches y salazones de Ribeira (en A Coruña).

la carne de ballena es común, la comercialización de este producto en salazón o en aceite tuvo poco éxito. La distribución a gran escala y su llegada a los mercados de abastos no se logró hasta bien entrado el siglo xx, con la generalización de medios de transporte capaces de mantener la cadena de frío. Un claro reflejo de esta situación fue que su venta pública no se autorizó oficialmente hasta 1950. Por otra parte, al tratarse de un alimento novedoso para la mayor parte de la población, su introducción en los mercados fue acompañada de una operación de promoción orquestada por IBSA que involucró a gastrónomos, dietistas, médicos e incluso algún cantante, además de periódicos y radios; las autoridades elogiaron el producto y algunos laboratorios municipales publicaron análisis favorables. La campaña, creativa y ambiciosa, no solo elogió el nuevo alimento destacando sus propiedades gastronómicas y nutricionales, sino que también proporcionó recetas para su preparación, ya que la población mayoritariamente ignoraba si debía tratarlo como pescado o como carne de res.

A pesar de ello, la carne de ballena siempre fue contemplada por el consumidor nacional como un producto de clase inferior y su precio nunca fue elevado. Por este motivo, encontró su lugar donde no se hacían preguntas acerca de su origen: aparecía camuflada en albóndigas, hamburguesas o empanadas, o en cocidos o estofados que se servían en hospitales, cuarteles, internados y comedores religiosos. En los bares, se consumía en forma de mojama o se condimentaba para hacer pinchos morunos. Con todo, sin duda, el principal consumidor fue la industria de transformación alimentaria, que mezclaba carne de ballena con vacuno o cerdo para elaborar embutidos o enriquecer alimentos preparados, ocultando los ingredientes reales en las etiquetas.

En cualquiera de los casos, la carne de ballena se apreciaba más que la de cachalote, puesto que, al ser este último un animal predador, su carne era más fibrosa y tenía un sabor que para el paladar del consumidor resultaba ex-

Extracción de la carne del lomo de una ballena. Factoría de Caneliñas, 1979.

cesivamente fuerte. Además, debido a que el cachalote realiza inmersiones muy profundas y prolongadas para capturar a sus presas, su carne presenta una alta concentración de mioglobina, la proteína responsable de retener el oxígeno en los músculos. Esta elevada concentración le confería una tonalidad muy oscura, lo que generaba un rechazo visual entre los consumidores. Aquellas propiedades hicieron que la carne de cachalote tuviera un precio tan bajo que a menudo no merecía la pena su comercialización y acababa en los autoclaves de producción de aceite mezclada con otros desechos, como las vísceras y los huesos. No obstante, parece que estas escasas virtudes no fueron un impedimento para que, en 1956, una empresa agroalimentaria, Gallina Blanca, estableciera en Corcubión, localidad próxima a la factoría ballenera de Caneliñas, una planta de preparados hidrosolubles y harinas cárnicas. Gallina Blanca, conocida por sus populares cubitos de caldo de pollo Avecrem,

adquirió para la elaboración de sus productos más de 200 toneladas de carne de cachalote de la factoría de Caneliñas solo durante su primer año de actividad.

Además del aceite y la carne, en el pasado las ballenas resultaban particularmente atractivas por extraerse de ellas un producto que hoy nos resultaría aún más superfluo que la grasa: las barbas que conforman su aparato filtrador. Estas estructuras anatómicas, de naturaleza córnea, están formadas por queratina y poseen por ello una composición similar a la de los cuernos y las uñas de los mamíferos terrestres. Esta composición les otorga una combinación de propiedades que resulta excepcional en un material natural: son a la vez flexibles y resistentes a la torsión. La madera y otras fibras vegetales son flexibles, pero se quiebran con facilidad; los metales son resistentes pero rígidos. En un mundo en el que aún no existían los plásticos y las gomas, las barbas de las ballenas resultaban imprescindibles para fabricar resortes para máquinas, amortiguadores de vehículos, armazones de paraguas o varillas para encorsetar los vestidos femeninos; que nuestras abuelas pudieran lucir una atractiva cintura de mariposa y al mismo tiempo no murieran asfixiadas se lo debemos a las delgadas listas, conocidas popularmente como «ballenas», que se extraían de las barbas de estos grandes cetáceos filtradores.

Atrás en el pasado, las barbas habían tenido un valor escaso, pues aún no se había descu-

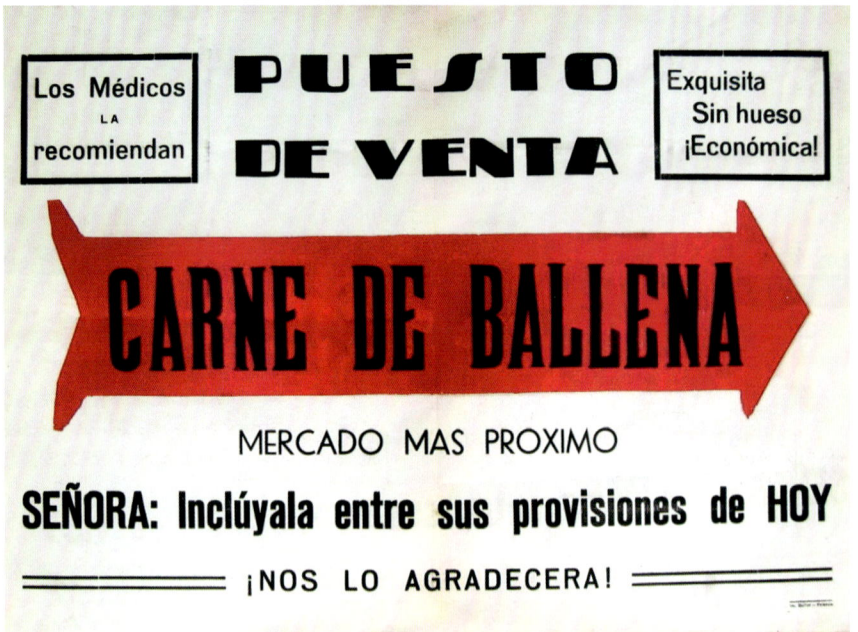

Los Médicos LA recomiendan

PUESTO DE VENTA

Exquisita
Sin hueso
¡Económica!

CARNE DE BALLENA

MERCADO MAS PROXIMO

SEÑORA: Inclúyala entre sus provisiones de HOY

¡NOS LO AGRADECERA!

Propaganda de la carne de ballena en el mercado central de Valencia (primera mitad de la década de 1950).

bierto cómo trabajarlas. Por ejemplo, en el País Vasco se utilizaban para fabricar mangos de cuchillos y peines. Sin embargo, a partir del siglo XVI, la industria progresó y los mercaderes franceses comenzaron a ofrecer precios elevados por las barbas. En la cornisa cantábrica esto llevó a replantear el procesamiento de las ballenas, ya que la limpieza y el depurado de las barbas requerían una gran dedicación, restando tiempo y recursos a la producción de aceite, que había sido tradicionalmente la actividad principal. A partir de entonces, el precio de las barbas fue aumentando poco a poco hasta alcanzar precios astronómicos a finales del siglo XIX y principios del XX. De hecho, en este último período llegó a haber expediciones a Alaska o a Groenlandia que, para no llenar prematuramente las bodegas del barco y verse obligado a regresar, de las ballenas capturadas tan solo aprovechaban las barbas y abandonaban en el mar el resto del cuerpo del animal.

En su estado natural, cada barba está compuesta por dos láminas que discurren paralelas y que se hallan unidas por un tejido central o médula. Para convertir las barbas en material adecuado para su industrialización, se dividían las dos láminas para, a continuación, seccionarlas longitudinalmente en tiras de grosor variable. A continuación, las tiras se ablandaban sumergiéndolas durante un par de horas en agua hirviendo, operación que las hacía maleables y permitía darles forma. A partir de la década de 1920, la desaparición de los corsés en la moda femenina y la introducción generalizada del acero —que es un metal flexible—, del celuloide y de otros materiales plásticos hicieron que las barbas perdieran, con rapidez su valor. Una década más tarde, las barbas eran ya solo un material desechable.

Disminuyendo en importancia económica, el siguiente producto que se obtenía de los cetáceos eran los huesos. Duros y resistentes, se emplearon antiguamente en la construcción y para fabricar muebles y utensilios domésticos. En diversas localidades de la costa cantábrica aún hoy se conservan algunas viviendas, hórreos y lindes de terrenos que utilizan como elemento arquitectónico costillas, secciones de mandíbula o vértebras de ballenas. Sin embargo, en tiempos modernos los huesos dejaron de tener estas utilidades y en su mayoría se arrojaban a los autoclaves para extraer de ellos el aceite que pudieran contener en su interior. Tras la cocción, los residuos se recogían y trasladaban a un molino, que los trituraba y,

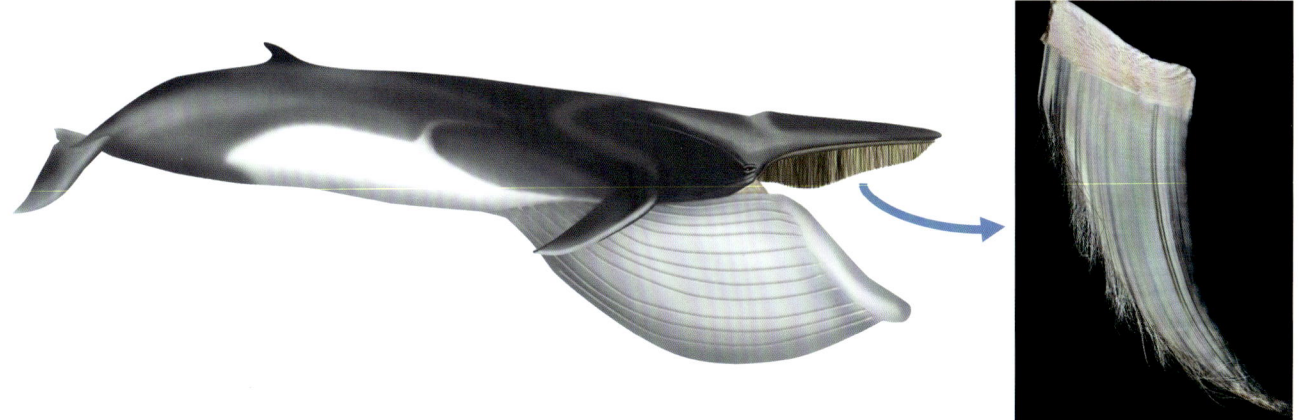

Las barbas (*derecha*) son los órganos que componen el aparato filtrador de las ballenas. Se trata de estructuras laminares que cuelgan, a cientos, de la encía superior. Su parte interna se deshilacha en unos filamentos muy finos que, en conjunto, forman un aparato filtrador que permite a las ballenas capturar a los pequeños peces o crustáceos planctónicos, semejantes a camarones, que viven suspendidos en la columna de agua y que constituyen su alimento. Infografía de Albert Martínez.

una vez desecados, se empleaban para fabricar dos subproductos: las harinas, constituidas fundamentalmente por residuos óseos, y que por ello tenían un elevado contenido en calcio y resultaban útiles para la alimentación de ganado aviar y vacuno, y el guano, elaborado sobre todo a partir de los restos de carne y vísceras, que era rico en nitrógeno y por ello se empleaba como fertilizante agrícola. El precio de estos productos varió mucho en el tiempo y hubo momentos en los que su valor fue tan bajo que su producción podía no resultar económicamente rentable. Con todo, la legislación española siempre exigió su elaboración, ya que, de no hacerlo, la gestión de los desechos generados durante la producción de aceite y grasa habrían representado un serio pro-

blema. Su vertido en las proximidades de las factorías o en el mar, una práctica que había sido común en las primeras etapas de la industria moderna, había provocado graves impactos ambientales.

Los únicos elementos óseos que siempre escaparon de los autoclaves fueron los dientes y la mandíbula del cachalote. Los dientes están compuestos por marfil y, aunque nunca alcanzan las dimensiones de los colmillos de elefante o de morsa, permiten un trabajo de excelente calidad. Tenían una buena demanda por parte de empresas de artesanía local, y desde la década de 1950 se exportaban con frecuencia, al extranjero. Por su parte, el hueso de la mandíbula es un tejido extraordina-

riamente compacto que, aunque no tiene la pureza estructural del marfil, y es por ello menos valorado, permite asimismo su esculpido. Además, su dura consistencia hizo que se empleara en la fabricación de utensilios a los que se les exigía gran resistencia y durabilidad.

Durante el período de los balleneros de vela estadounidenses, los propios tripulantes de los barcos trabajaban en sus ratos de ocio ambos materiales creando un arte particular que en su época alcanzó una gran popularidad: el *scrimshaw*. Aunque los ejemplos más conocidos de *scrimshaw* son los dientes de cachalotes grabados con navaja o buril, aquellos rudos marineros también crearon un sinfín de ele-

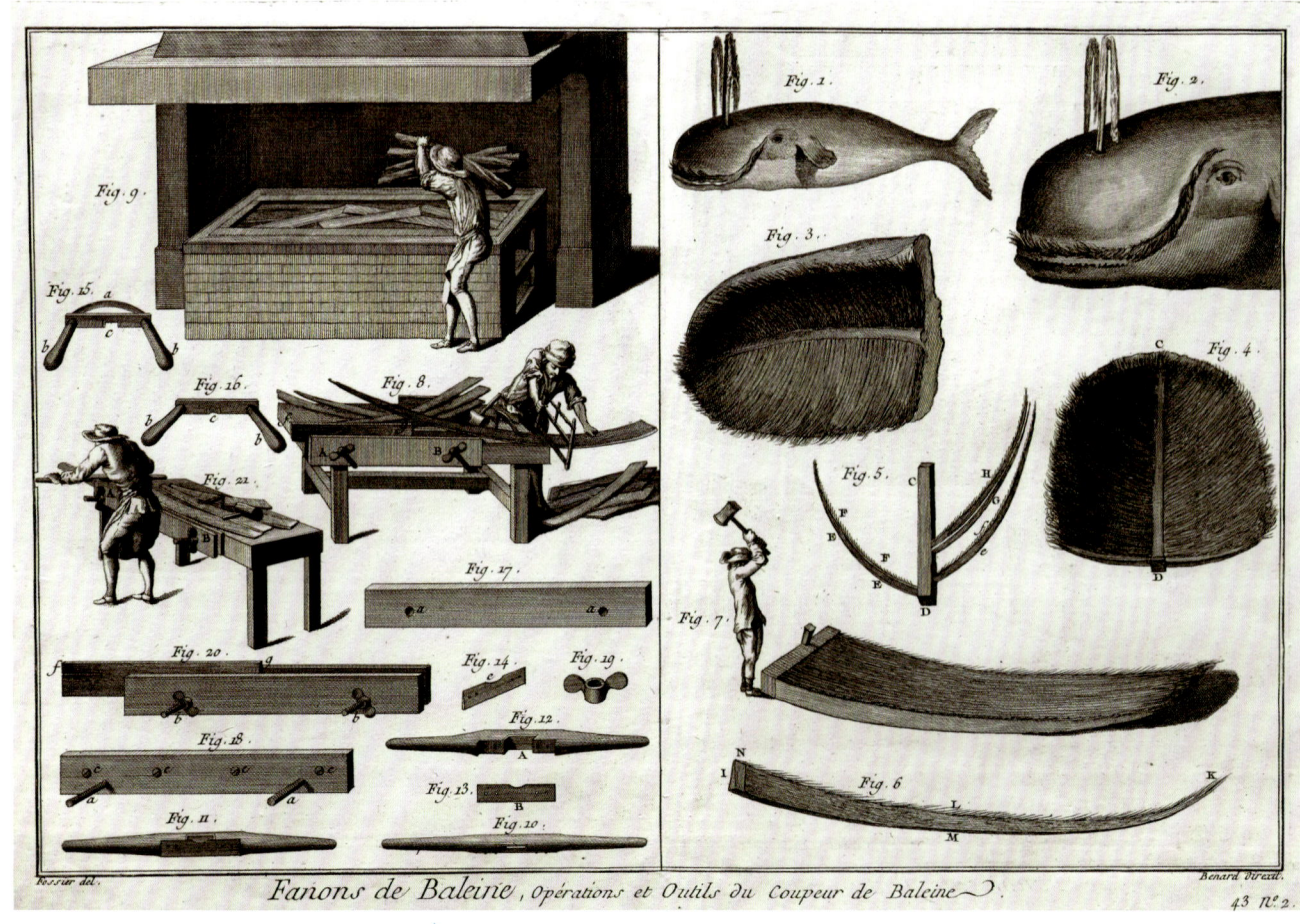

Fanons de Baleine, Opérations et Outils du Coupeur de Baleine.

En la Edad Moderna, las barbas se trabajaban para producir materiales con diversas utilidades domésticas, como peines, mangos de cuchillo, elementos de tapicería doméstica o plumeros ornamentales. Grabado de la *Enciclopedia* de Diderot y D'Alembert, 1751-1772.

mentos ornamentales y pequeños utensilios domésticos, algunos de ellos de gran finura y precisión: instrumentos de cocina y de costura, boquillas para cigarros y pipas, pequeñas maquetas de barcos, bastones y mangos para plumillas, entre muchos otros objetos.

En España no hay evidencia de un arte local de este tipo hasta la segunda mitad del siglo XX, cuando en Galicia diversos artesanos comenzaron a trabajar dientes y huesos para producir tallas y pequeñas esculturas (véase la página 157). Así, Antonio Massó García, hermano de Gaspar, el director de la sección ballenera de Massó Hermanos SA, realizó alguna pequeña talla ornamental, pero sobre todo grabados con buril empleando técnicas de pirografía, todo ello siguiendo el estilo usual del *scrimshaw* americano. Aunque hizo algunas exposiciones para mostrar el resultado de su trabajo, en realidad este nunca tuvo un objetivo comercial, y su producción fue limitada. En cambio, José Vasco Seijo, de Betanzos, y José Luis Romero, de Cee, se centraron en producir tallas de dientes y en esculpir pequeñas esculturas, imágenes votivas y distintos elementos ornamentales, e incluso algunos muebles de función fundamentalmente decorativa —aunque de escasa utilidad práctica, todo hay que decirlo—, y ellos sí comercializaron sus obras y tuvieron una amplia producción.

Por otra parte, y aproximándose a este arte desde una actitud más modesta, Julio Carballo Pérez y Manuel Lourido Castro, carpinteros

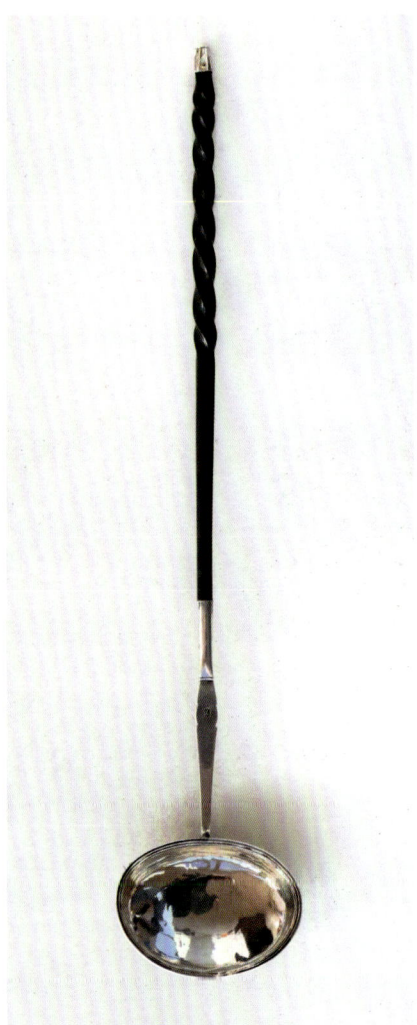

El hueso de las ballenas y los cachalotes siempre ha sido un material apreciado por los artesanos, no solo por sus cualidades materiales, sino también, o sobre todo, por la carga simbólica que arrastra. En 1976, cuando el cardenal Antonio María Rouco Varela fue consagrado obispo de Santiago de Compostela, entre los atributos episcopales que se le entregaron destacaba un báculo que había sido tallado en hueso de ballena por un sacerdote de la basílica de Mondoñedo, antaño la autoridad eclesiástica de la pesca ballenera en buena parte de Galicia.

Cucharón de ponche con mango de barba de ballena, probablemente de una ballena polar (finales siglo XVIII). Al ser la barba un buen aislante térmico, estos cucharones se empleaban para servir caldos muy calientes. Mientras que para fabricar varillas de paraguas o de corsés las tiras de barba se mantenían rectas para permitir su máxima flexibilidad, cuando se deseaba fabricar empuñaduras de bastones o mangos de cucharones se retorcían en forma de tirabuzón para así limitar en parte esta flexibilidad.

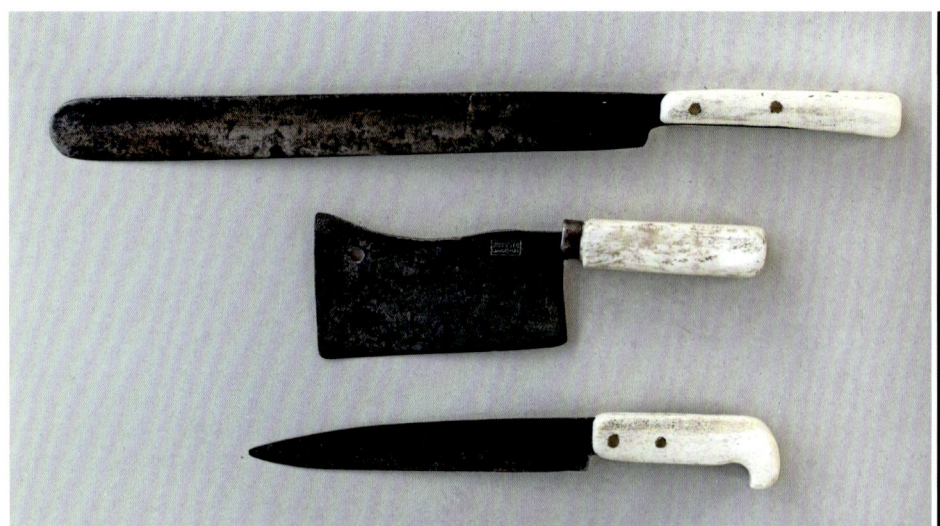

A la izquierda, cuchillos de trabajo con el mango de hueso de mandíbula de cachalote, fabricados por los carpinteros de Caneliñas (probablemente por Manuel Lourido). A la derecha, talla votiva realizada por José Luis Romero en un diente de cachalote.

de la factoría ballenera de Caneliñas, también utilizaron dientes de cachalote y, sobre todo, el hueso de la mandíbula de cachalote para producir herramientas de trabajo o de uso doméstico, como mangos de cuchillos, bastones, instrumentos de carpintería y agujas para reparar redes. Aunque esporádicamente también realizaron algunas imágenes religiosas o decorativas, al ser la fabricación de útiles de trabajo su objetivo principal nunca ambicionaron la comercialización de sus obras, y su distribución estuvo restringida al entorno geográfico de la factoría ballenera y sus proximidades.

Finalmente, del cachalote se obtenía también el ámbar gris, un producto muy particular que, de hecho, es el resultado de una patología digestiva. De ahí que el ámbar gris sea de hallazgo esporádico y solo se encuentre en menos de uno de cada cien cachalotes. Se trata de una concreción o cálculo que se forma en el intestino del animal como resultado de una digestión parcial del alimento ingerido, que en gran medida está compuesto por calamares de gran tamaño. Así, se cree que el material de origen del ámbar gris lo constituyen sobre todo los picos masticadores de los cefalópodos, que son de un material prácticamente

indigerible y que, si el cachalote no los regurgita, forman amasijos que poco a poco van amalgamándose hasta crear agregados compactos. Estas concreciones suelen encontrarse en el último tramo del conducto digestivo y son de tamaño muy variable, pudiendo pesar desde pocos gramos hasta centenares de kilos. Recién extraído del intestino de un animal, el ámbar gris es pestilente, pero con el paso del tiempo madura y pierde su componente fecal, pasando entonces a desprender un olor agradable, que recuerda al almizcle. Por este motivo, tradicionalmente se le han atribuido efectos afrodisíacos y en algunos países orientales se ha empleado, por ejemplo, para perfumar a las novias en su noche de bodas. Pero, además, el ámbar gris es un potente fijador de aromas, una propiedad que, combinada con su sutil efecto como atrayente sexual, lo convirtió en un ingrediente muy codiciado por la alta perfumería.

No es de extrañar que todo ello, unido a la impredecibilidad de su hallazgo, haya hecho que históricamente se llegaran a pagar pequeñas fortunas por los mejores y más grandes nódulos de ámbar gris. Las ventas de este producto, aunque ocasionales, podían constituir una significativa inyección de líquido a las cuentas de las empresas. Así, en 1925, los periódicos gallegos recogían el hallazgo en el vientre de un cachalote cuarteado en Caneliñas de una masa de ámbar gris que pesó 113 kilos, lo que se correspondía con un valor en el mercado de aproximadamente medio millón de pesetas, una suma excepcional para los tiempos que corrían. Aquel hallazgo significó un récord local y los posteriores siempre fueron más modestos. Quizás el más notable de estos últimos fue una concreción hallada en 1961, también en Caneliñas, que en este caso fue llevada en taxi directamente a París, donde IBSA obtuvo por ella la cantidad de 117.000 pesetas. Cuando las cantidades halladas tenían menores dimensiones, simplemente se almacenaban para venderlas según demanda. Desde luego, la alta perfumería de París y otras ciudades europeas fue un destino principal, pero cantidades significativas tuvieron otros destinos,

entre ellos Marruecos y la antigua colonia española del Sáhara. En su farmacopea local, además de las propiedades antes mencionadas, al ámbar gris se le atribuían facultades medicinales de distinto tipo, en ocasiones rayanas con las mágicas.

Aunque de forma excepcional se han encontrado nódulos compactos de ámbar gris que superan los 400 kilos y alcanzan más de un metro de diámetro, lo más común es que presenten un tamaño reducido, generalmente de apenas unos pocos centímetros de diámetro. El ámbar gris hallado directamente en el intestino de los cachalotes suele tener un color oscuro, como se observa en la fotografía, mientras que el que aparece en las playas adquiere un tono más blanquecino debido al desgaste y a la meteorización provocados por su exposición al agua y el sol.

Antigua factoría ballenera de Balea, en Cangas do Morrazo (Pontevedra).

Localidades y museos de memoria ballenera

Museo do Mar de Galicia (Vigo)

Es el museo temático más grande de la comunidad gallega. Erigido en torno a los restos de un antiguo castro fortificado de la Edad de Bronce, ocupa los edificios de una antigua conservera. Alberga una amplia exposición sobre el medio marino y su explotación, con diversos elementos de interés ballenero.

HISTORIA BALLENERA

Vigo nunca ha sido puerto ballenero, pues desde antiguo concentró mucha población y ello desincentivó el establecimiento de una industria de aquel tipo, que inevitablemente acarreaba malos olores y aguas sucias. Eso sí, al ser la metrópoli de la zona, en épocas modernas albergó oficinas subsidiarias de las compañías balleneras, hoy todas ellas desaparecidas.

El principal interés temático es, sin duda, el Museo do Mar de Galicia, situado en el margen occidental de Vigo, más allá de los muelles y de la playa de Bouzas. A partir de su inauguración, en 2002, se convirtió en el mayor museo marítimo de la comunidad autónoma gallega. Ocupa los antiguos edificios de la fábrica de conservas de Marcelino Barrera, que se conoció comercialmente como Molino de Viento. Posteriormente las edificaciones fueron reconvertidas en matadero municipal, y se les añadieron nuevos accesos y bastimentos. El conjunto ocupa más de 15.000 m² y su moderno diseño se debe a dos famosos arquitectos, el gallego César Portela y el italiano Aldo Rossi, que lograron para el Museo diversos premios, entre ellos el Philippe Rotthier de arquitectura. Es en sí mismo un espacio digno de ser visitado.

El Museo está repartido entre dos grandes edificios y el acuario, alrededor de los cuales se hallan distintos servicios y un muelle que fina-

GALICIA

liza en un pequeño faro de funcionalidad limitada pero que se levanta en una plaza circular desde donde se observa una espléndida vista de la bahía, particularmente a la puesta del sol.

La página web del Museo ofrece una visita virtual en 3D, así como detalles sobre las exposiciones temporales en curso o ya realizadas.

QUÉ VEREMOS

Al Museo se accede a través de una avenida empedrada flanqueada de árboles. En el primer edificio, que ocupa las antiguas naves de la conservera, se hallan la recepción, las salas destinadas a exposiciones temporales y las dedicadas a la exploración oceanográfica. En ellas podremos ver maquetas de barcos e instrumentos de navegación, trajes de buzos antiguos con sus equipos y bombas de aire, herramientas y diversos artilugios empleados en los oficios de la mar.

En esta parte del Museo destaca la ingeniosa boya submarina lanzatorpedos construida en 1898 por Antonio Sanjurjo Badía, un coruñés que, después de emigrar a Cuba, regresó a Vigo para fundar unos astilleros de construcción de naves de vapor. Se cuenta que mantuvo relación con el mismísimo Jules Verne, al que le habría reparado en algunas ocasiones su yate. Cuando la guerra de la Independencia de Cuba desembocó en el enfrentamiento de nuestro país con Estados Unidos, Sanjurjo

La extraordinaria boya siembraminas de Antonio Sanjurjo. Fotografía cedida por el Museo do Mar.

En este primer edificio, la sala que concentra el interés ballenero es sin duda la dedicada a las investigaciones biológicas marinas, que alberga el gigantesco esqueleto de un cachalote. La osamenta pertenece a un ejemplar que apareció varado, ya muerto, en la playa de Montalvo, a pocos kilómetros de Sanxenxo. Su cuerpo medía casi 10 metros de longitud y pesaba unas 14 toneladas. El estudio del ejemplar y la preparación de su esqueleto fueron encomendados a la CEMMA, cuyos técnicos advirtieron al realizar la necropsia que se trataba de una hembra adulta cuyo vientre contenía un feto de 265 centímetros. La muerte del animal fue, de hecho, atribuida a problemas en la gestación o a muerte fetal. Después de su despiece, los restos óseos fueron depositados en un sarcófago de arena en el que permanecieron durante casi tres años con el fin de que la naturaleza actuara eliminando los restos orgánicos. Completado el tratamiento, los científicos de la CEMMA recuperaron uno a uno los huesos, los limpiaron y desengrasaron, y montaron cuidadosamente el esqueleto. Su destino inicial era el Centro de Interpretación de A Telleira, en Sansenxo, pero finalmente fue trasladado al Museo do Mar, donde fue suspendido del techo, para que ofreciera, así, un efecto visual de gran espectacularidad. En la misma sala, cuyo contenido se centra en la biodiversidad marina, su evolución y los medios para estudiarla, podremos examinar asimismo el cráneo de un calderón de aleta larga y un fragmento de un raro fósil de zífido

temió una invasión y, con la mente quizás nublada por las fantasías del novelista francés, construyó en su taller de calderería una extraña boya con la que pretendía frustrar una agresión norteamericana por vía marítima. La boya tiene la estructura de una insólita nave en forma de cruz en cuyo interior se alojaba una dotación de tres marineros que la gobernaban mediante timones y una pequeña hélice. Estaba preparada para, en su lento desplazamiento, ir sembrando minas a lo largo y ancho de la ría, cosa que Sanjurjo planeaba hacer con prodigalidad. El artefacto fue probado el 12 de agosto de 1898. Todo funcionó a las mil maravillas y el excéntrico submarino soportó inmersiones de más de una hora de duración. No obstante, para frustración de Sanjurjo, a la mañana siguiente llegó la noticia de que España y Estados Unidos habían firmado la paz y el artilugio pasó al almacén de objetos inservibles justo cuando se había logrado que estuviera listo para el servicio.

La sala de biología marina está dominada por el esqueleto de cachalote que pende del techo de la nave. Al fondo de este espacio, unos murales muestran fotos del varamiento y explican cómo el animal fue procesado, desde su hallazgo hasta lograr el montaje completo del esqueleto.

Cráneo de cachalote.

Un cráneo excepcional

Al examinar el esqueleto del cachalote, vale la pena centrarse en el cráneo, pues presenta dos características que lo hacen único no solo entre los cetáceos, sino también entre el resto de los miembros del reino animal.

La primera es que los huesos maxilares, que en otros mamíferos por lo general solo ocupan la parte superior de la boca, se desarrollan enormemente, empujando hacia atrás el hueso frontal, al que rebasan y recubren formando una pantalla vertical que, a modo de frente aplanada y algo cóncava, da soporte posterior al órgano de espermaceti. Este órgano, que se halla situado sobre los maxilares y forma la parte delantera y superior del cuerpo, en un ejemplar adulto puede llegar a medir hasta 5 metros de largo y 2 de alto, y explica las enormes dimensiones que en los cachalotes adopta la cabeza, que alcanza a representar hasta un tercio del total del cuerpo. El espermaceti es un órgano muy complejo, exclusivo de estos animales, que sirve para la producción y transmisión de los sonidos empleados en la comunicación y para la localización de las presas. Si observamos la silueta del cuerpo del cachalote que se halla al fondo de la sala o las fotografías de ejemplares de esta especie, veremos que la punta de la mandíbula se halla en una posición ínfera y retrasada respecto a la parte frontal de la cabeza. Esta curiosa disposición no parece nada conveniente para un animal que cuando es lactante debe mamar, ya que el extremo frontal de la cabeza parece dificultar el acceso al pezón materno, que, no lo olvidemos, en los cetáceos no sobresale del cuerpo de la madre. Esto llevó a algunos investigadores a sugerir que las crías de cachalote no mamarían por succión, como hace el resto de los mamíferos, sino que golpearían con la parte superior de la cabeza la ubre materna para estimular la secreción de leche y lograr su expulsión; las crías, entonces, podrían recoger la leche del medio marino por el espiráculo, y esta, tras atravesar los conductos nasales, iría a parar al esófago. Esta sorprendente hipótesis, propuesta hace un par de décadas, está hoy desacreditada por las numerosas filmaciones subacuáticas de crías de cachalote mamando como es reglamentario, es decir, succionando con su boca el pezón de la madre.

La segunda característica única de este cráneo es la disposición de las mandíbulas, que de una manera muy peculiar en los cachalotes se hallan fusionadas a lo largo de más de la mitad distal de la boca formando una compacta barra que se sitúa en el mismo eje central del cuerpo. De hecho, podemos observar que esta barra ósea doble es la única parte de la boca que puede verse externamente. Está accionada por una fuerte musculatura y sirve a los cachalotes para hacer presa de los peces y gigantescos calamares de los que se alimentan, lo que exige de ella una gran fortaleza y resistencia a la torsión. Esta manera de alimentarse explica que el hueso que constituye la mandíbula sea uno de los más compactos y densos que existen en el reino animal. Esta propiedad justifica que en el pasado se empleara frecuentemente como elemento de construcción en dinteles o jambas de puertas y ventanas, así como para la fabricación de herramientas, mangos de cuchillos, bastones e incluso muebles. El hueso de la mandíbula de cachalote, por su aspecto marmóreo y su carga simbólica, fue también frecuentemente empleado por los artesanos en la fabricación de figuras y tallas votivas (véanse las páginas 127-128).

o ballenato picudo del género *Africanacetus*, una especie hoy extinta.

Desde este primer edificio se accede, mediante una pasarela elevada acristalada, a las naves donde se hallan las exposiciones temáticas, entre ellas la correspondiente a la pesca ballenera. Mientras nos dirigimos hacia allí, merece la pena echar un vistazo a los restos del castro o poblado fortificado de Alcabre, que nos recuerdan la antigüedad del poblamiento de Vigo. Este castro, que estuvo habitado durante unos siete siglos, desde la Edad de Bronce hasta el siglo anterior a la era cristiana, está compuesto por pequeños bastimentos de planta circular en el centro de los cuales se situaba el hogar. De él proceden algunos utensilios, como las hachas de talón, que se muestran en las vitrinas de la sección arqueológica del Museo.

Módulos destinados a la explotación de los cetáceos. En las vitrinas podremos ver distintos productos obtenidos de las ballenas, incluida una lata japonesa de carne de ballena, una caja de la Industria Ballenera SA (IBSA) con barbas de rorcual común en su interior, así como distintas herramientas (ganchos, cuchillas, sierras, entre otros) empleadas en el desguace y aprovechamiento de estos animales. El gancho con la empuñadura de madera pintada de rojo perteneció a un empleado de la empresa japonesa Taiyo Gyogyo Kabushiki Kaisha que supervisaba el cortado de la carne en las factorías gallegas durante los años 1975-1985. En la vitrina puede verse también una marca numerada tipo Discovery que los científicos disparaban a las ballenas para identificarlas y, así, poder estudiar sus movimientos y migraciones.

Las naves de exposición, que ocupan dos plantas, están organizadas en distintos bloques temáticos con elementos expositivos dispuestos en cubos iluminados que, según los diseñadores, rememoran los contenedores de mercancías que hoy dominan el paisaje de cualquier puerto. En ellos se abordan las principales industrias marinas de Galicia: la pesca costera y de altura, el marisqueo, la acuicultura, la salazón, la industria conservera y, cómo no, la industria ballenera.

En la zona destinada a la pesca ballenera podremos ver:

· Un cañón Kongsberg de 90 mm de fabricación noruega, del modelo con el que equiparon a los cazaballeneros españoles durante las dos últimas décadas de actividad, así como diversos tipos de granadas explosivas.

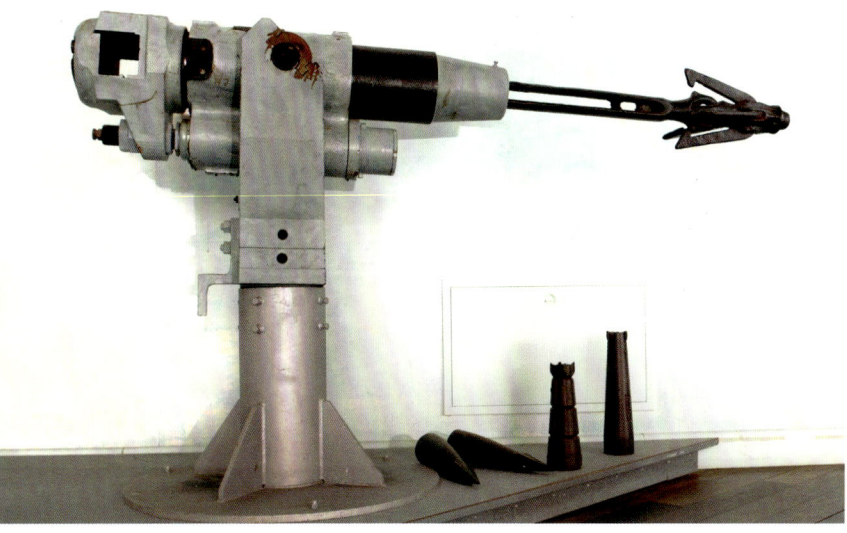

Cañón Kongsberg, del cual sobresale un arpón en el que puede observarse el vástago acanalado que permite que corra la anilla de sujeción. Al arpón se le ha extraído la granada. A los pies del cañón, diferentes tipos de granadas.

Lata japonesa de conserva de carne de ballena.

Dos de las granadas expuestas son del modelo más antiguo, con la cabeza apuntada en forma de flecha, que se emplearon durante la década de 1920. Las otras dos, en uso entre 1950 y 1970, acaban en una punta con corona plana de cuatro uñas; una de ellas tiene las paredes estriadas para facilitar la fragmentación, mientras que la otra es de paredes lisas, sin estriar. Todas son de fabricación noruega. La marca «CMV» corresponde a las siglas de Cornelissens Mekaniske Vaerksted, taller de la ciudad de Sandefjord.

Cuchillas empleadas para el corte de las ballenas a bordo de los barcos cazaballeneros. La de la izquierda es de tipo japonés y su mango es particularmente largo, pues se empleaba a bordo de los cazaballeneros para realizar el corte ventral de refrigeración de la ballena recién cobrada. La de la derecha, de mango más corto y con el corte recto, se usaba para seccionar los lóbulos de la aleta caudal de las ballenas, horadar la cola para ensartar cabos, o marcar al ejemplar con el código del barco y facilitar así su identificación. Al fondo, en la vitrina cercana, pueden verse arpones de menor tamaño, empleados en la pesca de delfines y calderones.

El recorrido del Museo puede completarse con una visita al acuario, que muestra los principales ecosistemas marinos y su fauna asociada, así como a la sala de arqueología subacuática, donde se exponen piezas de gran valor rescatadas a lo largo de la costa gallega.

- Junto al cañón, se exhiben dos cuchillas de despiece de ballenas, procedentes del equipamiento de un cazaballenero. Se utilizaban para cortar la región ventral de la ballena, lo que permitía una rápida refrigeración de las vísceras y favorecía su conservación. La gran longitud del mango se debe a que esta operación se realizaba desde la borda del barco, que solía encontrarse a varios metros por encima del vientre del animal.

- Diversas vitrinas muestran utensilios empleados en el despiece y aprovechamiento de los cetáceos, así como ejemplos de los productos que se obtenían de ellos.

- Arpones utilizados para la pesca de cetáceos de pequeño tamaño (principalmente delfines y calderones). Estos arpones, conocidos como delfineras, fueron comunes a lo largo de toda la costa cantábrica hasta que, en la

década de 1980, los cetáceos fueron protegidos y su captura declarada ilegal.

- Paneles con textos e imágenes explicativas sobre la historia de la caza de ballenas en Galicia.

- Una antena direccional de aro, de gran tamaño, procedente de un antiguo cazaballenero.

- Maqueta del cazaballenero *Caneliñas*. Fue construido en la ciudad noruega de Tønsberg en 1929 y prestó servicio durante dos décadas en factorías balleneras flotantes que operaban en la Antártida. Fue adquirido posteriormente por la empresa IBSA y comenzó a operar en Galicia a partir de 1951. Estuvo en actividad hasta la campaña de 1976, tras la cual fue desguazado en A Coruña.

Maqueta del cazaballenero *Caneliñas*. Fabricado en 1929 en los talleres de la Kaldnes Mekaniske Verksted de Tønsberg (Noruega), tenía una eslora de 35 metros y un desplazamiento de 285 toneladas. Inicialmente trabajó para compañías noruegas y británicas bajo los nombres de *Uni XI* y *Hektor 2*, pero fue adquirido por IBSA en 1951 y trabajó para esta compañía en aguas gallegas hasta 1976.

Cangas do Morrazo, factoría de Balea

Período de actividad ballenera
Siglo xx (1955-1983)

Cita más antigua de actividad ballenera
1955

GALICIA

La factoría ballenera de Balea fue la segunda más importante de Galicia. Fundada por Massó Hermanos y asentada en el complejo industrial conservero que esta empresa edificó en la península del Morrazo, a partir de 1975 se integró en la Industria Ballenera SA. Trabajó ininterrumpidamente entre 1955 y 1983.

Las Rías Bajas gallegas no resultaban un hábitat adecuado para la ballena franca, una especie que para sus visitas invernales parecía preferir las costas del Cantábrico. Por este motivo, los puertos del frente atlántico de Galicia permanecieron al margen de la pesca ballenera antigua. En su *Descripción circunstanciada de la Costa de Galicia*, de 1785, el geógrafo, naturalista y humanista José de Cornide describió la villa de Cangas do Morrazo: «situada sobre un playazo adonde los vientos de mediodía levantan bastante mar; consta de más de 500 vezinos entre labradores, traficantes y marineros. Es pueblo rico y sus matriculados se ejercitan en la pesca del pulpo, lenguado, vesugos, xurelos, salmonetes, raias y sardina, formando en el verano 40 sacadas pequeñas que manejan con 53 lanchas y 30 dornas». La pequeña aldea que entonces era Cangas cambió en el siglo siguiente con la llegada de dos explotaciones marinas hasta entonces allí desconocidas: la conserva y la pesca de la ballena, ambas de la mano de una familia de emprendedores catalanes: los Massó.

HISTORIA BALLENERA

La conservera Massó Hermanos SA —registrada oficialmente en Vigo, aunque establecida físicamente en Bueu (véase la página 150)— experimentó un notable desarrollo en las décadas centrales del siglo xx. En los años treinta ya empleaba a setecientos trabajadores, y su progresiva expansión la llevó a construir en 1939 una nueva factoría en Cangas do Morrazo, lo que elevó la nómina de la compañía a más de dos mil empleados. En un principio, Gaspar Massó García, el miembro de la familia que entonces dirigía la empresa, recelaba de la pesca ballenera e incluso intentó frenar otras iniciativas gallegas para ponerla en marcha. No obstante, cuando advirtió los beneficios que desde 1951 obtenía la Industria Ballenera SA (IBSA) —con sede en A Coruña pero con su factoría de procesado en Caneliñas (véase la página 160)—, no dudó en lanzarse al terreno de juego. Sin embargo, su indecisión inicial permitió que IBSA le tomara ventaja y obtuviera una concesión gubernamental que le garantizaba la exclusividad para practicar la pesca de la ballena desde la frontera de Portugal hasta el cabo Estaca de Bares. A los Massó no les quedó más remedio que

llegar a un pacto con IBSA para poder materializar sus planes.

En 1955, Massó Hermanos SA, entonces liderada por Gaspar Massó, firmaba con IBSA el denominado Convenio Balea. Mediante este acuerdo, la primera empresa aportaba una planta de despiece y procesado de productos balleneros, mientras que la segunda contribuía con un cazaballenero para capturar los cetáceos; los beneficios se repartirían entre ambas empresas a partes iguales. El convenio se mantuvo vigente durante quince años, si bien a mitad del período se generaron fuertes tensiones cuando Gaspar Massó decidió construir una nueva factoría en Morás, un puerto que quedaba más allá de los límites de la concesión de que disfrutaba IBSA (véase la página 210).

El puerto de Cangas se halla en la orilla meridional de la península del Morrazo, a 7 kilómetros de las aguas abiertas del Atlántico. Es un privilegiado puerto natural que se encuentra al abrigo de los embates del océano gracias a su emplazamiento y a la protección que le ofrecen la vecina punta de Balea y las islas Cíes, situadas en la misma boca de la ría.

La factoría de Balea en 1974.

Factoría de Balea en 1978, con un rorcual común en la plaza de despiece, aún descubierta. En primer plano, los raíles del varadero que servían para el izado de embarcaciones.

La factoría de Balea se edificó rápidamente en terrenos del complejo conservero de Massó. Fue equipada con la maquinaria procedente de la planta ballenera de Beliumex, situada en Ceuta, entonces parte del Protectorado de Marruecos, que a su vez la había adquirido al cerrar la factoría portuguesa de Setúbal. Beliumex pertenecía a la Industrial Marítima, una empresa andaluza que se hallaba en quiebra y que necesitaba desprenderse de unos equipos que en el estrecho de Gibraltar resultaban inútiles debido a la escasez de cetáceos que la sobrepesca había ocasionado en la re-

gión. Junto con el material, a Galicia viajaron un puñado de trabajadores de la empresa andaluza que habían de aportar su conocimiento del oficio a la naciente compañía ballenera. Entre ellos se encontraban tres cortadores marroquíes que, al ser musulmanes, obligaron a Gaspar Massó a asignarles para el rezo una pequeña sala donde pudieran cumplir con sus obligaciones religiosas. Por su parte, IBSA destinó al servicio de la nueva factoría al *Lobeiro*, un cazaballenero igualmente procedente del desmantelamiento de la Industrial Marítima.

«Originalmente, la plaza de despiece de la factoría de Balea estaba descubierta, pero tras los atentados ecoterroristas de 1980 la empresa levantó muros a su alrededor y cubrió por completo la plaza. Aquello cambió radicalmente la fisonomía del complejo industrial».

Un rorcual común listo para el despiece en el interior de la nave principal de Balea en 1982.

Balea fue inaugurada el 15 de octubre de 1955. A pesar de que en aquella fecha la temporada de caza se aproximaba a su finalización, dos días más tarde la planta ya reducía a pedazos su primer cetáceo. La costera fue corta y aquel año Balea solo logró procesar cuatro ballenas y cinco cachalotes. La producción de aceite, 214 barriles, no fue para lanzar cohetes, pero sirvió para que el personal y los autoclaves realizaran el rodaje. Poco a poco la factoría fue modernizando su maquinaria, en particular cuando en la primera mitad de la década de 1970 la empresa firmó acuerdos con los importadores japoneses de carne de ballena, lo que volvió necesario mejorar la línea de producción y el congelado de los productos. A partir de 1971, Balea se integró en IBSA e incrementó su eficiencia, al compartir los barcos cazaballeneros y la comercialización de los productos con las factorías de Caneliñas y Morás, entonces todas pertenecientes a la misma empresa. Sin embargo, al tener su capacidad de producción de aceite limitada a solo seis autoclaves y dos Hartmanns, Balea nunca alcanzó la dimensión de su competidora más directa, la factoría de Caneliñas (véase la página 160). El personal era también más limitado, y a menudo, cuando la afluencia de ballenas en la plaza de despiece lo requería, trabajadores de la vecina planta conservera se desplazaban para complementar las labores de procesado de la carne.

La planta de Balea trabajó de manera continuada desde su inauguración, en 1955, hasta 1983, dos años antes de que entrara en vigor la moratoria en la caza comercial decretada por la Comisión Ballenera Internacional (CBI). Esto fue así debido a que la cuota de captura que esta organización había concedido a España para el trienio 1983-1985 fue de solo doscientos setenta rorcuales comunes, un cupo insuficiente para mantener operativas las dos factorías que entonces tenía IBSA. El primer año del trienio ambas factorías trabajaron, pero en los siguientes la empresa concentró la operación en la factoría de Caneliñas. Así, la planta de Balea cerró sus puertas el 5 de agosto de 1983. La última ballena que procesó fue un rorcual común de 18,70 metros, el cual, a pesar de su respetable tamaño, era una hembra joven de solo 6 años de edad. A lo largo de sus veintinueve años de existencia, la factoría procesó 1.159 ballenas y 1.402 cachalotes. El libro *Chimán, la pesca ballenera moderna en la península ibérica* describe con detalle la historia de esta factoría.

Durante su primera década de actividad, la factoría se centró en la producción de aceite. En la fotografía, dos trabajadores arrastran un pedazo de grasa hacia las calderas de cocción. Al fondo se aprecia una de las vagonetas de ascensión, que, deslizándose por rieles inclinados verticalmente, transportaban la grasa y las vísceras a la boca superior de las calderas. Fotografía de Martin Lipson, cedida por el Museo Massó.

QUÉ VEREMOS

Después del cierre de la factoría, durante unos años los edificios y las instalaciones permanecieron intactos, pues IBSA no descartaba que las operaciones pudieran reiniciarse. Sin embargo, en 1994, cuando se produjo la quiebra de la empresa, la factoría quedó abandonada a su suerte. Sin vigilancia alguna, el material y la documentación que allá se conservaban fueron objeto de saqueos, las paredes se cubrieron de grafitis y un incendio ocasionó el derrumbe del techado de dos edificios. Con el paso del tiempo, el oleaje fue deteriorando la rampa de ascenso de las ballenas y el empedrado del varadero situado a su costado. En esta situación, unos pocos utensilios y parte de la maquinaria que aún quedaban allí fueron trasladados al edificio próximo de la conservera, donde aún permanecen protegidos bajo llave. Confiamos en que un día el Ayuntamiento de Cangas cumpla su promesa de convertir la factoría de Balea en un museo o en un centro de interpretación sobre esta actividad, que de un modo tan significativo influyó social y económicamente en la localidad.

Dado que el recinto se halla cerrado y los espacios libres de edificios que rodean la factoría están cubiertos por vegetación, que ha crecido sin control, el único punto desde donde el conjunto arquitectónico puede observarse en su globalidad es desde su costado meridional. Allí se halla el pequeño parque de la Congorza, al que se accede por el paseo marítimo de la Congorza, una vía peatonal que bordea el mar. Desde el mirador del parque tendremos una visión privilegiada desde la que podremos observar:

La rampa de piedra y cemento por la que se izaban las ballenas. Dependiendo del estado de la marea, podremos ver una mayor o menor extensión de la rampa. En la parte que se sumerge o entra en contacto con el mar, el oleaje ha arrancado la cubierta de cemento y desorganizado la base de piedra, pero en el

La factoría hoy, con la rampa de ascenso de los cetáceos en primer plano y, detrás, la nave que cubre la plaza de despiece. Al fondo puede observarse la chimenea de ladrillo que evacuaba los humos de la caldera de vapor.

tramo más próximo a la boca de la nave de despiece la rampa todavía se conserva en buen estado.

El murete de defensa de los colectores de agua. Es una pequeña pared de piedra de forma arqueada que se levanta en el mar junto al lado septentrional de la rampa. Este murete daba protección a las tuberías colectoras del agua de mar que se utilizaba para la limpieza de la factoría.

La nave de despiece. Es el amplio edificio de una planta que se halla en primer plano cuando se observa la factoría desde el mirador. Sin duda, gracias a la menor pluviosidad de las Rías Bajas, y a diferencia de las factorías balleneras de Caneliñas y Morás, la plaza de despiece de Balea consistió durante la mayor parte de su historia en una simple superficie tapizada de madera y abierta a los cuatro vientos. Las maquinillas de tracción, las sierras y el resto de la maquinaria empleada en el desguace se situaban en sus márgenes. La plaza fue cubierta en 1980, cuando la inseguridad ocasionada por los atentados ecoterroristas obligó a edificar muros que impidieran el libre acceso a la factoría y la protegieran de miradas ajenas. La construcción relativamente moderna de este cerramiento se refleja en el hecho de que, a diferencia del resto de los edificios, cuyas vigas de madera han cedido al paso el tiempo, el techado de esta nave se preserva en perfecto estado gracias a hallarse soportado por vigas de hormigón prefabrica-

das. Es interesante observar que los muros no se levantan hasta alcanzar el techado de la nave, sino que dejan una abertura perimetral de unos 3 metros alrededor del bastimento. Esta porción abierta estaba originalmente cubierta con plástico traslúcido ondulado —hoy desaparecido—, que permitía iluminar con luz natural la factoría. En cambio, en la franja más superior de esta abertura, algunos tramos permanecían siempre abiertos a fin de permitir la ventilación. En cuanto a la parte exterior del muro que da al varadero, se pueden observar dos salientes a modo de caseta. El saliente más próximo al mar albergaba la parte trasera de la sierra de cortar huesos, y el más alejado y menos sobresaliente daba espacio a la maquinilla de tracción que subía la ballena, ya que, para facilitar las tareas de

despiece, esta se izaba por el costado más septentrional de la rampa.

El interior de la nave de despiece. En su lado marítimo la nave se abre al exterior por una amplia boca que comunica con la rampa para permitir la entrada de las ballenas. A través de esta abertura puede observarse el suelo de la plaza de despiece, originalmente cubierta de madera para facilitar el trabajo de las cuchillas de troceo, aunque del tapizado de tablazón solo quedan algunos restos aislados. Si se tiene la oportunidad de acceder al interior de la nave, al fondo de esta se podrá observar la pequeña rampa que conduce a la sala donde se realizaba el troceo de la carne, una labor exclusivamente asignada a las empleadas de la factoría.

La plaza de despiece en su estado actual, ya desprovista del suelo de tablazón de madera. Al fondo, la pequeña rampa que conduce a la sala de corte de la carne.

Los edificios de cocción que albergaban los autoclaves, donde se procesaban los cetáceos troceados para extraer el aceite y producir el guano. Son los dos bastimentos de dos plantas que se hallan al lado meridional de la nave de despiece y que sobresalen respecto al resto de los edificios de la factoría. Su altura se debe a que los autoclaves eran enormes contenedores cilíndricos verticales que, además, cargaban su contenido por sus bocas superiores. Esto último explica también las grandes aberturas verticales que muestran en su parte central las plantas superiores de estos edificios. Allí iban a desembocar las vagonetas que conducían los enormes pedazos de ballena hasta la cúspide de los autoclaves. Las numerosas ventanas que hay alrededor de estos edificios tenían como función permitir la evacuación de gases producidos por los autoclaves, que podían llegar a ser tóxicos, cuando no mortales, para los empleados que manipulaban los enormes cocederos. Estos edificios se construyeron al mismo inicio de la factoría y en las fotografías anteriores a 1980 pueden observarse las vías portantes de hierro de las vagonetas ascendiendo hasta las bocas de entrada.

Los edificios de una planta que se hallan a un lado de la nave de desguace junto al mar. En ellos se disponían las dependencias de servicio de la factoría: la sala de afilado de las cuchillas de despiece, los lavabos y vestidores de los trabajadores, las oficinas y los almacenes. En su extremo meridional se hallaba la nevera donde se conservaba la carne mezclada con hielo desde el momento de su extracción hasta la llegada de los camiones que la transportarían a la planta congeladora. Esto explica que, en la placeta que presidía el portalón que miraba a Cangas, exista aún hoy una enorme puerta corredera que daba acceso a los camiones al interior de los almacenes y la nevera. El techado de uralita de estos edificios estaba soportado por cerchas de madera que en muchos casos no han resistido el paso del tiempo. Varias han cedido y el techo se ha desplomado.

- La chimenea de ladrillo de la caldera de vapor. Se halla situada en el ángulo más septentrional e interior de la factoría, sobresaliendo por detrás del resto de los edificios. A sus pies se halla la pequeña nave que albergaba la caldera donde se producía el vapor que se utilizaba para llenar los autoclaves y para hacer funcionar las maquinillas y demás equipos mecánicos empleados en el despiece.

- En el espacio abierto que bordea el mar en dirección a la conservera, yacen en el suelo

El techado de las construcciones más antiguas se ha derrumbado, pero los muros aún señalan la estructura de las distintas dependencias. Al lado del mar se hallaban las salas de cortado de carne y las neveras.

unas costillas semicirculares de hierro de gran tamaño. Eran los soportes de unos enormes contenedores cilíndricos que se levantaban dispuestos horizontalmente sobre el terreno y en los que se almacenaba el aceite. Hoy los contenedores han desaparecido.

· En su costado meridional, la suave rampa empedrada que constituía la calzada del varadero de Massó. Este varadero servía para el carenado de los barcos que proveían de pescado a la conservera. En muchas fotografías antiguas de la factoría, parti-

cularmente antes de que se cerrara la plaza de despiece, pueden verse embarcaciones de mediano porte justo al lado de las maquinillas o de la sierra que se empleaba en el troceado de los huesos. Las dimensiones e instalaciones del varadero eran insuficientes para el carenado usual de los balleneros, que para esta función solían dirigirse a los astilleros de Marín o A Coruña, pero en ocasiones fue utilizado para realizar en ellos pequeñas reparaciones. Hoy, las vías de hierro y los carros de carenado han desaparecido y el empedrado ha sido par-

cialmente levantado por el mar, pero la superficie de la calzada resulta visualmente espectacular, en especial durante la marea baja, cuando es posible contemplarla en toda su extensión.

Inmediatamente al otro lado del varadero, en dirección a la entrada de la ría y rodeando el parque de la Congorza, se levanta un conjunto de edificaciones de piedra. Su origen se remonta a dos antiguas salazones de pescado familiares, la de Boán y la de Barreras, que fueron adquiridas y reunidas en una sola salazón por Massó Hermanos en 1939.

La proximidad de la factoría ballenera a la planta conservera de Massó (a unos 300 metros siguiendo el paseo en dirección a Cangas do Morrazo) hace imprescindible una visita al exterior de su edificio principal. La planta, levantada en una enorme parcela de 20 hectáreas de la zona conocida como del Salgueirón por la presencia allí en tiempos antiguos de una salazón, fabricaba sus propios envases, procesaba el pescado y lo enlataba. Para lograr la autosuficiencia en el ciclo completo de la actividad, la empresa la dotó de todos los servicios necesarios: viviendas para los empleados, una guardería en la cual las trabajadoras —el 95% del personal eran mujeres— podían dejar a sus hijos, el varadero antes descrito en el que se reparaban los barcos que le suministraban el pescado, una plaza de secado de redes, fábricas de hielo, harina de pescado y aceites, almacenes y garajes, de-

Con marea baja pueden observarse los restos del formidable empedrado que formaba la calzada del varadero y la rampa de izado de ballenas.

pósitos de agua, cámaras frigoríficas, talleres mecánicos, una pequeña central eléctrica e incluso un hotel y un campo de deportes.

El mejor lugar desde donde observar la impresionante nave principal es el espigón que se halla frente a ella, que fue construido para que los barcos que suministraban el pescado pudieran atracar y descargar con comodidad. El diseño del edificio es majestuoso y tiene elementos racionalistas inspirados en el *art déco*. Los paños acristalados ocupan más del 50% de la superficie de la fachada, asegurando la iluminación natural de la nave. Lamentablemente, los planos de construcción se hallan en paradero desconocido. Construida en granito extraído de una cantera local, la nave mide 160 metros de longitud por 100 metros de anchura; su torreón, situado en la esquina noroeste y en el cual se disponían las oficinas, muestra el emblema de la compañía en su parte superior y alcanza los 25 metros de altura. No es de extrañar que el edificio deviniera una imagen icónica de la empresa.

La nave central de la conservera, con la torre del reloj.

Museo Massó (Bueu)

El Museo Massó alberga los fondos sobre la pesca ballenera, la transformación del pescado y la historia marítima de la que fue una de las empresas conserveras y pesqueras más importantes y longevas de Galicia. Su exposición sobre la explotación de los grandes cetáceos es una de las mejores y más completas de la península ibérica.

HISTORIA BALLENERA

Bueu es un pequeño pueblo pesquero situado en el margen meridional de la ría de Pontevedra. Aunque disfruta de un acceso inmediato al Atlántico, al estar orientado hacia el interior de la ría queda protegido por la pequeña península que forma el cabo Udra, y su pequeño puerto queda a salvo de los temporales. Si a esta ventaja se le añade el suave clima de las Rías Bajas y las facilidades de acceso por tierra, se comprende que ya desde antiguo el lugar estuviese habitado. Bueu y sus alrededores preservan recintos funerarios y petroglifos que se remontan a la Edad de Piedra, castros de la Edad de Bronce y, sobre todo, una abundante huella de la romanización, que podemos observar en la es-

tructura del casco antiguo de la población y en los restos de la antigua salazón romana situada en la punta Pescadoira. En la época romana, la importancia de la localidad fue tan grande que incluso dio lugar a una morfología particular de ánforas que se han hallado en distintos yacimientos arqueológicos del noroeste peninsular.

Con el paso de los siglos, Bueu se fue asentando como puerto marinero. Pero fue hacia la segunda mitad del siglo XVIII cuando la villa se transformó con la llegada de los primeros fomentadores catalanes, unos industriales de la conserva y la salazón que llevaron a Galicia tecnología, inversión y una nueva visión de

Museo Massó, situado en la parte central de la rúa de Montero Ríos, la principal arteria de Bueu.

pliar su fábrica de Bueu y a edificar otra de gran tamaño en Cangas do Morrazo, así como dos factorías balleneras, una de ellas también en esta localidad (véase la página 142) y otra en Morás, en la provincia de Lugo (véase la página 210). En la década de 1970, el sector ballenero de la empresa se fusionó con la Industria Ballenera SA (IBSA), hasta entonces propietaria de la factoría de Caneliñas, en la provincia de A Coruña (véase la página 160), y el agregado empresarial pasó de este modo a controlar la totalidad del negocio ballenero en Galicia.

Si bien Massó Hermanos SA abrió oficinas en Vigo y A Coruña, el edificio de Bueu que históricamente había sido la sede de la empresa continuó siendo el centro neurálgico de las operaciones. Siguiendo una sugerencia del propio Marconi, la devoción por la cultura y el arte de varios miembros de la familia hizo que en este edificio se creara una formidable biblioteca con libros, documentos y cartas marinas, así como un museo con instrumentos relacionados con la navegación, la pesca ballenera y la conserva.

El Museo Massó se encuentra a caballo entre el edificio que antaño fue la residencia de la familia Massó y las naves industriales que sobrevivieron a la demolición del complejo conservero. Su origen se remonta a la década de 1920, pero no fue hasta 1932 cuando el Museo se abrió al público. A partir de entonces poco a poco fue creciendo y, de una mo-

los negocios. Uno de ellos, Salvador Massó Palau, creó en 1816 una industria conservera a la cual, no falto de ambición, denominó La Perfección. La empresa fue creciendo y acabó determinando el destino del pueblo. Gobernada por sucesivas generaciones de la misma familia, Massó Hermanos SA llegó a emplear a más de dos mil trabajadores y durante décadas fue un actor principal en la economía gallega. Fue la primera empresa en electrificar todo su sistema de fabricación y en 1919 ins-

taló en sus oficinas la primera línea telefónica privada de España; el mismo Marconi, inventor del teléfono, acudió a visitarla y expresó su admiración por la calidad conseguida.

A mitad del siglo XX, Massó Hermanos SA inició un proceso de expansión que la llevó a am-

desta sala donde se exponía maquinaria del siglo xix relacionada con la conserva, se pasó a un museo que incorporaba un amplio elenco de elementos, utensilios y documentación gráfica que abarcaban la actividad ballenera y la pesca en general.

Al llegar la década de 1980 la empresa se enfrentó a severas dificultades. La competencia en el campo conservero se había agudizado y la Comisión Ballenera Internacional (CBI) había aprobado la moratoria en la pesca comercial de cetáceos y obligaba al cierre de las factorías balleneras; y a ello se añadió también el impacto negativo que a partir de 1981 tuvo, en el sector conservero y en el comercio de aceite de ballena, el escándalo por el síndrome tóxico producido por el consumo humano de aceite de colza destinado a uso industrial. En 1992 la fábrica de Bueu cerró. Dos años más tarde la Xunta de Galicia adquirió el complejo de edificios y reabrió el museo en 2002 tras una profunda modernización.

En 2013 el Museo organizó una muestra de los grabados realizados en dientes de cachalote por Antonio Massó, y entre 2015 y 2017 mantuvo una exposición centrada en la pesca ballenera con el nombre «De punta Balea a cabo Morás: la caza moderna de la ballena en Galicia», de la cual publicó una completa guía, profusamente ilustrada, que recoge buena parte de sus fondos sobre este tema. La guía puede obtenerse en el mismo Museo o descargarse de su web.

QUÉ VEREMOS

La temática ballenera se concentra en la sala situada en uno de los extremos del Museo. La colección de elementos expositivos es muy amplia, pero cabe señalar, sobre todo:

El cañón ballenero que preside la sala. Se trata de un cañón Kongsberg de 90 milímetros de calibre, armado con un arpón de cuatro uñas con granada explosiva y corona de cuatro puntas, todo ello de fabricación noruega. Era el modelo usual de cañón y arpones que la empresa utilizó en sus cazaballeneros entre 1960 y 1985. En el mural fotográfico situado en la pared lateral puede observarse al arponero Alejo Varela Neira, en 1965, accionando este cañón en la proa del cazaballenero *Lobeiro*.

Arpones y diversas granadas explosivas con cabezales de arpón de distintos períodos y formas: desde las antiguas granadas de fabricación noruega acabadas en punta utilizadas por la Compañía Ballenera Española en la década de 1920, hasta las españolas de corona plana con pequeñas uñas empleadas en los años sesenta y setenta, o las más modernas de fabricación japonesa, de corona circular y plana que se usaron en los años ochenta.

Un cañón Greener de 1,5 pulgadas de calibre y fabricación británica, armado con un arpón de dos uñas articuladas y cabeza en punta aflechada. El riel de la mira y la placa deslizante que cubre el mecanismo de percusión del cañón son de latón, para resistir mejor la corrosión del salitre, mientras que el gatillo y los mecanismos internos son de hierro, un material más resistente. Este tipo de cañón se introdujo en 1837 y se usó durante casi un siglo. Fue muy utilizado por los balleneros estadounidenses y británicos en la caza de ballenas polares y ballenas francas en el Ártico y el océano Pacífico. Su elevada eficacia con estas especies, que eran de natación lenta, revolucionó la industria ballenera y propició su expansión en todo el mundo durante las décadas centrales del siglo xix. Los cañones Greener fueron los precursores de los de mayor calibre que se hicieron usuales a partir de finales del siglo xix. El cañón, hoy en un pedestal, estuvo en su momento montado en la proa del bote ballenero, y su disparo tenía un alcance de unos 75 metros. Obsérvese la rudimentaria amortiguación de caucho, un sistema nunca bien resuelto y que hacía que con el tiempo el retroceso de los sucesivos disparos acabara desencajando la tablazón de la proa del bote.

Caza da balea

El cañón Kongsberg presidiendo la sala de la caza de la ballena

Las maquetas de dos cazaballeneros: el *Caneliñas*, construido en 1929 en el astillero Kaldnes Mek. Versted de Tønsberg (Noruega), y que trabajó en Galicia entre 1951 y 1976, y el *IBSA I*, construido en 1950 en el astillero Smith's Dock Co. Ltd. de Middlesbrough (Inglaterra), y que trabajó en Galicia entre 1978 y 1985. Cuando IBSA cerró sus puertas, a principios de los años noventa, el *IBSA I* fue enviado al desguace, pero el Hvalfangst Museene (Museo Ballenero de Sandefjord) lo adquirió y lo restauró. Hoy puede visitarse en esta lo

Un arpón deformado por la tensión producida por la resistencia que una ballena ofreció al ser arponeada. A su lado, dos granadas explosivas —una, del tipo antiguo, con cabeza en punta de flecha y la otra, más moderna, con la cabeza plana en forma de corona con cuatro uñas—, así como un casquillo o vaina que contenía el detonante y el explosivo —trilita— empleados en el cañón para la propulsión del arpón.

Sección dedicada a los cazaballeneros.

calidad, eso sí, rebautizado como *Southern Actor*, nombre original con el que comenzó a operar en la Antártida antes de ser adquirido por IBSA y venir a trabajar a nuestras aguas. En la misma sala pueden verse fotografías, salvavidas, timones, campanas, balizas y otros elementos de estos y otros cazaballeneros que pescaron ballenas en Galicia.

Cuchillas y ganchos de despiece: repartidos por distintos puntos de la sala pueden observarse los que se empleaban para el procesado de los cetáceos. Su diseño y origen es variado: las cuchillas de forma curvada y los ganchos únicamente metálicos son de diseño noruego y pueden haber sido fabricados tanto en el país nórdico como en España; las cuchillas con el canto de corte elíptica y con el lomo recto, así como los ganchos con mango de madera son de diseño japonés y fueron siempre importados del país asiático. Ambos se utilizaban en las factorías españolas, aunque se empleaban para funciones distintas, dadas sus diferentes propiedades de corte o de agarre. Entre ellas, las cuchillas de mango más largo, aproximadamente de cerca de 3 metros, se usaban a bordo de los barcos para realizar los cortes de sangrado de las ballenas, que, una vez muertas, se amadrinaban a su costado. Las cuchillas más cortas, de aproximadamente 1,5 metros de longitud, se utilizaban en la factoría para el despiece y troceado de las ballenas y los cachalotes.

Arpones de mano: en la misma sala pueden observarse dos arpones de mano empleados por los balleneros americanos e ingleses durante el siglo xix, uno de ellos de dos uñas y el otro de solo una. También puede observarse una delfinera, un arpón de punta retráctil de pequeño tamaño, que en el Cantábrico se empleaba tradicionalmente para capturar del-

Dos vértebras de ballena.

los calamares gigantes que consumen estos cetáceos. Se encuentra de manera excepcional en el segmento terminal del intestino de algunos cachalotes y tiene la forma de concreciones nodulares, por lo general de pequeño tamaño, aunque se han hallado algunos bastante grandes (véase la página 128). El que aquí se muestra es del tamaño más común, unos pocos centímetros, y es uno de los escasos ejemplos de ámbar gris que podemos contemplar en una exposición en nuestro país. A pesar de su origen inicialmente poco atractivo, desde tiempos antiguos el ámbar gris ha sido muy buscado por sus propiedades afrodisíacas y su capacidad para la fijación de

fines y marsopas desde los barcos de pesca o desde los balleneros.

Dientes de cachalote y barbas de ballenas, en algunos casos trabajados por artistas y artesanos locales que empleaban estos materiales para fabricar mangos de cuchillos o de ganchos, o para tallar pequeñas esculturas o grabar dibujos.

Un antiguo paraguas cuya estructura está formada por varillas de barba de ballena. Cuando

aún no se conocían los plásticos, los materiales de origen natural que fueran a la vez elásticos y resistentes eran rarísimos y, por ello, muy buscados para emplearlos en utensilios que requirieran elementos flexibles (véase la página 123).

Un nódulo de ámbar gris. El ámbar gris es un subproducto que se obtiene de los cachalotes y que, de hecho, parece ser el resultado de una disfunción fisiológica, pues se forma por la digestión incompleta de los picos de

aromas, unas características que, aún hoy, lo hacen valioso para su uso en perfumería de alto nivel. Su escasez y la imprevisibilidad de su obtención —aún más desde que se abandonó la pesca del cachalote en la década de 1980— han hecho que tenga un elevado precio de mercado, que en ocasiones ha alcanzado incluso el del oro. En la misma vitrina podremos ver pedazos de esperma de ballena y derivados farmacéuticos cuyo principal ingrediente era el espermaceti de cachalote, como la pomada para la tos Aspaime.

Una vitrina está dedicada al mercado japonés, que tanta importancia tuvo para las factorías gallegas en las décadas de 1970 y 1980. Podremos ver distintos productos y preparados alimentarios, latas de conserva o cartas de restaurante anunciando menús con productos de ballena.

Además de estas piezas singulares, en diversas vitrinas y distribuidos por el espacio expositivo podremos contemplar grabados antiguos, fotografías, documentos, diversos huesos de ballena y muchos otros elementos relacionados con los grandes cetáceos y su explotación.

Una vez abandonemos la sala de la pesca de la ballena, podremos echar un vistazo al resto del Museo. Es especialmente rica la exposición de fotografías, utensilios, maquinaria y muebles que nos permiten recrear la historia de la industria de la conserva, así como la

antigua sala de reuniones de la empresa, hoy convertida en biblioteca marítima, que cuenta con numerosas maquetas de barcos e instrumentos navales.

También merece unos minutos de contemplación el pequeño tesoro que alberga el Museo: las pinturas murales del artista surrealista Urbano Lugrís que los Massó encargaron para decorar el edificio. Entre las obras de este artista, la ballena aparece reiteradamente como símbolo de lo ignoto y del poder incontenible de los elementos, un motivo que podemos ver en su boceto del «arca de Noé» expuesto en el Museo, así como en la huella pictórica que el artista dejó en Malpica, población en la que residió durante algún tiempo (véase la página 182).

Antigua sala de reuniones de la compañía.

Otros atractivos de Bueu

Ya fuera del casco urbano, en la carretera que se adentra en el monte en dirección al cementerio, está la capilla de Os Santos Reis, un pequeño templo que es el único en España dedicado a los Reyes Magos. Aunque se halla ubicado en lo que fue una antigua ermita del siglo XVII, el edificio actual fue construido a mitad del siglo XX a partir de un diseño de Urbano Lugrís. Como era habitual en las obras del artista, en la base de la cabecera del arco de medio punto que corona el pórtico de la fachada podemos ver, además de otros motivos marinos, una ballena resoplando labrada en granito. Además, desde allí se disfruta una espléndida vista del pueblo y la ría.

El ballenero Francisco Franco

Una persona que tuvo una relación ambivalente con la industria ballenera gallega fue el general Francisco Franco. Gran aficionado a la pesca fluvial y de altura, no podía dejar escapar la oportunidad de probar suerte con la modalidad más extrema: la de los grandes cetáceos. En su yate privado *Azor* se hizo montar un cañón Henriksen de 60 milímetros de calibre y envió a su comandante a realizar estancias a bordo de los barcos balleneros gallegos para que aprendiera el oficio. A lo largo de los veranos de los años cincuenta y sesenta, el Generalísimo dio muerte a diversos ejemplares de cachalotes, calderones y pequeñas ballenas.

Al principio depositaba las piezas cobradas en los puertos cercanos para la admiración de los lugareños, pero pronto comenzó a recibir quejas de los ayuntamientos, que se veían obligados a asumir el coste que ocasionaba desembarazarse de los animales una vez el *Azor* desaparecía en el horizonte. Franco decidió entonces entregar sus capturas a las factorías para que las aprovecharan. Eso sí, al cabo de unos días enviaba al comandante de Marina a que recogiera los beneficios obtenidos del ejemplar por él capturado: 50.000 pesetas por cada cachalote de tamaño medio.

Uno de los arpones usados por el Generalísimo a bordo de su yate *Azor*.

Fotografía de Francisco Franco al lado de su trofeo recién capturado, un calderón de aleta larga. Obsérvese el arpón que sobresale del costado del animal.

Cee, factoría de Caneliñas

Período de actividad ballenera

Siglo xx (1924-1927, 1929 y 1951-1985)

Inicio de actividad ballenera

14 de noviembre de 1924

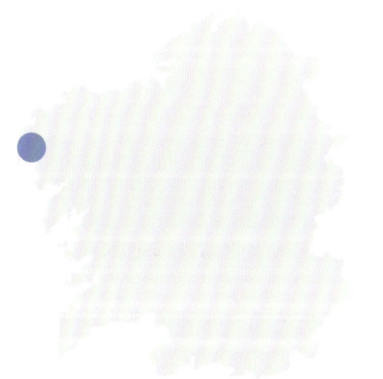

GALICIA

La factoría de Caneliñas es el conjunto monumental ballenero más importante que se preserva en toda la Europa continental. Las únicas factorías comparables son las de Hvalfjörður, en Islandia, que al hallarse aún operativa está perfectamente preservada, o las factorías de las islas Azores que cerraron en la década de 1980, pero todas ellas son más modernas y de menores dimensiones.

HISTORIA BALLENERA

La gran entidad de Caneliñas responde no solo a su situación estratégica frente a las productivas aguas del noroeste de Galicia, que le permitió mantener siempre una elevada producción, sino también a su larga historia, pues fue la planta ballenera más longeva de la península ibérica y, junto con la islandesa de Hvalfjörður, de todo el continente.

A pesar de ello, Caneliñas ha estado amenazada por sucesivos planes urbanísticos y no se ha rehabilitado. No obstante, es un lugar extraordinario. Ocupa una parcela de más de

3 hectáreas situada en una pequeña caleta próxima al municipio de Cee, la capital de la costera fisterrana. Su minúsculo puerto se encuentra al abrigo de los fuertes vientos del cuarto cuadrante al hallarse amurallado por un monumental pedregal de granito que constituye en sí mismo un espectáculo mineral. El entrante de mar está dividido en su parte media por la larga espina de la rampa moderna de izado de ballenas, y a su alrededor se desparrama un rosario de edificios e instalaciones que en su conjunto conforman un entorno arqueológico y paisajístico notable. Aunque

La factoría en su estado actual. Justo delante de la fachada principal pueden verse los antiguos pilos donde la factoría noruega decantaba el aceite y, a su izquierda, la rampa moderna de izado de ballenas que desemboca en el portalón que da acceso a la plaza de despiece.

pervive en estado parcialmente ruinoso, el complejo ballenero merece una visita detenida. En distintos puntos de la bahía, el Ayuntamiento de Cee ha dispuesto paneles explicativos que permiten adentrarse en la historia de la factoría y, a través de los gráficos explicativos, se pueden identificar edificios y estructuras.

El conjunto de edificios e instalaciones que hoy puede verse es el resultado de diversas etapas industriales que comportaron numerosas reutilizaciones, reformas y ampliaciones de espacios y estructuras. La historia del lugar es compleja: como detalla Santi Llovo en su historia sobre las «salgaduras» de la región, allí, primero se alojaron dos salazones; luego,

la Compañía Ballenera Española, una empresa que a pesar de su nombre estaba constituida por capital y empresarios noruegos, edificó la primera factoría ballenera; más tarde, las instalaciones recobraron temporalmente su uso como salazón; y, por último, el terreno fue ocupado por otra factoría ballenera, esta vez de la Industria Ballenera SA (IBSA), que am-

Carl Herlofson y Svend Foyn Bruun frente al pazo de Altamira de Corcubión durante una de sus visitas a Caneliñas en 1924. Como la factoría aún se hallaba en construcción, los dos noruegos se alojaban en el hotel de la Viuda de Pequeño de Corcubión, situado en la plaza del Médico Arturo Cándido. Fotografía del archivo Ole Rømer Sandberg.

Durante la década de 1920, la factoría de Caneliñas pasó, en cuatro años, de ser una de las más productivas de la península ibérica a verse abocada al cierre por falta de ballenas.

plió y modificó las instalaciones existentes. El conjunto arquitectónico es, además de rico, complejo de interpretar, pues sobre el terreno se entremezclan elementos de distintos períodos a menudo parcialmente reformados.

La primera factoría ballenera en Caneliñas respondió a una iniciativa de Carl Herlofson y los hermanos Lorentz y Svend Foyn Bruun, principales responsables de la Compañía Ballenera Española, una empresa que anteriormente había gestionado una planta ballenera en Getares, en el estrecho de Gibraltar, de la que habían obtenido ingentes beneficios que ahora deseaban reinvertir en una nueva operación (véase la página 74). En octubre de 1923 la empresa adquirió las salazones, que en aquel momento pertenecían a la familia Cerdeiras (hoy establecidos en Camariñas), y, agregando cincuenta y cuatro fincas, creó un complejo que se extendía por más de 3 hectáreas. En aquel agregado se hallaban dos construcciones ubicadas junto a la playa y un edificio en forma de U situado en la zona central de la caleta, todos ellos levantados a mitad del siglo XIX. Bajo la atenta batuta de Thorleif Christophersen, el experimentado ingeniero

La primera ballena capturada en Galicia por balleneros modernos en la playa de Corcubión. Fotografía del archivo Ole Rømer Sandberg.

La factoría de Caneliñas el día de su inauguración, el 14 de noviembre de 1924. Al fondo puede verse el *Erria*, el velero de cuatro mástiles en el que habían viajado los autoclaves, la maquinaria y las herramientas de procesado necesarios para su funcionamiento.

de la Compañía Ballenera Española, aquellos edificios fueron reacondicionados al mismo tiempo que se levantaban nuevos bastimentos de piedra, una rampa de izado de ballenas, un polvorín y un muelle de atraque, así como depósitos y edificios o tinglados de hierro y madera que servían para el desguace de los cetáceos, el almacenamiento del aceite o daban cobijo a los autoclaves.

Fue necesario un año completo para tener la factoría lista. Por fin, el 11 de noviembre de 1924 el cazaballenero *Morote* abatió su primera pieza, que fue conducida hasta Corcubión y varada en su playa para admiración de los locales. Tres días después el ejemplar fue remolcado hasta Caneliñas y allí destazado ante las numerosas autoridades que se desplazaron hasta el lugar con motivo del evento. Como consecuencia del tiempo transcurrido, el cuerpo del animal no se hallaba en las mejores condiciones y las fotografías del evento a menudo muestran visitantes cubriéndose boca y nariz con un pañuelo para protegerse del hedor.

El funcionamiento de la planta no estuvo exento de problemas. Las condiciones de trabajo, con jornadas de doce horas en salas que alcanzaban temperaturas sofocantes, abundante mano de obra infantil y salarios misérrimos, resultaban excesivamente duras para los laboreros, y en julio de 1925 desembocaron en la que fue la primera huelga obrera de la Costa de la Muerte. Ni siquiera la intervención directa del gobernador de la región sir-

Carl Herlofson y Carsten Bruun al mando de la maquinilla situada al inicio de la rampa de izado de ballenas.

vió para calmar los ánimos, y los noruegos se vieron por último obligados a mejorar las condiciones.

En un principio la factoría estuvo servida por un único cazaballenero, el *Morote*, pero cuando se comprobó la gran abundancia de cetáceos que había en la región, enseguida acudieron otros siete buques de refuerzo. Aquello hizo que en 1925 la cifra de cetáceos procesados se disparara: 447 rorcuales, 30 cachalotes, 7 rorcuales boreales y 2 ballenas azules. Pero el éxito duró poco: el rorcual común, la espe-

cie principal, estaba siendo masacrada no solo por la Compañía Ballenera Española, sino también por otras cinco compañías balleneras situadas en distintos puntos de la península ibérica. En 1927 las capturas no fueron ni la mitad de las del primer año: 198 rorcuales comunes y 45 cachalotes. Los noruegos comprendieron que había acabado la aventura y cesaron su actividad, aunque en 1929 aún reabrieron esporádicamente las instalaciones para procesar unas pocas ballenas capturadas por una flotilla en tránsito a la Antártida. La factoría se desmanteló, su maquinaria fue

transportada a una planta ballenera situada en el Labrador canadiense y los terrenos fueron vendidos por 12.000 pesetas al armador coruñés Francisco Lombardero Franco. En 1943 la finca pasó a manos de la recién creada IBSA, una empresa, esta vez, de capital español. La construcción de la nueva factoría ballenera se demoró ocho años, en buena medida por la carencia de materiales que sufría la España de posguerra. Además, el material especializado resultaba imposible de importar del extranjero por el bloqueo al que se hallaba sometida España y las restricciones para obtener divisas. Aun así, la ambición no faltó: con sus dieciséis autoclaves y un Hartmann, Caneliñas acabaría teniendo la capacidad de producción más alta de todas las plantas balleneras que se establecieron en la zona.

La nueva factoría se inauguró en 1951 con la captura de una gigantesca hembra de rorcual común de 24 metros de longitud. No se contaba con mano de obra que conociera el oficio y la inexperiencia hizo que el desguace se eternizara. Al cabo de ocho días, las partes del animal aún no procesadas alcanzaron un grado tal de descomposición que obligó a los inhábiles operarios a interrumpir periódicamente su trabajo para aliviar las náuseas que la podredumbre les ocasionaba. El procesado de la carne y del aceite fue igualmente defectuoso, y al año siguiente IBSA se vio obligada a fichar personal especializado proveniente de las factorías andaluzas, que contaban con una década de experiencia en el negocio.

Por suerte, las poblaciones de cetáceos, que habían permanecido sin ser pescadas durante más de dos décadas, se habían recuperado parcialmente de la sobreexplotación de los años veinte. Pronto la actividad se situó en un escenario de normalidad, si bien nunca se alcanzaron las cifras de captura de la etapa noruega. Así, durante los años sesenta y setenta del siglo XX, el número de rorcuales comunes pescados cada año no solió superar el centenar de ejemplares. Ello hizo que durante años el peso de la explotación se desplazara al cachalote, mucho menos valioso, pero más abundante. Sin embargo, en la segunda mitad de los años setenta la recuperación de la población de rorcual común y el inicio de las exportaciones de carne a Japón provocaron que la explotación se desplazara progresivamente hacia esta última especie y que, con ello, en 1980 se procediera a la modernización y la reforma de las instalaciones.

A lo largo de su historia, Caneliñas procesó 5.110 ballenas, sobre todo rorcuales comunes, y 6.605 cachalotes. El último ejemplar, despiezado el 22 de octubre de 1985, fue un rorcual común de 17,70 metros de longitud corporal. Aquella fue la última ballena que se cazó en España, y con ella finalizó definitivamente una actividad que en nuestro país se había prolongado a lo largo de más de nueve siglos. El libro *Chimán, la pesca ballenera moderna en la península ibérica* describe con detalle la historia de esta factoría.

La factoría ballenera de IBSA en 1974. Pueden observarse los pilos de decantado de aceite y las dos rampas de izado de ballenas: la de los años veinte (a la izquierda) y la de los años cincuenta (en el centro de la imagen). La masa blanca situada en los terrenos a la izquierda de la factoría son huesos de ballena oreándose al sol. Con ellos se producían piensos ricos en calcio para animales.

QUÉ VEREMOS

El camino asfaltado que conduce a la factoría arranca de un desvío de la carretera comarcal AC-550 situado a medio camino entre las aldeas de O Ézaro y Santa María de Ameixenda. El camino finaliza justo en el antiguo portalón de entrada de la factoría. Desde allí, por un estrecho paso situado a mano izquierda, se llega a la playa donde se halla la rampa de izado de las ballenas. La factoría y sus instalaciones anexas pueden observarse con facilidad desde el exterior, al estar el complejo rodeado simplemente por un muro bajo. Una visión de conjunto se puede conseguir desde lo alto del camino asfaltado o desde los dos muelles que cierran la ensenada, uno

Rampa de izado de ballenas de la factoría noruega, de la que hoy solo quedan unos restos del muelle que la protegía y la pequeña caseta de almacenaje situada en su inicio. Al fondo, al otro lado de la ensenada, pueden verse los depósitos de aceite (hoy desaparecidos), el antiguo muelle de atraque y el almacén de guano. Nótese que este último edificio estaba solo parcialmente techado para permitir la ventilación de los gases que generaba el guano, los cuales, además de ser tóxicos, eran altamente inflamables.

Los bastimentos actuales combinan elementos arquitectónicos de tres períodos: la factoría construida por la Compañía Ballenera Española en los años veinte, la que IBSA levantó en los cincuenta remodelando algunos de los edificios anteriores y añadiendo otros nuevos, y la modernización de 1980.

Vista desde el lado meridional de la ensenada en 1925, con los tinglados sobre los cuales se realizaba el despiece de las ballenas y las rampas que permitían el ascenso de los cetáceos. Debajo de la plaza de despiece se hallaban los autoclaves y detrás estaba la caldera de vapor que les daba servicio, reconocible por la elevada chimenea de evacuación de humos.

situado en su lado meridional, y otro, en el septentrional. Aunque ello implica caminar por el monte, resulta muy interesante bordear el muro de piedra que delimita la finca, pues ello permite disfrutar de una visión elevada del conjunto y contemplar estructuras más escondidas, como las cisternas y pozos que almacenaban el agua que se empleaba para el funcionamiento de la factoría.

En la primera factoría noruega, las ballenas eran izadas por una rampa situada en el lado sur de la ensenada y llevadas por una pista de cemento hasta la plaza de despiece, ubicada en el margen meridional de la playa. Los autoclaves y calderas de vapor se colocaron sobre la misma playa y se cubrieron con tinglados de hierro o edificios de madera. Hacia el interior se levantaban dos grandes construcciones de piedra de la antigua salazón, que fueron remodelados para constituir la parte central y principal de la factoría, y cuyo interior pasó a albergar dormitorios, comedores, cocinas, oficinas y almacenes.

En el margen septentrional de la playa, los noruegos reacondicionaron los edificios originales de la salazón como viviendas y un gran almacén, y a ambos lados de estos hicieron discurrir caminos de vías que comunicaban la factoría con el muelle. Unas vagonetas recorrían estas vías llevando bidones de aceite y sacos de guano desde la factoría hasta el punto de atraque de los cargueros que acudían para recoger estos productos y transportarlos a Inglaterra o a Noruega. A un lado del muelle se construyó un pequeño polvorín y

un almacén de grandes dimensiones para el guano, un producto pestilente e inflamable que convenía mantener alejado de la factoría.

Cuando IBSA construyó la segunda factoría, en los años cincuenta, la disposición de la nueva instalación fue muy distinta. La rampa de izado de las ballenas se situó en el centro de la playa y la plaza de despiece se ubicó al final de esta, cobijada bajo una gran nave. Los dos edificios centrales de la antigua salazón, que ya habían sido reacondicionados por la Compañía Ballenera Española, se unieron bajo un solo techado y se eliminaron los forjados para poder alojar en su interior las piletas de decantación y los autoclaves. Con estas modificaciones se evitaba el efecto del salitre marino en la maquinaria de hierro que tanto había afectado a los tinglados situados en la playa que en los años veinte habían construido los noruegos. Adosados a estas naves, se edificaron la vivienda de los oficiales, un almacén y diversas dependencias para procesar y desecar el guano. Ello hizo que la antigua rampa, el edificio de viviendas situado en el lado septentrional de la ensenada y el resto de las edificaciones quedaran abandonados. Tan solo el almacén de guano vecino al muelle se reutilizó para alojar, convenientemente oculto entre sus paredes, por motivos que veremos más adelante, un gran depósito de gasoil. Por último, en 1980, la factoría experimentó una

Antiguos edificios inicialmente construidos por una salazón y luego reconvertidos por la Compañía Ballenera Española. El de la izquierda, de dos plantas, se utilizaba como vivienda de los marineros y empleados de la factoría. El de la derecha era un almacén. Durante el período de la factoría de los años cincuenta solo se aprovechó el almacén.

Vista aérea de la actual factoría de Caneliñas.
1a: rampa de izado en los años veinte; 1b: rampa de izado a partir de 1951; 2: calzada de vías; 3: antigua salazón, reaprovechada luego como alojamiento y almacén; 4: piletas de decantación de aceite de los años veinte; 5: frigorífico; 6: foso de los autoclaves modernos; 7: almacén; 8: bases de tanques de aceite; 9: tanques de aceite; 10: sala con mesa de corte; 11: plaza de despiece; 12: sala de autoclaves y Hartman; 13: oficina, comedor, lavabos y vestidores; 14: alberca para almacenar agua; 15: antigua salazón, luego transformada en oficinas y dormitorios y más tarde en emplazamiento de autoclaves; 16: desecador, molino de guano y almacén; 17: sala de calderas generadoras de vapor; 18: torre de electricidad; 19: taller mecánico y fragua.

A la izquierda, la factoría de la Compañía Ballenera Española en 1924, su primer año de funcionamiento; a la derecha, la factoría de IBSA en su estado actual.

nueva transformación. El cambio de orientación de la producción, inicialmente centrada en el aceite, pasó a la producción de carne congelada para su exportación a Japón, y ello requirió profundos cambios y una modernización de las instalaciones. El conjunto se amplió con la prolongación de la plaza de desguace hacia la playa. En la parte frontal de esta se construyó un foso para alojar autoclaves más modernos, con lo que los antiguos quedaron en desuso, y se reordenaron los espacios para acomodar un congelador y una gran mesa de madera para el cortado de la carne.

Por desgracia, el techo de los edificios más antiguos estaba soportado por cerchas de madera que hoy han cedido y se han desplomado. Por el contrario, la parte de la factoría que fue ampliada o renovada en 1980 mantiene la techumbre intacta gracias a que está construida con vigas de hormigón. En algunos sectores hay zonas mixtas que aún conservan parcialmente el techado, pero su acceso puede resultar peligroso, ya que se producen periódicos derrumbes conforme el forjado va cediendo.

Los elementos más importantes visibles desde la playa son:

- La rampa de izado de ballenas de la factoría noruega de la década de 1920 (1a. Véase página 169). Se encuentra en el costado meridional de la ensenada, muy maltrecha por los embates del oleaje. De ella parte un camino que se dirige hacia la factoría y que en el pasado fue la pista a lo largo de la cual se deslizaban las ballenas hasta alcanzar los tinglados de despiece.

- La rampa moderna de izado de ballenas (1b). Se halla situada en la parte media de la ensenada y surge desde el mar, atraviesa la playa y desemboca en la boca de la nave moderna de despiece. Con marea alta queda parcialmente cubierta por el agua, pero el muro de bloques de granito que tiene a su costado se mantiene siempre visible. Justo cuando la rampa llega a la reja de alambre que rodea la factoría hay una pequeña caseta con una ventana que mira al mar. En su interior se protegía el operador que gobernaba la maquinilla situada en el interior de la factoría y que servía para el izado de la ballena, puesto que, como la tracción que ejercía el animal al ascender era enorme, si el cable que la arrastraba se zafaba o se partía podía dar un latigazo mortal a quien se encontrara en su trayectoria.

· Recorriendo el margen septentrional de la ensenada se halla la calzada de granito (2), sobre la que corrían las antigua vías que servían para el desplazamiento de las vagonetas que transportaban productos al muelle.

· En el inicio de la calzada de las vías se levantan dos grandes edificios de piedra situados a un lado de la playa (3). Originalmente construidos por la familia Rodríguez Ballón para una salazón, fueron reaprovechados durante la etapa noruega de los años veinte. El mayor, de dos plantas, era donde se alojaban los marineros de los barcos y los empleados de la factoría, y el de una sola planta era un almacén.

· Las piletas de decantación (4) construidas por la Compañía Ballenera Española en los años veinte, que en la actualidad quedan situadas frente a la fachada meridional de la factoría. Se cree que en estas piletas se vertía el aceite caliente que salía de los autoclaves para enfriarlo al aire libre y permitir la separación del aceite de los restos acuosos. Estos últimos se vertían al mar mediante desagües que se ubicaban en la parte inferior de las piletas, mientras que el aceite sobrenadante era recogido y almacenado en barriles.

Rampa de izado de ballenas, con un rorcual común recién cazado (1982).

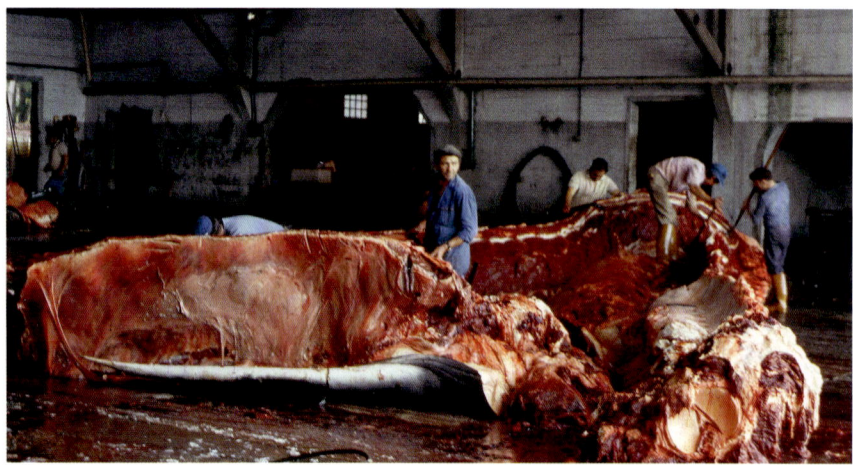

Cuarteamiento de una ballena en la plaza de despiece. Fotografía de Esteve Grau (1980).

Las maquinillas de maniobra del interior de la factoría nunca fueron eléctricas, sino que estaban accionadas mediante vapor producido por calderas. En primer plano puede observarse la tubería de conducción del vapor (1983).

- La nave principal, donde se realizaba el despiece de las ballenas en la factoría de los años cincuenta (6). Es el bastimento que ocupa la posición central de los tres que conforman el frente marítimo de la factoría. Se comunica con la rampa por una enorme puerta corredera de aluminio ondulado que hoy se encuentra caída a un lado de la entrada. Al lado de la rampa se halla el foso en el que estaban instalados los autoclaves principales. Vista desde la playa, la nave situada a mano derecha (5) alberga el frigorífico en el que se conservaba la carne mezclada con hielo y la plaza de carga de los camiones; su fachada lateral comunica lateralmente con el exterior por otra gran puerta corredera que permitía la entrada de los vehículos. La nave situada a mano izquierda (7) servía de almacén de las boyas de balizado de los cetáceos capturados, los cables y otros utensilios de izado y desguace. En invierno, cuando la factoría permanecía inactiva, allí se guardaban las pequeñas lanchas de servicio. En su interior se conserva, además, la pequeña alberca donde se cocían las mandíbulas de los cachalotes para facilitar la extracción de los dientes.

Situándonos ahora en el camino que lleva desde la verja de entrada de la factoría hasta la playa, comenzando por el frente marítimo y en dirección tierra adentro, podremos ver:

- La nave lateral, que flanquea la plaza de despiece, que albergaba el frigorífico, y la

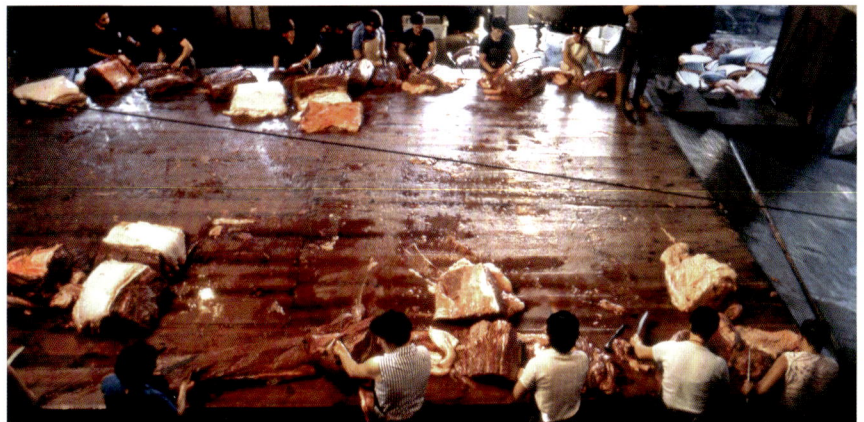

Mesa de madera donde las mujeres reducían los gigantescos lomos de las ballenas a porciones adecuadas para su congelado (1982).

La planta de despiece hoy. Pueden observarse aún restos de la tablazón de madera que tapizaba el suelo para evitar el mellado de las cuchillas cuando se realizaba un corte contra el suelo.

plaza de carga de los camiones (5). Desde allí se observa el gran portón corredero que franqueaba lateralmente el paso de los camiones a la nave.

· En el espacio abierto que queda entre la pared lateral y el camino, si la vegetación no está excesivamente crecida, en el suelo resultan bien visibles unas grandes plataformas circulares de cemento (8). Eran las bases de los tanques cilíndricos de aceite transportados desde la factoría de Morás cuando esta cerró, en 1976.

· Las naves de almacenamiento de aceite (9). A través de los muros parcialmente derruidos pueden verse los tanques de hierro. Detrás de estos se halla un módulo (10) que cubría la mesa de corte de la carne y los laboratorios de análisis de la calidad del aceite.

· El edificio de servicios (13). Es una construcción separada del resto del complejo y situada entre este y el camino. Fue erigida durante la modernización de 1980 y en su interior se hallaba la oficina del director, el comedor de los empleados y los vestidores y lavabos de los empleados. Frente a ella se encuentra la báscula de pesaje de los camiones, que consiste en una pequeña caseta situada frente a una plataforma de hierro de 15 metros de largo sobre la que se colocaban los camiones antes y después de realizar la carga con el fin de conocer la cantidad de carne que trans-

portaban a las plantas congeladoras, situadas en Ribeira.

· Al fondo puede observarse un portalón corredero que da acceso a la parte trasera de la nave que cubre la plaza de despiece (11)

y, a continuación, el elevado edificio principal de la factoría (15). Este último fue construido por la antigua salazón de Hermógenes Villanuevaen el siglo XIX y originalmente estaba compuesto por dos edificios separados por un patio central. Durante la

etapa noruega en los años veinte fue adaptado para acoger oficinas y dormitorios sin que se realizaran reformas estructurales significativas. Al construirse la factoría de IBSA en los años cincuenta, los dos edificios paralelos y el patio central se fusionaron en un solo bastimento que pasó a albergar los autoclaves de extracción de aceite. A partir de la reforma de 1980, esta nave quedó en desuso. Adosado a ella sobresale un módulo de una sola planta, que en su momento estuvo destinado a oficinas.

- El bastimento anexo que sigue en dirección tierra adentro (17), y que se distingue por el pequeño altillo techado del que parten instalaciones eléctricas, era el corazón energético de la factoría. Allí se encontraban los cuadros de mando eléctricos de todo el complejo y las calderas que producían el vapor que alimentaba los autoclaves y que proporcionaba la fuerza motriz de las maquinillas de la planta de despiece.

Desde la verja de entrada o desde el camino que asciende hacia la carretera comarcal, veremos:

- Separada del conjunto, y ya al otro lado del camino que recorre desde la verja de entrada la parte trasera de la factoría, una estrecha y alta torre de electricidad (18). Fue construida en los años cincuenta y hoy se halla cubierta de hiedra.

En la página anterior, vista de la parte trasera de la factoría, con la zona de electricidad y calderas, y el taller mecánico y la fragua. Pueden distinguirse el pozo artesiano, en primer plano, y el aljibe circular, detrás, que proveían de agua dulce las calderas de vapor y los autoclaves.

- Un edificio aislado de piedra (19) con dos dependencias: el taller mecánico y la fragua donde se reparaban los arpones y las cuchillas. A un lado de este edificio se encuentra un aljibe circular de agua dulce donde se bombeaba el agua del antiguo pozo artesiano. Este último es un gran foso cuadrado de piedra, situado justo detrás de ambas estructuras, que se construyó en la primera factoría para proveer las calderas de vapor de agua dulce.

- La nave trasera de la factoría (15), con el edificio de calderas y electricidad (17) en primer plano.

Si ahora regresamos a la playa y recorremos la calzada de granito que otrora servía de base a las vías de transporte del material, alcanzaremos el muelle que cierra la ensenada por su lado occidental. Todas las edificaciones que allí veremos fueron construidas por la compañía noruega en 1924.

En el muelle (4) se puede observar, de derecha a izquierda, diversas construcciones, la mayor parte de ellas de los años veinte:

- El gran almacén de guano (1), reaprovechado en los años cincuenta para instalar en su interior un enorme depósito de gasoil (2). Podría parecer que, por su ubicación, este depósito servía para abastecer a los cazaballeneros, pero era todo lo contrario: en la difícil España de posguerra, dada la perentoria necesidad de obtener productos alimentarios, los buques pesqueros disfrutaban de cuotas de combustible relativamente generosas y a precios más baratos que los que se otorgaban a las actividades industriales de tierra firme. Por este motivo, después de repostar en el surtidor de Campsa, los cazaballeneros se dirigían a Caneliñas, y una vez allí bombeaban parte de su carga de combustible al depósito. Posteriormente, el fuel era trasladado manualmente a bidones y transportado a la factoría en vagonetas a lo largo del camino de vías. Este procedimiento comportaba un uso a todas luces fraudulento del fuel, y ello explica que el depósito estuviera escondido en el interior del almacén de guano y no junto al muelle, como habría sido lógico.

- Un cobertizo (3), donde estaba instalada la bomba que captaba el agua de mar y la elevaba al depósito circular (7) que se halla en el monte y desde el cual se alimentaba la factoría del agua de mar que se precisaba para las faenas de limpieza.

- Un noray (5) en forma de pedestal rectangular construido con bloques de granito que servía para el amarre de los barcos.

Desde el muelle se disfruta de una vista inmejorable del frente marítimo de la factoría y de las dos rampas de izado de ballenas: la noruega de los años veinte, situada a la derecha, ay la moderna de los cincuenta, situada en posición central.

• Convenientemente apartado del resto de las edificaciones, el pequeño polvorín donde se almacenaban los detonadores de las granadas explosivas de los arpones y la trilita empleada en los cartuchos que servían para dispararlos (6).

Por otra parte, la actividad ballenera fue un importante motor económico para la zona, y tanto la factoría de Caneliñas como los barcos cazadores se nutrieron de personal local. Ello ha dejado un rastro que aún resulta palpable en las vecinas aldeas de Gures, Ameixenda y O Ézaro, así como en Corcubión y, sobre todo, en Cee, la capital neurálgica de la comarca. En particular, Cee ha tenido un especial empeño en mantener vivo su legado ballenero,

Vista aérea de la zona del muelle. 1: almacén de guano; 2: depósito de gasoil; 3: bomba de captación de agua; 4: muelle; 5: noray; 6: polvorín; 7: depósito de agua.

La zona del muelle de atraque fue construida por los noruegos en los años veinte. Está dominada por el almacén de guano, que a partir de los años cincuenta albergó un depósito clandestino de gasoil. A su izquierda, algo apartado, se halla ubicado el polvorín donde se almacenaban las granadas explosivas y la munición de los cañones arponeros y, en lo alto del montículo, el aljibe de agua salada que alimentaba las mangueras de limpieza de la factoría. En el arranque del muelle puede verse un noray de piedra parcialmente derruido. Durante algún tiempo, el muelle se alargó con una estructura de madera, hoy desaparecida, que permitía el atraque de los cargueros de gran porte que transportaban el aceite a Inglaterra y Noruega.

Campana del *Erris* en la capilla del Pilar.

hasta el punto de que ha comenzado a conocerse como *Vila das Baleas*. Su consistorio periódicamente organiza conferencias, exposiciones, encuentros de antiguos trabajadores e incluso concursos de poesía o de arquitectura centrados en el tema. De ahí que, tanto en la misma localidad como en sus alrededores, podamos descubrir elementos que nos retrotraen a un pasado que aún está bien fresco en la memoria de sus habitantes, bien porque han trabajado de jóvenes en la industria, bien por tener familiares directos que lo hicieron.

Así, en estas localidades podemos ver:

· En bares, restaurantes y hoteles resulta frecuente advertir rastros de la actividad ballenera, como fotografías, arpones, huesos o barbas de ballenas. Buen ejemplo de ello son la Casa da Balea, una pequeña pensión en Corcubión, el restaurante Mar Viva, también en Corcubión y que sirve excelentes pescados y mariscos locales, y, sobre todo, A Ballenera de Caneliñas, un selecto hotel en el que gracias a su privilegiada ubicación

—la propiedad linda con la verja de entrada de la propia factoría ballenera—, desde sus habitaciones y terrazas se disfruta de una vista directa del complejo ballenero, además de facilitar por su proximidad la visita detenida del entorno.

· En Corcubión, en la espadaña ubicada en lo alto de la pequeña capilla del Pilar, situada en el centro del pueblo, podremos ver montada una campana que en su tiempo perteneció al *Erris*, la goleta de cuatro palos de la compañía Blacksod, que en 1924 transportó el material para equipar la factoría de Caneliñas. Como relatan Vicente Jesús Bernal y Xosé Troiano, que han estudiado las vicisitudes del *Erris*, la Blacksod encargó su construcción en 1916 a la Peninsula Shipbuilding Company, de Portland, Oregón. Sin embargo, antes de que el barco fuera entregado, el Gobierno estadounidense lo incautó para que prestara servicio durante la Primera Guerra Mundial. Durante aquel período navegó bajo el nombre de *Eris*, nombre que aún hoy luce punteado en la campana, pero, al finalizar la contienda y pasar por fin a la Compañía Ballenera Española, el barco recuperó el nombre de *Erris*, con el que había sido inicialmente proyectado. Cuando la factoría de Caneliñas cerró sus puertas en 1927, el *Eris* fue vendido a la Compañía General de Carbones para que sirviera como pontón carbonero y quedó a partir de entonces fondeado en el puerto de Corcubión. De ahí que perdiera su uso para la navegación y que su campana acabara encumbrada en lo alto de la capilla, que fue construida en 1931.

· En la plaza Mercado, que constituye el centro del ensanche que la villa de Cee modernamente ganó a la ría, una escultura de una cola de ballena en bronce ocupa una de las aceras, frente a la cafetería As Baleas.

· En 2024, y conmemorando los cien años de la inauguración de la factoría de Caneliñas, el Ayuntamiento de Cee encargó al reconocido muralista Diego As una gigantesca pintura de arte urbano dedicada al mundo de las ballenas. El mural, que representa dos ballenas jorobadas sumergidas en un océano lleno de peces, se encuentra en una placeta en la rúa da Escola.

· El patio interior de la Casa de Cultura de Cee está presidido por una escultura del polifacético artista local Xosé Iglesias, quien, sin haber dejado nunca de lado su profesión original de patrón de pesca, ejerce además como escultor, pintor, cronista local y poeta. Los recorridos culturales que organiza a

bordo de su barco *Leviathan* permiten descubrir de un modo muy particular la magia que encierra el tramo de costa gallega situado al sur de Fisterra.

· Finalmente, un paseo especialmente recomendable es la senda peatonal que bordea la costa desde Cee y Brens hasta O Ézaro. El recorrido completo es de unos 5 kilómetros y discurre por un entorno natural de gran belleza, con unas vistas magníficas al mar y la escarpada costa. Partiendo desde Cee, el camino serpentea desde la aldea de Ameixenda para luego rodear el abrupto macizo que resguarda Caneliñas y acabar desembocando en el antiguo muelle de carga de la factoría. Pasando entre el polvorín y el almacén de guano, se llega a la playa de Caneliñas. Tras cruzarla se retoma el sendero que conduce a un mirador que se alza, a modo de balcón natural, sobre la deliciosa playa de Gures. Desde allí se puede contemplar el imponente monte Pindo, un macizo granítico de formas irregulares que, según la tradición, fue considerado tanto morada de benevolentes dioses celtas como refugio de temibles y gigantescos seres, según quién relatara la historia.

Escultura de Xosé Iglesias en la Casa de Cultura de Cee en homenaje a las cinco especies que fueron pescadas en aguas de Galicia: la ballena franca, la azul, la jorobada, el rorcual común y el cachalote. Las ballenas nadan alrededor de un faro imaginario y, a ambos lados de la puerta del edificio que forma su base, dos mandíbulas de ballena forman un pórtico, en recuerdo al desaparecido arco de este tipo que durante más de setenta años adornó la entrada principal de la factoría de Caneliñas. La obra fue esculpida por Iglesias enteramente a mano, en madera, y comportó un año de trabajo.

Camelle

Período de actividad ballenera

Siglos XIII-XVII

Cita más antigua de actividad ballenera

1290

Durante el período medieval de actividad vasca, Camelle fue el último puerto que alcanzaron los balleneros vascos en su expansión por la costa cantábrica.

Este pequeño puerto pesquero vive dedicado a actividades pesqueras y marisqueras artesanales. El pulpo, el congrio, el abadejo, las nécoras, los percebes y los erizos de mar son los principales recursos de la zona.

A lo largo de su historia, el pueblo ha estado marcado por su difícil situación geográfica. Sometido a uno de los mares más violentos del mundo, los naufragios han sido una constante para sus habitantes, lo que llevó al pueblo a vivir de ellos. En ciertos períodos llegaron a coexistir dieciséis empresas dedicadas al salvamento marítimo y varias de las compañías gallegas de desguace naval aún hoy existentes proceden de este puerto. Tan frecuentes eran los naufragios allí, que el pueblo construyó un refugio estable, donde hoy se encuentra la Casa del Alemán, equipado con literas, ropas y víveres para atender las necesidades inmediatas de los náufragos que se sabía que tarde o temprano iban a llegar. Cuando se produjo el hundimiento del petrolero griego *Prestige*, en 2002, el puerto se convirtió en el epicentro de las operaciones de limpieza de chapapote. La notoriedad de aquellos días fue seguida por una severa crisis económica local debido a la contaminación del litoral, que impidió el marisqueo y provocó un importante descenso de la población.

GALICIA

HISTORIA BALLENERA

El libro de rentas de la Corona de Castilla del año 1290 hace referencia a la «ballenería» o «ballenización» que se da en cabo Tosto, mejor conocido como cabo Trece, que es una punta situada a unos 5 kilómetros al oeste de Camelle. Dado lo agreste del lugar, lo más probable es que los asentamientos que allí se crearon para dedicarse a la pesca de la ballena se ubicaran en el rosario de playas que existe entre este pequeño cabo y la población. Sin embargo, de estas actividades pioneras poco sabemos, aparte de menciones registrales esporádicas, y no se puede hablar de una pesca bien establecida en Camelle hasta 1559, año del que se conservan numerosos documentos que atestiguan la presencia de balleneros vascos en la localidad. En aquella época, quizá se sentaran los fundamentos de la capilla original que más tarde daría lugar a la actual iglesia del Divino Espíritu Santo.

Sin embargo, probablemente por su exposición a los temporales del norte, el puerto nunca logró gran notoriedad en la pesca ballenera y solo fue lugar de recalada ocasional por parte de los balleneros vascos que discurrían a lo largo del litoral. Estas visitas esporádicas menguaron a partir del siglo xvi, cuando el descubrimiento de las pesquerías de Terranova desvió el interés de los armadores guipuzcoanos hacia aquellas nuevas y productivas aguas. A partir de entonces, las referencias a expediciones vascas a la zona casi desaparecen, si bien estas fueron en parte sustituidas por armazones gallegos que puntualmente adquirieron cierto protagonismo en el negocio. Como Camelle siempre fue un enclave de reducidas dimensiones y carecía, por ello, de los recursos económicos y humanos necesarios para financiar y tripular las armadas, a partir del siglo xvii la actividad ballenera de la zona la llevaban a cabo armadores y hombres de mar de las vecinas Laxe y Corme, que se instalaban estacionalmente en Camelle por ofrecerles esta localidad un abrigo más próximo al de sus propias localidades, localizadas más al este y en el interior de la ría.

Iglesia del Divino Espíritu Santo, de Camelle, originalmente construida por balleneros vascos.

QUÉ VEREMOS

El único resto de la actividad ballenera que se conserva en Camelle es la iglesia del Divino Espíritu Santo, cuyo origen es una capilla construida por balleneros vascos probablemente en años anteriores al siglo xvi. Aunque los cimientos y parte de los muros parecen ser todavía los de la capilla original, el resto del edificio actual es de construcción posterior, quizás de los siglos xvii o xviii. La iglesia consta hoy de una planta, con una sola nave, y alberga en su interior un retablo del Divino Salvador de estilo barroco, construido en 1721. La campana procede del vapor inglés *City of Agra* y fue donada al pueblo en agradecimiento por el salvamento de treinta y cinco de sus tripulantes en 1897, cuando el buque naufragó en la vecina ensenada de Arou.

Paseando por el pueblo encontraremos otros restos de naufragios que rememoran la entrega de la localidad a la industria del salvamento marítimo y el desguace. Buenas muestras de ello son la enorme ancla que preside el paseo marítimo, y que procede del hundimiento del mercante británico *Castledore*, en punta Roncadoira en 1951 o, en la calle Principal, el curioso blasón de piedra labrada a modo de escudo de armas de la familia Santa Cruz, que muestra un timón y una escafandra de buzo como símbolos heráldicos de esta familia, dedicada al negocio del desguace marítimo.

Malpica

Período de actividad ballenera
Siglos XVI y XVII

Cita más antigua de actividad ballenera
1530

Entre los siglos XVI y XVII, Malpica se convirtió en uno de los principales enclaves balleneros de Galicia. En aquella época, los naturales del lugar se libraron, primero, del monopolio vasco de la actividad y, posteriormente, de los diezmos eclesiásticos, que solo sufragaban cuando lo consideraban oportuno. La pesca de los cetáceos la gestionaron a través de un concejo local.

La localidad cuenta con más de 6.000 habitantes, aunque muestra una progresiva tendencia a reducir su población. La pesca ha sido desde siempre su principal actividad socioeconómica, y en su histórico puerto aún hoy se mantiene el ir y venir de las numerosas embarcaciones de cerco. Durante el período de desarrollo de las pesquerías americanas, Malpica se convirtió en un punto de paso y salida con destino a aquellas aguas lejanas, lo que hizo que la rada creciera y se dotara de estructuras portuarias. Muchos europeos, sobre todo franceses y, a partir del siglo XVII, ingleses, holandeses y daneses, pasaron por este puerto con destino al Nuevo Mundo. Con su bonito arenal situado en el lado opuesto del puerto, la bulliciosa lonja y los atractivos de una antigua villa marinera, hoy también atrae a numerosos visitantes.

HISTORIA BALLENERA

Malpica fue uno de los puertos gallegos con una actividad ballenera más intensa y prolongada. Las primeras informaciones acerca de ella se remontan a 1530-1531, cuando armadores vascos pioneros se establecieron en la zona, que aparentemente preferían a la de La Coruña.

GALICIA

Durante las primeras décadas, la actividad ballenera estuvo monopolizada por expedicionarios vascos, pero a partir de 1550 los mercaderes y mareantes gallegos tomaron el control de la operación. Desde entonces hasta los primeros años del siglo XVII, la pesca se realizó de manera cooperativa con los vascos, aunque, cuando los malpicanos adquirieron la autosuficiencia en el oficio, prescindieron de ellos. Así, los últimos contratos vascos en este puerto y en el de Caión datan del año 1613 y, a partir de entonces, los locales adquieren pleno dominio del negocio e implantan un modelo de gestión de tipo concejil. Este se plasma en 1656 en un protocolo —que, de hecho, tiene características típicamente vascas— denominado *Costumbre de los arponeros de Malpica*,

y que hoy se preserva en el Arquivo do Reino de Galicia, en A Coruña (legajo 21718). De acuerdo con este protocolo, el concejo de la villa pasaba a ser el encargado de todas las competencias pesqueras y, como sus responsables eran los mismos pescadores, ello permitió que la organización, regulación y financiación de la pesca se racionalizaran y adquirieran mayor vitalidad.

Previamente a que Malpica se convirtiera en uno de los puertos balleneros más activos de la Costa de la Muerte, una de sus actividades principales había consistido en proveer del trigo que necesitaban a bordo los barcos de otros puertos. En particular, se mantenía una estrecha relación con el puerto de Caión, situado a poca distancia. En el terreno ballene-

«En Malpica péscanse cada año siete u ocho ballenas, dos más o menos, arriendan los vizcaínos, que son los que las pescan; al arçobispo paganle cada año siete mil maravedís y estos en renta fija», escribió Jerónimo do Hoyo en sus *Memorias del arzobispado de Santiago* en 1607.

ro existió asimismo una cordial cooperación, y no se tiene constancia de disputas por las capturas de ballenas en las que habían intervenido chalupas de ambos puertos. Incluso se dieron casos de que pescadores de uno de los puertos descuartizaran algún ejemplar recién pescado en el puerto vecino por mayor conveniencia, sin que aquello despertara suspicacias o conflictos. De cualquier modo, a partir de 1599 el puerto de Malpica se expandió y acaparó el protagonismo de la pesca, en detrimento del de Caión, y durante el siglo XVII se convirtió en uno de los principales enclaves balleneros de Galicia. La documentación relacionada con esta pesca es abundante, y gracias a ella conocemos con exactitud la forma en que los balleneros se distribuían las ganancias. La grasa extraída se dividía en tres partes: una para el mantenimiento y las posi-

Puerto de Malpica.

bles reparaciones de la embarcación, otra para la compra de pan y la última se repartía entre la tripulación.

Cabe destacar que, a diferencia de la mayoría de los puertos, aquí dejó de pagarse el diezmo a la Iglesia para sustituirlo por un impuesto llamado «la renta de las ballenas». Dicho impuesto era una cantidad fija, no como los diezmos que se pagaban en otras localidades y que eran proporcionales al número de capturas o al beneficio en productos que se obtenía de ellas. Existen registros de forma casi continuada de este modo de arrendamientos desde 1592 hasta 1629, período durante el cual el uso del puerto con este fin se mantuvo estable.

Por otra parte, Malpica permitía un buen negocio para los armadores, pero también para los arponeros, que allí tenían derecho a la lengua del animal. Esto era algo impensable en otras localidades, ya que dicha parte era usualmente destinada en su totalidad a la Iglesia debido a su apreciado sabor y elevado valor económico. La débil autoridad del clero en este puerto se de-

muestra por el hecho de que, entre 1635 y 1643, el arzobispo de Santiago, Agustín de Spínola, intentó imponer un diezmo sobre cada ballena capturada, pero no logró salirse con la suya debido a la tenaz oposición del pueblo. Aún así, como negarse a pagar el diezmo parecía poco solidario, teniendo en cuenta que otras villas sí lo hacían, los arponeros solían ofrecer voluntariamente limosnas y ofrendas a la Iglesia. Por ejemplo, en 1619 el arponero Pedro García Valdayo donó un ducado por haber tenido éxito arponeando una ballena y en 1637 ofrendó las «colas y alas» de otra ballena que él mismo había arponeado. Pero no fue el único. En 1640, otros arponeros ofrecieron las aletas de una ballena para sufragar la pintura del retablo de la iglesia.

Cuando, a partir de las primeras décadas del siglo XVII, la población de ballenas francas cayó abruptamente, igual que en otros puertos los pescadores de Malpica comenzaron a dirigir su mirada a aguas lejanas. Realizaron expediciones a Noruega y Terranova y la explotación local fue cayendo progresivamente en el abandono.

A pesar de la inevitable competencia, los balleneros gallegos y vascos mantenían lazos de camaradería durante sus expediciones a aguas lejanas. La escritura de 1564 capitulada en Bilbo del galeón vasco *San Nicolás* registra en sus cuentas el ingreso en Terranova de «sesenta y seis rreales por veintiocho cuchillos de chicotear y cinco cuchillas grandes bendidas a un gallego de Malpica».

Obra de Urbano Lugrís expuesta en la Casa del Pescador de Malpica.

QUÉ VEREMOS

El pueblo no conserva restos arqueológicos o de otro tipo de la actividad ballenera, pero en algunas de sus casas, y también en algunas de las de la vecina Seaia, aún pueden verse vigas o refuerzos constructivos a base de huesos de ballena, principalmente costillas y mandíbulas. Estos elementos suelen hallarse en el interior de casas particulares, por lo que no es posible visitarlos a menos que se obtenga el permiso expreso de sus propietarios.

En la década de 1950, el conocido pintor surrealista gallego Urbano Lugrís (La Coruña, 1908 – Vigo, 1973) residió durante un tiempo en Malpica y, cautivado por el océano y el pasado marinero y ballenero del puerto, pintó varios lienzos alegóricos sobre estos temas. Algunos de ellos se conservan en la Casa del Pescador, situada en la zona sur del puerto, en la rúa Camiño do Río. El edificio, inaugurado en 1956, puede visitarse gratuitamente. En el primer piso se halla el Hogar de los Pensionistas, donde se conservan cinco extraordinarios murales del pintor. Uno de ellos, muy famoso, aborda la gesta ballenera de los malpiquenses. En el segundo piso se conserva también un reloj grabado por Lugrís y dos trípticos, uno con san Adrián, san Julián y la Virgen del Carmen, y el otro con san Brandán, santa Egeria y san Telmo. En una placeta situada al final de la rúa Camiño do Río, frente al bar O'Pescador, podremos ver una escultura de bronce realizada por el escultor Miguel Couto en 2013 que representa una ballena con las fauces abiertas inspirada precisamente en los lienzos de Lugrís.

Escultura de bronce realizada por el escultor Miguel Couto, puerto de Malpica.

Caión

Período de actividad ballenera

Siglos XVI-XVIII

Cita más antigua de actividad ballenera

1530

Rememorando su pasado ballenero, el escudo de Caión, que comparte con el vecino municipio de A Laracha, muestra una ballena navegando al pie de un torreón de guardia.

Situada en una minúscula península en el margen oriental de la llamada Costa de la Muerte, la localidad cuenta hoy con unos 900 habitantes. Caión o Cayón pertenece al municipio de A Laracha (Laracha), dentro de la comarca de Bergantiños. Su principal actividad económica es la agropecuaria, que encuentra una salida ágil gracias a su proximidad con A Coruña. En años recientes se ha ido convirtiendo progresivamente en un destino de veraneo.

Panorámica del pueblo de Caión.

GALICIA

HISTORIA BALLENERA

En su *Descripcion del Reyno de Galizia*, publicado en 1549, el licenciado Molina especificaba: «Estan dos puertos, que es el uno Malpica y el otro Caión, en los cuales principalmente más que en otros del Reyno mueren muchas ballenas y la causa porque más aquí que en otras partes las aya, es porque estos puertos son muy bravos y comúnmente las ballenas acuden donde las ondas y la mar anda siempre muy alta, y así aquí en ciertos tiempos del año como es en los meses de deziembre y enero y febrero ay gran matança dellas, tienen ya aquí sus aparejos y adereços esperándolas, es pesca de gran provecho porque de un ballenato aun que sea pequeño se sacan doszientas arrobas o cantaras de azeyte el qual sirve para todo lo que aprovecha lo de los olivos salvo por el comer. Sacase este azeyte haciendo pedaços dellas y puestos a cozer en unas grandes calderas se derriten y queda allí casi todo en grassa».

Como en otros enclaves del litoral gallego, la actividad ballenera de Caión comenzó tardíamente. El puerto experimentó un importante crecimiento con el descubrimiento de América y las pesquerías de Terranova, pero no es hasta bien entrado el siglo XVI cuando comienzan a aparecer las referencias sobre la pesca de la ballena. La primera de ellas es un escrito que relata que, debido a la prohibición de la pesca en el sur de Francia, mareantes gascones se desplazaron en 1530-1531 a este puerto para capturar cetáceos. A medida que fue avanzando el siglo, los vascos fueron entrando en escena y desplazaron a los franceses, aunque, al igual que sucedió con Malpica, la lejanía y dificultad de comunicación de este puerto hizo que los armadores vascos no mantuvieran la misma continuidad que en las localidades de la costa ferrolana. Esto favoreció que, a partir de 1550, los pescadores vascos fueran sustituidos por gallegos, si bien los primeros mantuvieron el control de la operación. Así, vemos como, en aquella época, el mercader vasco Nicolás Jaspes contrató a un mareante coruñés y a once pescadores de San Cibrao (San Ciprián) con el objetivo de crear una armada en Caión. Sin embargo, finalmente, los balleneros gallegos adquirieron la autosuficiencia operativa y dejaron de depender de los inversores vascos, lo que permitió una intensificación de la actividad, tanto en Caión como en la adyacente playa de Langosteira y en el vecino y minúsculo puerto de Suevos.

El aumento de las capturas y de la producción de grasa provocó que la mirada siempre atenta de la Iglesia se posara en el pequeño puerto. Pero esta localidad pertenecía de antiguo a los Bermúdez de Castro, conocidos como señores de Montaos, uno de los linajes nobles más influyentes en aquel período en España, y esto en principio la situaba fuera del dominio eclesiástico. Durante un tiempo, los balleneros eludieron el pago del extendido diezmo de «ballenización» y disfrutaron de una cierta libertad de movimientos. Así, los mareantes de Caión adoptaron un modelo de gestión concejil semejante al de Malpica, si bien, al pertenecer a la jurisdicción de los señores de Montaos y no haber un concejo detrás, eran los mismos arponeros quienes establecían las competencias pesqueras.

Sin embargo, el clero se mantuvo tozudo y, en 1573, los agustinos establecidos en la villa lograron por fin que una sentencia de la Audiencia del Reino de Galicia les traspasase el vasallaje de la pesca. El veredicto obligó a los caioneses a ceder a partir de entonces la cola y las aletas de las ballenas al convento, si bien a menudo los impuestos se satisficieron de otras maneras, mediante atajos o negociando directamente con los párrocos locales. En un documento de 1583 leemos que «Domingo de Arronibar, capitán de la armada de ballenas que al presente está en la villa y puerto de Caión en este año 1583, se obliga, en su nombre y en el de sus compañeros, de dar y pagar y quedarse y pagar al muy reverendo Padre Fray Antonio de Valderrama, prior del Monasterio de Nuestra Señora del Socorro, veinte azumbres de grasa buena, mitad en fin de la costera de dicho año y otra en fin del mes de febrero de 1584; estos azumbres por razón de las colas y alas de un ballenato que juntamente matamos con una ballena».

QUÉ VEREMOS

Lamentablemente, las antiguas playas de punta Langosteira desaparecieron bajo el cemento cuando hace una década se construyó el Puerto Exterior de A Coruña, la infraestructura pública más cara de Galicia. Esta obra faraónica, concebida al calor de la burbuja inmobiliaria que marcó los primeros años del presente siglo, permanece hoy parcialmente infrautilizada. Su emplazamiento en uno de los tramos de la costa más batidos por el oleaje ha disuadido potenciales clientes de utilizarlo. Aunque, eso sí, en sus bloques de hormigón crecen los únicos seres a quienes agrada la violencia marina: los percebes. Irónicamente, la extracción de estos crustáceos representa para el megapuerto una nada despreciable fuente de financiación.

Muy al contrario, el pueblo de Caión preserva numerosos vestigios de su pasado, como la iglesia de Santa María do Socorro y el convento de San Agustiño, adosado a ella. La plaza principal del pueblo, que recibe el nombre de Eduardo Vila Fano, está presidida por el imponente pazo del conde de O Graxal, quien fue el responsable de cobrar los impuestos de las ballenas capturadas. Sus orígenes se remontan a la poderosa familia Bermúdez de Castro, señores de Montaos, que durante generaciones fueron la autoridad jurisdiccional del puerto y las parroquias próximas. El bastimento, cuyos muros alcanzan los 3 metros de grosor, data del siglo XVI y fue el centro neurálgico de la villa, e incluso llegó a albergar la cárcel. Cuenta la leyenda que existía —quizás aún exista— un túnel que comunicaba directamente los aposentos de los condes con la iglesia parroquial y, aún más, permitía una salida a la playa escondida a los ojos de todos.

Frente al pazo, en el centro de la plaza, se levanta una fuente cuyo pedestal muestra orgulloso el escudo tallado en piedra de Caión, en el que puede verse una ballena navegando bajo la vigilante tutela de una torre de guardia. Este escudo es el mismo que el del vecino núcleo urbano de Laracha, situado unos pocos kilómetros al interior, y que ostenta la municipalidad de la que hoy dependen la playa y el puerto de Caión.

Diversas casas del pueblo aún preservan costillas y mandíbulas de ballenas haciendo las veces de vigas u otros elementos arquitectónicos. Sin embargo, al hallarse en el interior

Escudo de Caión-Laracha en el pedestal de la fuente de la plaza Eduardo Vila Fano.

Fuente en la plaza Eduardo Vila Fano con el pazo de los condes de O Graxal al fondo.

Hueso de ballena en el muro del patio de una casa en Caión.

de domicilios particulares no es posible visitarlos sin el consentimiento de sus propietarios.

En la planta inferior de la cofradía de pescadores, a unas decenas de metros del pazo, descendiendo hacia el mar, se halla el Arquivo da Pesca, que alberga una exposición

Arquivo da Pesca, Caión.

Arquivo da Pesca, Caión.

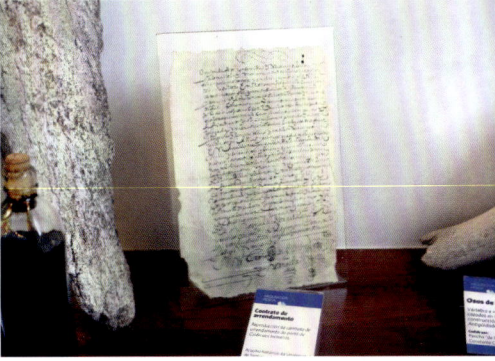

Arquivo da Pesca, Caión.

permanente sobre la pesca de Caión. La exposición muestra numerosos utensilios marinos y maquetas de barcos que, guiados por unos paneles informativos, ofrecen un recorrido histórico sobre la historia de la pesca en el lugar. Una parte de la exposición está dedicada a la caza de la ballena, y en una vitrina se muestran antiguos documentos balleneros,

así como barbas y huesos de ballenas, algunos de ellos recuperados de antiguos edificios.

En las afueras de Caión, hacia el este, a unos centenares de metros, comienza un bonito camino que nos llevará a punta Atalaia. Es un promontorio desde el que se divisa el mar sin limitaciones y en su cúspide antiguamente se

erguía la atalaya desde la que se avistaban las ballenas; aunque no se conservan restos de esta, la vista del litoral que desde allí se aprecia bien merece el paseo.

Aparte de los elementos que nos retrotraen a la pesca ballenera, en dirección contraria a la punta Atalaia discurre el corredor marítimo que, atravesando el pueblo, resigue el perfil de la costa. Desde el extremo occidental de este paseo se divisa una magnífica vista de Caión y sus playas. Los amantes de la fauna marina podrán observar desde allí numerosas especies de aves y, con discreta frecuencia, incluso delfines.

A Coruña

El incesante proceso de renovación de la ciudad ha borrado todo rastro de su pasado ballenero. Sin embargo, sus museos sí preservan restos históricos de esa actividad.

GALICIA

El Aquarium Finisterrae, también conocido localmente como Casa de los Peces, situado junto al paseo marítimo en la punta de Orzán.

Cuando en el siglo XIII las avanzadillas balleneras vascas comenzaron a llegar a Galicia, A Coruña era ya una urbe de dimensiones importantes que contaba con un activo puerto que disfrutaba de privilegios reales. La ciudad estaba en pleno crecimiento y poco después construyó sus murallas y el antiguo baluarte. Todo ello hacía que el lugar, pese a su proximidad a las zonas de paso de los cetáceos, no fuera adecuado para el sucio y maloliente despiece de las ballenas. Al parecer, durante algunos años, una compañía francesa se instaló en la zona de A Palloza, pero pronto se trasladó a Malpica forzada por el aumento constante de los impuestos que la ciudad imponía. Eso sí, A Coruña fue el hogar de armadores e inversores que operaban desde Malpica, Caión y otros enclaves cercanos, y también el principal puerto de salida de la producción local de barricas de saín y aceite de ballena que viajaba por mar a otras localidades. Por ejemplo, hay constancia de instalaciones balleneras medievales en el Burgo y en Santa María do Temple que, sin duda, eran lugares de almacenaje, pues su localización en el interior de la ría las hacía inadecuadas para el varamiento y procesado de cetáceos. Algo parecido sucedió en el siglo XX, cuando A Coruña fue la sede de la Industria Ballenera SA (IBSA), porque sus buques balleneros utilizaron con frecuencia el puerto herculino para el reavituallamiento, pero la actividad ballenera se desarrollaba desde las factorías que la empresa tenía en Cangas do Morrazo, Caneliñas y Morás.

QUÉ VEREMOS

En A Coruña no hay testimonios de actividad ballenera local. No obstante, tiene dos museos con elementos relacionados con la pesca ballenera.

El principal es el Aquarium Finisterrae, un centro dedicado a la divulgación del mar y su fauna. Para el gran público, su principal atractivo es el formidable acuario que, con un tanque central de 5 millones de litros de agua de mar, alberga miles de peces y otros organismos marinos. El complejo cuenta además con un acuario al aire libre en el que nadan varias focas comunes, así como salas con exposiciones temáticas. Una de ellas, la sala Maremagnum, está parcialmente dedicada a las ballenas y su explotación. En ella podremos ver:

- Presidiendo la sala en las alturas, una silueta de neón en forma de ballena que enmarca el cráneo y un par de vértebras de un rorcual boreal. Aunque se trata de una de las especies de ballena de tamaño medio, pues no suele exceder los 16 metros de longitud, este recurso expositivo permite formarse una idea clara de las enormes dimensiones de una ballena en relación con las personas.

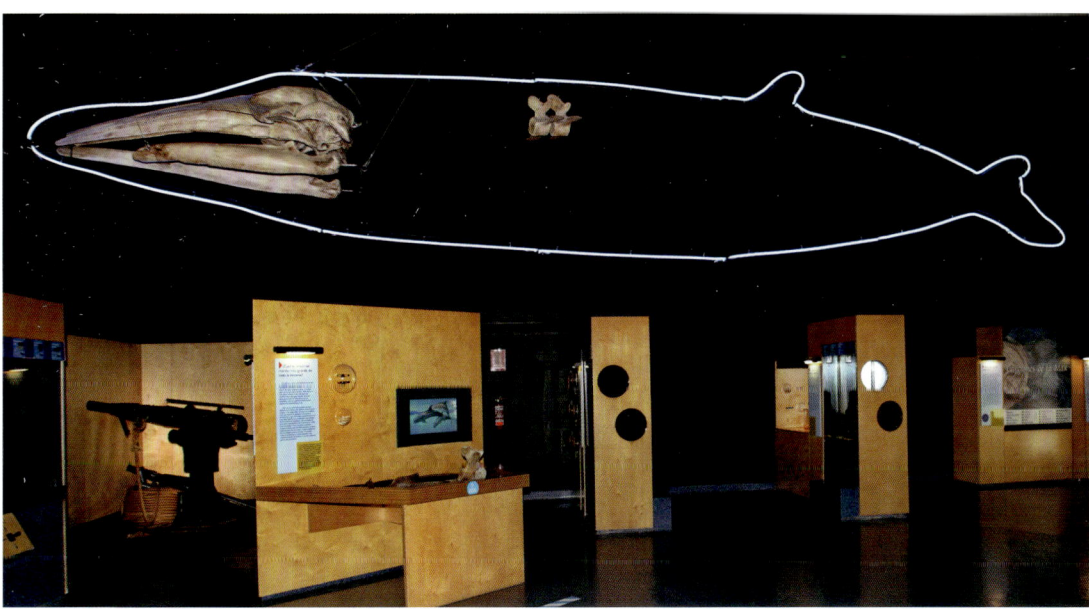

Zona de exposición sobre grandes cetáceos. El cráneo y las dos vértebras que cuelgan del techo proceden de un rorcual boreal.

Cañón arponero del caza ballenero *IBSA III*.

- En una vitrina abierta situada a sus pies, se exponen diversos huesos de cetáceos: un omóplato, dos costillas y una vértebra, todos ellos del mismo ejemplar del que procede el cráneo, así como una barba de ballena, en este caso de un rorcual común. Al estar abierto, el expositor permite al visitante tocar los elementos y apreciar su textura y su peso.

- A un lado de este expositor, esta vez convenientemente protegidos, unos dientes de cachalote.

- Detrás de esta pequeña exposición hay una pequeña sección dedicada a la pesca ballenera, en la que destaca un monumental cañón arponero moderno procedente del cazaballenero *IBSA III*. Se trata de un Kongsberg de calibre de 90 milímetros, de fabricación noruega. El cañón se halla cargado con un arpón que termina en una granada cilíndrica de punta plana de fabricación japonesa.

- Al pie del cañón pueden verse dos arpones más apoyados sobre una pila de cuerda. Uno de ellos se halla armado con una granada noruega de fragmentación, mientras que el otro está desarmado, sin granada. A su alrededor hay granadas de ambos tipos, todas ellas explosivas. La punta de los modelos noruegos de granada acaba en cuatro pequeñas uñas para favorecer la penetración, y las paredes de la granada son de gran espesor; al explotar en el interior del cuerpo del animal, las paredes se fragmentaban en pedazos, lo que aceleraba la muerte del cetáceo, pero comportaba que grandes porciones de carne se estropearan, por lo que fueron utilizadas en la época en que el principal producto que se extraía de las ballenas era el aceite y la carne solo se aprovechaba marginalmente. Las granadas del tipo cilíndrico japonés eran de un diseño más moderno y perfeccionado. La punta acaba en una rebaba que evitaba el rebote y eran de paredes mucho más finas que las de las granadas noruegas, si bien estaban cargadas con una mayor cantidad de explosivo. La aceleración de la muerte del animal se lograba por la mayor fuerza expansiva de la explosión, al tiempo que se reducía la cantidad de metralla dispersada, lo que permitía un mayor aprovechamiento de la carne.

- En una pequeña pantalla se proyecta de manera continuada una filmación de la operación de caza a finales de la década de 1980, realizada a bordo del *IBSA III*. La película muestra distintas fases de la operación de pesca y el posterior remolque de un rorcual común recién capturado.

El otro museo en A Coruña que contiene una pequeña pero interesante muestra de la actividad ballenera es el Museo Arqueolóxico e Histórico, situado en el castillo de San Antón, en la orilla septentrional del puerto. Este museo ocupa una antigua fortaleza del siglo XVI que a lo largo de su historia tuvo diversos usos: primero sirvió como edificio defensivo, luego como prisión y más tarde se utilizó de lazareto donde aislar a los foráneos que llegaban afectados de alguna enfermedad infecciosa o cuya procedencia aconsejaba una cuarentena.

En su interior se disponen diversas salas que preservan una heterogénea muestra de piezas relacionadas con la historia de la ciudad y de Galicia: mosaicos, ánforas, cerámica doméstica y utensilios romanos, arte religioso y funerario medieval, muebles, armas y diversos artefactos de todas las épocas. Entre todo ello, en una vitrina situada en la Casa del Gobernador, se preserva una pequeña pero selecta colección de tallas realizadas en colmillos y hueso de cachalote.

El artesano que trabajaba el símbolo

La razón de la pesca ballenera fue siempre la necesidad o el negocio. Sin embargo, las extraordinarias características de los grandes cetáceos enseguida hicieron que los materiales que componían su anatomía, como los huesos, los dientes o las barbas, fueran empleados para producir obras que, además de ser artísticas y bellas, arrastraran el símbolo del animal mitológico del que procedían. A lo largo del siglo XIX los balleneros americanos desarrollaron la técnica del grabado en el colmillo de cachalote conocida como *scrimshaw*, y la práctica pronto se extendió a otros huesos y materiales. Durante el siglo XX Galicia vio nacer artesanos que, inspirados por esta tradición, o quizás por iniciativa propia, abordaron trabajos de este tipo.

José Vasco Seijo (1909-2004), natural de Betanzos, se especializó en el hueso de cachalote, que obtenía de las factorías de Caneliñas y de Morás. Fue un artesano en el sentido literal de la palabra: nunca empleó máquina alguna para moldear sus esculturas. Incluso la durísima mandíbula, formada por uno de los huesos más densos del reino animal, la cortaba empleando un serrucho de carpintero, y los detalles de las tallas los perfilaba a golpe de mazo y gubia. Aun así, sus obras tienen una delicada y suave sutileza. Vasco fue particularmente activo en las décadas de 1960 y 1970, pues más tarde el descenso en la captura del cachalote le impidió obtener elementos adecuados y se vio obligado a recurrir a otros materiales, como la madera o el granito. Muchas de sus obras tenían una temática religiosa (crucifijos, Vírgenes, santos), pero su inquietud lo llevó enseguida a explorar otros territorios. Esculpió piezas de ajedrez, pequeños animales y figuras humanas, estas últimas a menudo inspiradas en dibujos de Castelao y de Álvaro Cebreiro. Creó una categoría de tallas, muy características de su mano, que genéricamente denominó «cuadros gallegos», y que consistían en estilizadas figuras de personas o en apiñados grupos de lugareños que iban de fiesta (de baranda, como decía él) o realizaban actos cotidianos, como acarrear agua o protegerse de la lluvia con un paraguas. Llevado de su afán de exploración, Vasco llegó incluso a construir mesas y otros pequeños muebles compuestos enteramente de hueso de cachalote. El resultado era un mobiliario macizo y pesado, probablemente poco práctico, pero sin duda henchido del mito que el artesano anhelaba transmitir a sus obras.

Tallas realizadas por José Vasco Seijo. Tres de ellas están hechas en colmillos de cachalote y otras tres, de mayor tamaño, en hueso mandibular de este mismo cetáceo.

Museo de Historia Natural (Ferrol)

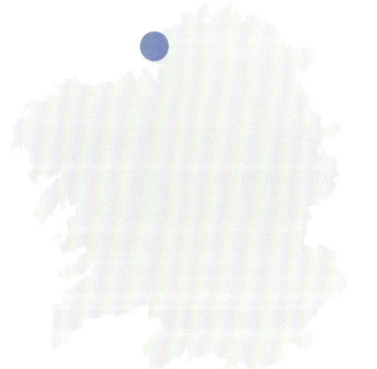

GALICIA

La pesca de la ballena nunca fue una actividad propia de la ciudad. No obstante, en su Museo de Historia Natural encontramos una de las mejores muestras de cetáceos de la península ibérica, así como una pequeña colección de utensilios y productos de la industria ballenera.

La ciudad de Ferrol está situada en el interior de una profunda ría y por ello se encuentra alejada del paso de las ballenas. Este hecho, unido a que desde antiguo fue una villa de dimensiones respetables con una pujante actividad económica, explica que nunca llegara a jugar un papel directo en la captura y el procesado de cetáceos, una actividad que producía humos y aguas sucias y que convivía mal con la ciudadanía. Eso sí, contar con un dinámico puerto que en la época de las explotaciones balleneras gozaba de una de las primeras aduanas del reino de Galicia hizo que se convirtiera en un centro de exportación del aceite y el saín producidos.

QUÉ VEREMOS

La economía de Ferrol siempre ha dependido del mar. Hoy la ciudad cuenta con un importante puerto pesquero y militar que está equipado con astilleros y servicios marítimos. No obstante, en lo que respecta a la pesca ballenera, el foco se sitúa en el magnífico Museo de Historia Natural de la Sociedade Galega de Historia Natural, situado en la parte alta del casco antiguo de la ciudad.

El Museo abarca todos los segmentos de la biodiversidad, desde las plantas hasta los animales terrestres o acuáticos. Sin embargo, como resulta inevitable en Galicia, una parte

El Museo de Historia Natural se ubica en un antiguo cuartel restaurado. Además de una amplia exhibición de la biodiversidad de Galicia, dispone de un salón de actos, una biblioteca especializada y un aula-laboratorio. El material está expuesto siguiendo un enfoque didáctico que permite al visitante admirar los ejemplares y piezas exhibidos, así como comprender su significado evolutivo y funcional.

muy importante de la exposición se centra en el medio marino y, de un modo muy particular, en los cetáceos y su explotación. La colección de esqueletos y ejemplares naturalizados de cetáceos que se exhibe es sin duda la mejor que el público puede hoy visitar en España. Por otra parte, dado que en los años ochenta del siglo pasado la Sociedade Galega de Historia Natural lideró la opo-

sición ciudadana a los abusos de la pesca ballenera y, además, durante décadas ha trabajado mano a mano con la Coordinadora para el Estudio de los Mamíferos Marinos (CEMMA) en el rescate de los animales que aparecen varados en las playas y en temas de educación ambiental y conservación de estos animales, la pesca ballenera recibe una atención privilegiada.

En concreto, veremos:

· El espectacular esqueleto, completo y perfectamente montado, de un majestuoso rorcual común que cuelga del techo ocupando la parte central de la nave dedicada al medio marino.

· A su alrededor, esqueletos montados de diversas especies de cetáceos: delfines mu-

Esqueleto de rorcual común.

lares, delfines comunes, delfines de Risso, delfines de flancos blancos, orcas, marsopas y un espectacular zifio de Cuvier, así como cráneos y otros huesos de estas y otras especies de pequeños odontocetos y de un rorcual aliblanco. La muestra de cráneos de distintas especies de zífidos del género *Mesoplodon* es excepcional y permite comparar la extraordinaria variabilidad en la dentición que presentan estos animales.

· También dispuestos en el espacio situado alrededor del esqueleto de rorcual común, como si nadaran entre dos aguas, podemos ver modelos naturalizados de las especies más representativas de los pequeños cetáceos de las aguas gallegas: delfines comunes, calderones, delfines de Risso, marsopas, etc.

· A un lado, dispuestas en vertical junto a la pared, las mandíbulas de otro rorcual común y las de un cachalote, estas últimas completamente armadas, con sus dientes.

· El esqueleto de la aleta de una yubarta, mostrando la polifalangia o multiplicación de los huesos que componen los dedos y que constituye una característica de los cetáceos. La polifalangia confiere a la aleta de estos animales una gran flexibilidad, que contrasta con la hiperfalangia, la estrategia alternativa seguida por otros animales acuáticos, en los que la aleta aumenta su longitud alargando los huesos, pero sin multiplicar su número, una arquitectura que resulta en una aleta

Con sus numerosos animales y modelos naturalizados, el Museo es el lugar ideal para conocer la fauna de cetáceos atlánticos.

Además de su colección cetológica, el Museo exhibe modelos naturalizados y esqueletos de tortugas marinas y focas, así como una atractiva colección de conchas de moluscos y otros invertebrados marinos.

La explotación de los cetáceos ocupa una parte significativa del sector marino del Museo.

mucho más rígida y que es propia, por ejemplo, de las tortugas marinas y las focas.

• Barbas de rorcuales comunes y de rorcuales aliblancos. En algunos casos se muestran las barbas sueltas, mientras que en otros se expone la hilera completa de barbas de una hemimandíbula, lo que permite comprender cómo funciona el aparato filtrador de una ballena.

• Cráneos de distintas especies de cetáceos fósiles hallados en yacimientos gallegos.

Todo ello está acompañado de paneles didácticos que explican los aspectos más importantes de la biología de estos animales, como la ecolocalización, la comunicación sónica o la alimentación, así como sus problemas de conservación.

El fondo de la sala está dedicado a la explotación ballenera, y allí hallaremos, entre otros:

· Diversos arpones y sangraderas del tipo empleado en la pesca de la ballena, así como delfineras (arpones con una pequeña punta retráctil) que se usaban para la captura de delfines y marsopas. Entre ellos, guardado en un arcón con su cordaje, destaca un arpón de cabeza fría empleado por el general Francisco Franco en sus veleidades balleneras a bordo del *Azor*, y que es similar al que se preserva en el Museo Massó (véase la página 153).

· Trajes de aguas empleados por los trabajadores de la factoría de Caneliñas.

· Una antigua escoba hecha con delgadas tiras de barbas de ballena.

· Aceites de ballena y de espermaceti de cachalote, así como envases y barricas utilizados para su preservación.

· Vainas de las cargas explosivas de calibre de 90 milímetros que empleaban los cañones arponeros de IBSA, así como los tacos de caucho y corcho que comprimían los tarugos de borra que se colocaban en el interior del cañón para separar la pólvora y el arpón.

· Cuchillos, ganchos y otros utensilios empleados en el despiece de las ballenas en las factorías gallegas.

En un expositor se muestra el uso que históricamente se daba a otros productos, aparte del aceite y la carne, que se obtenían de los cetáceos: las barbas se utilizaban en la fabricación de corsés femeninos y de mangos flexibles de utensilios domésticos, como los cucharones o las fustas de montar; y el marfil o el hueso del cachalote se empleaban como materiales nobles para elaborar pequeñas joyas, figuras, agujas de coser, boquillas de cigarrillos y otros objetos domésticos de pequeño tamaño.

· Productos derivados del aceite o la grasa de los cetáceos: latas de betún para botas, velas de espermaceti de cachalote y candiles que producían luz quemando aceite de ballena.

· Paneles explicativos de la historia de la caza ballenera en Galicia, con grabados antiguos y fotografías de la pesca moderna, tanto de los buques cazaballeneros como de las factorías terrestres.

La página web de la institución ofrece detalles sobre las exposiciones temporales y las actividades educativas, que cuentan incluso con un programa telemático para que los escolares puedan visitar el Museo sin moverse del aula.

El bocado más apetitoso para el cachalote

Ejemplar de *Architeuthis dux* pescado en el Cantábrico.

La leyenda del kraken, el monstruoso cefalópodo que devoraba náufragos y cuya enormidad era tal que con su mera natación producía remolinos capaces de hundir barcos, se acuñó en la mitología escandinava del medievo. Durante siglos, la leyenda se transmitió de generación en generación y se extendió geográficamente. La ominosa reputación de la bestia creció de tal manera que a principios del siglo xix un naturalista francés le atribuyó el hundimiento de un velero frente a las costas de Angola y de diez buques británicos frente a Terranova. Hasta el ilustre poeta británico Alfred Tennyson, impresionado por la crueldad de aquel ser abominable, le dedicó un soneto en 1830, y Jules Verne le concedió protagonismo en sus *Veinte mil leguas de viaje submarino*. No obstante, ya a mediados del siglo xix, y sobre todo en los albores del xx, los naturalistas aclararon su verdadera naturaleza, disipando las brumas que lo convertían en un ser aborrecible. Hoy sabemos que los calamares gigantes pertenecen a varias especies de los géneros *Architeuthis* y *Mesonychoteuthis*. A pesar de que sus dimensiones son ciertamente enormes, pues se han examinado ejemplares de hasta 14 metros de longitud y media tonelada de peso —y se cree que podrían existir ejemplares de tamaño incluso aún mayor—, estos animales habitan las fosas abisales de los océanos, por lo que no interaccionan con el hombre; es decir, que las historias sobre agresiones eran tan solo meras leyendas.

Sin embargo, el cachalote sí es capaz de bucear hasta las profundidades abisales y, de hecho, su dieta se basa en gran medida en estos animales. Así, en el estómago de un cachalote pueden contarse por millares los picos de los cefalópodos que el cetáceo ha ingerido. No todos ellos son de gran tamaño, ni mucho menos: el tamaño medio de los calamares que los cachalotes ingieren es de aproximadamente un metro de longitud, y los de mayor tamaño son poco frecuentes. Aun así, no es raro que en las zonas cercanas a la boca de estos cetáceos puedan verse las marcas circulares que las ventosas de sus presas de mayor tamaño les dejan en la piel durante su lucha final.

Los calamares gigantes son particularmente abundantes en las aguas profundas del talud continental, y ello explica la frecuente presencia de los cachalotes a lo largo de la costa del Cantábrico y a la distancia de costa que coincide con la caída del talud. Este es el motivo precisamente por el que la factoría de Morás, situada en este tramo de costa, procesó en proporción más cachalotes a lo largo de sus años de actividad que sus competidoras del frente atlántico, las factorías de Caneliñas y de Cangas do Morrazo, que se especializaron algo más en la captura de rorcuales.

Qué más ver

- A una treintena de kilómetros de Ferrol se halla el protegido puerto de Cedeira. Aunque algunos sostienen que la raíz de su nombre proviene del término «cetáceo», no hay evidencias de que allí haya existido una pesca activa de ballenas. Eso sí, la villa cuenta con el Museo Mares de Cedeira, un espacio expositivo dedicado a la historia marinera del pueblo y que acoge maquetas de embarcaciones, aparejos y artes de pesca, instrumentos de navegación, una abundante colección de conchas y otros organismos marinos, así como diversos huesos de ballena. En la exposición puede verse también un arpón ballenero de los usados en la década de 1970 por los buques de la compañía IBSA.

- Además, en sus proximidades se halla la capilla de San Andrés de Teixido, un importante destino de peregrinos. En los caminos que conducen al santuario se conservan numerosos humilladeros o *milladoiros*, túmulos formados por piedras que a lo largo de los siglos los peregrinos han ido dejando a modo de ofrenda penitente. Hasta hace unos años, la capilla preservaba, junto con otros exvotos marineros, el exvoto de un barco ballenero del que pendía una ballena de plata, hoy oportunamente conservado en el Museo Massó de Bueu (véase la página 62). Su origen es desconocido, pero se cree que proviene de un ballenero francés del siglo xix que pasó apuros al navegar las aguas próximas.

Cabo Prior, Priorio

Período de actividad ballenera
Siglo XIII

Cita más antigua de actividad ballenera
1288

GALICIA

La fachada litoral abierta al océano que se extiende a ambos lados del cabo Prior, antiguamente conocida como la zona del Priorio, es el lugar de donde se conocen los documentos más antiguos que en Galicia mencionan la pesca de la ballena.

HISTORIA BALLENERA

Las primeras noticias sobre el enclave ballenero de Priorio se encuentran en un documento de 1288 en el que el rey Sancho IV de Castilla, hijo de Alfonso X el Sabio, reclama para el monasterio cisterciense de Santa María de Sobrado el diezmo de la «ballenización» de este puerto, que al parecer hacía años que no se pagaba. Existen otros escritos similares fechados solo tres años después que mencionan los enclaves de Bares y San Cibrao, lo que hace pensar que las armadas vascas podrían estar trabajando en todos estos puntos del litoral de una manera simultánea; y asimismo, dada la importancia que cobraron posteriormente estas dos últimas localidades, sumado al hecho de que los vascos extendieron su actividad a lo largo de la costa de oriente a occidente, sugiere que el uso de los puertos de Bares y San Cibrao pudo haber sido anterior al de Priorio. Sin embargo, otros documentos apuntan a la antecedencia de Priorio, como por ejemplo un acuerdo entre el abad del monasterio y el infante Alfonso que, aunque de fecha incierta, algunos investigadores consideran anterior a 1230 o, incluso, a 1217.

No obstante, a pesar de las numerosas citas sobre Priorio, se desconoce la localización exacta del lugar. Se sabe que había sido fundado en 1158 por el convento de Sobrado y, aunque algunos documentos hablan del «puerto» de Priorio, el término debía de referirse a un refugio natural, sin edificaciones o protecciones hechas por el hombre, al menos que hayan llegado hasta nuestros días. Los historiadores lo sitúan al suroeste del cabo Prior, donde existen algunas caletas y dos grandes playas, la de Doniños y la de San Rafael, que quedan al abrigo de las inclemencias de los violentos vientos del primer cuadrante que predominan en la región. Sin duda, esta protección, que hacía estas playas adecuadas para el varamiento y el procesado de las ballenas en la arena, fue la razón por la que las armadas vascas establecerían allí sus campamentos estacionales. Pero a largo plazo estas cualidades no resultaron suficientes y, aunque Priorio fue el escenario de una intensa actividad ballenera durante el siglo XIII, posteriormente esta zona se abandonó en beneficio de otros puertos mejor protegidos y comunicados, como los de Caión, Malpica o Nois.

QUÉ VEREMOS

Dadas la antigüedad de las referencias de Priorio y la inexistencia de construcciones que hayan pervivido hasta nuestros días, no parece que exista ningún rastro tangible de la actividad ballenera. Sin embargo, el tramo de costa y los arenales en los que debieron de desarrollarse la pesca y el procesado de los cetáceos, son de gran belleza y merecen ciertamente una visita. El observatorio de Monte Ventoso, situado en la cúspide del promontorio de 450 metros de altitud que se halla al sur del cabo es un mirador privilegiado de este tramo de costa al que puede accederse fácilmente por una carretera asfaltada.

Vista desde el observatorio de Monte Ventoso. En primer plano, la playa de Doniños y, al fondo, el cabo Prior.

Bares

Período de actividad ballenera

Siglos XIII-XVIII

Cita más antigua de actividad ballenera

1291

GALICIA

El pequeño pero antiquísimo espigón que protege el fondeadero de Bares hizo que este fuera uno de los primeros puertos gallegos empleados por los balleneros vascos en su expansión hacia Fisterra.

Esta pequeña parroquia, de unos 100 habitantes, está situada al abrigo del cabo Estaca de Bares. No solo es la población más septentrional de España, sino que también marca la frontera entre el mar Cantábrico y el océano Atlántico. A unos 3 kilómetros de distancia frente a su puerto se halla el islote de Coelleira, cuya etimología gallega reflejaría la abundancia de conejos que en algún momento hubo en él. En la Edad Media albergó un monasterio de monjes benedictinos que acabó desapareciendo por efecto de las incursiones normandas.

Panorámica del pueblo de Bares.

HISTORIA BALLENERA

Bares (Santa María de Bares), junto con San Cibrao, fueron probablemente los primeros puertos de Galicia en ser empleados para la pesca de la ballena. Al hablar de «puertos» en aquella época nos referimos casi siempre a fondeaderos naturales. Sin embargo, Bares, con su espigón de origen remoto, era el único enclave que en la época disponía de una construcción portuaria de importancia y ello resultaba estratégico para una pesca que a menudo debía realizarse en aguas abiertas.

El descubrimiento de América, en 1492, y de las pesquerías de Terranova, posteriormente, propició el tráfico de barcos y personas en la zona, y con él llegaron los armadores balleneros vascos. Su condición pionera les permitió explotar este puerto sin competencia alguna, pero, como sucedió en otros lugares, su ir y venir no estuvo exento de roces con los hombres de mar y las autoridades locales. Así, el Cabildo de Mondoñedo, bajo cuya tutela se hallaba Bares, interpuso frecuentes reclamaciones contra los «vizcaínos» que acechaban las ballenas desde la isla de Coelleira y, con sus atalayas y los malos cuidados que hacían del entorno, destrozaban los cultivos del lugar. En 1547, el juez del Fuero de la catedral de Mondoñedo sancionó que los extranjeros que se establecían temporalmente en el puerto de

Bares, Juan Miguel de Olaso, de Zarautz, y Baltasar de Lirchundi, de Donostia, estaban obligados, aunque no quisieran hacerlo, a pagar la tercera parte del diezmo de ballenas, saín y pescado al obispo y a la mesa capitular.

Pueblo de Bares.

Curiosamente, en Bares la forma de pago de los diezmos difería de otros lugares, pues aquí se abonaban siempre con dinero y no en especie, como era la costumbre en otros puertos, en los que se satisfacían con «colas» y «aletas» de los ejemplares capturados. No solo eso, sino que además los mareantes vascos pagaban inicialmente estos diezmos de forma variable pero, a partir de la costera de 1554, se estableció una tasa fija de 2 ducados (22 reales) por cada ballena, lo que no parece que resultara un mal negocio para el Cabildo, puesto que en Bares se pescaban ocho o nueve ballenas cada año.

A nivel organizativo, Bares tenía algunas carencias, ya que el concejo quedaba al margen de la actividad y la pesca ballenera dependía en su práctica totalidad de las cuadrillas de balleneros vascos y de armadores de otros puertos gallegos. Debido a estas insuficiencias, el desarrollo del puerto y su actividad ballenera se estancaron durante los años veinte del siglo XVII. Prueba de ello es una información de 1626 del corregidor de Viveiro donde explica el mal estado del puerto debido a una incursión pirata en 1624 y la falta de rehabilitación subsiguiente. Sin embargo, a pesar de las deficiencias o de los asaltos piratas, los vascos no abandonaron Bares y allí continuaron pescando los siguientes treinta años mediante sucesivos arrendamientos del puerto.

Fue en 1658 cuando se produjo un giro importante. La armada del vasco Miguel de Aruga, que tenía previsto realizar la costera en Bares, inesperadamente no acudió y los vecinos del puerto, financiados entonces por Gaspar Sánchez de Moscoso, organizaron la temporada por su cuenta. Ello dio lugar a la creación de una armada local, que intentó igualarse a la de San Cibrao, si bien siempre fue precaria debido a lo reducido del puerto y la insuficiente capacidad que tenía la villa para aportar hombres y chalupas.

QUÉ VEREMOS

Gracias a que su playa se halla bien protegida, los restos de las ballenas que allí se procesaron han permanecido durante siglos enterrados en la arena. En el año 2014, los biólogos de la Coordinadora para O Estudo dos Mamíferos Marinos de Galicia (CEMMA) sacaron a la luz quince huesos de ballenas, entre ellos una mandíbula de más de 4 metros de longitud y 200 kilos de peso que un temporal había hecho aflorar del fondo. Posteriormente se han ido hallando costillas y otros restos óseos, todos ellos testimonio del pasado ballenero de la bahía. A un lado de la entrada del restaurante A Muller Mariña, situado en el puerto, se exhibe una de estas piezas, una costilla de ballena recuperada del fondo de la ensenada.

Aparte del encanto de las estrechas calles que se empinan siguiendo la ladera de la montaña, el principal atractivo de la localidad de Bares es el puerto, el más antiguo de Galicia, que está protegido por un espigón conocido como Coído de Bares, que fue originalmente construido por los fenicios o los romanos mucho antes de Cristo. También merece una visita el cabo de Estaca de Bares y su Estación Ornitológica, que se halla situada en la ruta migratoria de varias especies de aves. Cada año se desplazan hasta el lugar numerosos aficionados a la ornitología ávidos de observar el paso estacional de cientos de miles de ejemplares de alcatraces, charranes, frailecillos o pardelas.

Costilla de ballena en el restaurante A Muller Mariña, de Bares.

Viveiro, Portocelo, Morás

Período de actividad ballenera

Siglo XVII y 1965-1975

Cita más antigua de actividad ballenera

1611

GALICIA

Este segmento de costa se vio involucrado en diversos momentos de la historia en la pesca ballenera. En el siglo XVII fue lugar de abastecimiento y punto de partida de expediciones balleneras y, modernamente, en el siglo XX albergó una de las factorías balleneras del grupo Massó Hermanos SA, posteriormente absorbido por IBSA.

Estas tres localidades, muy próximas unas de otras, han compartido un pasado ballenero largo y heterogéneo. Viveiro, situada al abrigo de una profunda ría, cuenta actualmente con unos 15.000 habitantes y es la capital de la comarca de la Mariña Occidental. No se conoce que a su puerto llegaran ballenas para el despiece, pero su capitalidad administrativa hizo que fuera un lugar de resolución de litigios, así como el origen de la financiación de armadas balleneras de puertos vecinos. Portocelo (San Tirso de Portocelo) y Morás, por el contrario, son dos minúsculas aldeas cuya inmediatez al mar abierto las convirtió históricamente en lugares desde donde partían armadas y adonde estas acudían para procesar sus capturas. Además, en Morás se situó en la segunda mitad del siglo XX una moderna factoría ballenera. Ambas localidades se hallan hoy en el perímetro del gigantesco complejo de Alcoa, una de las instalaciones industriales más importantes de la costa gallega.

HISTORIA BALLENERA

La primera referencia documentada a Portocelo y Morás proviene del año 1611, cuando un puñado de pescadores que había finalizado la costera veraniega de sardinas, congrios y otros pescados se trasladaron hasta allí para iniciar la temporada invernal de la pesca de la ballena.

La factoría ballenera de Morás, que perteneció a Massó Hermanos SA e IBSA, en 1974.

A partir de aquel año, y a lo largo de todo el siglo XVII, se suceden las referencias que demuestran una actividad ballenera en ambas localidades. Debido a la proximidad entre ellas, muchas de las concesiones se otorgaban de manera conjunta para ambos puertos y el tráfico de embarcaciones o de ballenas capturadas entre ellos fue habitual. Por otra parte, la reducida población y la escasez de recursos económicos de estos puertos hicieron que su explotación dependiera generalmente de iniciativas foráneas, ya fueran vascas o de otras localidades gallegas. Así, en la pesca participaban de

manera habitual capitanes y arponeros de enclaves cercanos, como San Cibrao, o Burela, e incluso del relativamente lejano puerto de Nois. Por ejemplo, cuando en 1643 Alonso Pérez Sanjurjo, vecino de Portocelo, decidió ejercer de armador, se vio obligado a hacerlo con Fernando Sanjurjo Montenegro, vecino de Viveiro. Pero los liderazgos locales fueron solo esporádicos y, finalmente, cediendo a las presiones de los pescadores del vecino puerto de San Cibrao y del deán de Mondoñedo, los lugareños renunciaron a llevar la iniciativa y traspasaron al deán los derechos de explotación de sus puertos.

A partir del siglo XVIII la actividad en la zona aparentemente se desvaneció, pero resucitó en los años setenta del pasado siglo cuando Gaspar Massó, entonces director de la empresa familiar Massó Hermanos SA, que operaba la factoría de procesado de cetáceos de Balea, en Cangas do Morrazo (véase la página 143), decidió edificar una segunda factoría. Aquella iniciativa era en realidad el resultado de un conflicto empresarial. Desde hacía décadas, Massó anhelaba meterse de lleno en el negocio ballenero. Sin embargo, se había encontrado con que una compañía competidora,

Industria Ballenera SA (IBSA), se había adelantado y había obtenido del Gobierno una concesión para pescar cetáceos desde la frontera con Portugal hasta el cabo Estaca de Bares. Después de arduas negociaciones basadas en el hecho de que la concesión se limitaba a la pesca, y no al procesado de los ejemplares capturados, Massó consiguió arrancar a IBSA un convenio que le permitía procesar en una factoría que edificaba en Balea una parte de las capturas que IBSA realizara. No obstante, Massó no logró que el acuerdo incluyera la propia pesca de los animales, que permanecía como monopolio de su competidora. Aquella limitación mermaba las potenciales ganancias y situaba a Massó Hermanos SA en una posición subordinada. Harto de aquella situación, Gaspar Massó envió a tres hombres de su confianza a buscar un enclave idóneo para levantar una factoría al este de Estaca de Bares, es decir, fuera de la concesión de IBSA, de modo que pudiera trabajar con barcos propios. La elección recayó en el *portiño* de Morás.

A aquellas alturas, Massó contaba ya con casi una década de experiencia en la explotación de la factoría de Balea y en la comercialización de los productos, lo que le permitía operar de un modo independiente. Para equipar la factoría de Morás, adquirió a bajo precio la maquinaria de la factoría de Getares, situada en el estrecho de Gibraltar, que acababa de cerrar. También se hizo con sus dos cazaballeneros, que fueron rebautizados como *Carrumeiro* y *Cabo Morás*. La nueva factoría consistía en un gran bastimento compacto de 4.565 m² que estaba interiormente subdividido en una serie de naves adosadas que albergaban la plaza de despiece —que en este caso fue cubierta para proteger del clima lluvioso de la zona—, las naves que contenían la maquinaria de extracción de aceite, las mesas de cortar carne, una cámara frigorífica, un molino de producción de harinas, almacenes para los bidones de aceite, los huesos y las harinas, así como las dependencias de servicios y las oficinas. Al exterior de la factoría se adosaron dos enormes depósitos de chapa de hierro que tenían una capacidad de más de 200.000 litros cada uno. Aunque las dimensiones de la factoría eran relativamente modestas, con sus catorce autoclaves de grandes dimensiones y dos Hartmans tenía una elevada capacidad de procesamiento de cetáceos y, en los momentos de mayor actividad, llegó a emplear a más de una cincuentena de operarios.

Aun sin estar completamente terminada y faltándole parte de la maquinaria, la planta comenzó a operar el 13 de agosto de 1965 procesando dos cachalotes, uno de 9,2 metros de longitud y otro de 14,5. Pero la inauguración oficial no se hizo hasta una semana más tarde, cuando el entonces todopoderoso ministro don Manuel Fraga Iribarne se embarcó en el *Cabo Morás* para participar en lo que él consideraba la caza más extrema. Según recogen las crónicas, llegó a disparar —sin éxito— un arponazo a un cachalote.

El emplazamiento de Morás no era tan ventajoso como el de las otras dos factorías balleneras situadas en el frente atlántico, que se hallaban mucho más próximas a las aguas donde se concentraban las ballenas. Sin embargo, se situaba junto al talud continental cantábrico, en el que proliferaban los cachalotes. Ello hizo que la captura se decantara algo más hacia esta última especie que hacia la ballena, lo que a la larga provocó que los resultados económicos de la planta no fueran tan buenos como los de sus competidoras, pues los productos del cachalote eran en su conjunto de inferior calidad. Sin embargo, la factoría de Morás aprovechó aquella lejanía y, además de captar a operarios locales en una zona en la que el trabajo no abundaba, estableció una eficaz red de distribución de su producción de carne en fresco a las comarcas

Etiqueta de las bolsas con las que se embalaba la carne de ballena de la factoría de Morás.

Despiece de un rorcual común en la factoría de Morás. Fotografía cedida por el Museo Provincial do Mar de San Cibrao.

vecinas, llegando a Orense y Asturias, lugares que quedaban demasiados alejados de Caneliñas y Balea. El aceite, en cambio, lo vendía conjuntamente con el de Balea a los principales mercados de la península. Todo ello hizo que la planta ballenera fuera un revulsivo económico para la zona.

En 1971, IBSA y la sección ballenera de Massó Hermanos SA se fusionaron, y de esta manera se redujo la competencia entre ambas compañías, al unificarse sus mercados y redes de distribución. No obstante, poco después, la Empresa Nacional del Aluminio (ENDASA) y Unión Fenosa eligieron el enclave para construir allí un complejo industrial para la producción de aluminio, que hoy constituye el complejo de Alcoa. La legislación de salud pública no permitía compaginar ambas actividades, por lo que Morás se vio obligada a cerrar, eso sí, recibiendo una indemnización del 300% del coste original de construcción de la factoría. Los empleados pasaron en su mayor parte a formar parte de la fábrica de aluminio. La campaña ballenera de 1977 fue la última operación de Morás y, cuando terminó, su maquinaria y equipos de despiece fueron trasladados a las factorías de Balea y Caneliñas. A lo largo de sus trece años de existencia, la factoría procesó 523 ballenas y 1.656 cachalotes. El libro *Chimán, la pesca ballenera moderna en la península ibérica* describe con detalle la historia de esta factoría.

QUÉ VEREMOS

A pesar de su larga historia ballenera, en estas localidades ha quedado un registro muy limitado de la actividad. En Viveiro, aparte de documentos que se conservan en los archivos municipales, la pesca antigua casi no ha dejado rastro. En la localidad hay dos atalayas.

Una de ellas está en la parte alta del puerto de Celeiro (Cillero) y a su alrededor hay varias calles con toponimia asociada (rúa de la Atalaya, estrada de la Atalaya) pero, por hallarse situada a poca altitud y mirar hacia el interior de la ría y el puerto, esta atalaya no debió de

servir para el avistamiento de cetáceos. La otra atalaya está ubicada en el lado oriental de la boca de la ría, cerca del lugar conocido como *miradoiro* del Faro y, esa sí, con su mayor elevación y orientación a mar abierto, probablemente fuera empleada como apostadero de observación de cetáceos, así como de embarcaciones.

Portocelo es un pequeño puerto escondido al final de la ensenada que lleva el mismo nombre, formando un cuello de botella que desemboca en una playa protegida del oleaje. Su nomenclatura procede del latín *portus celo* ('puerto oculto'). Cuenta con un muelle de unos 40 metros que da resguardo a barcas de pequeño calado. Hoy es un lugar conocido por sus bonitos senderos y sus aisladas playas, ideales para la práctica de la pesca deportiva, pero no se conoce elemento alguno que nos retrotraiga al papel ballenero que jugó la localidad en el siglo XVII.

Hasta hace pocos años, en el *portiño* de Morás se levantaba la factoría ballenera originalmente edificada por Massó, pero de ella hoy solo quedan la rampa de izado de ballenas y unos paneles explicativos.

La iglesia de San Clemente de Morás marca el centro de la pequeña aldea, situada hacia el interior de su *portiño*.

La rampa de izado de cetáceos es el único testimonio original de la factoría ballenera de Morás.

Uno de los paneles explicativos que documentan el Parque Etnográfico del *portiño* de Morás.

Lo mismo sucede con la minúscula aldea de Morás, una parroquia situada a 1 kilómetro escaso del mar y de la que depende el *portiño*, un modesto refugio de embarcaciones.

El pasado ballenero más reciente sí ha dejado algún rastro, aunque lamentablemente mucho menor del que podría haber sido. Al cerrar la factoría ballenera moderna de Morás, en 1971, sus equipos de procesado fueron trasladados por IBSA a las dos factorías que permanecían entonces activas. Las principales infraestructuras y el bastimento central permanecieron intactos, pero, perdiendo la oportunidad de preservar un patrimonio que aún se hallaba en perfectas condiciones, en el año 2015 la totalidad de las edificaciones fueron derribadas, y se respetó tan solo la rampa de izado de ballenas. La parcela que ocupaban las instalaciones fue transformada en un descampado que pasó a formar parte de un parque etnográfico testigo de la actividad que allí se realizó. El espacio está parcialmente ajardinado y a lo largo de su reco-rrido se han dispuesto paneles informativos con abundantes fotografías y textos en los que se relata la historia del lugar, la arquitectura y el funcionamiento de la factoría ballenera, los productos que se extraían de los cetáceos y el impacto económico y social que la actividad tuvo en la zona. Por otra parte, en el cercano Museo Provincial do Mar de San Cibrao (véase la página 218) se preservan fotografías, arpones, cuchillas y otros utensilios procedentes de la factoría.

San Cibrao, Museo Provincial do Mar

Período de actividad ballenera

Siglos XIII-XVIII

Cita más antigua de actividad ballenera

1291

San Cibrao fue una importante base ballenera medieval, y de sus playas se han recuperado abundantes huesos de ballenas francas que fueron procesadas en aquella época.

Este puerto, ubicado en la franja costera de la provincia de Lugo y equidistante entre Morás y Burela, está en una península abierta al mar Cantábrico que se formó por la acumulación de arena entre una isla, hoy llamada Puerto de Arriba, y el extremo del continente, conocido como Puerto de Abajo o Figueras. Con sus 2.000 habitantes, San Cibrao está rodeado por playas de arena y esconde un pequeño barrio de estrechas callejuelas con una antiquísima capilla, cuyo origen algunos sitúan entre los siglos VIII y IX.

Playa de Cubelas, San Cibrao.

HISTORIA BALLENERA

Con las primeras noticias documentadas sobre actividad ballenera en el año 1291, el puerto de San Cibrao, el de Bares y las playas de Priorio son considerados los primeros lugares con actividad ballenera de Galicia.

Durante los primeros años de actividad, los mareantes vascos y franceses monopolizaron la pesca ballenera en la región y las autoridades locales se limitaron a cobrar sus impuestos de «ballenización». Esta situación no estuvo exenta de roces y litigios, en buena medida agravados por la falta de definición acerca de quién tenía derecho a realizar la explotación y a recaudar los diezmos. Un buen ejemplo es el proceso incoado en 1527 a petición de los vecinos de San Cibrao en contra de una expedición vasca que llegó al lugar a bordo de un buque denominado *San Nicolás*, a cuyo mando se hallaba Juan de Chabes. La documentación del proceso, que se conserva en el Archivo Municipal de Viveiro, detalla que a los balleneros, identificados como franceses, se les acusaba de realizar hurtos y otros delitos y de perjudicar a los vecinos, además de no satisfacer los obligados diezmos al obispado de Mondoñedo. Estas acusaciones fueron rebatidas por el procurador que los defendía, que alegó que no eran franceses, sino vizcainos y, como tales, vasallos del rey; explicó

también que el puerto de San Cibrao era un término municipal que dependía de Viveiro por privilegios reales, y por este motivo los balleneros tenían permiso para pescar allí y para satisfacer los derechos de anclaje y otros impuestos en Viveiro; y asimismo expuso que, si alguien había pagado anteriormente al obispado, había sido a la fuerza y en contra de su voluntad, pues este último no tenía derecho a cobrar esos diezmos. Al mismo tiempo, el pleito se complicaba con un contencioso interpuesto por los oidores del reino contra el obispo. Y todo ello se entremezcló con la petición por parte de los balleneros de una indemnización por lo que ellos dejarían de ganar si no podían pescar, y que se cifraba en 2.000 ducados, una pequeña fortuna en esa época. Por otro lado, es probable que el pleito fuera un pretexto más para hacer valer los derechos de Viveiro y sirviera para azuzar la rivalidad que por entonces existía entre esta villa y el obispado de Mondoñedo.

Este tipo de pleitos, y seguramente también la dimensión de los beneficios aireados, promovieron que San Cibrao fuera uno de los puertos de Galicia donde los pescadores locales se hicieran más rápidamente con el control de las operaciones balleneras. Inicialmente lo consiguieron participando en armadas de puertos

vecinos, como el de Caión, pero pronto crearon sus propias compañías. Así, se sabe de la existencia de lanchas y armazones que, ya hacia 1570, eran propiedad de armadores locales, como del lugareño Fernando Ares de Saavedra.

En el plano organizativo, el puerto de San Cibrao no dependía del concejo, ya que este se mantenía al margen de la gestión de la pesca, sino que se hallaba sometido a las cuadrillas de balleneros vascos o armadores de otros puertos situados en los alrededores, como el de Burela. Debido a esto, y para intentar suplir sus propias carencias, los pescadores de San Cibrao se unían en ocasiones a los de Bares para poder llevar a cabo las costeras balleneras. De un modo muy similar a lo que acontecía en Malpica con los miembros del concejo, en San Cibrao esta actividad se gestionó a través de representantes previamente elegidos por el resto de los vecinos. Estos decidían sobre la elección del atalayero, la sustitución de trabajadores poco hábiles, el reparto de los beneficios e incluso qué lanchas y pescadores realizarían la costera fuera de San Cibrao en caso de establecer alguna «concordia de ballenas» con otro puerto. No solo eso, sino que además estos representantes cobraban en nombre del resto de los vecinos el arrendamiento a los armadores locales y a los extranjeros, y con lo recaudado financiaban las armadas balleneras locales.

A pesar de su aparente independencia y autogestión, y de los abundantes litigios —que en

unas ocasiones decidían en una dirección, y en otras, en la opuesta—, este sistema económico no logró escapar finalmente del control de la Iglesia. Así, el deán de la catedral de Mondoñedo, Diego de Saavedra Osorio, no solo fue finalmente beneficiario de los pertinentes diezmos, sino que además devino uno de los más importantes armadores que operaron desde San Cibrao. A título propio actuó como armador y financió numerosas costeras entre 1628 y 1645. Sin embargo, no se independizó por completo de las compañías balleneras vascas. Por ejemplo, la sociedad creada en 1641 entre diversos marineros de San Cibrao y el deán de Mondoñedo contaba con cuatro lanchas, tres de las cuales contaban con tripulaciones gallegas, y una, con tripulación vizcaína.

Al igual que el resto de los puertos gallegos, la actividad comenzó a decaer en el siglo XVII. Las cuentas de la iglesia local de Santa María de Lieiro dejan entonces de mostrar las entradas de las donaciones de aletas y otros impuestos procedentes de la pesca ballenera, y a partir de 1720 los armazones balleneros se consideran ya por completo desaparecidos de la localidad.

QUÉ VEREMOS

La playa de Cubelas, situada a resguardo de la península de San Cibrao, mira hacia el sureste y se halla por ello protegida de los vientos predominantes. Fue por este motivo el lugar preferente para descuartizar las ballenas y extraer el saín. De los fondos de la pequeña ensenada que forma la playa se han recuperado diversos huesos de las ballenas que allí se trabajaron. Entre ellos destaca una enorme mandíbula que se estima que es de hace quinientos años y que habría pertenecido a una ballena franca, según lo determinó la CEMMA mediante el análisis de su código genético. Esta mandíbula se halla depositada en exposición permanente en el Museo Provincial do Mar de la localidad.

El Museo Provincial do Mar es sin duda el punto de mayor interés ballenero. Fue creado en 1969 a partir del legado de Francisco Rivera

Museo Provincial do Mar, San Cibrao.

El Museo Provincial do Mar alberga restos del pasado ballenero de la localidad, en particular de la época de pesca moderna en la que operó la vecina factoría de Morás.

Casás, maestro de la escuela del municipio durante casi cinco décadas. Rivera fue un estudioso de la marina local y dedicó su vida a buscar y preservar una larga colección de objetos y utensilios náuticos. El edificio del Museo, esbelto pero majestuoso, fue construido en el año 1931 y durante décadas albergó la escuela municipal. Hoy, transformado en un espacio expositivo y centro de docu-

mentación local, se halla rodeado de anclas, viejos cañones y enormes hélices de barco. Inicialmente fue gestionado por una asociación privada, pero a partir de 2004 la Diputación Provincial de Lugo se hizo cargo de él.

El Museo aborda de modo general la historia marinera de la costa lucense, y para ello cuenta con salas equipadas con maquetas de na-

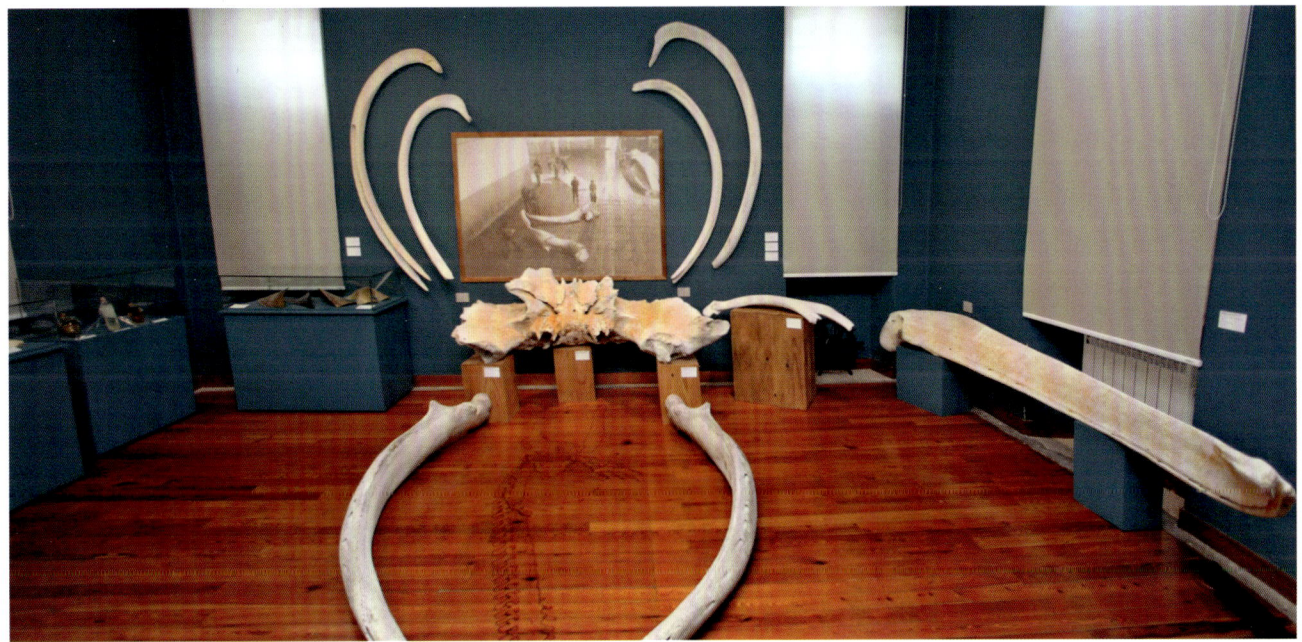

Sala principal de la pesca ballenera del Museo de San Cibrao, presidida por varias costillas, una parte del cráneo y dos mandíbulas de rorcual común, que nos permiten hacernos una idea de la enormidad de la boca de uno de estos animales. A un lado de la sala puede contemplarse la mandíbula de ballena franca de más de quinientos años de antigüedad que fue rescatada del fondo de la playa de Cubelas.

En la sala principal dedicada a la pesca ballenera pueden contemplarse: arpones lanzados a mano y sangraderas, que se emplearon para dar muerte a las ballenas desde las pequeñas chalupas hasta el siglo XVIII; las cuchillas de gran tamaño que se usaban en la factoría de Morás para el descuartizamiento de los cetáceos; delfineras o arpones utilizados para cazar pequeños cetáceos, como delfines o calderones; y agujas de inyección de aire usados para insuflar aire en el vientre de los ejemplares capturados y, así, aumentar su flotabilidad. Asimismo, en las vitrinas adyacentes podemos ver otros arpones e instrumentos empleados en la caza de cetáceos y cuchillas de mano para el despiece, así como diversos huesos procedentes de las factorías.

ves, artes de pesca hoy desaparecidas, abundantes instrumentos de navegación y plafones explicativos que rememoran la relación y dependencia de aquel tramo de costa con el mar. Existen en él secciones dedicadas a la mecánica naval, la fauna y flora marinas y la navegación, pero sin duda la parte que más nos interesará es la dedicada a la historia ballenera. Así, podremos observar diversos huesos recuperados entre la arena del puerto de San Cibrao y de las vecinas playas, numerosos utensilios balleneros, entre ellos arpones y sangraderas tradicionales, así como la maqueta de una lancha ballenera de los tiempos en los que a estos cetáceos se les daba caza con arpones de mano.

Además, el Museo ha sido el depositario de material procedente de la moderna factoría ballenera de Massó Hermanos SA, que entre 1965 y 1975 estuvo operativa en la vecina ensenada de Morás (véase la página 212). Ocupando un lugar preeminente en la sala principal dedicada a la pesca ballenera, se hallan las mandíbulas, una parte del cráneo y varias costillas de un rorcual común procedentes de la factoría, y en las vitrinas podremos contemplar dientes de cachalote de diversos tamaños oídos —huesos o bullas timpánicas—. También veremos barbas de las dos principales especies de balenoptéridos que se capturaron en el siglo xx: unas de color amarillo o con vetas grises y amarillas, que corresponden a distintas posiciones de la boca del rorcual común, y otras de un color negro uniforme, proce-

Arpón de gran tamaño de los que se usaban en la pesca ballenera moderna en la segunda mitad del siglo xx. Este arpón, de casi 2 metros de longitud y 75 kilos de peso, tiene cuatro uñas articuladas para asegurar la retención de la pieza capturada, y está equipado en su cabeza con una granada que se cargaba con trilita y un detonador que la hacía explotar en el interior del cuerpo de la ballena, precipitando así su muerte.

Los principales aceites que se obtenían del mar: el de ballena (rorcual común), el de espermaceti de cachalote y el de tiburón peregrino.

Sala de la historia de la navegación.

dentes de una ballena azul. En las paredes y vitrinas se muestran fotografías de la época en que la factoría ballenera de Morás estuvo operativa. En ellas veremos cómo se izaban los cachalotes y las ballenas por la rampa que los conducía al interior de la factoría, así como el proceso de despiece y el procesado de la carne y la grasa. También podremos contemplar fotos de los cazaballeneros de Masó Hermanos SA y de IBSA que prestaban servicio a dicha factoría, el *Cabo Morás* y el *Carru-*

meiro, y otros objetos procedentes de aquella industria, como los aros salvavidas del *Cabo Morás*.

En la península que cierra el puerto, el promontorio o punta donde se halla el faro recibe el nombre de Atalaya, pues desde aquel lugar era desde donde los vigías apostados durante la temporada de pesca avistaban las ballenas. Su moderno mirador con estructura metálica permite observar una amplia vista del

océano y la costa y, en particular, del formidable complejo industrial de Alcoa, que se encuentra a pocos kilómetros al oeste del pueblo. Centrada en la producción de aluminio y derivados, consta de dos factorías: una para el refinado de la alúmina y otra para la producción de aluminio primario. La empresa tiene más de un millar de empleados y hoy se halla en situación comprometida, pues su cierre podría ocasionar un grave perjuicio al tejido económico local, que cuenta con limitadas

Faro de punta Atalaya, en San Cibrao. Como refleja su nombre, está situado en la cumbre del monte en el que antiguamente se levantaban los avistaderos desde donde se alertaba al pueblo de la aparición de ballenas. El edificio principal y su torre con faro anexa, de granito gris, fueron construidos en 1864 para dar seguridad a la navegación del puerto, entonces particularmente concurrido por el incremento de la actividad de la vecina fábrica de loza de Sargadelos, que empleaba San Cibrao como punto de salida de sus productos. El faro de mayor tamaño, más moderno y pintado de blanco con una franja horizontal negra, fue construido delante del antiguo faro cuando la navegación en la zona se intensificó al entrar en funcionamiento la factoría de aluminio de Alcoa, cuyo puerto se halla situado a escasos kilómetros al este de San Cibrao. De 14 metros de altura y dotado de una potente lámpara, tiene un alcance mucho mayor que el faro primitivo.

alternativas laborales. Aunque en modo alguno puede decirse que sea un atractivo turístico, su contemplación merece la pena y, de cualquier modo, su alta chimenea resulta omnipresente desde el mismo pueblo.

En el antiguo barrio de pescadores de San Cibrao hay una pequeña y sencilla capilla, pero atravesando el río Corvo se halla la iglesia parroquial de Santa María de Lieiro, donde se depositaban los diezmos de la «ballenización». La iglesia alberga la Madre de Dios de Lieiro y, en el altar de las Ánimas, una imagen del Santo Cristo de talla inglesa que la tradición cuenta que fue recogida por unos pescadores que la hallaron flotando en el mar.

Además de su pasado ballenero, el pequeño puerto de San Cibrao ofrece otros atractivos. Merece la pena pasear por el barrio de pescadores y las playas situadas al este del puerto, que son excelentes y están muy protegidas, particularmente la de Cubelas. Aunque la localidad ha sufrido un cierto crecimiento industrial, en sus alrededores se siguen manteniendo algunas tradiciones marineras, como la fiesta de la Maruxaina, que se celebra el segundo sábado de agosto. La fiesta se origina en la leyenda de una sirena que habitaba en un castillo marino y que, según distintas tradiciones, salvaba o condenaba a marinos. La festividad rinde homenaje a los trabajadores del mar de la villa y gira en torno a una procesión que finaliza con una queimada popular.

Burela, Nois, Foz, Rinlo

Período de actividad ballenera

Siglos XVI-XVIII

Cita más antigua de actividad ballenera

1530 para Burela, 1607 para el resto

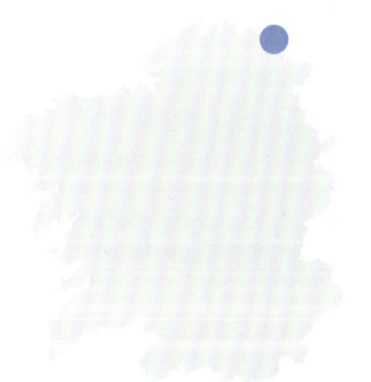

GALICIA

En este pequeño tramo de costa, el obispado de Mondoñedo dominó con mano férrea la pesca ballenera durante toda la época medieval y hasta bien entrado el siglo XVIII.

Nois (San Xiao de Nois), Rinlo (San Pedro de Rinlo) y Foz, con su Rego de Foz —el área que antiguamente se dedicaba a la actividad pesquera—, son actualmente pueblos fundamentalmente dedicados al turismo. Por el contrario, Burela ha devenido uno de los puertos pesqueros más importantes e industrializados del Cantábrico. Sin embargo, la economía en tiempos pasados fue distinta, y el motor de crecimiento de la zona fue el establecimiento, ya en el siglo IX, de la sede episcopal en San Martiño de Mondoñedo, la catedral más antigua que hoy se preserva en España. En el siglo XII el obispado se trasladó a la ciudad de Mondoñedo, donde permanece hasta hoy. Situadas en el tramo costero más oriental de Galicia, estas localidades se hallan todas ellas muy próximas entre sí, y ello explica que su pasado esté fuertemente entremezclado.

HISTORIA BALLENERA

Aunque es posible que la existencia de un puerto pesquero en Burela fuera anterior, las pruebas documentales más antiguas datan de 1527. A partir de entonces, y sobre todo entre 1540 y 1560, abundan los escritos que mencionan la llegada de balleneros guipuzcoanos, vizcaínos y vascofranceses para trabajar desde allí o desde localidades vecinas, principalmente desde San Cibrao. Sin embargo, en aquella época Burela no era un abrigo fiable y fueron numerosas las embarcaciones balleneras que en la misma rada sufrieron percances o naufragaron. El historiador José María de Azpiazu recoge el contenido de un documento que relata: «el puerto que llaman de Burela [...] no es puerto de mar sino costa de mar e muy fragoso, en el qual por ser como es fragoso nunca ha estado nao surta sino quando mucho un día o una noche, e aquello con mucho riesgo e ventura de la nao».

Basílica de San Martiño de Mondoñedo, en Foz.

En 1698, el inventario del puerto de Nois incluía 11 arpones de hierro, 9 grandes provistos de las arponeras correspondientes, más 2 medianos; 18 sangraderas, grandes y pequeñas; 3 estachas, de 112 brazas cada una; una estacha de 70 brazas; y 3 estachas de 9 brazas cada una.

Durante décadas, los vascos fueron allí los principales actores balleneros, y, al finalizar la costera, los productos extraídos se llevaban al País Vasco. Esto generó recelos y desembocó en reclamaciones y litigios por parte de los pescadores y las autoridades de Burela y otros puertos. Ejemplo de ello fueron las protestas del deán de Mondoñedo por los daños que las hogueras de los atalayeros vascos producían en sus montes y tierras de labor.

No obstante, ello no impidió que los mareantes locales fueran tentados por el negocio y colaboraran con los vascos, como sucedió en el invierno de 1581-1582, cuando Alonso Rodríguez, de Nois, y Domingo de Echabe, de Orio, se asociaron. De ahí que, a partir del siglo XVII, los pescadores gallegos fueran desplazando a los vascos, hasta que, en el año 1607, en Rego de Foz ya solo operaban ellos.

En 1609 sucedió algo que marcaría el futuro de la pesquería local: los armadores de Rego de Foz y de Nois, en una muestra inusual de cooperación entre villas vecinas, unieron sus armadas. La colaboración pronto se amplió a Burela, Rinlo y otros puertos cercanos, instaurándose así un sistema gobernado por compañías financiadas conjuntamente por varios armadores. Además de los beneficios que reportaba la actividad colectiva, cuando aparecía una ballena se permitía la disposición de un número mayor de chalupas para darle caza. Aquello sentó un precedente que se extendería por el litoral cantábrico contribuyendo a mitigar los pleitos entre villas vecinas que hasta entonces habían sido habituales. Por su parte, el crecimiento de la actividad despertó

el interés del capital, y el dinero de los patrimonios locales fluyó a la constitución de armadas y la adquisición de barricas, arpones y chalupas.

La caza de ballenas se mantuvo activa hasta bien entrado el siglo XVIII, momento en el que decayó por la pérdida del acceso a Terranova y el progresivo colapso de la población de ballena franca en las aguas cantábricas. Los registros de impuestos de «ballenización» en las iglesias y la cofradía de Burela muestran bien esta decadencia y su completa desaparición a partir de la década de 1680, si bien en un pleito de 1715 aún se menciona que en aquella fecha, en Foz, «era grande el concurso de gente que concurre a la matanza de ballenas».

Rinlo es uno de los pueblos de la Galicia cantábrica con más antigua tradición pesquera y ballenera.

QUÉ VEREMOS

A pesar de su larga historia ballenera, en estas localidades no ha pervivido rastro histórico de la actividad. Ello no obsta para que Foz, Nois y Rinlo cuenten con pequeños y pintorescos puertos y zonas históricas medievales, con las calles empedradas y edificios de gruesos muros, que nos ayudarán a hacernos una idea de cómo era allí la vida en las épocas de esplendor ballenero. Rinlo creó una de las cofradías de pescadores más antiguas de España, y en 1904 construyó una de las primeras cetarias naturales para criar marisco aprovechando una piscina natural formada entre las rocas. Burela, en cambio, durante el siglo XX creció muchísimo hasta convertirse en un municipio moderno y fuertemente industrializado.

A lo largo de este segmento del litoral, la fuerza del mar ha actuado durante milenios contra los acantilados, lo que ha resultado en una costa recortada y agreste, con excelentes playas. También hay restos arqueológicos que merecen una visita, como el castro de Fazouro (siglos I a III) o, en Burela, el hipocausto romano. Asimismo, vale la pena visitar la cercana basílica de San Martiño de Mondoñedo, que alberga el sarcófago de san Gonzalo y es uno de los conjuntos más representativos del medievo gallego.

La Iglesia toma las riendas del negocio

En estas localidades, probablemente por su vecindad con el obispado de Mondoñedo, la participación del clero en el negocio ballenero fue más allá del usual cobro de diezmos. Ya en 1633, el mismo deán del cabildo catedralicio de Mondoñedo, Diego de Saavedra y Osorio, se convirtió a título personal en armador. Su ascendencia le permitió reunir para la pesca de la ballena a una docena de chalupas y a más de un centenar de hombres de Burela y del cercano puerto de San Cibrao. Siguiendo su ejemplo, en 1647 el cura de Foz también se hizo armador ballenero y otro canónigo de Mondoñedo recorrió el mismo camino en 1648. Algo parecido sucedió con un clérigo de Nois y con el párroco de la vecina iglesia de Santo Estevo de Oirán. El sistema de compañías se probó efectivo para incrementar la eficacia en la pesca y para comercializar los productos, lo cual hacía más rentable la inversión económica, y contribuía a enriquecer las arcas de la hidalguía rural del norte de Lugo. Por otra parte, el ansia de beneficios desencadenó abundantes riñas y pleitos por los diezmos entre los clérigos de baja jerarquía. En 1546, Diego de Soto, obispo de Mondoñedo, exigió que los impuestos que se cobraban a los capitanes balleneros vascos fueran a parar a sus arcas y no a las de las parroquias de Bares y Burela, o a las del propio deán de la catedral de Mondoñedo, alegando que la fiscalidad parroquial se circunscribía al territorio de cada parroquia, mientras que los pescadores vascos eran foráneos y su actividad excedía los límites geográficos de una parroquia.

A pesar de su nombre, la basílica de San Martiño de Mondoñedo pertenece al municipio de Foz, aunque en tiempos antiguos fue un priorato dependiente de la catedral de Mondoñedo, ubicada a unos 30 kilómetros de distancia.

Tapia de Casariego

Período de actividad ballenera
Siglos XV-XVII

Cita más antigua de actividad ballenera
1468

ASTURIAS

Los vascos llegaron a este puerto a mitad del siglo XV, llevando con ellos sus arpones y su conocimiento ballenero. La acogida por parte de los lugareños fue tan amigable que los vascos se convirtieran en asiduos visitantes de temporada y muchos acabaron echando raíces allí.

Esta población, próxima a la desembocadura del Ribadeo y denominada antiguamente Puerto de Tapias, es conocida por haber sido el primer lugar de desembarco y plantación de maíz en Europa. Sus privilegiadas condiciones favorecieron el establecimiento humano ya desde el Paleolítico inferior. Durante la Edad de Bronce la población creció, se crearon numerosos poblados castreños y aparecieron explotaciones mineras prerromanas. Pero fue durante el medievo cuando el puerto vivió su mayor auge pesquero, y con él emergió la ballenería, que propició un aumento de la población y la llegada de numerosos pescadores vascos. Aunque hoy la villa aún vive de la agricultura, la pesca y la ganadería, su economía está dominada por el turismo.

HISTORIA BALLENERA

Como sucedió en la mayoría de los puertos asturianos occidentales, aquí la pesca ballenera comenzó algo tardíamente. Los armadores vascos llegaron ya bien entrado el siglo XV y explotaron estas aguas empleando marineros y buques propios y mediante acuerdos de arrendamiento con las autoridades de la localidad. Las primeras referencias a esta actividad aparecen en las *Ordenanzas del Novilísimo Gremio de Mareantes y Navegantes Fijosdalgos de la Villa y Puerto de Luarca y Tierra de Valdés*, fechadas en 1468, pero es durante el siglo XVII cuando más menciones a la pesca ballenera aparecen de este puerto. En un principio, el cobro de impuestos corrió a cargo del obispado de Oviedo, pero, a partir de las regalías de

Felipe II, las tasas pasaron a cobrarse localmente. El sistema de repartos de beneficios evolucionó hasta alcanzar un modelo equitativo que satisfacía los intereses de armadores y capitanes y que propició la presencia constante de pescadores vascos, muchos de los cuales acabaron asentándose permanentemente en la zona. Esto dio lugar a una descendencia que aún hoy puede reconocerse en los apellidos locales. La asiduidad de las armadas vascas era tal que, en 1636, los armadores de Orio Nicolás de Arranibar, Juanes de Arranibar y Santiago de Alyma llegaron a un acuerdo con el párroco y los vecinos de la población para poder dotar a la capilla mayor de sepulturas que permitieran dar una última morada a los balleneros vascos que murieran durante el transcurso de la costera. En compensación, estos debían entregar cada año a la iglesia «la ala más grande y bien secada de las alas mayores» obtenidas durante la costera, una aportación que aseguraba el mantenimiento de la capilla.

Panorámica del puerto.

QUÉ VEREMOS

El lugar conocido como Os Cañois, una pequeña elevación situada en el margen occidental del puerto y donde hoy se ha construido un mirador. Era el antiguo emplazamiento de una atalaya ballenera. Posteriormente, en el siglo XVIII, el lugar fue ocupado por un baluarte defensivo armado con cañones cuya función era defender la costa del desembarco de corsarios argelinos o de ejércitos hostiles. A un lado del mirador se conserva un pequeño recinto pétreo que se cree que era una antigua ahumadera donde se encendía el fuego para avisar de la aparición de ballenas en el horizonte.

La capilla de San Sebastián, en la cumbre de un montículo situado en la parte oriental del pueblo y donde se cree que también existió un apostadero para el avistamiento de los cetáceos. Construida a principios del siglo XVII, la advocación de la capilla a san Sebastián fue motivada por los balleneros vascos que, con sus donaciones anuales, contribuían de modo determinante a su manutención.

La antigua casa de ballenas, edificio hoy conocido como Casa Soledad o Solía, junto al muelle. En ella se guardaban los arpones y utensilios empleados en la pesca ballenera, y ser-

La ahumadera de Os Cañois.

vía además como lugar de almacenaje del saín y el aceite producidos. A pesar de la transformación de su uso con el tiempo, se cree que la casa mantiene aún su estructura original. Durante una remodelación moderna se descubrieron en ella varios huesos de ballenas que actuaban como vigas en los cargaderos de las ventanas.

Antigua Casa de Ballenas, ahora Casa Soledad o Solía.

Puerto de Veiga, Museo Etnográfico

Período de actividad ballenera

Siglos XVI-XVIII

Cita más antigua de actividad ballenera

1608

ASTURIAS

Este puerto pescó ballenas francas solo durante los siglos XVI y XVII, pero es uno de los que ha preservado con mayor cariño su pasado ballenero.

Con unos 2.000 habitantes, Puerto de Veiga (o de Vega) es considerado uno de los pueblos más bonitos y pintorescos del concejo de Navia. Su pequeña pero protegida dársena amurallada, con almenas y merlones, es testimonio del papel que la plaza jugó como bastión de defensa frente a naves de naciones enemigas y los ataques de la piratería. Además, durante el siglo XVII fue un importante centro de la navegación de cabotaje, lo que hizo que allí se estableciese la primera aduana de Asturias. Sin embargo, tradicionalmente la actividad más destacada de la villa ha sido la pesca, que a lo largo de los siglos XIX y XX dio lugar también a una activa industria conservera y de la salazón. En el municipio llegaron a convivir hasta diez empresas de este sector, pero todas ellas acabaron desapareciendo. Hoy en día, como muchos pueblos de la costa, su principal motor económico es el turismo. Las estrechas callejuelas de casas blancas, la centenaria plaza de Cupido o las fantásticas casas indianas repartidas por la población merecen por sí mismas una visita detenida.

Vista del pueblo desde el puerto.

HISTORIA BALLENERA

Aunque la cronología de los puertos vecinos hace pensar que el puerto debió de contar ya desde tiempos anteriores con explotación ballenera, la concesión para esta actividad más antigua conocida está fechada en 1608. En el documento se acuerda que Álvaro Pérez de Navia ceda al capitán vizcaíno Juan de Segurola los derechos para trabajar en el puerto de Veiga a cambio de un ducado por cada ballena pescada. En aquella fecha, posterior a las regalías con las que Felipe II había detraído el cobro de impuestos por parte de las autoridades eclesiásticas en beneficio de las civiles, los contratos de arrendamiento de la localidad eran gestionados y cobrados por la Casa de Navia, una preeminencia que se mantuvo a lo largo de las siguientes décadas. Los Navia-Osorio fueron un linaje noble asturiano que tuvo en Puerto de Veiga su residencia permanente. A lo largo del período de expansión ballenera en la costa asturiana, el firmante de la mayoría de las concesiones fue siempre el mismo miembro de la familia: Álvaro Pérez de Navia. Estos documentos autorizaban el uso del puerto local y de las atalayas de Castello y Coedo, así como las más lejanas de Ortigueira y la punta de San Agustín. Asimismo, incluían la utilización de la Casa de Ballenas del puerto, equipada con hornos para derretir la grasa y extraer el aceite. Se desconoce la localización exacta de este bastimento, si bien algunos historiadores defienden que se encontraba en el mismo lugar donde más tarde se construyó la casa natal del tercer marqués de Santa Cruz de Marcenado, en la atalaya de Veiga. No obstante, esta ubicación parece poco probable, pues se halla a una cierta distancia del puerto y en una elevación del terreno, circunstancias que la hacían escasamente práctica para el procesado de los cetáceos, que, como sabemos, se despiezaban en la misma playa.

Con el transcurso del tiempo, el precio exigido por los Navia-Osorio para firmar las concesiones fue aumentando hasta triplicar los valores iniciales, y esto hizo que los balleneros vascos acabaran abandonando la zona y fueran sustituidos por sus homónimos astures. Así, los últimos capitanes vascos de los que tenemos noticias en Puerto de Veiga son Pedro Trelles y el guipuzcoano Domingo de Anachuriz, a quienes a cambio de 32 reales de vellón se les cedía durante la costera de 1656 el armazón, las atalayas, la vivienda y la casa de ballenas donde derretir la grasa. En fechas posteriores la contraparte de los contratos son siempre empresarios locales. Del mismo modo, las lanchas o pinazas originalmente fabricadas en el País Vasco dieron paso a una industria local de carpintería de ribera. Un fragmento del *Me-*

El linaje de los Navia-Osorio disfrutó durante siglos de regalías de la Corona. Entre ellas, el derecho a imponer tributos a la pesca de la ballena a lo largo de su territorio. Pero también gozó de favores celestiales. En el siglo XIII tuvieron la fortuna de hospedar en su palacio de Anleo a san Francisco de Asís, que iba en ruta de peregrinaje hacia Santiago de Compostela. La hospitalidad que le brindaron debió de ser tan exquisita que, en agradecimiento, el santo diácono obsequió a los Navia con el privilegio de que, durante las siete generaciones venideras, la familia disfrutara siempre del nacimiento de al menos un varón. Era una bendición que en aquellos tiempos resultaba vital, y el paso de los años demostró, como no podía ser de otra manera, que se cumplía a rajatabla.

morial ajustado de 1777 indica que Puerto de Veiga contaba con astilleros que producían numerosas embarcaciones cada año.

La última referencia a la caza de ballenas en el concejo naviego es de 1722, y a partir de entonces parece que la actividad se abandonó. No obstante, la experiencia adquirida en el oficio hizo que, hasta bien avanzado el siglo XVIII, los linajes empresariales del antiguo concejo de Navia —como el de la familia Lebrón— continuaran intermediando en el comercio de productos de ballena con otros puertos.

QUÉ VEREMOS

Puerto de Veiga ha mostrado un particular empeño en preservar su memoria ballenera y se ha dotado de numerosos puntos de interés relacionados con este aspecto de su historia.

En la zona portuaria, en el denominado Mirador de la Riva, está el Monumento al Ballenero, un espacio temático que aspira a ser una rememoración de lo que fue la Mesa de Mareantes y Navegantes, el lugar donde se reunían los antiguos armadores para acordar las responsabilidades de la pesca y repartir sus beneficios. A él se accede desde el puerto a lo largo de una rampa. Allí podremos ver:

Flanqueando la rampa de acceso que lleva a la plaza, las gigantescas mandíbulas de un rorcual común fijadas contra la pared, formando un arco.

En los muros que abrigan el espacio, un mural alegórico de hierro que representa la pesca tradicional de la ballena realizada con botes de remo y arpones lanzados a mano. Junto a él, un

Evocando la antigua Mesa de Mareantes y Navegantes, en el Mirador de la Riva se ha recreado un espacio ballenero con restos de cetáceos y cañones y arpones empleados en la caza de estos animales.

Mandíbulas de rorcual común, y en el lugar donde ambas se encuentran, placas con la transcripción del contrato ballenero de 1608, el más antiguo conocido en la localidad.

Mural alegórico del
Monumento al
Ballenero.

Cañón ballenero
Kongsberg. Si bien
el cañón y el vástago
del arpón son
originales, la punta
del arpón, pintada
de color rojo, es una
deficiente
reconstrucción
posterior que no es
en absoluto
fidedigna a la forma
que tenían las
puntas o granadas
reales, que
acababan en una
superficie roma o en
un disco con cuatro
pequeñas uñas.

manifiesto de los escolares de Puerto de Veiga reclamando la protección de las ballenas.

En el balcón que mira al puerto, un moderno
cañón arponero noruego procedente del desguace en la década de 1980 de un buque
cazador de la empresa gallega IBSA. Se trata
de un cañón Kongsberg de 90 milímetros de
calibre, que lleva montado su arpón.

El moderno Museo Etnográfico Juan Pérez Villamil, que forma parte del complejo de la casa
de cultura Príncipe Felipe que rodea el bastimento de la hoy desaparecida empresa conservera La Arenesca. El Museo forma parte del
conjunto museístico del Parque Histórico
del Navia, situado en tres localidades asturianas,
y en su caso se centra en el pasado marinero
de la comunidad, en particular en su actividad
pesquera y conservera. Cuenta con una sección
dedicada a la pesca ballenera, y en ella se muestran una mandíbula y otros huesos de cetáceos
hallados en la localidad, barbas de rorcual común
—probablemente procedentes de un ejemplar
aparecido muerto en las playas cercanas—, reproducciones de antiguos arpones de mano y
sangraderas, antiguas delfineras o arpones de
mano para pescar delfines y marsopas, fotografías y paneles explicativos sobre la historia de
la explotación ballenera y su legado ecológico.
Hay, además, diversos utensilios, como cuchillas de despiece, que, igual que el cañón expuesto en el Monumento al Ballenero, proceden
de la explotación moderna que en Galicia llevó
a cabo IBSA.

El Museo Etnográfico Juan Pérez Villamil permite sumergirse en el patrimonio marítimo y pesquero de Puerto de Veiga. En la izquierda de la fotografía puede verse la monumental mandíbula de una ballena, probablemente un rorcual común, que abre paso a la sección dedicada a la pesca ballenera.

En la sección sobre la pesca ballenera del Museo Etnográfico podremos ver dos barbas de rorcual común (*arriba*, en la imagen), además de una cuchilla noruega —curvada— y otra japonesa —recta—, ambas empleadas en el despiece de los cetáceos por la moderna industria ballenera gallega. En otra sección encontraremos un moderno arpón ballenero de calibre de 90 milímetros semejante al que se halla encastrado en el cañón del Monumento al Ballenero y al que, igual que a aquel, se le ha añadido una irreal punta aguzada, pintada de rojo.

Casa nobiliaria de los Navia-Osorio.

Cristalera con motivo ballenero en la capilla de Lebrón.

La antigua capilla de Lebrón, hace poco restaurada y hoy convertida en un pequeño centro abierto al público, y donde se celebran conciertos y otras actividades culturales. Construida en el siglo XVIII por una pudiente familia local, se mantuvo en manos privadas hasta épocas recientes, y no hay información que indique que haya guardado relación alguna con la explotación de los grandes cetáceos. No obstante, cuando la capilla fue cedida al Ayuntamiento, en su restauración se hizo un guiño al pasado de Puerto de Veiga y las cristaleras fueron decoradas con motivos relacionados con la pesca ballenera.

La casa familiar de los Navia-Osorio, el linaje nobiliario que durante el período ballenero de Puerto de Veiga disfrutaba de la concesión por parte de la Corona para establecer y cobrar los contratos balleneros en el tramo de costa del Puerto de Veiga. En ella residió Álvaro José de Navia-Osorio y Vigil de la Rúa, noble y militar español que murió en 1708 combatiendo por la defensa de la plaza de Orán.

Ermita de la Atalaya, dedicada a la patrona de los marineros, Nuestra Señora de la Atalaya. El altar adopta la forma de la proa de una nave, con la figura de la patrona colocada sobre el bauprés y escoltada a ambos lados por dos macizas anclas. La custodia de la imagen se encomienda cada año al mayordomo del Gremio de Marinería, el hombre de mar de mayor edad de la villa, una ceremonia que tiene lugar al término de la procesión que se celebra el 8 de septiembre, día de la Telayona.

La cola de la ballena, monumento a los trabajadores del mar, se yergue en un antiguo apostadero de avistamiento. Desde allí puede contemplarse una impresionante vista sobre el océano y la boca del puerto.

La atalaya, un promontorio situado en el lado occidental del puerto y desde donde se obtiene una magnífica vista de las aguas abiertas del Cantábrico. Al ser el punto más elevado de la localidad, era utilizado como antiguo apostadero para el avistamiento de los cetáceos. En su cúspide se levanta la ermita de la Atalaya, una hermosa edificación construida por el Gremio de Marinería en 1613 sobre una ermita medieval del siglo xv que daba cobijo a los vigías que desde allí oteaban el paso de las ballenas. Allí era, además, donde se firmaban los contratos con los balleneros vascos. En las proximidades de la ermita se encuentra un busto del ilustrado asturiano Gaspar Melchor de Jovellanos, cuya trayectoria como jurista, político y escritor finalizó en la localidad.

El monumento a los hombres y mujeres de Puerto de Veiga que dedicaron su vida a la mar. La formidable escultura, de grandes dimensiones y construida con plancha de hierro oxidado, evoca la cola de una ballena al sumergirse y fue diseñada por el artista local Jorge Carbajales. Cuenta en su base con un poema de la igualmente portoveguensa Nessy Lanza. El monumento se levanta en el acantilado situado en el lado oriental del puerto, otro mirador junto al de la Atalaya empleado antiguamente para el avistamiento de los cetáceos. Al lugar se accede mediante un corto paseo por un camino de tierra que parte desde la calle Caborno.

El cabo Ortiguera, un importante apostadero algo alejado de Puerto de Veiga pero al que se desplazaban los ojeadores del puerto para otear el horizonte en busca del soplo de las ballenas. Las concesiones de acceso a este punto de observación se otorgaban históricamente desde Puerto Veiga. Hoy, allí podemos ver sus dos faros: el antiguo, un sencillo torreón de piedra de 6 metros de altura antiguamente culminado con una linterna de acetileno y una campana de avisos para cuando había niebla, y el moderno, eléctrico, de 20 metros de altura y pintado a rayas blancas y negras. Cerca del faro se encuentra la ermita de San Agustín, fundada en el siglo xvii por el gremio de pescadores del puerto de Ortiguera, en la que se celebraban misas para encomendarle al santo la seguridad de los pescadores locales, entre ellos y de manera muy concreta, los arriesgados mareantes balleneros.

Lluarca

Período de actividad ballenera

Siglos XIII-XVII

Cita más antigua de actividad ballenera

1237

La orografía del fondo marino que se halla frente a Lluarca es abrupta y alberga profundos cañones submarinos, lo que facilita la aproximación de especies animales que usualmente se hallan más alejadas de la costa, como las ballenas y los calamares gigantes.

Las calles de Lluarca se empinan por los promontorios que rodean su puerto. En siglos pasados, la llamada Villa Blanca de la Costa Verde fue una de las poblaciones con mayor tasa de migración a América. Muchos de sus habitantes volvieron después de haber hecho fortuna. Hoy su economía se basa en el turismo y el pueblo disfruta de una buena oferta gastronómica, especialmente en la zona del puerto. Además de la dársena, merecen una visita el barrio de la Peña, donde se encuentra la capilla de San Martín, los jardines de la Fonte Baixa y los barrios de pescadores, en especial el del Cambaral, probablemente el núcleo original de la villa.

HISTORIA BALLENERA

El primer documento ballenero conocido de Lluarca son las normas del año 1237 del rey Fernando III para el ejercicio de la caza ballenera y su beneficio en la localidad. Cuando, en el año 1270, el rey Alfonso X el Sabio concede el fuero a este puerto asturiano, alude a la pesca ballenera como la actividad más lucrativa de la localidad. Pero fue probablemente durante los siglos XV y XVI cuando la actividad fue más notoria, como lo demuestra la abundante documentación acerca de los repartos de los productos obtenidos de los cetáceos. El sistema de distribución de las partes, o quiñones, cambió en esta localidad a lo largo del tiempo y, de manera distinta a otras, evolucionó hacia una distribución equitativa entre pescadores, lo que sin duda alguna mejoró su motivación y contribuyó a potenciar la industria.

ASTURIAS

Así es como aparece en el tratado conocido como las *Ordenanzas de mar*, del año 1468, que describe el modo en que las partes podían ser cobradas en metálico o en producto, si bien en este último caso se reconocía que el procedimiento a menudo generaba desavenencias sobre la parte en concreto que cada participante debía recibir. Los arponeros que habían sido los primeros heridores del cetáceo tenían derecho a una de las aletas, mientras que el gremio de pescadores recibía su parte en forma de las tripas del animal y su venta se destinaba al mantenimiento de muelles y buques. Además, una ordenanza complementaria actuaba a modo de seguro de vida dictando que «en caso de la muerte de un marinero durante la costera, con la salvedad de que dicha muerte hubiese ocurrido por un acto de lujuria o brusquedad ajena, se daría a la viuda e hijos el correspondiente quiñón».

Otro documento, esta vez entre el dueño de una nave y el Gremio de Mareantes de Lluarca, fechado en el año 1477, especifica que el reparto debía hacerse del siguiente modo: «El armador dará la mitad del aceite conseguido y las barbas, menos un quintal, por cada 100 barriles de aceite, al capitán. Los pilotos y arponeros se llevarán dos quiñones. El resto de tripulación se llevarán un quiñón de la otra mitad. Los muchachos se llevarán medio quiñón. Para la Cofradía se apartarán tres quiñones de la mitad del dueño y tripulación. Además, el dueño deberá abastecer a su cargo las provisiones, como la sal y el pan, de los que pagará

Lluarca goza de un magnífico puerto natural que, desde antaño, convirtió la localidad en una preciada —y militarmente discutida— plaza.

la mitad, y *cidra e vianda*, de los que pagará con el beneficio de la venta de las ballenas».

El último documento conocido que hace referencia a la caza de la ballena en Lluarca es un pleito generado por el excesivo diezmo que la Iglesia exigía cobrar a unos balleneros vizcaínos fechado en 1618. La resolución del litigio falló ordenando que los balleneros donasen a la Iglesia media barrica de saín por cada 40 que obtuvieran, o una por cada 80, pero dictaminó también que, si lograban producir más de un total de 80 barricas, ya no habían de pagar más. A partir de aquella fecha, las menciones a la pesca ballenera en Lluarca desaparecen de los archivos, por lo que se cree que debió de ser en aquella época cuando la industria ballenera se extinguió.

QUÉ VEREMOS

Aunque la villa ha hecho esfuerzos por preservar su memoria ballenera, algunos vestigios que habrían sido de interés se perdieron en época reciente. Hasta hace pocas décadas en la calle Lobo había una vieja casa que en el empedrado de sus muros mostraba diversos huesos de ballena, entre ellos una gigantesca vértebra. El palacio de los marqueses de Ferrera, actualmente utilizado como biblioteca y casa de cultura, tenía en su huerta, hoy transformada en el aparcamiento del cuartel de Policía, un banco construido con huesos de ballena, hoy igualmente desaparecido. Por otra parte, el escudo de la villa ha cambiado en diversas ocasiones, sucesivamente recuperando o perdiendo la ballena arponeada que en los emblemas antiguos figuraba en su cuartel inferior. Estos cambios erráticos parece que fueron el resultado de lo que el historiador local Jesús Evaristo Casariego calificó como «un caso de contumacia municipal y espesa».

No obstante, la localidad aún preserva abundantes referencias a la pesca ballenera:

- La Mesa de los Mareantes (o de los Navegantes), un monumento situado en la parte baja de la calle que conduce a la atalaya y que indica el lugar donde antiguamente se reunían los marineros de la villa para decidir, en función de las condiciones meteorológicas, si salían o no a la mar. Al fondo de la mesa puede contemplarse un gran panel semicircular, realizado por el artista asturiano Goicoechea Aguirre, que escenifica una reunión de maestres de naos del siglo XV. Flanqueando el monumento, una serie de paneles de cerámica de Talavera ilustran momentos clave en la historia de Lluarca, varios de ellos con referencias a la pesca de la ballena.

- La Cofradía de Pescadores, junto al muelle, en uno de cuyos muros mirando al mar pueden verse un par de mosaicos que reproducen originales del conjunto de la Mesa de los Mareantes.

Uno de los paneles de cerámica de Talavera que en la Mesa de los Mareantes escenifica la historia del puerto luarqués.

Ermita de la Virgen Blanca. Desde este apostadero
elevado, los oteadores avisaban a la población
de la presencia de ballenas mediante las denominadas
«fumadas», que encendían en lo que hoy es la plaza
de la iglesia.

Para realizar las «fumadas», que avisaban de la aparición de una ballena, los vigías seleccionaban el combustible en función del rumbo de los cetáceos: si navegaban hacia el este quemaban hierba verde, que producía humo negro, y si navegaban hacia el oeste quemaban hierba seca, que producía humo blanco.

- La ermita de la Virgen Blanca, edificada en el siglo XIII por el Novilíssimo Gremio de Mareantes Navegantes Fijosdalgos de Lluarca y reedificada varias veces, la última de ellas en el siglo XVIII. Se hallaba justo al lado de la antigua —hoy desaparecida— atalaya de vigilancia, que estaba emplazada en lo alto de la punta Focicón. Además de alertar a la población de la aparición de ballenas mediante humo producido por la quema de rastrojos, en las noches de mal tiempo en lo alto de su campanario se encendía una luz para guiar la navegación. La costumbre finalizó en 1860, al construirse justo a su lado un moderno faro de aceite. El nuevo faro se asentó sobre los bastiones de defensa del puerto, que datan del siglo XVI, y de los que aún pueden observarse algunos restos de su muralla.

- El Museo del Calamar Gigante. Se trata de un espacio expositivo de reciente creación que recupera parte del material que pudo ser salvado de un museo de idéntico nombre que existió en el muelle luarqués y que

El Museo del Calamar Gigante alberga una de las colecciones de grandes cefalópodos más completas del mundo. Como estos colosales animales son el principal componente de la dieta de los cachalotes y otros cetáceos, el Museo también incluye en su exposición una pequeña sección dedicada a los mamíferos marinos.

en 2014 fue arrasado por un temporal. Los calamares gigantes (*Architeuthis dux*) pueden llegar a medir hasta 18 metros de longitud y superar los 250 kilogramos de peso. Las condiciones excepcionales de la orografía del fondo marino asturiano, con abruptos cañones situados a gran profundidad muy cerca de la costa, hacen que estos animales, de hábitos mesopelágicos, sean particularmente frecuentes en aquella franja de costa, lo que atrae a los cachalotes, que son sus principales depredadores.

Antiguamente, los calamares gigantes que aparecían varados en las playas eran vendidos en las lonjas de pesca, pero actualmente son recogidos por la Coordinadora para el Estudio y Protección de las Especies Marinas (CEPESMA) y conservados en el Museo.

• El Parque de la Vida. Situado a pocos kilómetros, en las afueras de Lluarca, se trata de un complejo cultural muy ecléctico con varios edificios situados en un amplio jardín destinado a exposiciones sobre temas tan diversos como la exploración aeroespacial, la evolución humana o la fauna marina. Uno de los módulos, al que se accede atravesando un par de gigantescas mandíbulas de ballena que se hallan a su entrada a modo de pórtico, está dedicado a la fauna de cetáceos. Contiene, además de algunos modelos de delfines a tamaño natural, un amplio muestrario de esqueletos completos, cráneos, barbas y otras piezas anatómicas de las especies de delfines, cachalotes y ballenas más representativas de las aguas asturianas. El módulo contiene también una sección centrada en la pesca de la ballena en la que explica el recorrido histórico de esta actividad mediante paneles y grabados, así como modelos a tamaño real de una chalupa ballenera, arpones y sangraderas utilizados por los balleneros, barriles y botellas de saín, y cuchillas de desguace.

Para acceder al Parque es preciso hacer una reserva con antelación, particularmente durante los meses de mayor afluencia turística.

Exposición sobre la pesca ballenera en el Parque de la Vida.

La CEPESMA

La Coordinadora para el Estudio y Protección de las Especies Marinas es una asociación que cuenta con un cuarto de siglo de trayectoria. Trabaja para la conservación y divulgación de los ecosistemas marinos y es la principal responsable del Museo del Calamar Gigante y del Parque de la Vida. Además, es la impulsora de la red de recolección de varamientos de mamíferos marinos y tortugas de Asturias y se encarga de examinar los ejemplares de estas especies que varan en las playas. Cuando los individuos están muertos, intenta determinar la causa del fallecimiento y, cuando están vivos —cosa bastante excepcional—, procura recuperarlos para retornarlos al mar.

Cadavéu, Cuideiru

Período de actividad ballenera

Siglos XIII-XVII

Cita más antigua de actividad ballenera

1232

ASTURIAS

La información que ha pervivido sobre la actividad ballenera de estos puertos es limitada y demuestra que jugaron un papel en la industria, aunque probablemente este fuera secundario y siempre protagonizado por pescadores vascos.

Ermita de la Regalina, en Cadavéu.

Faro de
Cuideiru.

En Cuideiru se halló hace años
una mandíbula de ballena gris,
una especie que se extinguió en
el Atlántico Norte en el medievo.
El hueso, confirmado
genéticamente por la CEMMA,
se preserva en el Museo
Marítimo de Asturias,
en Lluanco.

Situado en el concejo de Valdés, a menos de 20 kilómetros de Lluarca, Cadavéu (Cadavedo) es un pequeño y abrigado puerto pesquero que aún preserva topónimos relacionados con la explotación de los cetáceos. Así, la Garita de Cadavéu alude a la atalaya que un día estuvo situada en aquel emplazamiento, desde donde los balleneros oteaban el horizonte en busca de potenciales presas. En lo alto del acantilado, y con unas maravillosas vistas a la playa de la Ribeirona, se encuentra la ermita de la Regalina y el hórreo de Casa Segundo Pepón, que muchos vecinos recuerdan que tenía una vértebra de ballena como elemento arquitectónico, y al que podremos acceder por un empinado camino, que sube desde la playa, que aún hoy es conocido como carril de las ballenas.

Por otra parte, el puerto que a lo largo de este tramo de costa resultaría imperdonable dejar de visitar es Cuideiru (Cudillero), uno de los más bonitos enclaves marineros del litoral asturiano. Aunque es una pena que sus escarpadas calles no hayan preservado topónimos o restos conocidos de su pasado ballenero, pues el promontorio llamado «de la atalaya» probablemente hace referencia a un punto de observación de la ensenada y no de las aguas abiertas, los documentos que duermen en las estanterías de los archivos guardan buena memoria de dicha época. Un ejemplo es el escrito que relata cómo en 1626 el armador vasco Domingo Alos de Almilibia alquiló su buque al ballenero Bernardino de Oñate y Arreguía a partir del día de san Miguel para que este se dedicara a la caza de ballenas en la localidad. Los armadores y comerciantes vascos se trasladarían hasta allí llevando a bordo a los hombres y los equipos necesarios para la pesquería. A cambio del arrendamiento, Bernardino de Oñati y Arreguía debía pagar al armador vasco 52 ducados. Como aquella cantidad era respetable, el armador ofrecía al arrendatario del buque la posibilidad de que, si la mala suerte le acompañaba y a lo largo de la temporada no lograba capturar y procesar al menos una ballena, podría fletar la embarcación para cargar a bordo cualquier mercancía que le permitiera recuperar la cantidad satisfecha.

Pero Bernardino de Oñati no se vio obligado a recurrir a aquella puerta que el armador le dejaba entreabierta, puesto que, asociado con un tal Miguel de Ariztondo, sacó todo el jugo posible del buque: a lo largo de aquella temporada, los dos socios no solo trabajaron en la playa de Cuideiru, sino que también desplazaron dos chalupas a la cercana cala de San Pedro de Bocamar. Compartiendo calderos para derretir la grasa, entre ambos pagaron a Cuideiru los impuestos locales, que estaban en aquella época establecidos en una barrica de grasa por cada ballena procesada. Es una pena que desconozcamos cuántas ballenas efectivamente cazaron, así como las ganancias que ambos socios obtuvieron, pero los documentos nos indican que los beneficios fueron pingües y que se los repartieron amigablemente y a partes iguales entre ambos.

Lluanco, Museo Marítimo de Asturias

Período de actividad ballenera

Siglos XIV-XVII

Cita más antiguas de actividad ballenera

1331

ASTURIAS

Lluanco fue el primer lugar alrededor del cabo Peñas donde, ya en las primeras décadas del siglo XIV, se comenzó a dar caza a los cetáceos. De allí, la actividad se extendió a otros puertos del litoral.

Con alrededor de 6.000 habitantes, esta villa marinera asturiana es la capital del concejo de Gozón. Situada al abrigo de los vientos del noroeste gracias al vecino cabo Peñas, Luanco es la población más septentrional del principado, y combina la naturaleza más agreste de la Asturias rural con sus bonitas y acogedoras playas.

La historia de Lluanco está estrechamente ligada al mar. Situada en un enclave privilegiado y rodeado de bahías de aguas someras, ya en la Edad Media esta villa comenzó a destacar como puerto pesquero, lo que pronto incluyó la pesca de ballenas. Cuando, tras siglos de bonanza, la pesca ballenera entró en declive, fue sustituida por la pesca de la sardina, el bonito y otras especies de peces. Durante la guerra de Independencia española, la villa sufrió la invasión francesa en 1809 y 1810, años en los que la población sufrió graves daños. Décadas después, ya en las postrimerías del siglo XIX, Lluanco se reconvirtió parcialmente en centro vacacional y frente a la playa de la Ribera se edificó un balneario —hoy desaparecido— y una casa de baños, lo que impulsó progresivamente la aparición de veraneantes. Entre ellos, como nos relata el historiador Ignacio Pando, estuvieron Isabel II y Alfonso XIII, así como otros miembros de la realeza de aquellos tiempos. Ello no impidió que el puerto mantuviera hasta nuestros días su carácter pesquero y además propició una modesta industria de salazón que posteriormente dio lugar a la aparición de modernas industrias conserveras que se mantuvieron activas durante un siglo, para acabar desapareciendo en las últimas décadas del siglo XX.

Hoy, su puerto se mantiene activo especialmente en la marisquería de nécoras, langostas, centollos y percebes, aunque la economía de la villa depende sobre todo del turismo atraído por sus calles empedradas y los numerosos monumentos, como la parroquia de Santa María de Lluanco, la playa urbana de la Ribera o el Museo Marítimo de Asturias.

La playa de la Ribera, que en otros tiempos fue el lugar de despiece de los cetáceos capturados por los balleneros luanqueses.

HISTORIA BALLENERA

Las noticias concretas que han llegado hasta nuestros días sobre la pesca de cetáceos en Lluanco son limitadas y no parecen corresponderse con la importancia que aquella industria tuvo para la población. Una de ellas, quizás la más antigua, es el documento fechado en 1331 que regulaba el diezmo que debía recibir el abad de San Vicente de Oviedo por el arrendamiento de la vecina playa de San Pedro de Antromero, y que se cifraba en la cesión de la mitad de las capturas de ballenas que se hiciesen en aquel lugar. Sin embargo, y a pesar de esta temprana referencia, la historiografía de la localidad carece de abundantes referencias a la pesca ballenera durante varios siglos; no obstante, curiosamente, su frecuencia se recobra a principios del siglo XVII, cuando, de hecho, la pesca costera de cetáceos se hallaba ya en estado de declive. Existe incluso un documento de 1622 que menciona que en Lluanco se podían llegar a cazar entre ocho y doce ballenas al año. Es, sin duda, una cifra exagerada, pues este habría sido un nivel de capturas muy elevado incluso para los primeros decenios de explotación, cuando las ballenas eran aún muy abundantes, pero refleja una mayor actividad ballenera en aquel puerto que la que mantenían en la misma época otras localidades vecinas.

La participación de Lluanco en la pesca de cetáceos no se limitó a servir de puerto desde donde llevar a cabo dicha actividad. A partir del siglo XVI, al igual que sucedía en otras villas a lo largo de la costa, aparecieron las denominadas «compañías balleneras», alianzas temporales de mareantes y armadores que se unían mediante acuerdos para optar a concesiones circunscritas a temporadas de pesca y lugares concretos. Estas «compañías» no necesariamente habían de desarrollar su actividad en puertos locales, sino que en muchos casos se creaban para explotar puertos foráneos. Así, sabemos que en 1617 un natural de Lluanco, Clemente del Campo, se asoció con el gallego Gonzalo del Pozo, residente en el puerto coruñés de Laxe, con el objetivo de arrendar la casa de ballenas de este último puerto durante los años 1617 a 1620.

Durante los siglos XVII y XVIII, los huesos de ballena fueron empleados en la construcción; a finales de aquel período, eran frecuentes las empalizadas hechas con costillas de ballena, y distintos huesos se empleaban como viguetas y elementos de refuerzo en los edificios. El comercio ballenero era omnipresente en la villa y, junto con otras actividades, como el comercio maderero liderado por la poderosa familia Menéndez de Pola, propiciaron que Lluanco gozara de un período de extraordinaria bonanza económica. La última ballena capturada y vendida en la localidad de la que se tiene constancia parece ser la que se procesó en la playa de la Ribera en 1686, por cuyo vientre se pagaron 286 reales.

Al fondo, la antigua casa de ballenas, hoy reconvertida en comercio; frente a ella, la ermita de San Juan Bautista.

Ermita del Carmen.

QUÉ VEREMOS

La antigua casa de ballenas estaba situada en la calle de San Juan, popularmente conocida como la Fumienta debido a que por ella circulaban los humos que producían los hornos en los que se procesaba el saín.

Los emplazamientos de las antiguas atalayas de avistamiento de cetáceos. Se cree que en Lluanco existieron al menos dos lugares donde se levantaron atalayas para vigías balleneros. Una de ellas, probablemente la más antigua, estaba situada al sur del puerto, en lo alto del monte de los Moros, cerca de la ermita del Carmen. De esta no ha quedado rastro alguno en tiempos recientes, por lo que no tenemos certeza acerca de su localización exacta. Aun así, la ermita se encuentra en un saliente de tierra que se convierte en una isla con la marea alta y, a pesar de la falta de referencias balleneras, merece una visita, al tratarse de un escenario único. La segunda atalaya, situada en el margen septentrional de la localidad, se levantaba en lo alto del promontorio de la Mofosa. De ella no solo han pervivido diversos documentos que la mencionan, sino que incluso existen fotografías de principios del siglo XX en las que se pueden apreciar restos de la estructura. Lamentable-

mente, hoy el promontorio de la Mofosa es una zona residencial completamente urbanizada, de la que ha desaparecido cualquier huella de usos anteriores.

El palacio de los Menéndez Pola, construido entre los siglos XVII y XVIII. Es, sin duda, el edificio más representativo de la época ballenera. Uno de los principales arponeros locales identificados, Rui González de la Pola, era miembro de esta familia.

El Museo Marítimo de Asturias, un moderno museo construido en 2001 que forma parte del Sistema de Museos del Principado de Asturias. Además de las salas dedicadas a exposición, cuenta con almacenes, un taller y una biblioteca-archivo. Con un enfoque fundamentalmente etnográfico, su colección permanente aborda tres ámbitos principales: las especies de fauna marina —con un énfasis particular en aquellas que han fundamentado la riqueza pesquera de Lluanco—, la carpin-

El palacio de los Menéndez Pola está considerado una de las más hermosas muestras de la arquitectura civil asturiana. Los Pola fueron una familia noble que, aunque participaron marginalmente en la explotación ballenera, se enriquecieron sobre todo explotando los bosques vecinos para proveer de madera a los astilleros de la armada real durante el siglo XV. Eran lo que en la época se conocía como «aposentadores de madera». No obstante, el mayor impulso a su fortuna les llegó con Felipe II, un soberano que, a pesar de ser conocido como el Prudente, se dejó llevar por unas excesivas ambiciones expansionistas que quintuplicaron la deuda de la Corona, lo que desembocó en la concatenación de dos bancarrotas sucesivas en veinte años. La única manera que el rey encontró de saldar la deuda con estos «aposentadores» fue otorgarles abundantes posesiones de tierra en el concejo, lo que no hizo sino consolidar definitivamente su riqueza.

Las curvadas mandíbulas y las vértebras de las ballenas procesadas en Lluanco —halladas hace unos años al retirarse la arena de las playas de la Ribera y de Santa María— hoy se preservan en el Museo Marítimo y nos retrotraen a su pasado ballenero.

Durante la década de 1990, varios temporales y una ampliación del espigón del puerto descubrieron en las playas de la Ribera y de Santa María (antiguamente conocida como playa de la Cabra Muerta) numerosos huesos de ballena que habían permanecido durante siglos enterrados en la arena.

Restos de la región occipital de un cráneo de ballena hallados en la arena de la playa de la Ribera. Museo Marítimo de Asturias.

tería de ribera que nutrió sus astilleros y el oficio de la pesca, que localmente siempre fue de naturaleza artesanal. Además, encontramos también muestras expositivas sobre la historia de la navegación y distintas actividades relacionadas con la temática del mar: desde el salvamento marítimo hasta el buceo tradicional, la exploración antártica o el modelismo naval. Cómo no, el rastro de la pesca ballenera de la localidad aparece en distintos rincones del Museo. En este sentido, podremos ver varios modelos de los arpones empleados en la captura de cetáceos y, sobre todo, diversos huesos de ballena —incluido un enorme pedazo del cráneo de una ballena, omóplatos y numerosos fragmentos de mandíbulas— desenterrados de la arena de la playa de la Ribera en la década de 1990. Estos restos son un fiel testimonio del uso para el descuartizamiento de las presas capturadas que se dio a esta zona concreta del puerto.

Candás

Período de actividad ballenera

Siglos XIII-XVII

Cita más antigua de actividad ballenera

1232

De la vecina ensenada de Entrellusa proviene uno de los contratos de cesión de derechos balleneros más antiguos de Asturias.

Candás es una población que cuenta con más de 7.000 habitantes. Capital de la parroquia de Carreño, y a medio camino entre Xixón (Gijón) y Avilés, hoy vive fundamentalmente del turismo. A pesar de que la transformación de la villa ha comportado cambios innega-bles en el otrora pequeño puerto de pesca, la huella dejada por el trabajo de sus hombres de mar permanece bien viva y puede reconocerse en las estrechas calles y plazoletas del casco antiguo y en muchas de sus edificaciones.

HISTORIA BALLENERA

Uno de los documentos más antiguos que hace referencia a la caza de la ballena en la costa cantábrica es un contrato fechado en 1232 entre el abad del monasterio de Santa María de Arbas, en Arbas del Puerto, y los vecinos de Avilés Fernán del Monte y Juan Beringuel. Tenía por objeto arrendar la pequeña ensenada de Entrellusa, situada a las afueras de Candás, a cambio del compromiso de los avilesinos de donar al monasterio 20 maradevíes por cada ballena que estos fueran capaces de pescar. Ahora bien, si el ejemplar capturado era pequeño y esta cantidad resultaba excesiva, el monasterio se conformaba con un tercio de los productos obtenidos. Finalmente, si se diera el caso de que el cetáceo fuera hallado muerto en el mar, lo que probablemente significaría que no estaba fresco y la calidad de sus productos sería mucho menor, la donación se estipulaba en la cuarta parte del producto de la ballena. La referencia al monasterio de Santa María de Arbas es algo sorprendente, dada su situación a un centenar de kilómetros en el interior y ya en la provincia de León. En documentos posteriores, de modo semejante a como sucedía en Lluanco, los diezmos se pasaron a satisfacer a la catedral de Oviedo o, en su defecto, a la parroquia local. Así lo vemos en una escritura de 1618 en la que el cura del pueblo acuerda con sus feligreses que estos aportarán todos los «vientres» de las ballenas capturadas en Candás a la mejora de la fábrica parroquial o al sostenimiento de las cofradías religiosas. Por otra parte, a partir de la

ASTURIAS

Paseo marítimo de Candás.

Cuenta la leyenda que el antiguo Cristo que presidía la iglesia de San Félix de Candás fue rescatado de las aguas frente a las costas de Irlanda por unos balleneros a principios del siglo XVI, cuando Enrique VIII, al romper con Roma, mandó destruir o arrojar al mar las imágenes de culto católico. Sin embargo, este antiguo Cristo se arruinó durante la guerra civil española, y el que ahora puede contemplarse presidiendo el altar es de talla moderna.

fundación de la Cofradía de Pescadores, en 1636, la dependencia de la autoridad eclesiástica disminuyó. Aparecieron las primeras compañías y, con ellas, la cofradía y los gremios pasaron a ser los responsables principales de la actividad, con lo que los beneficios que se obtenían de ella permanecían en la comunidad pescadora y se empleaban principalmente para la mejora del puerto.

Escritos de aquellos siglos mencionan el uso generalizado de mandíbulas y costillas de ba-

llena en la construcción de casas, principalmente para conformar marcos de puertas y ventanas. También se usaban como mobiliario doméstico; por ejemplo, las vértebras se empleaban a modo de taburetes o «tayuelus» ('tajuelos'), y con las costillas se confeccionaban utensilios domésticos e incluso barcos de ju-

guete. La importancia del oficio ballenero en Candás queda demostrada por un contrato matrimonial que ha llegado hasta nuestros días en el que la esposa aportaba como elemento central de la dote los utensilios, es decir, los arpones y sangraderas, necesarios para la caza de la ballena.

QUÉ VEREMOS

Aunque en la actualidad en Candás no queda rastro físico de la actividad ballenera, podemos dedicar una mañana a:

· Pasear por la calle Astillero, que discurre a lo largo de la playa, lugar donde estaban situados los antiguos hornos de extracción de saín.

· Remontar el promontorio de San Sebastián, donde se hallaba la atalaya desde la cual los vigías oteaban el horizonte en busca de ballenas.

· Contemplar en el Parque de les Conserveres el curioso monumento al «pleito de los delfines», una demanda legal interpuesta en 1624 por el párroco de Candás en representación de sus feligreses contra los delfines y los calderones de la zona por los daños que estos animales reiteradamente producían en las redes. De acuerdo con docu-

mentos preservados en el Archivo Histórico Provincial de Oviedo, el juicio se celebró en alta mar, con la participación de sombríos clérigos de la Santa Inquisición, y se resolvió con la condena a los delfines a abandonar aquellas aguas so pena de ser castigados eternamente al fuego infernal. Los escribanos de la época corroboraron que la decisión fue acatada, pues los delfines no volvieron a molestar.

· Caminar hasta el mirador de la vecina ensenada de Entrellusa, situada al este de Candás. En un tiempo en el que los puertos artificiales eran inexistentes, el abrigo parcial que el islote confería al interior de la ensenada sin duda ofrecía a los balleneros una cierta protección ante los embates del mar mientras estos descuartizaban sus presas, lo que explica la reiterada mención de Entrellusa en los contratos de la época.

Puerto natural de Entrellusa, Candás.

Xixón

Período de actividad ballenera

Siglos XIV-XVIII

Cita más antigua de actividad ballenera

1371

ASTURIAS

La Biblioteca de la Real Academia de la Historia de Madrid atesora un documento manuscrito redactado en 1841 por uno de sus académicos, Felipe de Canga-Argüelles y Ventades, en el que se describe con detalle la pesca de la ballena en el puerto de Xixón.

Xixón (Gijón) es una de las mayores ciudades del Principado de Asturias. Situada en la costa central de esta comunidad autónoma, su bahía está dividida en dos por la península de Cimavilla (Cimadevilla), donde se encuentra su casco histórico. A lo largo de la historia, la ciudad ha jugado un protagonismo intermitente. El conjunto dolménico del monte Areo demuestra que ha estado habitada desde el Neolítico (5000 a.C.), y se sabe que en la Edad Antigua (500 a.C.) los astures construyeron allí poblados fortificados o castros, como el que se puede visitar a las afueras de la ciudad, en el parque arqueológico de Campa Torres. En la época romana se construyó un primer puerto, pero, si nos atenemos a la documentación disponible en los archivos, a partir de entonces la villa se sumió en un aparente silencio durante varios siglos. No fue hasta el siglo XV cuando recuperó su relevancia gracias a un mejorado puerto, que impulsó la pesca y el comercio. En los siglos siguientes, el puerto fue habilitado para comerciar con las colonias americanas y se transformó en un enclave portuario de primer orden. Posteriormente, la mejora de las infraestructuras ferroviarias y de carreteras durante el siglo XIX llevó a la ciudad a experimentar un nuevo cambio, en paralelo al aumento del protagonismo de la industria del carbón y de la siderurgia. Aunque hoy el turismo ha ganado terreno, este pasado industrial sigue plenamente presente, si bien su puerto pesquero de El Musel continúa acogiendo a un gran número de embarcaciones dedicadas principalmente a la pesca del bocarte, el bonito y el jurel.

HISTORIA BALLENERA

Un documento fechado en 1371 menciona que en Xixón se practicaba la pesca «no solo de pescados menudos y grandes, sino también de ballenas y ballenatos». De los siglos siguientes datan las referencias a las «atalayas» donde se encontraba el «talayero» o «señero», el vigía que avisaba del avistamiento de alguna ballena mediante fuego y humo.

El cerro de Santa Catalina era el emplazamiento de una antigua atalaya que estaba situada muy próxima al lugar donde ahora se levanta *Elogio del horizonte*, la monumental escultura de hormigón del escultor vasco Eduardo Chillida.

La calle Tránsito de las Ballenas, el último recorrido de los cetáceos antes de ser transformados en saín.

Se tiene conocimiento de la existencia de al menos dos de estas atalayas. Una de ellas, situada al este de la población, en el cabo de San Lorenzo, pervivió hasta mediados del siglo XIX, época en la que, según narran los cronistas, estaba ya «muy arruinada». La otra, más próxima al casco antiguo, se hallaba en lo alto del montículo de Santa Catalina, en la misma península de Cimadevilla donde se ubica el casco antiguo. Muy cerca de esta última estuvo también la capilla, hoy desaparecida, dedicada a santa Catalina, antigua patrona del Gremio de Mareantes. En Xixón, la remuneración del atalayero consistía en un sueldo fijo pagado con cargo a la primera ballena capturada, con primas adicionales en función de las otras capturas que divisara. Un libro de cuentas del año 1697 nos precisa que en aquella costera el atalayero recibió un total de 154 reales en compensación por las ballenas avistadas.

En la memoria que Felipe Canga-Argüelles redactó en 1841 para la Real Academia de la Historia, el académico relata que examinó con detenimiento el Archivo del Gremio de Mareantes de la ciudad y describe diversos documentos allí conservados. Punto por punto transcribe las ordenanzas de 1678 sobre la «caza de ballenas y remates» que regulaban el procedimiento de captura. Si algún marinero, impulsado por la codicia, se saltaba las normas, sería multado y expulsado del Gremio y nunca sería readmitido. También especificaban cómo debían repartirse los beneficios: una cuarta parte de la ballena había de ser para los armadores; el vientre, para la «gloriosa Santa Catalina», advocación de la iglesia del lugar; una de las «alas», para el «apresador» (arponero), y la otra se debía repartir entre la comunidad; y lo que quedase se distribuiría por «soldadas» entre el resto de los participantes en la captura, y a las viudas de los marineros difuntos se les daría «media soldada». El beneficio principal que se obtenía de una ballena era la grasa, de la cual se recogían 3.000 kilos de aceite, mientras que de un ballenato se podían sacar hasta 200 arrobas o cántaras de aceite. La última ballena procesada en el puerto de Xixón fue apresada en 1722.

QUÉ VEREMOS

El emplazamiento de la antigua atalaya, situada en el montículo de Santa Catalina, sobre el cerro que hoy domina la cancha de baloncesto.

La calle Tránsito de las Ballenas, que era originalmente una calzada en forma de suave rampa por la que se subían en barricas los pedazos de las ballenas que se despiezaban en la playa. La calzada conducía a los bastimentos situados en lo que hoy es la calle Artillería, donde se cree que se hallaban los calderos de extracción del saín.

El cercano cabo de San Lorenzo, emplazamiento de otra atalaya, desde cuyo moderno mirador se divisa una magnífica vista de la ciudad y la costa adyacente.

Llastres

Período de actividad ballenera

Siglos XVI-XVIII (aunque probablemente existiera actividad anterior)

Cita más antigua de actividad ballenera

1599

Luis de Valdés, en sus *Memorias de Asturias* de 1622, recogía que «en Lastres se solían matar muchas ballenas, año hubo en que se mataron ocho, doce y más». Lamentablemente, los sucesivos conflictos bélicos en los que se vio involucrada la villa llevaron a la destrucción de los archivos que documentaban esta pesca.

Panorámica del pueblo de Llastres desde el mirador de San Roque.

ASTURIAS

La primera sensación que uno tiene cuando llega a Llastres (Lastres) es la de que ha acertado. Encaramado sobre unos acantilados frente al mar y a los pies de la sierra del Sueve, se halla el apiñado grupo de casas que en 2010 fue distinguido como «pueblo ejemplar de Asturias». El origen de la localidad parece remontarse a un asentamiento romano que era cabeza de puente para los minerales extraídos de la región. Durante la Edad Media adquirió importancia como puerto pesquero y ballenero, y su población aumentó. Al estallar la guerra de Sucesión a principios del siglo XVIII, sufrió ataques navales, lo que condujo a la fortificación del puerto, y durante la guerra de Independencia española, en 1809, la cercana villa de Colunga, donde se guardaban los archivos de la población, sufrió un saqueo por parte de las tropas francesas, y su documentación histórica, en gran medida, se quemó. En la actualidad la villa vive sobre todo del turismo.

HISTORIA BALLENERA

A pesar de que las referencias indirectas sobre Llastres indican que este puerto fue muy activo en la pesca ballenera, la información disponible acerca de esta explotación es escasa, y los registros están llenos de vacíos causados por la pérdida de los archivos históricos de la población. Sabemos, eso sí, que durante los primeros años de actividad esta fue monopolizada por armadores y mareantes vascos, que acudían a este puerto con marinería experta y utensilios para la caza. Como en otros puertos de la costa, los vascongados estaban obligados a pagar el respectivo diezmo a la Iglesia, que solía consistir en una barrica de grasa por la primera ballena cazada. Sin embargo, estos diezmos, así como las tasas satisfechas por el uso del puerto, eran insignificantes en comparación con los beneficios que se obtenían de la caza de los cetáceos. Por ejemplo, en 1599, el puerto fue arrendado por dos años por la cantidad de 492 ducados, lo que probablemente no representara ni una cuarta parte de lo que entonces se obtenía por una sola ballena. Cuando, más tarde, los arponeros vascos fueron sustituidos por mareantes locales, estos se rebelaron contra los impuestos eclesiásticos. Así, hay constancia de que en 1610 los pescadores de Llastres se negaron a pagar el diezmo correspondiente a los canónigos del cabildo ovetense, que consistía en la sempiterna barrica de grasa por la primera ballena muerta.

Llastres mantuvo una actividad ballenera sostenida durante varios siglos. Pero, a principios del siglo XVIII, ya con la ballena franca casi desaparecida del Cantábrico, la industria se esfumó. Los últimos registros de los que tenemos constancia son los de la venta de unas barricas de grasa en 1714. Aun así, la actividad dejó una impronta que dio identidad a la villa, ejemplificada por lugares como el antiguo barrio de los Balleneros, situado en la parte baja del pueblo. En diversas ocasiones, el oleaje ha desenterrado en las playas huesos que los vecinos han ido retirando para guardarlos en sus hogares.

QUÉ VEREMOS

El barrio de los Balleneros. Es el núcleo más antiguo de Llastres. Constituye un enrevesado laberinto de callejuelas empedradas flanqueadas por palacetes, casonas y humildes casas de pescadores. El barrio desciende desde la calle Real hacia la Torre del Reloj, y finalmente se precipita hasta la playa de El Escanu. En las numerosas bodegas que un día allí existieron se reunían los pescadores para relatar sus aventuras en la mar, y se dice que, hasta no hace mucho tiempo, en aquellos tugurios aún se conservaban antiguos bancos y asientos construidos con huesos de ballena.

La casa de ballenas. En las proximidades de la parte donde la calle Fragua desemboca en la Dajada al Puerto, bordeando la playa de El Escanu, se hallaba la antigua «casa de ballenas», que sobrevivió hasta principios del siglo XVIII.

Sobre un promontorio situado en el margen septentrional del casco antiguo se encuentra el mirador de la Atalaya, lugar desde donde se vigilaba el paso de las ballenas.

Capilla de San Roque. Fue erigida en 1616 por los Robledo Victorero, una próspera familia de navieros de la localidad que, cómo no, además de armar barcos para el comercio también se involucraron en la pesca ballenera. Sus campanas repicaban cada vez que en el horizonte se divisaba un cetáceo.

En la punta Misiera, situada al norte de la villa, existió también una atalaya de avistamiento de ballenas. Aunque su emplazamiento exacto es desconocido, pues de ella solo han llegado referencias escritas, sabemos que se hallaba próxima a donde hoy se levanta el mirador de San Roque. Desde allí se divisan la rada y un amplio segmento de costa, y la vista alcanza varios kilómetros mar adentro. Cuando se descubría el soplo de un cetáceo en el horizonte, los vigías encendían una hoguera para avisar a los armadores o hacían repicar las campanas de la vecina capilla de San Roque.

El hueso de ballena que corrigió un error

A pocos kilómetros de Llastres se encuentra la minúscula parroquia de Gobiendes, donde podemos encontrar un delicioso conjunto de hórreos. Estas construcciones están destinadas a almacenar los productos de la cosecha para preservarlos de la humedad. Entre estos hórreos destaca uno que en una de sus esquinas fue extrañamente nivelado mediante una vértebra de ballena. Así, veremos que el hórreo se levanta sobre cuatro pilares o «pegollos» de piedra coronados por una piedra circular o «muela», que tiene como función evitar que los roedores que pueblan el suelo de los alrededores puedan encaramarse por el pegollo y acceder al interior del hórreo para devorar el preciado alimento que se guarda en su interior. El hueso de ballena está colocado entre la muela y el punto de encuentro de dos de las vigas que constituyen la base del hórreo, compensando lo que al parecer fue un error del constructor, que ubicó en aquella esquina un pegollo demasiado corto. El origen de la vértebra se ha perdido en la historia, pero es lógico pensar que procede de alguna ballena procesada en Llastres.

Llanes, Ribeseya

Período de actividad ballenera

Siglos XV-XVII

Cita más antigua de actividad ballenera

Siglo XV

En Llanes, la subasta del saín de las ballenas se celebraba «a candela encendida», una costumbre de venta asturiana destinada a evitar reclamaciones.

Situada entre las estribaciones de la cordillera del Cuera, los Picos de Europa y el mar Cantábrico, Llanes goza de maravillosas playas y zonas naturales, hoy afortunadamente protegidas. Es, sin duda, uno de los pueblos más bonitos de Asturias. Tuvo un gran desarrollo entre los siglos XIII y XVII gracias a su puerto, y ello llevó a Alfonso XI a concederle la prerrogativa de celebrar dos ferias anuales y disponer de su propio alfolí o almacén de la sal, lo que en la época constituía un notable privilegio. Aunque aún mantiene una actividad pesquera residual, hoy vive esencialmente del turismo. Su casco histórico permanece parcialmente amurallado y alberga antiguos edificios nobles, como la basílica de Santa María del Concejo y algunos palacetes burgueses —Casa Rivero, Casa del Conde de la Vega del Sella o de El Cercado—. Extramuros encontramos también el antiguo convento de la Encarnación, la torre medieval o el edificio del Casino, de principios de siglo.

Zona de la dársena en Llanes.

ASTURIAS

HISTORIA BALLENERA

El Gremio de Mareantes fue creado en el siglo XIII, y las primeras noticias documentales acerca de su participación en la pesca ballenera datan del siglo XV. Tal fue la implantación de la actividad en la villa que se llegaron a pagar multas al Ayuntamiento con grasa de ballena. Las costeras estaban financiadas por las arcas municipales, si bien se mantenía la dependencia foránea y la contrata de personal experimentado se hacía en puertos vascongados, muy a menudo en el de Getaria. Los conflictos por la pesca ballenera con otras localidades cercanas fueron frecuentes, sobre todo con el puerto de Comillas, con el que mantenían una rivalidad por el monopolio de la industria en la zona. La subasta de los productos obtenidos seguía el ritual de «la candela encendida», un procedimiento que consistía en encender una candela de sebo junto a las barricas puestas a la venta. Mientras la llama permanecía viva, los postores podían presentar sus pujas, concluyendo la subasta en el instante exacto en que la candela se consumía por completo y la llama se extinguía. Esta práctica evitaba que potenciales licitadores reclamaran derechos por pujas presentadas fuera de plazo o en otros lugares. Los beneficios, una vez pagados los derechos de alcabala o impuestos reales, se ingresaban en las arcas de la villa.

Como en el resto de los puertos cántabros, la caída de la abundancia de ballenas comportó el declive de la industria a principios del siglo XVII. Ya en 1620 y 1622, los mareantes de Llanes decidieron enrolarse en expediciones vizcaínas que viajaban al norte del Atlántico, abandonando así la pesca costera de ballenas en sus aguas.

A finales del siglo XVI, el obispo y consejero del Santo Tribunal de la Inquisición Pedro Junco de Posada, llanisco de nacimiento, viendo próxima su muerte, se arrogó los derechos de enterramiento en la nave central de la iglesia parroquial. Sin embargo, sus convecinos se opusieron a lo que consideraban un abuso del prelado e interpusieron un pleito. Como litigar contra la Iglesia, y más contra un canónigo doctor en Derecho Civil y Eclesiástico, era muy costoso, los vecinos se vieron obligados a subastar sus derechos de la ballena durante tres años para cubrir los gastos del pleito. Pero se salieron con la suya y al inquisidor no le quedó otro remedio que ordenar que, cuando llegara el momento, sus restos fueran inhumados en la capilla que para tal fin edificó en el palacio del Cercado, construido solo cinco años antes de su muerte. Aquella no fue la única inversión provechosa que el pueblo de Llanes hizo con los derechos de la ballena. Desde principios del siglo XV, con ellos costeaban el sueldo del cirujano y el médico; al maestro le pagaban un tanto por cada niño al que enseñaba a leer y una cantidad mayor cuando este demostrara que sabía escribir.

QUÉ VEREMOS

La zona de la dársena, lugar donde se despiezaban buena parte de las ballenas capturadas y alrededor de la cual se hallaban los hornos de extracción del saín.

La Casa de las Sirenas, donde el gremio de mareantes repartía los beneficios de las ballenas entre los participantes en su captura.

La capilla de Santa Ana, cuya plaza constituía el centro de la actividad del puerto. Se dice que en su construcción se emplearon como vigas costillas y mandíbulas de ballena. En la plaza se encontraba la antigua «casa de ballenas», lugar principal de procesamiento de las partes de los cetáceos capturados.

La playa de El Sablón, donde también se descuartizaban cetáceos, al borde de la cual también se levantó una antigua casa de ballenas cuyas vigas estaban formadas por costillas de ballena.

El paseo de San Pedro, una vía elevada frente del mar a lo largo de la cual se disponían las antiguas atalayas que servían no solo para el avistamiento de cetáceos, sino también para la vigilancia costera. Actualmente sobreviven dos de estas torres, cada una en un extremo del paseo.

A medio camino entre estas dos atalayas puede verse la cueva de San Pedro, señalizada con una cruz de piedra en su techo, que servía de refugio a los vigías cuando el mal tiempo hacía imposible la vigilancia.

En la cercana Ribeseya (Ribadesella) se sabe que en algún momento también se capturaron ballenas, si bien las referencias documentales sobre esta pesca son mucho más escasas que en Llanes, lo que indudablemente refleja una menor actividad. Se especula que su casa de ballenas estaría situada o bien en las cercanías de la playa de Santa Marina o bien

Atalayas situadas en la zona occidental (*izquierda*) y oriental (*derecha*) del paseo de San Pedro de Llanes.

donde ahora se encuentra el moderno puerto, ya en el interior del río Sella, lugar hasta donde los pescadores solían remolcar los cetáceos capturados para descuartizarlos a resguardo de las olas. En la parte oriental del casco antiguo, sobre un montículo conocido como la Atalaya, existe un edificio denominado como la Torre de la Atalaya, que es un bastimento levantado en el siglo XIX sobre los restos de una antigua torre defensiva medieval. Sin embargo, aunque el lugar podría haber sido empleado en el avistamiento de ballenas, no hay evidencia alguna de que esta haya sido nunca su función principal. Finalmente, en las afueras de la villa se encuentra la cueva de Tito Bustillo, una caverna que preserva un importante conjunto de pinturas del Paleolítico (33000 a 10000 a.C.), entre las que se halla una de las pocas representaciones de una ballena existentes en nuestro legado rupestre. El conjunto está incluido en la lista del Patrimonio de la Humanidad de la Unesco.

Casa de las Sirenas, conocida con este nombre por la pareja de sirenas que el cincel del cantero estampó en la piedra que forma la base del marco exterior de una de sus ventanas.

Capilla y plaza de Santa Ana de Llanes.

Un trueno sordo y lejano, la señal de una matanza

Sucedió el 15 de enero de 1800. En San Antonio de Mar, una protegida playa situada a medio camino entre Llanes y Ribadesella, vararon de manera accidental más de cuatrocientos calderones. Estos cetáceos pertenecen a la familia de los delfínidos y reciben su nombre por la cabeza en forma globosa que les confiere un aspecto parecido al de los cachalotes. Alcanzan una longitud de 6 o 7 metros y un peso de 3 o 4 toneladas. Debido a la abundancia de grasas que contiene su cuerpo, históricamente fueron perseguidos para extraer de ellos aceites de gran pureza que se empleaban como lubricantes de mecanismos de relojería y precisión. Por tanto, para llaniscos y riosellanos, aquello era un regalo caído del cielo, y reaccionaron sin dudarlo. Como recoge la *Gazeta de Madrid* del 7 de febrero de aquel año, «los paisanos de la comarca acudieron en tropel con sus palos y hoces a acabarlos de matar antes que la mar volviese a arrebatarlos. [...] El estrépito y bramidos fueron tales, que su ruido llegó a percibirse por la noche a manera de un trueno sordo y lejano a distancia de 2 y 3 leguas». A pesar de esta energía en el ejercicio de la matanza, el mismo redactor de la noticia se preguntaba qué provecho real habrían obtenido los paisanos de todo aquello, pues sin duda carecían del conocimiento y de los utensilios necesarios para procesar de manera adecuada los despojos de los desafortunados calderones.

San Vicente de la Barquera

Período de actividad ballenera
Siglos XIII-XVII

Cita más antigua de actividad ballenera
Durante el reinado de Alfonso X el Sabio (1252-1284)

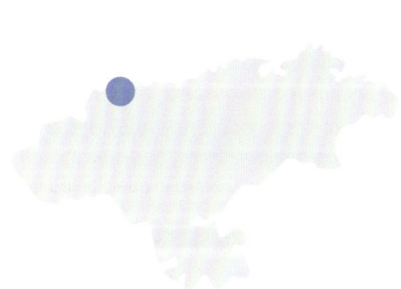

CANTABRIA

A pesar de que su pasado ballenero es bien conocido, en el siglo XVII su puerto perdió vitalidad por culpa de tres grandes incendios y varias epidemias infecciosas, y ello hizo desaparecer la documentación histórica, así como cualquier rastro de atalayas o edificios relacionados con la pesca de cetáceos.

En la actualidad, San Vicente de la Barquera cuenta con poco más de 4.000 habitantes y vive fundamentalmente del turismo. Sin embargo, en el medievo fue uno de los puertos más importantes de la cornisa cantábrica y de los primeros en tener tejido urbano. En 1210 Alfonso VIII lo reconoció como villazgo y le otorgó fueros especiales para que se convirtiera, al igual que Castro-Urdiales, Santander y Laredo, en vía de salida marítima del comercio de Castilla. Se constituyó, así, la denominada Hermandad de las Cuatro Villas de la Costa de la Mar, cuyo principal objetivo era frenar la expansión de la Liga Hanseática en el sur de Europa. En el siglo XVI, la Hermandad llegó a controlar casi la mitad del comercio cantábrico.

Sin embargo, para su desgracia, San Vicente sufrió tres devastadores incendios que quebraron su nervio comercial. El primero tuvo lugar en 1483 y arrasó el núcleo principal de la villa. El segundo fue en 1563 y afectó la dársena y los edificios anejos, lo que forzó a muchos pescadores barquereños a trasladarse al vecino puerto de Comillas. El último incendio ocurrió el 12 de agosto de 1636 y por su causa murieron más de quinientas personas, lo que en aquella época bien pudo haber representado la mitad de la población. Todo ello, unido a varios brotes muy agresivos de cólera morbo y otras epidemias, precipitaron el declive del puerto. En la villa tan solo sobrevivió una actividad pesquera menor, que más tarde daría lugar a una modesta industria de la salazón.

San Vicente de la Barquera.

HISTORIA BALLENERA

La fuente más antigua que da noticia de una actividad ballenera en la costa cántabra es un documento sin fecha que data del reinado de Alfonso X el Sabio, es decir, de la segunda mitad del siglo XIII. En él se detallan los aranceles de las distintas aduanas y se especifica que los productos de la ballena quedaban exentos de peaje desde Castro-Urdiales hasta San Vicente de la Barquera, aunque no queda claro si esta última localidad aparece citada por su preeminencia ballenera o simplemente como delimitación topográfica.

Fuera como fuese, además de esta exención, al menos desde 1328 los mareantes de la villa disfrutaron del privilegio de pescar y descargar mercancía con total exclusividad en una extensión de dos leguas hacia Santander y otras dos hacia Llanes. Ello propició el crecimiento de San Vicente y convirtió su puerto en el principal de los que conjuntamente constituían la Hermandad de las Cuatro Villas. Es cierto que de los siglos XV y XVI han sobrevivido documentos que detallan impuestos o arrendamientos del puerto para la ejecución de costeras balleneras. Sin embargo, estos documentos son imprecisos acerca del lugar en el que se ejercía la actividad, y es probable que el rol de San Vicente de la Barquera fuera de capitalidad y que la actividad ballenera se desarrollara, en realidad, en playas o localidades vecinas. No ayuda a clarificar estas dudas el hecho de que los sucesivos incendios destruyeran cualquier constancia escrita sobre la evolución local de la actividad y las cifras de captura o de producción de saín.

Por otra parte, se sabe que en los siglos XVI y XVII el puerto también se involucró en las pesquerías de Terranova y de los mares de Irlanda, pero la incompleta documentación impide conocer el papel real de los armadores o de la marinería local en estas expediciones. Lo que sí parece cierto es que el progresivo declive del puerto a partir del siglo XVII hizo que los mareantes de San Vicente acabaran abandonando tempranamente la actividad ballenera en beneficio de Comillas.

QUÉ VEREMOS

El convulso pasado de la villa ha hecho desaparecer cualquier resto físico de la actividad ballenera. Sin embargo, San Vicente de la Barquera merece una visita, no solo por ser uno de los pueblos más bonitos de la cornisa cantábrica, sino también por su abundante patrimonio histórico, entre el que destacan la Puebla Vieja, con edificios como el castillo del Rey, del siglo XIII, la Torre del Preboste, el Hospital de la Concepción, la iglesia de Santa María de los Ángeles o las ruinas del convento de San Luis.

Comillas, playa de Oyambre

Período de actividad ballenera
Siglos XV-XVII

Cita más antigua de actividad ballenera
Siglo XV

CANTABRIA

Desprovista de puerto natural y de privilegios de la Corona, Comillas solo comenzó a desarrollar la pesca ballenera cuando a principios del siglo XVI se construyó una dársena y el declive de San Vicente de la Barquera forzó el traslado de sus pescadores a esta localidad. En la fase final de la pesca de cetáceos, la villa lideró la actividad en Cantabria.

Comillas se halla asentada sobre unas suaves colinas que descienden hacia el mar Cantábrico. Se la conoce también como la «villa de los arzobispos», al haber sido sede de la Universidad Pontificia Comillas, y es una población repleta de nobles edificios medievales, barrocos y modernistas, entre ellos varios del arquitecto catalán Antoni Gaudí. Hoy cuenta con unos 2.000 habitantes. En el pasado vivió de la agricultura y la pesca, hasta que, a partir del siglo XIX, el turismo pasó a primer plano, cuando se convirtió en lugar de veraneo de la familia real y empezó a atraer a nobles y aristócratas. Por obra del marqués de Comillas, un controvertido hombre de negocios que amasó en Cuba una enorme fortuna gracias a la trata de esclavos y negocios navieros, Comillas fue la primera localidad de España en alumbrar sus calles con luz eléctrica.

HISTORIA BALLENERA

A pesar de no disponer de abrigo natural frente al oleaje cantábrico y de carecer de privilegios eclesiásticos y reales, a medida que avanzó el siglo XV la villa de Comillas fue poco a poco consolidándose como puerto pesquero. Su industria ballenera se desarrolló tardíamente, cuando San Vicente de la Barquera, que anteriormente había acaparado el protagonismo de la actividad gracias a los derechos otorgados por la Corona, entró en declive por los

Barrio medieval de Comillas, presidido por la «nueva» iglesia de San Cristóbal, que fue edificada gracias a los donativos procedentes de la pesca de la ballena.

sucesivos incendios y brotes de cólera que sufrió y que llevaron a muchos de sus pescadores a trasladarse a Comillas (véase la página 268). El desplazamiento del centro de gravedad del negocio ballenero de un puerto a otro no estuvo exento de roces, y a lo largo del siglo XVI surgieron numerosos pleitos entre las dos villas para hacerse con el control exclusivo de la explotación. El pulso se resolvió con la confirmación de la expansión de Comillas en detrimento de San Vicente. Por encima de aquellas disputas estuvo siempre la abadía de Santillana, que, con independencia de cuál de las dos villas resultara ganadora, siempre disfrutaba del monopolio de los diezmos gracias a su derecho de pecio sobre los animales muertos o varados en aquel tramo de costa. A partir de 1603, el puerto inició un proceso de modernización. Las reformas, que duraron más de un siglo, acabaron de impulsar la industria balle-

nera, aunque no tanto por que facilitaran la captura de los cetáceos, ya que esta siempre se realizó desde pequeñas embarcaciones costeras, sino por el hecho de que los nuevos muelles permitían el atraque de los buques de gran porte necesarios para dar salida al saín.

La franja de costa controlada por Comillas abarcaba desde la ensenada de Luaña hasta el cabo de Oyambre, por lo que se extiende unos 5 kilómetros a cada extremo de la población. Las principales atalayas estuvieron ubicadas en lo alto de los acantilados de Trasierra, sobre el cabo de Oyambre y en el montículo de Casasola, aunque se sabe que también hubo apostaderos en Rovacías, Santa Lucía y los altos de Trasvía. Los enormes calderos donde se cocinaba la grasa de las ballenas se ubicaban en las proximidades de la parroquia de San Cristóbal.

Los archivos secretos del Vaticano conservan un minucioso informe redactado en octubre de 1660 por el canónigo suizo Pellegrino Zuyer al concluir una visita a Cantabria, en el que se lee: «En el puerto de Comillas no pueden entrar barcos grandes, no habiendo más que pequeñas barcas de pescadores que capturan gran cantidad de besugos y, casi todos los años, ballenas, que por aquí pasan frecuentemente, por lo que en otoño están muy vigilantes, y continuamente tienen algún hombre sobre la cima de las montañas cercanas al mar para avistarlas de lejos y avisar para que vayan al encuentro de dichas ballenas».

A finales de siglo XVII, la pesca de cetáceos empezó a decaer debido a su escasez, y a la monopolización del mercado por parte de los holandeses. Cuando, en 1785, Antonio Sáñez Reguart documentó su monumental *Diccionario de los artes de la pesca*, buscó en Comillas noticias sobre arponeros y constató: «Esta pesca cesó en este puerto en el año 20 de este siglo, según me lo asegura don Juan Díaz de la Madrid, hijo del último armador y que tiene ya ochenta y tres años de edad». Por tanto, el año 1720 parece ser la fecha de la última ballena procesada en Comillas, lo que hace que este puerto fuera el

último de Cantabria en pescar ballenas. Aun así, en 1888 Cesáreo Fernández Duro, en sus *Disquisiciones náuticas*, registra la existencia en aquella fecha de una «casa de ballenas» en Oyambre, y señala que la impronta ballenera en la localidad había sido tan profunda que sus vecinos mantuvieron durante mucho tiempo lazos con el negocio. El caso más conocido fue el del capitán de barco y naviero comillano Ignacio Fernández de Castro (1793-1881), que se enriqueció con la pesca ballenera en otras latitudes y gracias a ello creó una línea regular marítima que unía Cádiz con Extremo Oriente.

QUÉ VEREMOS

Comillas ofrece al visitante un formidable patrimonio arquitectónico con edificios modernistas, como El Capricho (la Villa Quijano), el cementerio, la antigua Universidad Pontificia, el palacio de Sobrellano o la iglesia de San Cristóbal.

Directamente relacionados con su pasado ballenero, destacan:

- El promontorio de Rovacías. Este era el principal punto de observación comillano desde donde los vigías oteaban el horizonte en busca de cetáceos. El actual mirador permite contemplar el puerto y las aguas vecinas.

- La ermita de Santa Lucía. Cuenta la tradición que allí se dirigían los balleneros de la localidad para solicitar la protección de la Virgen de Santa Lucía antes de salir a la mar. Cuando las aguas del Cantábrico se enfurecían, su campana tañía con fuerza avisando a los mareantes del peligro.

- El promontorio de la Garita, próximo al cementerio, otro avistadero de cetáceos.

- La antigua casa de ballenas, lamentablemente hoy reformada y transformada en cuartel

Retozando sobre la lengua de la ballena

Sucedió en Comillas en 1680. Una muchacha llamada Andrea Gutiérrez y un muchacho llamado Baltasar de la Torre, hijo de un importante arponero local, se hallaban supuestamente envasando aceite de ballena para más tarde llevarlo a Campoo para su venta, cuando una vecina entró inopinadamente en la estancia y descubrió con sorpresa que «estaban retozando y [al ser descubiertos] cayeron sobre el pellejo de ballena». La escena debió de ser muy apasionada, pues la

testigo «les hizo levantarse de encima del pellejo porque no se le rompiese». Avisada, la madre de la muchacha «vino con un candil y le dio la torta». Al parecer, la bofetada no fue suficiente, pues el padre de Andrea incoó una querella penal contra el lujurioso Baltasar, acusándolo de «andanzas non sanctas». No tenemos constancia de cómo resolvió el juez la querella, pero el Archivo Histórico Provincial de Cantabria preservó para la posteridad el expediente del caso.

Mirador de Rovacías.

Antigua casa de ballenas, ahora cuartel general de la
Guardia Civil.

Ermita de Santa Lucía, situada sobre el casco histórico. Se llega a ella por el camino de Santa Lucía, que nace en
la plaza situada frente al palacio de El Espolón, hoy convertido en centro cultural, y desde su mirador se disfruta
una fantástica vista de la costa y la villa.

de la Guardia Civil. El edificio servía como
lugar de procesado y almacenaje de los
productos de ballena, y para celebrar las
reuniones en las que se repartían los beneficios del procesado y se subastaban los
derechos de uso del puerto.

- El municipio ha articulado un itinerario que
denomina Ruta Ballenera y Pesquera, que recorre los principales lugares de interés relacionados con esta parte de su historia. En
cada uno de ellos hay pedestales que ofrecen
contenido multimedia que se puede descargar mediante conexión de dispositivos mó-
viles a una *app* municipal.

- Piedra de las Ballenas. Se trata en realidad
de un conjunto rocoso situado frente a la
playa y que sobresale de la superficie del
mar. Era el lugar sobre el que se colocaban
las ballenas para su despiece, ya que, al es-

Piedra de las Ballenas, playa de Comillas.

a una gran variedad de especies de aves terrestres y a una rica fauna marina. En el siglo XX estuvo en el punto de mira de proyectos urbanísticos, pero, por suerte, estos pudieron evitarse con la declaración del paraje como parque natural. Curiosamente, la playa se hizo famosa por haber sido la pista improvisada de aterrizaje del primer vuelo transatlántico desde Estados Unidos, realizado en 1929 por el Pájaro Amarillo. El avión, procedente de Maine, tenía como destino final París, pero tuvo que interrumpir el recorrido por falta de combustible, causada por el sobrepeso de un polizón que había embarcado a escondidas con la intención de emigrar a Europa.

tar las rocas lavadas continuamente por el oleaje, se evitaba que la sangre y los fluidos corporales de estos animales enfangasen la arena. Así, se mejoraba la higiene y se evitaba que quedara en el lugar un rastro nauseabundo que podía persistir durante meses.

- La antigua atalaya de Casasola, conocida como el Miradoiro, erigida en lo alto de un monte situado a unos 2 kilómetros al este de Comillas. Se halla extraordinariamente bien preservada y se supone que mantiene su estructura original, sin modificación alguna. Con buena vista, se puede ver desde la misma playa de Comillas.

- Oyambre. La punta de Oyambre protege una playa de más de 2 kilómetros de longitud, resultado de la confluencia de dos grandes rías. Es un paraje espectacular donde se combinan ecosistemas de dunas con marismas y frondosos bosques que dan refugio

- Santillana del Mar. En el siglo XI, Fernando I de Castilla puso bajo la soberanía de la colegiata de Santa Juliana, popularmente co-

Atalaya de Casasola.

nocida como la abadía de Santillana, la villa del mismo nombre y los puertos pesqueros próximos. Gracias a ello, la colegiata experimentó un auge que no fue ajeno a los diezmos que con mano férrea el abad recaudaba de las ballenas que caían bajo los arpones de los esforzados mareantes comillanos y barquerenses. Aunque la abadía no refleja en ninguno de sus elementos constructivos su agradecimiento por la que fuera una de sus principales fuentes de prosperidad, el conjunto monumental, así como la extraordinariamente bien conservada villa de Santillana, merecen una visita. Eso sí, el viaje debería programarse fuera de la temporada turística para eludir la insufrible afluencia de visitantes que durante la época alta padece la localidad.

Punta y playa de Oyambre. Al carecer de población, la playa estuvo siempre explotada por mareantes foráneos: primero por vascos, debido a las concesiones otorgadas por San Vicente de la Barquera, y más tarde por balleneros comillanos. En lo que ahora es una antigua edificación situada en el campo de golf, se hallaba la antigua «casa de ballenas».

Las ballenas que salvaron al pueblo de la excomunión

A principios del siglo XVII, Comillas dependía administrativamente de la duquesa del Infantado, cuyo consorte, Juan Hurtado de Mendoza, era al parecer una persona arrogante y despótica. La cuerda se fue tensando entre lugareños y feudatario hasta que un domingo de 1617, durante la celebración de la misa, se produjo un enfrentamiento por unos asientos. Aquello desembocó en una rebelión en toda regla. El párroco se puso del lado de la duquesa y los comillanos juraron no volver a pisar la iglesia. El litigio se dirimió en un juicio en el que la Iglesia, enfurecida por el hecho de que el populacho le plantara cara, sancionó a la villa con un año de excomunión. Los feligreses se veían, así, impedidos a recibir los santos sacramentos, encaminándose sin remisión hacia las tinieblas del averno.

Finalmente, el alcalde logró un acuerdo. Los comillanos construirían con sus propios medios un segundo templo en el que no existirían privilegios de asiento. Durante varias décadas, cada hombre hábil de la localidad reservó un día a la semana para trabajar en la construcción de la nueva iglesia y los materiales se costearon con donativos procedentes de la pesca de la ballena. De cada ejemplar capturado, los devotos comillanos separaban tres partes: una para el atalayero, otra para el consistorio, y la tercera para la construcción del templo. Así fue edificada la actual iglesia parroquial de San Cristóbal. La antigua iglesia gótica del siglo XVI fue abandonada y se reutilizó como cementerio, de modo que el camposanto quedó curiosamente encerrado en el interior de las antiguas naves. A finales del siglo XIX, el cementerio fue remodelado por el arquitecto modernista catalán Lluís Domènech i Montaner y, desde entonces, es bien conocido sobre todo por la colosal escultura encaramada en lo alto de uno de los muros de la vieja nave mayor. La figura representa al fiero ángel Abadón, quien, según el libro del Apocalipsis, era el general del Imperio de las Tinieblas que poseía la llave del Abismo sin Fondo. Además, este ángel era el responsable, cuando llegara el fin de los tiempos, de lanzar las plagas de langostas que acabarían con la humanidad. Sin duda, una alegoría y fiel recordatorio del terrible destino al que se hubieran enfrentado los feligreses comillanos de no haber sacrificado el sudor de su frente y una parte de las ballenas por ellos capturadas a la erección del nuevo templo.

Santander, Museo Marítimo del Cantábrico

Período de actividad ballenera
Siglos XIV-XVII

Cita más antigua de actividad ballenera
1329

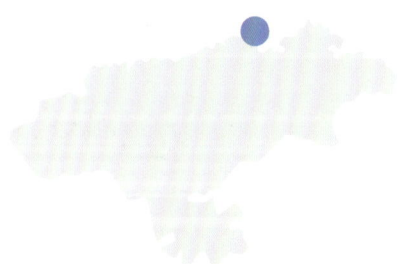

CANTABRIA

El papel de la ciudad en la explotación ballenera se limitó a aspectos subsidiarios y de comercialización, pero su Museo Marítimo exhibe una excelente colección de restos óseos de cetáceos.

Si bien la ciudad contaba ya en la época romana con asentamientos humanos, en el siglo XII, una vez que el rey Alfonso VIII de Castilla dotó a la villa de Santander de fuero, fue cuando comenzó la lenta transformación que la llevó a convertirse en un importante puerto comercial y militar. De Santander partió en 1248 la flota de buques que liberó Sevilla del dominio musulmán, y la gesta quedó recogida en el escudo de la ciudad, que muestra la Torre del Oro sevillana y, junto a ella, la nave del almirante Ramón de Bonifaz penetrando las defensas enemigas. Sin embargo, durante un largo período, el desarrollo del puerto de Santander se vio limitado por los privilegios, a menudo de exclusividad, que ostentaba el de San Vicente de la Barquera. Estas regalías impulsaron este último puerto en detrimento de otros competidores en Cantabria. A partir de finales del siglo XIV, en Santander se construyeron unas importantes Atarazanas Reales, lo que ya la confirmó como la principal base naval del Cantábrico. Pero no fue hasta el siglo XVIII y, sobre todo, el XIX, cuando la ciudad creció en población e importancia comercial, generando una burguesía que pasó a dominar administrativamente el territorio. Ello permitió a Santander asumir la capitalidad, primero de la provincia y, más tarde, de la Comunidad Autónoma de Cantabria. Hoy la villa cuenta con más de 170.000 habitantes y su actividad económica se fundamenta en la cultura, el ocio y el turismo.

Un acta del Ayuntamiento del 27 de enero de 1602 detalla el amplio uso que se hacía del aceite de ballena en el alumbrado de Santander, y los protocolos de 1628 de un escribano local recogen el importante tráfico de barba de ballena que tenía lugar en su puerto.

HISTORIA BALLENERA

Aparte de una escritura de 1329 conservada en el archivo de su catedral, que menciona que en la playa del Sardinero se había acondicionado una heredad para el descuartizamiento de ballenas y que, en pago a este servicio, sus propietarios tenían el derecho a recibir la «cabellera» (¿las barbas?) y el corazón de los ejemplares capturados, hay muy poca constancia de que en Santander se hayan procesado cetáceos. La participación de la localidad en esta actividad parece haberse limitado casi exclusivamente a los aspectos subsidiarios comerciales de la industria, es decir, a la gestión administrativa de los arrendamientos de otros puertos, a la aportación de capital a armadas de otras localidades o a la comercialización y exportación de los productos.

A pesar de ello, su capitalidad regional llevó a que, cuando a finales del siglo XVIII el naturalista ilustrado Antonio Sáñez Reguart, desde su cargo como comisario de la Corona para el impulso de la pesca marítima, intentara relanzar la pesca ballenera en nuestro país para explotar los ricos caladeros de cetáceos de la Patagonia argentina, Santander fuera una de las sedes de la Real Compañía Marítima de Pesca creada para tal fin. De este puerto fueron varios los notables que aportaron capital a la empresa y muchos los marinos que tripularon sus naves (véanse las páginas 54-55). Ello explica que el 26 de noviembre de 1789 la primera expedición ballenera de la Real Compañía zarpara del puerto de Santander. Sin embargo, el destino hizo que la iniciativa de Sáñez Reguart acabara en un completo fiasco y que por ello su impacto en el tejido pesquero, comercial o económico de la ciudad finalmente resultara ser prácticamente inexistente.

Debido a su papel subsidiario en la pesca ballenera, en Santander no podemos ver ninguna huella tangible de la industria en sus edificios históricos o en su iconografía. Eso sí, en el muelle portuario de San Martín de Bajamar, junto a la playa de los Peligros, la ciudad alberga el Museo Marítimo del Cantábrico, una de las entidades culturales más importantes de la península en esta materia, donde sí hallamos algunas referencias de interés.

El Museo se organiza en cuatro grandes áreas expositivas: la vida en la mar, los pescadores y las pesquerías, la historia marítima y la vanguardia tecnológica marina. La museografía de todas las secciones es excelente, con abundancia de modelos y maquetas de gran belleza. Sin embargo, la pesca ballenera, que de manera natural podría haber tenido una presencia importante en cualquiera de las áreas, no ha sido abordada. De hecho, las muy escasas referencias a esta industria que tanto marcó el desarrollo y la riqueza de los puertos cántabros se hallan incluidas en la sección de la vida en la mar y carecen de contextualización, por lo que pasan prácticamente inadvertidas. Curiosamente, ni siquiera la sala que aborda los aspectos históricos incluye mención alguna al tema, a pesar de estar dedicada a Rafael González Echegaray, un reconocido historiador naval santanderino entre cuyas principales obras está el sesudo y bien documentado estudio académico titulado *Balleneros cántabros*.

Eso sí, el apartado del Museo dedicado a la fauna marina exhibe una excelente muestra de cetáceos que incluye esqueletos comple-

La planta baja del Museo, aunque dedicada a la fauna marina en general, contiene una excelente muestra de esqueletos, huesos y otros materiales de cetáceos. En la muestra destacan el esqueleto de un rorcual común varado en la playa de el Sardinero —una hembra adulta de 23,5 metros de longitud y unas 90 toneladas de peso— y el de un cachalote que se halló flotando a la deriva cerca del cabo Mayor, el cual, al tratarse de un macho juvenil de tan solo 9 metros de longitud, al lado de la ballena parece un ejemplar menor.

tos de varias especies: el de un colosal rorcual común, un cachalote juvenil, un rorcual aliblanco y varios odontocetos de menor tamaño. La mayor parte de estos restos óseos provienen de la antigua colección de la Estación Marítima de Zoología y Botánica Experimentales de Santander, creada en 1886, que recopiló abundante material durante las postrimerías del siglo XIX. Entre estos restos, las únicas y variopintas referencias a la que fuera la industria ballenera se hallan en una vitrina: un arpón ballenero —que, de hecho, por su reducido tamaño, debió de emplearse en la captura de delfines y calderones—, la reproducción del sello consistorial del puerto ballenero vasco de Hondarribia y una barba pintada, recuerdo de una moderna expedición holandesa de pesca ballenera.

La muestra de cetáceos del Museo se completa con cráneos y restos de diferentes especies, como el esqueleto completo de un rorcual aliblanco —el más pequeño de los balenoptéridos, cuyos juveniles pueblan las aguas del Cantábrico—, así como una variedad de especies de delfines y zífidos.

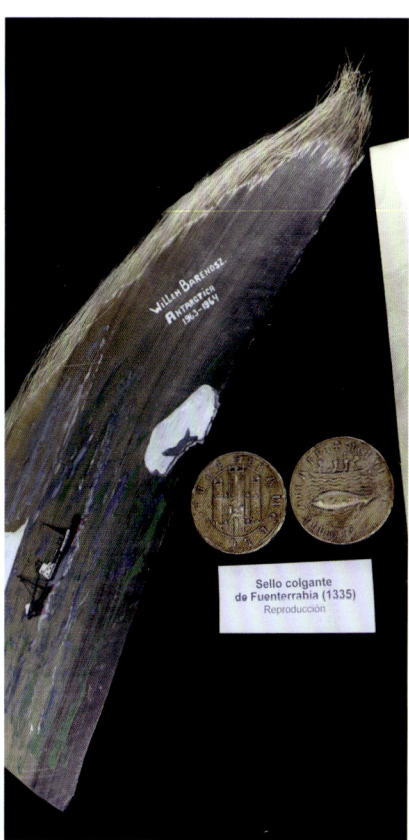

En una vitrina, la reproducción de un sello de Hondarribia —que muestra su escudo consistorial con una representación de la caza de una ballena— y una barba de rorcual común —pintada como recuerdo de la expedición de pesca ballenera del buque factoría holandés *Willem Barendsz* que en el verano austral de 1963-1964 debió de recalar en Santander camino de la Antártida— nos recuerdan la pesca ballenera.

Isla, cabo Quejo

Período de actividad ballenera

Desconocido

Cita más antigua de actividad ballenera

Siglo XVIII, aunque con seguridad hubo actividad anterior

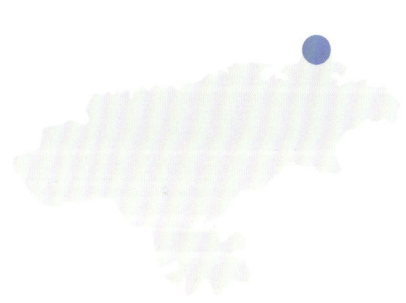

La «casa de ballenas» de Isla debió de estar operativa hasta principios del siglo XVIII. En 1713, el mayordomo secular de la iglesia parroquial anotó en su libro de fábrica la compra de mil tejas para reparar la cubierta de dicho edificio, una obra que se ejecutó en 1717 y por la que el procurador de Isla pagó 740 reales.

Isla es una pequeña localidad cántabra situada en el municipio de Arnuero. Forma parte de la comarca histórica de Trasmiera o Tresmiera, que se extiende entre las bahías de Santander y Santoña. El pueblo nunca tuvo un casco portuario compacto, sino que los antiguos edificios se esparcían frente a la playa, siguiendo la ría próxima al cabo Quejo, o en el interior, junto al palacio de los Condes de Isla, una disgregación que la urbanización moderna no ha hecho sino aumentar. Isla formó parte de la Junta de las Siete Villas y durante la Edad Media cobró importancia al ser uno de los puertos más próximos a Castilla. Históricamente, su actividad tradicional fue la pesca. En la actualidad sus generosas playas le permiten vivir de manera exclusiva del turismo, lo que hace que en los meses de verano su población se multiplique.

Vista desde el camino que conduce a la atalaya del cabo Quejo.

Panorámica de Isla, con la playa del Sable a la derecha, y, al fondo, Noja.

HISTORIA BALLENERA

La entrada de la ría y los pequeños promontorios rocosos que protegen de los embates del mar permitieron a la localidad reclamar su condición de puerto natural. Pero la ausencia en ella de un casco marítimo urbano dificultó la preservación de un corpus documental sobre su actividad ballenera. Aun así, como narra el historiador local Luis de Escallada, algunos documentos conservados en el Libro de Fábrica de la iglesia parroquial de San Julián de Isla y en el Archivo Histórico Regional de Cantabria mencionan la existencia de la casa donde se administraba la «pesca de ballenas», así como su reforma en el año 1717, momento en el que la pesca de cetáceos en el litoral se hallaba ya en pleno declive. Este edificio se levantaba junto a la ermita de San Sebastián, hoy aún existente, y seguramente era el lugar de almacenamiento de las barricas de saín que se extraía de las ballenas que se procesaban al abrigo del cabo Quejo y en las playas adyacentes.

👁 QUÉ VEREMOS

En la playa del Sable y adyacentes, en la actualidad frecuentadas por surfistas cuando sopla el viento del sureste, antaño se descuartizaban las ballenas que previamente habían sido avistadas desde los altozanos del cabo Quejo. En aquellas playas se improvisaban, según conveniencia, hogueras que alimentaban los calderos que servían para cocinar la grasa y extraer el saín. Prueba de ello es que, al urbanizar la zona y excavar los terrenos donde hoy se asientan los restaurantes ubicados frente al mar, se descubrieron costillares y vértebras de ballena que llevaban siglos enterrados. Y eso que posteriormente a la pesca ballenera, ya entrado el siglo XVIII, el conde de Isla había erigido allí una alfarería, lo que sin duda eliminó buena parte de los restos antaño existentes. El principal lugar de varada de las ballenas debió de ser el saliente rocoso que separa la playa del Sable de la vecina playa de Cuarezo.

Ermita dedicada a San Sebastián. Se cree que los balleneros vascos contribuyeron a su edificación, lo que explicaría la advocación del santo mártir. La ermita era, además, un punto de descanso en la ruta cántabra del Camino de Santiago, y en la localidad existió en tiempos pasados un «hospital de peregrinos».

La ermita de San Sebastián, situada entre las playas del Sable y de Cuarezo. Junto a ella se levantaba la casa de ballenas, y en la parte baja de los esquinales de sillería de la construcción aún podemos observar restos de los muros de piedra del hoy desaparecido bastimento. En 1713, un rayo dañó el edificio y la torre de la iglesia, lo que obligó a su reedificación en 1717. De acuerdo con el contrato de restauración del bastimento, este constaría de tres estancias: un almacén de arpones, jabalinas y calderos para extraer el saín, una despensa para suministro a marineros y descuartizadores, y un dormitorio donde descansaban estos últimos, dado que cuando llegaba una ballena debían trabajar día y noche para aprovechar el animal. Según los planos, las ventanas del dormitorio miraban hacia el oeste para permitir ver desde allí la ahumada con la que el atalayero del cabo Quejo avisaba de la aparición de ballenas.

El barrio próximo a la ermita, que antiguamente se conocía con el topónimo de Ballenilla, que hoy ha derivado a Barenilla. En consonancia, la avenida que parte de este barrio en dirección a Arnuero recibe este nombre, y Barenilla es también un apellido común en la localidad.

En 1923 varó en la ría de Ajo una ballena y aún hoy se conservan fotografías de los lugareños cocinando el saín en remembranza de su pasado arponero. El aceite extraído se utilizó durante años en los candiles del alumbrado doméstico. En 1945, el varamiento de un cachalote tuvo el mismo destino.

Situada en lo alto de los impresionantes acantilados del cabo Quejo, se hallan los restos de la antigua atalaya de avistamiento de ballenas. Se accede a ella siguiendo el sendero que resigue el perfil marítimo del cabo. Cuando decayó la pesca ballenera, esta atalaya fue utilizada para vigilar la aparición de naves enemigas. Esta zona, así como las vecinas marismas de Soano, se engloban en el llamado Ecoparque de Trasmiera, un entorno particularmente atractivo para la observación ornitológica.

Restos de la atalaya del cabo Quejo. Desde allí los oteadores avistaban a los cetáceos, y estos, una vez muertos, eran conducidos a las playas de Isla para ser aprovechados.

Laredo, Santoña

Período de actividad ballenera

Siglos XII-XVI

Cita más antigua de actividad ballenera

1190

Alfonso X el Sabio relata en una de sus cantigas, escritas entre 1270 y 1282, que la magnanimidad de Dios había hecho que una ballena varara en el puerto de Laredo. Cuando, después de haber obtenido provecho de ella, un pescador se negó a ir en agradecimiento a la iglesia de Santa María, mofándose además de los que sí lo hacían, la ira del Altísimo se desató. Al sufrir el castigo, el pescador mostró su arrepentimiento pidiendo perdón bajo las cadenas que penden en la nave de la iglesia. La Virgen le otorgó su clemencia.

Un nadador que se zambullera en la playa de Santoña solo tendría que nadar 400 metros para alcanzar la playa de San Martín en Laredo. Estas localidades se hallan una enfrente de la otra a ambos lados de la desembocadura de la ría de Treto. Fueron importantes puertos comerciales y militares, y desde ellos, para luchar contra los musulmanes almohades durante la Reconquista, partieron naves que jugaron un papel central en la toma de Sevilla. En agradecimiento a la gesta, en el año 1255 el rey Alfonso X concedió a la villa de Laredo un privilegio real que la eximía del pago de portazgo y la facultaba a pescar y salar en to-dos los puertos de Castilla, León y Galicia. Más tarde, Laredo pasó a formar parte de la Hermandad de las Cuatro Villas de la Costa de la Mar y asumió la capitalidad de la zona, adquiriendo una mayor relevancia. Sin embargo, estos privilegios se desdibujaron con el paso del tiempo, y actualmente Laredo y Santoña cuentan con poblaciones de dimensión similar. Antaño dedicadas al comercio y la pesca, en particular a la salazón y la conserva de la anchoa, hoy su principal fuente de riqueza es el turismo y sus abrigadas aguas cuentan conjuntamente con la dársena deportiva más grande de la costa cantábrica.

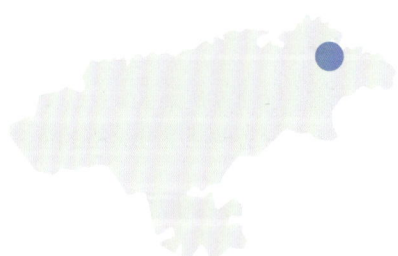

CANTABRIA

HISTORIA BALLENERA

La referencia más antigua sobre la explotación ballenera local es el cartulario de Santoña de 1190 en el que el prior de Nájera restituye a este puerto los derechos sobre la pesca de los que había sido anteriormente privado; la única excepción fueron los relativos a la ballena, que mantuvo bajo su dominio. No obstante, a pesar de esta temprana referencia, la actividad fue escasa y los archivos solo documentan el comercio de saín y la presencia en las radas de buques balleneros, casi siempre castreños o vascos. La razón de esa baja implicación directa en la pesca ballenera fue sin duda que el procesamiento de las capturas producía humos malolientes y residuos que se descomponían contaminando las aguas y ahuyentando los peces, por lo que la actividad convivía mal con la pesca regular. Eso era particularmente cierto en lugares, como las riberas de Santoña y Laredo, de aguas abrigadas y poco profundas, donde la dispersión de los restos por las corrientes marinas resultaba más difícil. La abundancia de besugos y anchoas llevó a los lugareños a decantarse por la pesca regular y la industria de la salazón, en detrimento de la pesca ballenera.

Aun así, el papel de ambas poblaciones en el comercio de los productos balleneros obtenidos en playas vecinas fue importante, pues Laredo ejercía la autoridad marítima sobre el segmento de costa que se extiende desde Santander hasta Castro-Urdiales y tenía el control exclusivo de la carga y descarga de los productos del mar. Además, sus importantes astille-

Las calles del casco antiguo de Laredo reflejan su antiguo pasado nobiliario.

ros —se cree que Santoña fue el lugar de construcción de la carabela *Santa María*, la nave capitana en la expedición con la que Colón descubrió América— hicieron que el puerto floreciera en el siglo XVI, al iniciarse las pesquerías de Terranova, en particular la de la ballena. Ello explica la presencia de este cetáceo en emblemas nobiliarios de linajes locales.

En el Privilegio Viejo de Santoña, un fuero concedido en 1074, se menciona que la lengua asada de ballena era considerada por todos un delicioso manjar.

Lo mismo sucedía en el antiguo escudo de armas de Laredo, que constaba de cuatro cuarteles que albergaban, respectivamente, una torre, una nao, un fresno y una ballena con la cola alzada y arrojando dos chorros de agua. Así aparece en el cuadro del siglo XVI que representa a la Virgen y que se halla en la sacristía de la iglesia parroquial de Santa María de la Asunción. Posteriormente, este escudo fue sustituido por una rememoración de la reconquista de Sevilla en 1248 por las tropas cristianas, y pasó a mostrar la Torre del Oro y tres naves rompiendo las cadenas que unían el puente de barcas que abastecía de víveres a Sevilla, una acción que resultó decisiva en la batalla.

QUÉ VEREMOS

La iglesia parroquial de Santa María de la Asunción de Laredo, un imponente templo gótico del siglo XIII, en la que podremos contemplar varios escudos que nos retrotraen al pasado ballenero de la villa. Veremos el antiguo blasón cuartelado con la cola de la ballena en la cabecera del órgano situado al fondo de la nave central, así como en el emblema de la Cofradía de San Martín, que cuelga de las viejas paredes de la misma nave. En la capilla de los Escalante encontraremos, en lo alto de sus muros, dos escudos tallados en madera, uno de los cuales muestra tres ballenas nadando bajo una torre de defensa. Finalmente, aunque

Casa-Torre de los Villota del Hoyo (*izquierda*) y escudo de los Tréllez (*derecha*).

en este caso no resulta de libre acceso, la sacristía custodia la antigua pintura de la Virgen de Belén del siglo XVI, que tiene en su ángulo inferior izquierdo la más antigua representación conocida del escudo original de la villa. La iglesia es además conocida por preservar, colgadas en su nave principal, una porción de las cadenas rotas por las naves castellanas durante la toma de Sevilla, cuya autenticidad fue corroborada por un estudio metalográfico reciente. La iglesia solo está abierta para el culto, pero se pueden concertar visitas, particularmente durante los meses de verano.

Casa-Torre de los Villota del Hoyo, conocida como Revellón —no debe confundirse con la casa torre del Hoyo o de Vélez Cachupín, situada en la misma calle. Adosada a la muralla medieval, fue construida en el siglo XV por una de las cuatro familias que fundaron y gobernaron la villa en la época medieval. La fachada luce tres escudos: el principal, de mayor tamaño y situado en el centro, es el de los Villota del Hoyo, mientras que los otros dos son de linajes emparentados. El de la izquierda corresponde a la familia Tréllez y muestra una torre flanqueada por dos palmeras a cuyos pies nadan entre las olas tres ballenas.

La zona de Laredo conocida como La Atalaya, donde hoy se encuentra emplazado el fuerte del Rastrillar. Esta fortificación, en conjunción con el fuerte de San Carlos de Santoña, cerraba el paso de barcos enemigos al interior de la bahía. Hoy, el complejo alberga pabellones, trincheras y baterías construidos durante la guerra civil española, pero antiguamente se levantaba allí una atalaya de vigilancia cuya función era eminentemente defensiva, aunque no se descarta que sirviera también para alertar de la presencia de cetáceos.

Las marismas de Santoña, un lugar ideal para los amantes de la ornitología, debido a la presencia estacional de más de un centenar de especies de aves migratorias procedentes del norte y el centro de Europa. Las marismas han sido declaradas zonas RAMSAR y ZEPA (Zona de Especial Protección para las Aves).

El majestuoso órgano tubular de la iglesia de Santa María de la Asunción de Laredo fue construido a comienzos del siglo XVIII y está coronado con el antiguo escudo de armas de la villa, que muestra la ballena en su cuartel inferior izquierdo.

Castro-Urdiales

Período de actividad ballenera
Siglos XIII-XVIII

Cita más antigua de actividad ballenera
Siglo XIII

CANTABRIA

La pesca de la ballena ha dejado en esta localidad una impronta indeleble, que podemos reconocer al pasear por sus calles, repletas de escudos nobiliarios y blasones de entidades que hacen referencia a esta actividad, o al visitar sus edificios nobles. Incluso su cementerio recibe el nombre de La Ballena.

Castro-Urdiales es un magnífico puerto fortificado cuyo tejido urbano refleja el agitado pasado histórico de la villa. El poblamiento más antiguo conocido se remonta a la época romana en el primer siglo de nuestra era, cuando aparece ya citado por Plinio el Viejo. Parece que el lugar se centraba entonces en la explotación del hierro, que exportaba por mar a la actual Burdeos, y de aquel período nos han llegado algunos restos arqueológicos que pueden visitarse en el centro de la localidad. En el siglo IV, Castro-Urdiales sufrió fuertes ataques normandos; más tarde padeció terribles episodios de peste y fue protagonista en la aventura de la Armada Invencible; y ya en la Edad Contemporánea la localidad resurgió gracias a la minería. Hoy cuenta con más de 30.000 habitantes y es una ciudad residencial que vive del turismo, la pesca y la conserva. En ella podremos visitar varios monumentos de interés, como el castillo de Santa Anna y el faro, todo ello situado en el casco antiguo de la villa, así como el Ayuntamiento y otros edificios, que datan del siglo XVI y contrastan con construcciones modernistas como el edificio González.

Escudo heráldico con motivo ballenero en la calle de la Torre Vitoria.

HISTORIA BALLENERA

Las primeras referencias de una actividad ballenera en Castro-Urdiales son los documentos del siglo XIII que establecen los aranceles aduaneros y los privilegios otorgados a la localidad y al resto de las Cuatro Villas de la Costa de la Mar. Las concesiones reales no solo eximían a estas villas de pagar los derechos de los productos procedentes de la ballena, sino que también les asignaban la pesca y la descarga de mercancía en exclusividad. Gracias a estas prerrogativas, a partir de aquel momento la villa de Castro-Urdiales no hizo más que crecer. Alcanzó su mayor auge en tiempos de Juan II, y entre el siglo XIII y el XIV fue considerada la villa ballenera por excelencia. Conocida como la Brujas de España, llegó a ser la población más grande del Cantábrico y la primera plaza mercantil de Castilla. Documentos de la época señalan que su puerto albergaba 120 naves mercantes de más de 300 toneladas y unas 150 naves balleneras de menor porte.

Sin embargo, es probable que pocas ballenas se pescaran en sus aguas o se despiezaran en su rada, y el protagonismo de la villa debió de centrarse sobre todo en actuar como sede de las compañías balleneras de la zona, en servir de puerto base a las armadas que operaban en playas vecinas, como la de Sonabia, y, desde luego, en ser la puerta de salida de los productos de la pesca, que a menudo se exportaban a otros puertos españoles o europeos. Todo ello explica la impronta que la actividad ballenera dejó en la economía de la localidad y que se refleja en la frecuente presencia de la ballena o de su pesca en su escudo de armas y en los blasones de diversas casas nobles.

Panorámica del puerto de Castro-Urdiales.

Sin embargo, esta notable presencia no está respaldada por abundante documentación, en buena medida porque, a diferencia de lo que sucedía en otros lugares, como Galicia o Asturias, en las villas castellanas, la Iglesia —la gran registradora documental— solo recibía dádivas voluntarias en forma de limosna y no entró en el negocio hasta bien entrado el siglo XV. Además, allí la financiación y el registro de las costeras eran discrecionales, a diferencia de los puertos vascongados, donde estas actividades estaban perfectamente reguladas y la contratación de las expediciones balleneras y los resultados de las campañas se registraban de manera pormenorizada. En definitiva, la inexistencia de diezmos eclesiásticos, combinada con la laxa reglamentación, hizo que la actividad dejara poco rastro documental durante aquellos primeros siglos.

A finales del siglo XVI la situación se regulariza, y a partir de entonces ya sí aparecen los usuales diezmos eclesiales. La ausencia de litigios y protestas por parte de los castreños parece indicar que, aunque hasta aquel momento no hubieran existido ordenanzas en este sentido, los afectados debieron de aceptar estos impuestos simplemente por asimilación de la costumbre de los vascos. La abadía de San Emeterio se transforma entonces en el centro neurálgico de operaciones y de recaudación de tasas. Desde aquel momento y hasta finales del siglo XVII la documentación que ha sobrevivido sobre los contratos de pesca se vuelve muy abundante y constituye una parte sustantiva de los llamados Protocolos de Castro. En ellos, la última mención a la pesca de la ballena es de 1656, aunque la actividad pervive, probablemente agonizante, hasta mediados del siglo XVIII, cuando se pescan las últimas ballenas.

Grabado publicado en 1741 que muestra la captura de una ballena en Castro-Urdiales el 27 de noviembre de 1739. Xilografía de David Redinger incluida en el almanaque de Basilea conocido como Hinkender Bote ('mensajero cojo'). En el texto se especifica que el cetáceo rindió 4.728 libras (más de 2.000 kilos) de «lengua» y 816 libras (unos 3.500 kilos) de barbas.

QUÉ VEREMOS

El Ayuntamiento, un magnífico edificio construido en 1755 y al que en 1908 se le añadió el remate central con la torre almenada y el reloj. El monumental escudo de armas de la ciudad, con ballenas nadando entre olas en su cuartel inferior, es del siglo XVI y procede de un edificio anterior que fue derruido para la construcción del actual. De la fachada que da al mar pende otro escudo, en este caso el nobiliario del linaje de la Matra, que no muestra referencias balleneras. La plaza del ayuntamiento es el centro neurálgico del casco antiguo de la ciudad y bajo sus soportales se cobijan numerosos mesones en los que degustar el pescado recién descargado en el puerto.

En las calles castreñas, la ballena o escenas de su pesca aparecen por doquier: en los blasones de asociaciones cívicas, como el Club Ciclista Castreño o la Sociedad Deportiva de Remo, en las placas de nomenclatura de calles, en los escudos nobiliarios e incluso en los sillones de la sala de juntas del Ayuntamiento, que tienen esculpidos motivos referentes a esta pesca.

La fuente de la calle Santander, situada justo al lado de la casa que hace esquina con el paseo marítimo. La fachada completa del edi-

El Ayuntamiento, que preside la plaza, y el escudo del siglo XVI que pende de la fachada de la torre.

Escudo moderno en el piso del paseo marítimo (*izquierda*) y placa de nomenclatura de calle (*derecha*).

Como no podía ser de otro modo, en la pequeña fuente de la calle Santander situada a pie de calle, puede verse un delicioso mosaico con dos ballenas flanqueando el caño del que brota el agua.

ficio está decorada con paneles que muestran una recreación de la vida pesquera de la villa, ballenas incluidas.

El astillero Galafate, un vetusto edificio del siglo XVI situado en la esquina de la calle San Juan con Arturo Dúo Vital, y que alberga una fascinante exposición privada de artículos relacionados con la pesca y el mar. Allí vere-

mos embarcaciones, instrumentos de navegación, artilugios de pesca, maquetas de barcos pesqueros, fotografías y abundantes paneles explicativos, todo ello relacionado con la historia marítima de Castro-Urdiales y los oficios de la mar. Entre los instrumentos de pesca destacan diversos arpones balleneros y delfineras y cuchillas de despiece, además de un bajorrelieve que representa la pesca de la ballena, fotografías de rorcuales y otros cetáceos que han aparecido varados

en la rada, y un largo y extraordinario etcétera que resulta imposible de enumerar. Aunque lo allí acumulado amenaza con desbordar el recinto, esto no es todo, ya que en un almacén situado en la playa del Pedregal los propietarios aún disponen de más material que puede visitarse si se concierta con ellos una visita privada.

El antiguo escudo heráldico que pende de lo alto de la fachada de un edificio de la calle

Entre el copioso material que muestra el astillero Galafate pueden verse reproducciones modernas de arpones de pesca de ballena y de las cuchillas empleadas en el despiece de los cetáceos, así como una interesante colección de auténticas delfineras —arpones utilizados para la pesca de pequeños cetáceos—, que son probablemente de la primera mitad del siglo XX.

Torre de la Vitoria, detrás del Ayuntamiento. En uno de sus blasones menores, a la izquierda, puede observarse una ballena nadando bajo un castillo con tres torres.

El Monumento al Ballenero, en el mismo muelle central del puerto. Realizado por el artista laredano Steve Camino, fue inaugurado en mayo de 2022. Inicialmente constaba de dos partes: una, situada sobre el muelle, que representa un arponero a bordo de una chalupa blandiendo su arma; y, bajo esta, otra con la imagen de una ballena parcialmente sumergida cuya visión variaba con el paso de las horas con el avance de la marea y que solo se podía contemplar completa en bajamar. Sin embargo, al cabo de unos meses la parte inferior fue devorada por el mar y no ha sido repuesta.

El apostadero de la Atalaya, un promontorio situado en una pequeña península al lado del casco histórico que alberga la iglesia de Santa María de la Asunción y el faro fortificado. Se cree que este era el principal lugar desde donde se avistaban las ballenas, lo que resulta comprensible, pues ofrece una magnífica vista de la costa y las aguas abiertas, así como de la próxima iglesia y el faro.

El cementerio llamado de la Ballena, situado en un altozano en el lado occidental de la villa y desde el que se disfruta de una espectacular vista del frente marítimo. Fue construido en 1885 y parece que el enclave fue seleccionado para asegurar una buena ventilación que ayudara a evitar afecciones a la salud pública, una preocupación de la época. Se trata de uno de los ejemplos más notables de la arquitectura funeraria nacional. Integra diversidad de estilos, desde el neoclásico hasta el gótico o el *art déco*, y fue diseñado con gran teatralidad, con un pórtico monumental que simboliza el tránsito del mundo de los vivos al de los muertos.

Punta Sonabia, conocida también como la Ballena de Sonabia, es un pequeño cabo rocoso situado a pocos kilómetros de Castro-Urdiales en dirección a Laredo. La tradición y algunos documentos mencionan la existencia en aquel promontorio de una atalaya de avistamiento de ballenas, de ahí su nombre, aunque hoy no queda rastro alguno de ella. Sin embargo, la belleza del lugar bien vale el corto paseo.

El apostadero de la Atalaya.

Plentzia, Bilbo

Período de actividad ballenera

Siglos XIII-XVIII

Cita más antigua de actividad ballenera

1299

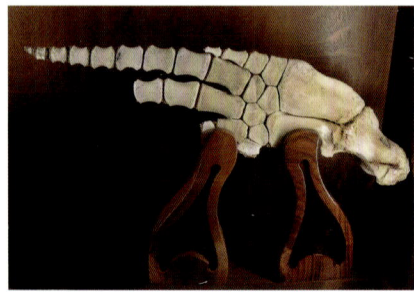

PAÍS VASCO

«Señor, gracias a Ti hemos vencido al coloso del mar y lo hemos traído a tierra cubierto de heridas, hecho un despojo, cuando antes era una fiera que se agitaba indomable. Ha sido un milagro de la naturaleza. Honor y gracia a Ti, Señor» (oración de la ballena muerta, Plasentia de Butron Museoa).

Plentzia (Plencia), también conocida como Plasencia o, antiguamente, Plasentia de Butrón, es una pequeña localidad situada a poco más de una decena de kilómetros de Bilbo (Bilbao). La villa, de arquitectura amable, se ordena a lo largo de la sinuosa ría del mismo nombre que ofrece un excelente abrigo natural a las embarcaciones. Esto explica la larga tradición marinera del pueblo y el hecho de que su escudo consista en un navío de tres palos navegando sobre un mar de azur y plata. Por su parte, Bilbo conforma, junto con Getxo y Portugalete, un área metropolitana que asume con orgullo la capitalidad cultural de la provincia. La ciudad se fundó a principios del siglo XIII y en sus inicios fue un simple enclave comercial, pero gracias a su privilegiada situación en el interior de la ría y las sucesivas concesiones otorgadas por la Corona de Castilla, en la Edad Moderna se asentó como un importante puerto de salida de productos como la lana y el hierro. En el siglo XIX se reorientó al procesado y transporte de los productos de la minería y la siderurgia, y ya a en las últimas décadas del siglo XX su economía hizo un giro hacia el sector de los servicios.

Osamenta de aleta pectoral de un calderón de aleta larga, Plasentia de Butron Museoa.

HISTORIA BALLENERA

Aunque la villa de Plentzia recibió la autorización real para ejercer la pesca ballenera en 1299, no parece que ni esta localidad ni Bilbo llegaran a jugar un papel relevante en relación con la caza y el aprovechamiento local de los cetáceos. Sin embargo, sí fueron determinantes por su abundante aportación de hombres y capital a las operaciones que primero se desarrollaron a lo largo de la costa cantábrica y más tarde, y sobre todo, en Terranova y las latitudes más elevadas del Atlántico Norte. Además, la ría fue lugar de invernada de naos y en ella se descargaban habitualmente los productos que estas traían al regreso de sus largas expediciones.

En 1564, el galeón *San Nicolás* se hallaba aparejado en Portugalete, con sus setenta y cinco hombres a bordo, a la espera de zarpar rumbo a Getaria y después a Terranova para dedicarse allí a la costera de la ballena.

Escudo de Plentzia encastrado en uno de los muros de la torre de defensa que es hoy el Plasentia de Butron Museoa.

QUÉ VEREMOS

Sala dedicada a la navegación, Plasentia de Butron Museoa.

En Bilbo, la apuesta de la ciudad por devenir una capital cultural de primer orden es bien conocida; sin embargo, no preserva patrimonio ballenero significativo. Durante el año 2024, el Itsasmuseoa (Museo Marítimo Vasco) organizó una excelente exposición temporal sobre las expediciones balleneras a Terranova y el Labrador centrada en la figura de la singular historiadora Selma Huxley (véase la página 41). No obstante, la exposición fue desmontada sin que lamentablemente el museo haya mantenido ni siquiera una parte de su contenido. En la actualidad, en su exposición permanente dedicada a la historia marítima de Euskal Herria, en referencia a la pesca ballenera solo podremos ver una reproducción labrada en piedra del escudo de Ondarroa.

«Por la vida arriesgamos la vida»

La pequeña localidad de Placentia, se encuentra en la costa sudeste de la isla de Terranova, en Canadá, a lo largo de una ría que desemboca en una amplia bahía rodeada de colinas, un entorno físico muy parecido al de Plentzia. Ello explica que los marinos vascos que cada año se dirigían allí en busca de ballenas bautizaran la localidad con el nombre de su añorada tierra. El lugar estaba tan bien escogido que Placentia pronto se convirtió en un asentamiento estable y llegó a ser la capital de Terranova bajo jurisdicción francesa, situación que solo cambió con la firma del Tratado de Utrecht, en 1713, cuando el territorio pasó a manos inglesas. En 2017 la Placentia canadiense y Plentzia se hermanaron.

La travesía transatlántica para llegar hasta la Placentia canadiense no estaba exenta de peligros. Entre las oraciones funerarias con las que se acompañaba el último tránsito de los que encontraban la muerte durante la expedición y habían de ser enterrados en tierra no bendecida, destaca una frase particularmente significativa: «Biziarengatik dugu hirriskatzen bizia» ('por la vida arriesgamos la vida'), un sencillo verso que, según la historiadora Miren Egaña Goya, resume claramente el dilema que afrontaban los esforzados *arrantzales* o pescadores vascos: asumir el riesgo de una peligrosa expedición transatlántica o arrostrar la posible incapacidad de garantizar el sustento de sus familias. La moneda a menudo caía del lado equivocado y muchos de ellos nunca regresaron. En Placentia, el cementerio situado junto a la playa es uno de los camposantos más antiguos, cuando no el más antiguo, de los que honran sepulturas de europeos en el continente americano. Está salpicado de estelas funerarias escritas en euskera, en latín o en castellano, y bajo ellas yacen los restos de los finados mirando a oriente, como ordenaban los antiguos ritos funerarios de Euskal Herria. En las estelas, con la cabecera discoidal, se detallan con grafía vasca o góti-

ca el nombre del difunto y la fecha de su defunción. Unas veces, contienen el monograma cristiano de la cruz y, otras veces, símbolos solares, astrales y geométricos similares a los que aún hoy pueden verse en el mobiliario o en las fachadas de viejos caseríos vascos. La más antigua de las estelas cuyas inscripciones resultan aún legibles está fechada en 1676. Sin embargo, la mayoría de las sepulturas son, sin duda, muy anteriores, como lo fueron las expediciones transatlánticas. El testamento de Domingo de Luza, un ballenero natural de Hondarribia, fue redactado en 1563 y es considerado el más antiguo dictado en Canadá. En él, el moribundo pide en el lecho de muerte: «que mi cuerpo sea enterrado en este puerto de Plazencia, en el lugar en los que aquí mueren se suelen enterrar». El documento fue llevado por sus compañeros en el viaje de vuelta al País Vasco con la intención de que allí se diera cumplimiento a las últimas voluntades del difunto. Hoy se preserva, como tantos otros redactados al otro lado del Atlántico, en el Gipuzkoako Probintziako Artxibo Historikoa (Archivo Histórico de la Provincia de Gipuzkoa), en Oñati.

Bermeo

**Período de actividad
ballenera**

Siglos XIII-XVIII

**Cita más antigua de
actividad ballenera**

Principios del siglo XIII

PAÍS VASCO

El día de Reyes de 1638, dos balleneros bermeanos, Pedro de Arriola y Francisco de Barandica, capturaron una ballena. Como era costumbre, el remate se llevó a cabo «debaxo de los colaterales de la Yglesia parroquial de señora Santa Eufemia».

Vista del puerto de Bermeo.

Con sus más de 17.000 habitantes, Bermeo está situado en la Reserva de la Biosfera del Urdaibai y a menos de 10 kilómetros de la impresionante isla de San Juan de Gaztelugatxe ('peña del castillo', en euskera). Constituido como villa ya en 1236, este pintoresco pueblo fue adquiriendo durante siglos importancia como puerto comercial y de pesca gracias a sucesivos privilegios reales. En 1503 se construyó un primer muelle de atraque, que en 1560 fue protegido con un dique que delimitó lo que hoy se conoce como el Puerto Viejo. La localidad fue devastada por varios incendios en la Baja Edad Media y la Edad Moderna, pero en cada ocasión se recompuso manteniendo su primacía. Fue testigo de episodios convulsos durante la guerra de la Independencia española y las guerras carlistas. Durante el siglo XIX la pesca experimentó un gran auge que propició la construcción de importantes infraestructuras portuarias y edificios nobles que la convirtieron en la segunda ciudad vizcaína más poblada y con mayor potencial económico después de Bilbo. En el siglo XX se construyó el espigón de levante y el contradique, con lo que se amplió sustancialmente la dársena. Hoy, Bermeo posee una notable flota de altura, y la de bajura es la más importante del País Vasco. Por ello, no sorprende que la zona más característica y visitada sea precisamente el Puerto Viejo, que alberga diversos edificios monumentales, entre los que destacan la iglesia de Santa Eufemia —que con su torre barroca preside la zona portuaria— o la Torre Ertzilla —la única superviviente de las treinta torres defensivas que en el pasado tuvo la villa—, que hoy acoge el Museo de los Pescadores.

HISTORIA BALLENERA

El temprano crecimiento del puerto y del casco urbano probablemente explica que en Bermeo no se desarrollara de manera significativa la maloliente industria del aprovechamiento de las ballenas. Los archivos con frecuencia nos hablan de cetáceos capturados por *arrantzales* bermeanos, pero su despiece se practicaba en Mundaka u otras localidades próximas. Así, la documentación de la cofradía de mareantes de Bermeo, que se inicia en los albores del siglo XVII, no contiene referencias a la pesca ballenera. Ello refleja que el papel de la villa se centró en dar refugio a flotas balleneras y en concentrar capital y empresas que operaban en otras localidades, además del comercio de los productos.

Este liderazgo no se limitó a la industria ballenera, sino que abarcó otros tipos de pesca. Así, en una fecha tan temprana como 1282, el príncipe don Sancho, hijo del rey Alfonso X el Sabio, autorizó a los bermeanos a «salar en los puertos de Galicia y Asturias», reflejando ya entonces una industria pesquera estable en aguas foráneas. Pero ello no hizo que sus habitantes desdeñaran ensuciarse las manos en ese negocio si la oportunidad aparecía y, por ello, en distintos puntos próximos se dispusieron atalayas de avistamiento de cetáceos. Algunas de ellas ocupaban cerros donde posteriormente se construyeron estructuras de señalización, como los faros de Matxixaco y Ogoño o el mirador de Gaztelugatxe, y en el mismo casco urbano existieron dos atalayas: una se hallaba al lado del puerto, en Baztarre, pero, como estaba a poca altitud, los fuegos con los que se pretendía dar aviso de la aparición de la ballena no se divisaban en todo el pueblo y su uso devino secundario.

La torre de vigía principal se encontraba en lo alto del promontorio que hoy se conoce como la Atalaya. Allí se levantaba antiguamente la iglesia de Santa María de la Atalaya, que fue edificada hacia el año 1300 y que durante siglos fue una de las construcciones más emblemáticas del puerto. Al hallarse en lo alto de la villa y al borde del acantilado, presidía con majestuosidad la localidad. Sin embargo, su exposición a la fuerza de los elementos hizo inútiles los repetidos intentos de rehabilitación, y en 1782 no quedó más remedio que declararla en ruina y derribarla. Antes de hacerlo, dos maestros de obra elaboraron un informe acerca de su estado de conservación y describieron los dos blasones que pendían de la fachada meridional del templo, detallando que uno de ellos mostraba «con la espuma y olas de la mar, una ballena arrogante y de mucha ferocidad, herida de saetas y lanzadas que están penetrando los marineros de un barco próximo puestos todos en ademán arrogante en orden y forma para la caza del citado animal acuestre». Lamentablemente, este escudo se perdió con la destrucción de la iglesia.

La abundante documentación ballenera bermeana es particularmente rica en edictos y recordatorios sobre los aranceles e impuestos que debían satisfacerse a la Iglesia. Estos consistían por lo general en la «lengua» de cada cetáceo capturado, práctica que se mantuvo hasta bien entrado el siglo XVIII. Es curioso que allí los prebostes —algo así como el cuerpo policial de la Corona— también sacaran tajada de las capturas, en ocasiones hasta una tercera parte de los productos de ellas obtenidos. La potestad afectaba incluso al potencial hallazgo de ejemplares muertos, ya fuera que aparecieran en el mar o que las olas los arrojaran a la playa.

El declive de la «ballenería» local y, más tarde, de la pesca en aguas lejanas y en particular en Terranova, hizo que el negocio ballenero se extinguiera con la entrada del siglo XIX.

La última referencia de pesca ballenera en Bermeo parece ser la mención de hacia 1791, momento de la construcción de la nueva iglesia. En ella se especifica que para contribuir a la edificación del templo se donaban «lenguas de ballena o trompas».

En 1547, unos pescadores de Elantxobe e Ibarrangelu hallaron una ballena muerta y decidieron llevársela a casa. Pero de camino se cruzaron con unos pescadores de Bermeo que los detuvieron alegando que la ballena les pertenecía, al haber sido hallada en sus aguas. Estos se apropiaron del cadáver flotante y el encontronazo generó un agrio conflicto entre ambos puertos. Fue necesaria la intervención de la autoridad y, tras una ardua negociación, se alcanzó un acuerdo que contenía cuatro cláusulas:

La primera establecía que a partir de entonces los pescadores de Bermeo permitirían a los pescadores de Elantxobe e Ibarrangelu llevar ballenas a su puerto siempre que estos últimos dieran a la iglesia mayor medio ducado por la lengua de cada ballena.

La segunda recordaba la exclusividad que tenían los puertos en el derecho de aprovechamiento de lo que en sus aguas crecía, y establecía que en aguas bermeanas solo podían matar ballenas los pescadores de aquella localidad.

La tercera cláusula dictaba que los pescadores foráneos que acudieran a Bermeo con la intención de practicar cualquier otro tipo de pesca, pero que por el camino dieran con una ballena, estaban autorizados a herirla, aunque, si cobraban la pieza, estaban obligados a llevarla al puerto bermeano para su despiece, donde darían la mitad de la lengua a la parroquia y la mitad de la ballena a los vecinos.

Finalmente, la cuarta cláusula detallaba las penas por incumplimiento de alguna de las cláusulas: la parte infractora debería abonar los daños, intereses y costas que se produjeren en la acción, más 500 ducados de oro, que se dividirían a partes iguales entre la Cámara de Impuestos de la Corona y la parte no infractora.

Rememorando su pasado ballenero, a principios del siglo XXI, el consistorio bermeano hizo construir en los astilleros locales una réplica de uno de los barcos del siglo XVII, que viajaban a Terranova para que, a modo de museo flotante, sirviera como centro de interpretación sobre la pesca ballenera. Botado en 2006, el *Aita Guria*, de 37 metros de eslora y dotado de cuatro cubiertas, permaneció atracado durante una década y media en el muelle de Artza, hasta que ciertos defectos de construcción y la rotura del mástil por un fuerte temporal marítimo obligaron a su desmantelamiento, perdiéndose así un importante activo cultural de la localidad.

QUÉ VEREMOS

El escudo de armas de Bermeo. Tan importante fue la pesca de la ballena y el comercio de los productos de estos animales, que el blasón bermeano muestra como componente central una chalupa con el arponero erguido en la proa aprestándose a lanzar su dardo a una ballena. Con diversas interpretaciones, este escudo aparece por todas partes. Lo veremos adornando la fachada del magnífico edificio del Ayuntamiento, que domina la plaza Arana Goiri Tar Sabinen Enparantza, en los rótulos denominadores de las calles, presidiendo edificios civiles y entidades sociales, como el Txoko o la Sociedad Gastronómica Izaro Begi, y en los escaparates y puertas de muchos comercios.

La fuente de Portu Zaharra (o Puerto Viejo). Era el surtidor principal de la antigua dársena y en ella se abastecían los barcos que atracaban en el muelle situado justo enfrente. Es la fuente más antigua de Bizkaia. De estilo renacentista, fue construida en el siglo XVI durante el reinado de Carlos I, lo que explica que su cornisa esté coronada por tres blasones: el de Bermeo, a la izquierda; el imperial, con el águila bicéfala del rey Carlos I, en el centro; y el del señorío de Vizcaya, a la derecha. Se

El escudo de armas que pende de la fachada de la casa consistorial muestra, bajo dos lobos caminantes que honran a la familia Haro, fundadora del pueblo, una escena de caza de ballena. A su alrededor puede leerse el lema «Stemma Proderi in Primis Bermei», que podría traducirse del latín antiguo como: 'Lo primero es el blasón de Bermeo'. La talla fue realizada en jaspe ornamental en 1731 por el escultor guerniqués Andrés de Uribe.

La fuente de Portu Zaharra (*derecha*) fue construida con sillería de piedra porosa, y el paso del tiempo ha deteriorado el labrado de los escudos. Aun así, en el blasón izquierdo (*izquierda*) puede observarse claramente una escena ballenera en la que una chalupa a remo da caza a una ballena.

conjuraban así los tres poderes civiles de la época: consistorio, señorío y monarquía. En el verano de 1827, un pequeño terremoto produjo un corrimiento de tierras que modificó la canalización del acuífero, y la otrora cristalina agua que descendía de la ladera de la montaña hasta manar por los dos caños de la fuente se contaminó con las aguas residuales urbanas, por lo que el surtidor tuvo que ser clausurado.

El Arrantzaleen Museoa (Museo del Pescador). Se halla ubicado en la torre Ertzilla, un majestuoso edificio del siglo xv que, a pesar de su arquitectura defensiva, fue erigido con una función civil. El Museo ilustra el modo de vida del pescador vasco a través de sus organizaciones gremiales, sus embarcaciones, los artes de pesca que emplea y las vías de transformación y comercialización del pescado. Cómo no, destina un espacio a la pesca ballenera, en el que podremos contemplar:

• El magnífico tapiz con el escudo ballenero bermeano.

• Diversos arpones y delfineras. Hay que señalar que, a pesar de que todos estos instrumentos son auténticos, ninguno de ellos corresponde al período en que se desarrolló la pesca ballenera vasca. La mayoría es de diseño americano y del siglo xix, con resortes y cabezas basculantes. Alguno de ellos incluso está diseñado para ser disparado con arma de fuego.

• Utensilios empleados en el procesado de los cetáceos: cucharones para el saín, ganchos, bicheros y cuchillas de despiece. En-

Espacio dedicado a la pesca ballenera en el *Arrantzaleen Museoa*.

La torre Ertzilla, sede del Arrantzaleen Museoa. Originalmente, en ella se alojaba la familia Ercilla, una saga de comerciantes bermeanos entre cuyos descendientes se encuentra Alonso de Ercilla y Zúñiga (1533-1594), poeta y soldado español, autor del famoso poema épico *La Araucana*.

tre estas últimas destaca un ulu, herramienta propia de las latitudes árticas que está compuesta por una cuchilla semicircular y un mango cilíndrico transversal. Por su diseño probablemente proceda de Groenlandia, donde se usan para separar la grasa de la carne de los ejemplares capturados, ya sean ballenas, osos polares o focas.

· Unas barbas de ballena. No son de ballena franca, sino de rorcual común, probablemente de algún ejemplar que apareció varado en la playa en época moderna.

Tapiz con el escudo
ballenero de Bermeo en el
Arrantzaleen Museoa.

• El Talako Parke (parque de la Atalaya), situado donde en tiempos pasados se levantaba la hoy desaparecida iglesia de Santa María de la Atalaya. Alrededor del parque, el Ayuntamiento ha dispuesto paneles informativos que relatan la historia ballenera de Bermeo. Están ilustrados con reproducciones de grabados antiguos, varios de ellos contemporáneos con el momento más activo de la industria.

• Finalmente, si uno decide dedicar a Bermeo más de una jornada, puede ir a ver por sí mismo las ballenas que aún pueblan las aguas del Cantábrico. La compañía Ver Ballenas (correo: info@verballenas.com) realiza salidas al mar de unas seis horas de duración, durante las que se pueden observar distintas especies de cetáceos: rorcuales comunes y aliblancos, yubartas, cachalotes, zifios, calderones, orcas y, sobre todo, delfines. Los amantes de las aves también disfrutarán con el viaje. Eso sí, la compañía no opera todo el año, por lo que es preciso consultar las fechas de salida con antelación.

El parque de la Atalaya. Los paneles informativos merecen atención, pero, sobre todo, desde su fachada marítima se disfruta de una excelente vista del frente oceánico. Es la misma que un día lejano debieron de escudriñar, jornada tras jornada, los vigías balleneros en los meses de invierno.

El regalo de Francisco Franco a los bermeanos

El 12 de agosto de 1963, a las diez de la mañana, Bermeo advirtió con sorpresa la entrada en puerto del *Azor*, del yate del dictador Francisco Franco. Navegaba, como siempre, escoltado por el dragaminas *Almanzor*, pero en aquella ocasión este último cumplía la más prosaica función de remolcar el cadáver de un cachalote al que Franco había dado caza el día anterior. El Generalísimo desembarcó acompañado de su nieta, María del Carmen Martínez-Bordiú, que quiso acompañarlo para fotografiarse junto a la pieza. Los ministros de Marina y del Ejército acudieron igualmente a extasiarse ante el funesto cadáver, que fue depositado en el varadero de los Astilleros de Murueta para admiración de multitudes. Una vez hechas las oportunas fotografías, el séquito retornó al *Azor*, se hizo a la mar y dejó el regalo para disfrute de los bermeanos. El cetáceo de 40 toneladas rápidamente comenzó a descomponerse y, con urgencia, se ordenó a los empleados municipales que resolvieran el problema. Sumergidos en un hedor nauseabundo, trocearon como pudieron el cadáver y repartieron los restos entre una fábrica de harinas y el vertedero municipal.

La efeméride sirvió para que los bermeanos añadieran a su tonadilla local *Bermeoko Portua* una nueva estrofa que decía: «El doce de agosto Franco vino a Bermeo, trajo su cachalote, trajo su cachalote, y ¡puf! lo dejó podrido en Artza. ¡Uf!». Eso sí, Franco exigió que los colmillos del animal fueran extraídos y enviados a El Pardo para ser montados sobre una peana de madera ebonizada con placa de plata en la que se leía: «Azor, 12-8-1963, largo 14 mts, peso 42 Tns».

Lekeitio

Período de actividad ballenera

Siglos XIV-XVIII

Cita más antigua de actividad ballenera

1381

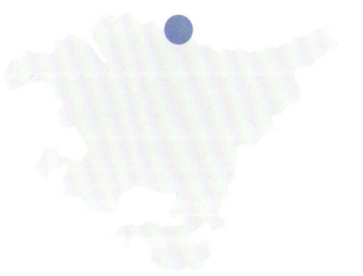

PAÍS VASCO

El lema que adorna el escudo de armas de Lekeitio glosa el mito ballenero de la población: «Lekeitio reges devellavit horrenda cete. Subjecit terra marique potens», consigna que podría traducirse por: «Lekeitio venció a la terrible ballena. Sometió los poderes de la tierra y del mar».

Pocas cosas hay más agradables que un paseo por la ribera del puerto de Lekeitio (Lequeitio) una mañana de cielo azul. Con sus más de 7.200 habitantes, esta encantadora villa marinera está situada en la desembocadura del río Lea y a medio camino entre Bilbo y Donostia. Hasta el siglo XIX las comunicaciones por tierra eran dificilísimas o incluso inexistentes. En su pequeña obra *Lequeitio en 1857*, Antonio Cavanilles anotó: «Para ir a Lequeitio en carruaje no había hace pocos años camino alguno. Abriose el que conduce a Durango, aunque no hay coche periódico ni diligencia. A Bilbao la hay en el invierno dos veces por semana; en verano una gondoleta de siete asientos recorre trabajosamente en nueve horas la distancia entre ambos puntos. ¡Bien escondido y alejado del mundo está Lequeitio!».

El aislamiento hizo inevitable que la comunicación de la villa con el exterior se hiciera principalmente por mar. Así, su puerto consolidó una robusta industria naviera, y entre los siglos XV y XIX, se convirtió en la segunda dársena más importante de la provincia. Todo ello generó lógicamente una nutrida estirpe marinera. Se cuenta que la mayor parte de los marineros que dieron por primera vez la vuelta al mundo con Magallanes eran lequeitianos. En este contexto, la pesca, en particular la ballenera, devino la actividad central de la villa.

Diversos fueros impulsaron su desarrollo social y económico y le permitieron la elección directa de su órgano de gobierno, el Concejo, con sus correspondientes regidores. De hecho, la Cofradía de Pescadores de San Pedro era tan poderosa que en ciertos momentos tenía incluso derecho a elegir al alcalde. Estos privilegios permitieron también que la villa desarrollara unas ordenanzas municipales, las más antiguas de Bizkaia, que le conferían autonomía para gestionar las rentas del consistorio. A partir del siglo XIX, con la aparición de los primeros visitantes estivales, entre los que se encontraban la reina Isabel II y la emperatriz austrohúngara Zita, el pueblo comenzó una progresiva reconversión hacia al turismo.

HISTORIA BALLENERA

Parece que el emplazamiento de Lekeitio era particularmente adecuado para favorecer la presencia de las ballenas cerca de costa, pues en diversas cuevas prehistóricas de las cercanías, como la de Lumentxa, próxima a la desembocadura del río Lea y ocupada hace unos trece mil años, se han hallado numerosos arpones, puntas de lanza y otros artefactos fabricados con huesos de ballena. Estos materiales con toda seguridad procedían de cadáveres de ballena que aparecian varados en las playas cercanas, pues la tecnología necesaria para dar caza a los cetáceos no se desarrolló hasta mucho más tarde.

Así, la primera noticia sobre la pesca de la ballena en la localidad procede del año 1381. Se trata de un acuerdo según el cual a partir de entonces las lenguas de las ballenas que se capturaran se repartirían en tres partes: dos se destinarían a la reparación de los muelles de la localidad, y una, a la iglesia parroquial de Santa María. Como se ve, la espiritualidad era la segunda prioridad de los aldeanos. En 1606, este acuerdo se renovó, ampliándose la normativa también a las ballenas que fueran muertas en aguas de Lekeitio por marineros de otros puertos. Igual que en otros lugares del País Vasco, el control eclesiástico del negocio ballenero fue omnipresente y abarcó todos sus ámbitos: dictaba ordenanzas, intervenía contratos y recaudaba diezmos, todo ello aprovechando el terreno abonado de una comunidad de pescadores supersticiosa y aparentemente sumida en dudas extraterrenas.

Pero es precisamente gracias a la recaudación de estos diezmos que conocemos cómo se llevaba a cabo la pesca ballenera. Así, sabemos que el reparto de los beneficios se hacía en función del tamaño del animal. Si se trataba de una

📅	🐋	🐋🐋
1517	2	–
1525	2	–
1531	2	1
1536	2	1
1538	6	–
1542	4	–
1543	1	–
1545	2	1
1550	2	–
1570	1	–
1576	2	–
1578	2	–
1580	3	–
1608	1	–
1609	3	1
1611	–	2
1613	2	–
1617	1	–
1618	1	–
1619	1	–
1622	1	1
1649	2	–
1650	2	–
1657	2	2
1661	1	–
1662	–	2

Ballenas y sus crías capturadas en Lekeitio durante el período 1517-1662. Datos procedentes de los libros de fábrica de la iglesia parroquial y de la recopilación de Mariano de la Paz Graells, publicada en su artículo de 1889 «Las ballenas en nuestras costas oceánicas».

ballena adulta, las diez primeras pinazas en salir a la mar tenían derecho a percibir parte de los beneficios obtenidos: la que hubiera arponeado en primer lugar recibía la cuarta parte de la cabeza y la cola de la ballena, mientras que las otras nueve se repartían el resto del animal. Por el contrario, si el ejemplar cobrado era una cría o «cabrote», al dar este un rendimiento mucho menor el reparto se hacía de igual modo, pero solo alcanzaba a las seis primeras pinazas que hubieran salido a la caza.

Por otra parte, los libros de fábrica de la iglesia de la Asunción de Santa María consignan con notable detalle las capturas y los diezmos cobrados cada año. Como puede verse en la tabla, las capturas fueron muy irregulares en el tiempo. Hubo años, como el de 1538, en los que se llegaron a capturar hasta seis ballenas, lo que sin duda debió de representar una actividad muy intensa, pues el despiece y aprovechamiento de un solo cetáceo requería varias semanas de trabajo. Al mismo tiempo, hubo períodos, por ejemplo, 1551-1569, 1581-1607 y 1623-1648, en los que durante más de dos décadas no se capturó ballena alguna. Por otra parte, a pesar de que las anotaciones en los libros de fábrica prosiguen hasta 1781, las referencias a la captura de ballenas desaparecen por completo a partir de 1662. No hay duda de que esta falta de entradas refleja el colapso de la población cantábrica de ballenas francas y no un desinterés por parte de los lequeitianos, pues en unas capitulaciones matrimoniales de 1712 registradas por Cavanilles se incluyen entre las pertenencias del novio los aparejos necesarios para la pesca de ballena, así como otros artículos igualmente valiosos, tales como «cuatro vestidos de paños de Londres y un doblón de a ocho escudos, colchón, almohada y manta para la mar y la ropa necesaria para la navegación». Por otra parte, tres décadas más tarde, en el año 1740, los libros de fábrica de la iglesia hacen constar que en Lekeitio no había marineros por haber ido todos ellos a la pesca de ballenas, aunque sin duda en aquellos momentos el destino de los *arrantzales* eran las lejanas aguas de Islandia o de Terranova, y no las locales.

Como se ha comentado en otros apartados, el desplome de la pesca local se debió no solo a la intensidad de la captura producida por la suma de puertos que se empleaban en la industria ballenera, sino también a su manera de operar. Así, los datos de captura de los libros de fábrica muestran de forma patente la irreflexiva letalidad de la operación: uno de cada cuatro ejemplares capturados era una cría, lo que hace suponer que el adulto que la acompañaba era su madre. A nadie se le escapa que una explotación centrada de esta manera en el segmento reproductivo de la población resultaba mucho más dañina que si esta se hubiera limitado a los ejemplares no reproductivos.

QUÉ VEREMOS

En la imagen de la izquierda pueden verse los escudos de armas que presiden la fachada del Ayuntamiento de Lekeitio y que muestran, a la izquierda, el emblema del señorío de Vizcaya, con dos lobos y un roble; en el centro, el de la corona de Castilla, con dos leones y dos castillos almenados en sendos cuarteles; y, a la derecha, el del consistorio de Lekeitio, con una chalupa tripulada por arrantzales arponeando una ballena. En la imagen situada más a la derecha puede verse un detalle del último escudo.

La plaza Gamarra Kalea, presidida por el magnífico edificio del Ayuntamiento, construido en 1732, en cuya fachada principal podremos ver los escudos de armas de la población, con el de la derecha mostrando el motivo ballenero.

En la misma plaza, frente a la basílica de Nuestra Señora de la Asunción, se encuentra la estatua de Pascual Abaroa y Uribarren, un rico indiano lequeitiano nacido a principios del siglo XIX en el seno de una familia de banqueros que hizo importantes donativos a su villa natal. Costeó la reforma de la iglesia, impulsó las redes de alcantarillado y de suministro de agua, contribuyó a la pavimentación de las calles, e incluso prestó dinero a fondo perdido a las arcas municipales y a la Cofradía de Pescadores. El pedestal que soporta el monumento, realizado en 1934 por el escultor

El escudo ballenero se halla siempre presente en el mobiliario urbano lequeitiano.

Fuentes de Txatxo Kaia Kaia y de la plaza Arranegiko Zabala.

to, así como en mobiliario urbano, como las papeleras o los bolardos que impiden el aparcamiento de los vehículos. Este mismo emblema sirvió de inspiración para la escena ballenera que Mariano de la Paz Graells grabó para su monografía de 1889 sobre la pesca ballenera, si bien este situó la escena en la desembocadura del Urumea, en Donostia (véase la página 343).

Las fuentes de la localidad están todas ellas ilustradas con distintos motivos balleneros. Ejemplos bien conservados son la situada en Txatxo Kaia Kaia, en el paseo marítimo; la que se encuentra en Gamarra Kalea, al lado mismo del Ayuntamiento; o la de la plaza Arranegiko Zabala, en el interior del casco antiguo.

En la plaza Arranegiko Zabala, un edificio privado muestra en su balcón dos remos de chalupa y un arpón ballenero de punta aflechada.

La tradición ballenera también se halla presente en carteles que anuncian de comercios o en enseñas de organizaciones sociales como Leakai o la asociación de remo Isuntza Arraun Elkartea. Y si nos paseamos por el puerto podremos ver que los barcos pesqueros suelen mostrar en la roda de su proa el emblema ballenero.

Aitxitxa Makurra ('abuelo encorvado') es el apelativo cariñoso con el que los lugareños conocen una extraña piedra negra que emerge entre las arenas de la playa de Isuntza,

Moisés de Huerta, ostenta una versión creativa del motivo ballenero del escudo consistorial.

Aunque el escudo de la villa siempre muestra como elemento central una escena de pesca ballenera, la interpretación de esta escena varía de un blasón a otro. Sin embargo, usualmente incluye una chalupa desde la que se está arponeando a dos ballenas de distinto tamaño, lo que refleja la práctica tradicional de

intentar herir de manera preferente a las crías acompañadas de sus madres, que eran más vulnerables y fáciles de manipular que los ejemplares adultos que nadaban en solitario. En distintos puntos de Lekeitio podremos ver diferentes versiones de este escudo. Por descontado, en el edificio consistorial y en los rótulos denominadores de las calles, pero también en el pendón bordado que ocupa la cabecera del salón de plenos del ayuntamien-

Escaparate de una tienda.

La roca negra de Aitxitxa Makurra (reconstrucción), en la playa de Isuntza, o el médico que salvó al arponero y que por salvarlo acabó transformado en piedra.

situada junto al puerto. La leyenda que explica este nombre se sumerge en los lejanos tiempos de los balleneros y de su azarosa vida. Nos cuenta que, un día, el arponero más experimentado de Lekeitio resultó gravemente herido mientras daba caza a un gigantesco cetáceo. De inmediato acudió en su ayuda el cirujano de la villa, pero este pronto vio que al infeliz *arrantzale* la vida se le escapaba entre los dedos sin que hubiera nada que pudiera hacer por salvarlo. Mientras maldecía su incapacidad, un hombre vestido de oscuro apareció junto a él y le dijo que, si le obedecía, podría salvar al infeliz arponero. El ci-

Ermita de San Juan Talako, situada en el promontorio desde donde los vigías balleneros oteaban el horizonte en busca del soplo de una ballena.

rujano de inmediato le rogó que le dijera cómo hacerlo. «Dirígete a la cofradía y allí preparara un ungüento mágico con los ingredientes que te diré, y que luego colocarás en la frente del moribundo», le musitó al oído. El cirujano obedeció a pies juntillas y el arponero sanó milagrosamente. Al despedirse, mientras el cirujano se deshacía en agradecimientos, el hombre de negro le aleccionó para que cada atardecer mirara el tejado de su casa y, cuando viera sobre él crecer la *horma-belarra* (parietaria), una planta que crece entre las piedras de los edificios abandonados, sabría que había llegado el momento de su muerte. El cirujano alcanzó los 90 años y un día, encorvado por el paso de los años, al mirar como cada atardecer el tejado de su casa, advirtió las minúsculas hojas verdes de la parietaria asomar entre las tejas. Sabiendo que había llegado su momento, el anciano besó a su esposa y encaminó sus pasos a la playa de Isuntza. Allí le esperaba el hombre de negro que un día conoció, pero esta vez llevaba en sus manos una guadaña. Sin mediar una sola palabra, el hombre puso su mano sobre el cuerpo del cirujano, que se desplomó sobre la arena convirtiéndose en la roca negra que emerge entre las arenas de la playa. Sin embargo, cabe destacar que la piedra solo es visible durante la bajamar y su porción emergente varía constantemente, especialmente después de la rotura del malecón que cierra el puerto, que ha provocado un aumento en el nivel de la arena acumulada en la playa. Como resultado, actualmente, la piedra suele ser invisible. Para continuar con

El folclore de Lekeitio atesora tradiciones que rememoran el estrecho lazo que antiguamente existía entre la incertidumbre, la superstición y la religión. Así, los marineros de la localidad rogaban al convento de las dominicas que les cedieran pequeños trozos del vestido que cubría la imagen de la Virgen del Rosario para coserlos en sus redes o clavarlos en los asientos de sus chalupas, convencidos de que así se aseguraban la buena suerte durante la pesca. Los domingos, los mismos *arrantzales* estaban atentos al reloj de la iglesia y, en el intervalo durante el que las campanas daban las doce del mediodía, recogían a la carrera agua bendita de cada una de las tres pilas presentes en el templo para luego bendecir con ella sus lanchas y ahuyentar de este modo la mala estrella. En Nochebuena, el miembro de más edad de la familia tomaba en sus manos una hogaza de pan, con un cuchillo trazaba en ella una cruz y luego la besaba, dejándola así purificada. Luego la cortaba cuidadosamente en rebanadas, que iba repartiendo siguiendo la edad de los miembros de la familia, con la excepción de la primera rebanada, el churrusco, que lo guardaba cuidadosamente en el fondo de un armario. Cuando se producía un gran temporal, los niños peregrinaban a la minúscula ermita de San Juan Talako, apelativo que hace referencia a su ubicación junto a la atalaya donde se situaban los vigías balleneros, y desde allí arrojaban el churrusco al seno de las aguas para calmar las iras del mar embravecido.

la tradición, recomendamos al visitante que, antes de ir a verla, cruce los dedos para asegurarse la buena suerte.

La Talaiako Jon Santuaren Basaeliza (Ermita de San Juan Talako), situada en el extremo occidental del puerto, al final del paseo marítimo Txatxo Kaia Kaia. Allí se apostaban los atalayeros durante sus turnos de vigilancia y

desde allí los niños arrojaban el churrusco de pan de Nochebuena para calmar el temporal (véase el recuadro). Este apostadero era particularmente importante, dado que, como mencionaba Cavanilles en su Lequeitio en 1857, la localidad «es puerto de mar y lo que falta más en Lequeitio es la vista del mar», pues la mayor parte de la población es interior, sin vista al horizonte.

Ondarroa

Período de actividad ballenera

Siglos XIV-XIX

Cita más antigua de actividad ballenera

Siglo XIV

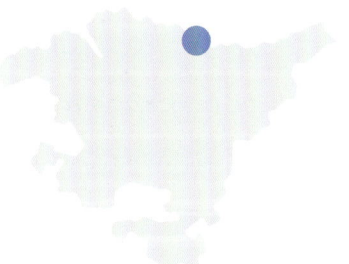

PAÍS VASCO

Ondarroa ha mantenido con Lekeitio una rivalidad histórica por la explotación de sus recursos. La pesca ballenera y de otras especies marinas, la extracción de madera de los montes o, incluso, en épocas más recientes, los eventos deportivos, a menudo han sido fuente de conflicto.

Etimológicamente, el nombre de Ondarroa (Ondárroa) significa 'entrada de arena', en alusión al arenal que genera la confluencia de sus dos ríos, el Artibai y el Mijoa. Este pequeño municipio se halla a una decena de kilómetros de Lekeitio y su existencia ha estado históricamente determinada por dicha vecindad. La carta puebla o documento de fundación de ambas villas no definía los límites territoriales de cada una de ellas, lo que desembocó en agrios enfrentamientos al menos desde las guerras banderizas del siglo XIV. La rivalidad se ha mantenido viva hasta la actualidad, aunque hoy, por suerte, se limita a las competiciones de traineras.

Si bien la existencia de Ondarroa se remonta al año 1327, los devastadores incendios y las ocupaciones

militares que reiteradamente destruyeron la población han mantenido las cifras de habitantes en valores muy modestos. La construcción a mitad del siglo XIX de las carreteras que comunican con Motrico y Lekeitio permitieron un cierto desarrollo, si bien por aquel entonces Pascual Madoz solo registraba la existencia de ciento cuarenta y cuatro casas y un millar de almas. Todo cambió con la construcción del puerto exterior en la década de 1930, que permitió un crecimiento rápido de la flota pesquera y la convirtió en una de las más productivas del Cantábrico. La pesca ha sido siempre su principal fuente de riqueza, aunque en el pasado la villa también mantuvo una cierta actividad astillera de ribera y, en épocas más recientes, alguna industria conservera.

HISTORIA BALLENERA

En tiempos pasados, Ondarroa solo disponía de un pequeño puerto interior, que consistía en un simple acondicionamiento de un recodo del río Artibai donde varar y reparar embarcaciones. Las frecuentes avalanchas de arena y depósitos que el río arrastraba dificultaban la actividad y acabaron imposibilitando la consolidación de una actividad ballenera local: tanto la captura regular de cetáceos como la comercialización de sus productos resultaba extremadamente dificultosa. Sin embargo, abundan las referencias de arponeros locales involucrados en pescas foráneas y, aunque de manera esporádica, en la propia villa se llegaron a dar algunas capturas, que al parecer se cuarteaban en la playa que se hallaba frente a las actuales calles Kantoipe y Artabide, un espacio hoy ocupado por la dársena portuaria.

Como era de esperar, la rivalidad antes mencionada con la vecina localidad de Lekeitio afectó también a la pesca ballenera. Antiguamente, cuando los *arrantzales* de un puerto herían a un cetáceo, los de la dársena vecina podían participar en su captura y, si la ayuda resultaba determinante, estos podían reclamar parte del producto obtenido. Pero esta práctica abundó en conflictos y altercados y, según documentos preservados en la cofradía de Lekeitio, en 1644 se convino que «las ballenas

que los mareantes de dichas villas y cofradías hubiesen primero heridas, no hieran los marineros de la otra villa salvo que se les soltase». La excepción eran los casos de necesidad, cuando el primer heridor «se viere en necesidad de socorro por falta de sus consortes vecinos de su villa y cofradía», situación en la que «por necesidad y no por gusto... ellos han de poder herir y tirar y llevar su aprovechamiento conforme hiriesen y conviniesen».

A pesar del escaso abrigo que ofrecía el río y de los conflictos recurrentes que la captura de ballenas provocaba no solo con Lekeitio, sino también con Mutriku e incluso Deba, los mareantes de Ondarroa no cejaban en su empeño y se mantenían siempre dispuestos para la faena. Su determinación queda reflejada en las ordenanzas de 1610 de la Cofradía de la Hermandad de Mareantes de Santa Clara, que regulaban el reparto de las capturas y que se conserva en el Bizkaiko Foru Agiritegi Historikoa (Archivo Histórico de la Diputación Foral de Bizkaia). En ellas se estipulaba que, además de sufragar el salario del vigía, «[...] para disfrutar de dichas ventajas y participar en dichas ballenas, todas las embarcaciones y cada una de ellas deben tener y llevar las armas suficientes y necesarias para la matanza de dicha presa, de modo que quien no las ten-

ga no pueda disfrutar ni participar y quede excluido». Así, la normativa no solo ordenaba la logística de la caza, sino que también reflejaba la exigencia de preparación y compromiso colectivo que implicaba la actividad.

Y todo ello a pesar de los riesgos que la lucha con el gigantesco cetáceo comportaba y que en modo alguno parecían amedrentar a los *arratzales* ondarreses. Su determinación queda reflejada en las ordenanzas de 1610 ya citadas, donde, al abordar la distribución de los beneficios obtenidos tras la captura de una ballena, se establece que si «al tiempo de la matanza de la ballena, algunos hombres, algunos de ellos, resultaran heridos o dislocados y murieran [...], es necesario pagar del precio de la ballena, su trompa o su cola, 240 reales de vellón por cada uno que así muera para ayudar a su entierro y al sufragio de su alma».

Sea como fuere, la tenacidad de los ondarreses en la pesca de ballena se mantuvo viva hasta fechas tan tardías como 1891. Aquel año, según relataba *El Heraldo* de Madrid el 4 de junio, el patrón Gregario Celaya alertó al gremio de pescadores de que, al regresar de faenar sardina, había avistado una ballena de «colosales proporciones». De inmediato se armaron tres lanchas con arpones y partieron en su persecución

Fachada y detalle del blasón ballenero de la antigua Cofradía de Pescadores. Hoy alberga la Oficina de Turismo de la localidad.

capitaneadas por el propio Celaya. Fue él mismo quien logró alcanzar primero al animal y herirlo. El cetáceo dio entonces una «una atroz sacudida y arrastró á la lancha, haciéndola recorrer más de tres kilómetros en marcha vertiginosa», al cabo de la cual el arpón zafó, liberando al animal. Pronto cayó la noche y las lanchas se vieron obligadas a regresar a puerto pero, al día siguiente, reanudaron la búsqueda aunque el éxito no les sonrió. Cabe señalar, no obstante, que el episodio tuvo lugar en el mes de junio, una época poco propicia para la presencia de ballenas francas en estas aguas, lo que sugiere que el cetáceo de «colosales proporciones» debía de pertenecer a otra especie, probablemente un cachalote.

QUÉ VEREMOS

El blasón oficial de Ondarroa tiene como elemento principal un puente de dos ojos, en clara referencia al Zubi Zaharra (Puente Viejo), bajo el cual nada una ballena sobre ondas de azur y plata. En su versión oficial incorpora una hornacina, un león pasante y una torre, tal como podemos ver en el escudo labrado que pende de los muros exteriores del moderno ayuntamiento, pero estos elementos con frecuencia se ignoran y, en cambio, se incorpora a la iconografía una trainera con *arrantzales* remando mientras dan caza a una ballena. Podremos ver variaciones de este escudo en el Ayuntamiento y otros lugares de la localidad, incluidas las proas de los barcos del puerto, los cuales con frecuencia ostentan orgullosos su pasado ballenero.

La antigua Kofradia Zaharra (Cofradía de Pescadores), que se encuentra en la ribera septentrional del Puente Viejo y preside la plaza del mercado. Aunque el edificio tiene un aire medieval, su aspecto actual se debe, de hecho, a la profunda reforma, completada en 1922, que hizo el arquitecto bilbaíno Pedro Guimón Eguiguren. En la torreta esquinera del edificio, el arquitecto estampó su firma en el magnífico emblema de la Cofradía, que representa dos ballenas y una chalupa ballenera con cuatro remeros y un timonel. Sobre la escena pende una custodia sacramental, símbolo de una de las funciones de la Cofradía: además de atender circunstancias profesionales, ofrecía auxilio religioso a los pescadores y sus familias.

En el muro septentrional del corto tramo del río Artibai que separa el Puente Viejo del Puente Nuevo, podemos ver un mural que muestra una lancha ballenera dando caza a un cetáceo, si bien este se halla muy deteriorado y cubierto por abundantes grafitis.

En la parte occidental del puerto se alza un promontorio conocido como la Atalaya, sobre el cual se encuentra la ermita de Santa Clara. Junto a ella hay un puesto de comunicaciones que brinda servicios de seguridad a las embarcaciones. La ermita actual, de construcción relativamente reciente, reemplaza a la original, destruida durante la Guerra Civil. Situada a más de 90 metros sobre el nivel del mar, se cree que este enclave fue en su origen un apostadero de vigilancia utilizado para alertar al puerto sobre la presencia de ballenas.

Escudo de Ondarroa pintado en la roda de un barco pesquero.

Emblema de Ondarroa cincelado en piedra en el muro de una casa.

Mutriku

Período de actividad ballenera

Siglos XIII-XVIII

Cita más antigua de actividad ballenera

1200

Los *arrantzales* motriqueses cazaron con ahínco ballenas, tanto en sus aguas como en los más apartados rincones del Atlántico. Muchos de aquellos esforzados marinos acabaron pereciendo en las frías aguas nórdicas y nunca regresaron a sus hogares.

Panorámica del puerto de Mutriku.

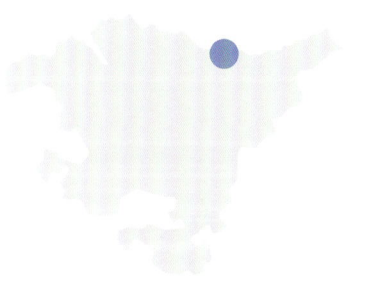

PAÍS VASCO

El pintoresco puerto de Mutriku (Motrico) está encajonado en la pendiente que desciende del monte Arno (618 metros de altitud) y se abre en un angosto puerto celosamente protegido de los furiosos vientos del norte. Las estrechas y empinadas calles del núcleo urbano conforman un casco histórico que en 1995 fue declarado conjunto monumental. Aunque la villa albergó algunos astilleros y mantuvo una limitada flota de cabotaje de transporte de hierro que alcanzaba hasta Sevilla, su población ha vivido fundamentalmente de la pesca y la conserva. En tiempos modernos, el turismo ha ido cobrando importancia gracias al patrimonio histórico y arquitectónico que atesora la villa. Aquí podemos encontrar edificios como la iglesia de San Andrés, que data del siglo XI —es la más antigua de Gipuzkoa—, o la iglesia de Nuestra Señora de la Asunción, catalogada como monumento nacional. También merecen una visita los palacios urbanos de diversas familias notables, como los de Zabiel y Montalibet y las casas Gaztañeta y Olazarra.

Hogar del Marinero en la plaza Beheko.

HISTORIA BALLENERA

La primera noticia que tenemos de la caza de la ballena en Mutriku es el documento fechado el 31 de diciembre de 1200 en el que el rey Alfonso VIII de Castilla concede a la Orden de Santiago la ballena que Mutriku le debía entregar en tributo cada año. Este documento, que nos sirve para datar el inicio de la actividad en la localidad, es el segundo registro escrito más antiguo que menciona esta actividad en el País Vasco español y en España —el primero es el privilegio concedido en 1180 por el rey Sancho el Sabio de Navarra a Donostia para cobrar tasas por la venta de barbas de ballenas—. Por otra parte, esta referencia es muy curiosa, ya que la población debía entonces limitarse a una modesta comunidad de pescadores, pues no fue hasta unos años más tarde, en 1209, cuando recibió la denominada «carta puebla», es decir, el privilegio de ser reconocida jurídicamente como villa y de poder beneficiarse, por ello, del apoyo de la Corona. Con el tiempo, las noticias sobre la «ballenería» en Mutriku se hicieron cada vez más frecuentes, y esta actividad se convirtió en un pilar de la economía del pequeño puerto. Esto queda reflejado en la relevancia que adquirían los arpones y demás instrumentos relacionados con la caza de ballenas, mencionados habitualmente en dotes y testamentos locales. Así, como recoge Azpiazu en su obra sobre los balleneros vascos en el Cantábrico, en 1590 el motriqués Pedro de Iturbe lleva en su dote «una chalupa que tengo en el muelle desta villa con su estacha, vela y mástil y aparejos para ballenas».

Este mismo autor señala que este puerto es uno de los más activos en enviar expediciones a Asturias y Galicia. Aun así, para los motriqueses, aquellos no fueron los únicos destinos balleneros, sino que su afán por obtener el preciado saín los llevó a frecuentar todos los rincones del Atlántico Norte, y en 1557 recibieron la autorización real para mandar hombres también a Terranova. Con todo, a pesar de la generosidad de aquellas aguas, Terranova no sería su objetivo exclusivo, y prueba de ello es que la mayoría de los balleneros que perecieron en la cruel matanza que tuvo lugar en Islandia en 1615 eran originarios de Mutriku o de Donostia (véase la página 342).

A principios del siglo XVII, durante los meses de verano, el consistorio de Mutriku no podía celebrar sus reuniones periódicas porque la mayoría de los ediles se hallaban en Terranova pescando ballenas.

QUÉ VEREMOS

Fiel al probable hecho de que los primeros asentamientos humanos en la minúscula bahía que hoy constituye el puerto se debieran a hombres del interior que acudían estacionalmente para dedicarse a la pesca de la ballena, el escudo de armas de la villa incorpora como elemento central la representación de una chalupa con el arponero en proa dando caza a un cetáceo. Este escudo, con diversas variantes, abunda por todo el municipio: como es obvio, pende de la fachada del Ayuntamiento, pero también se halla omnipresente en otros lugares públicos. Está presidiendo la plaza Beheko, en el dintel del Hogar del Marinero, en el puerto y en el escudo del Mutriku Arraun Taldea (Club de Remo), entre muchos otros.

En la minúscula plaza Zubiaga —en realidad, un angosto cruce de calles—, veremos un antiguo edificio que muestra, muy deteriorado, un doble emblema. El blasón de la izquierda, aunque hoy casi irreconocible por el desgaste del tiempo, representa una chalupa de remo. Debajo, nadando en un mar de olas y sacando la cola fuera del agua, una ballena, esa sí bien visible.

Escudo de Mutriku, tal como se muestra en la piedra armera labrada en la fachada del Ayuntamiento. Su parte central expone, encajada en una orla, una chalupa con seis remeros y un arponero, este último con el arma en ristre mientras se aproxima a una ballena. Por encima, unas aves sobrevuelan la escena y, ya fuera de la orla, el conjunto está laureado con una corona y dos trompetas. A ambos lados, unos maceros vigilantes simbolizan el poder de la autoridad.

Blasones sobre el dintel de la puerta del edificio esquinero de la plaza Zubiaga.

El Archivo Histórico Municipal de Mutriku atesora ejecutorias y escritos de extraordinario
valor, muchos de ellos relacionados con la
pesca de la ballena. Los más elaborados incluyen escudos miniados y estampas que
ilustran la vida de la localidad. Aunque podremos ver reproducciones de ellos en libros y
carteles, el acceso físico a los documentos
está reservado a los estudiosos.

El Mutriku Artxibo Historikoa atesora ejecutorias y escritos de extraordinario valor, muchos
de ellos relacionados con la pesca de la ballena. Los más elaborados incluyen escudos
miniados y estampas que ilustran la vida de la
localidad. Aunque podremos ver reproducciones de ellos en libros y carteles, el acceso
físico a los documentos está reservado a los
estudiosos.

El mirador Atxukale, una plazoleta elevada en
forma de amplio balcón desde la que se divisa una magnífica vista del puerto y el casco
histórico. En el centro del mirador se levanta,
sobre un pedestal, una estatua de busto y
medio torso de Evaristo de Churruca y Brunet,
primer conde de Motrico (1841-1917). Evaristo
de Churruca fue un reconocido ingeniero que,
además de concebir y diseñar la canalización
del río Nervión y la construcción del puerto
exterior de Bilbo —obras que convirtieron
aquella rada en una de las mejores de España
y dieron un impulso al desarrollo industrial de
Dizkaia—, a finales del siglo XIX y principios del
XX se hizo cargo de la reforma y ampliación del

A la izquierda, miniatura que ilustra la ejecutoria de la Real Chancillería de Valladolid otorgada a Mutriku tras su
pleito con el preboste de Bilbo en 1507. A la derecha, representación del escudo de Mutriku en los privilegios
otorgados a la villa por Felipe II en 1562. Ambos se hallan depositados en el Artxibo Historikoa (Archivo
Histórico Municipal). Aunque representadas de manera muy distinta, la ballena y su pesca se hallan siempre
presentes en el imaginario motriqués.

puerto de Mutriku. Hoy visitado principalmente por turistas, el mirador era antaño un lugar
frecuentado por pescadores, y su pretil aún
muestra las marcas que con sus cuchillos estos dejaban en las piedras mientras los afilaban
al tiempo que conversaban. Al fondo, bajo un
porche con bancos de descanso, las paredes
de guarda están ilustradas con un mural de
más de 5 metros de ancho realizado por los
Amigos del Arte de Motrico. La pintura, hipe-
rrealista, representa a tres niños que contem-

plan embelesados a una ballena franca y a su
cría. En un pueblo de raíces profundamente
balleneras, se trata de una clara alegoría del
reencuentro pacífico de los motriqueses con
estos animales. Los laterales del porche están
decorados con la partitura de la canción «Ene
Motriku Maitia» ('Mi querida Motrico').

La antigua atalaya situada en el montículo conocido como Talaixa. Se halla al inicio de la
carretera que conduce a Deba, en un promon-

Una visión moderna y más amigable de las ballenas preside el área de descanso del mirador Atxukale.

torio o punta llamado Alkolea. Al llegar al lugar, desde la carretera parte un desvío que forma un bucle alrededor de la punta y del cual parten dos senderos que ascienden hasta alcanzar la antigua atalaya, situada a unas pocas decenas de metros monte arriba. La construcción tenía una planta más o menos cuadrada, de unos tres metros de lado, y de ella hoy solo queda la parte baja de los muros de piedra que conformaban su base y que, en su punto más alto, no levantan más de un metro del suelo. Estos restos se hallan parcialmente cubiertos por vegetación y podrían pasar desapercibidos si no fuera porque se encuentran al lado mismo del sendero que conduce

Restos de la antigua atalaya situada en la Talaixa.

a una pequeña edificación moderna, bien visible, situada a una decena de metros. Esta edificación, rotulada «Talaixa», rememora la antigua atalaya y carece de interés. Aunque hoy el arbolado impide la vista del frente oceánico, en tiempos antiguos el montículo debía de estar despejado de vegetación, permitiendo así la vigilancia de los oteadores. En el siglo XVII, al atalayero de Mutriku se le consideraba un miembro más de la tripulación y, en consonancia, recibía 60 reales de sueldo en el reparto por la muerte de cada ballena. Además, tenía derecho a una gratificación especial cuando, al iniciar la costera, se daba caza a la primera ballena.

Deba

Período de actividad ballenera
Siglos XIV-XVI

Cita más antigua de actividad ballenera
Siglo XIV

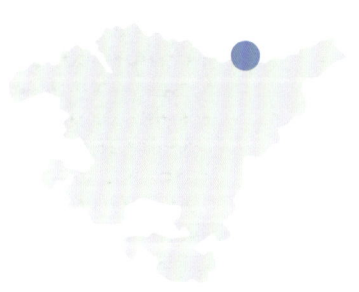

PAÍS VASCO

Deba fue la principal puerta de entrada del saín ballenero en la ruta hacia Castilla. Las riberas del río preservan las majestuosas lonjas donde los comerciantes hacían sus negocios y almacenaban los productos que, siguiendo el curso de agua, viajarían hacia el interior de la península.

Deba (Deba) es una pequeña localidad marinera ubicada en la desembocadura del río del mismo nombre, flanqueada por abruptos montes de piedra caliza. La población actual tiene sus orígenes en la antigua villa de Montreal de Itziar, situada a 4 kilómetros tierra adentro, que a mediados del siglo XIII decidió aproximarse al mar para aprovechar los recursos que

La lonja de Maspe, situada en las orillas del río Deba.

este ofrecía, entre los que, cómo no, destacaban los grandes cetáceos. Hoy, Deba es una villa moderna, con pocos vestigios de su pasado antiguo, pero que, además de su innegable pasado ballenero, ofrece otros atractivos naturales, entre los que destaca su rico patrimonio geológico. En el Cretácico Inferior, la zona se hallaba cubierta por un mar tropical que separaba la península ibérica del continente europeo. Allí se formaron arrecifes coralinos, que más tarde dieron lugar a los yacimientos calizos característicos de la localidad que forman los montes adyacentes. Esta particularidad ha dado lugar al Geoparque de la Costa Vasca, que alberga un singular tesoro natural: en la costa, los espectaculares estratos rocosos conocidos como el flysch y, en el interior, el karst, un extraordinario paisaje generado por la acción de los elementos sobre la piedra caliza que formó un enorme entramado de cuevas y galerías de formas caprichosas, algunas de las cuales estuvieron habitadas durante los períodos más fríos del Paleolítico. Esta riqueza geológica no fue desaprovechada, y durante siglos la economía local giró alrededor de la extracción de piedra caliza de las numerosas canteras que pueblan sus acantilados costeros. De ellas se extraía uno de los diez mármoles más conocidos: el mármol gris Deba.

HISTORIA BALLENERA

Aunque hay documentos que atestiguan la caza y el despiece de ballenas en la misma rada de Deba, en comparación con otros puertos vecinos el lugar no parece haber ocupado un puesto central en esta actividad. Los debareses con frecuencia preferían transportar sus presas a Mutriku y otros puertos vecinos, que tenían instalaciones mejor preparadas, o se involucraban en expediciones a Galicia o a las frías aguas del Atlántico Norte. Durante una de ellas, en 1620, el capitán Francisco de Sorarte, natural de Itziar, apresó en Terranova a una pareja de nativos y a su hija, los embarcó en su ballenero y los llevó a Deba, donde muy cristianamente los bautizó. De aquel suceso podría proceder un sorprendente kayak de piel de foca que hasta hace unas décadas colgaba como exvoto en la iglesia de Itziar y del que hoy por desgracia solo perviven fotografías.

Pero ello no hizo que la población desistiera por completo de pescar ballenas en sus propias aguas. En la falda del monte de Santa Catalina estaba emplazada la atalaya de Mendata, de la que hasta hoy nos han llegado documentos que, entre otros, regulaban los pagos al atalayero de noviembre a marzo, el período que comprendía la costera ballenera. La Cofradía de Pescadores recaudaba su sueldo para toda la temporada del primer cetáceo aprovechado. Además, a la

semanada fija que este cobraba le añadía una prima por cada pieza posterior que se capturase, y que difería según se tratara de una cría o de un adulto. Por otra parte, el reparto de los beneficios que se obtenían de las ballenas era algo distinto al de otras localidades. Las Nuevas Ordenanzas de Deba de 1685 establecían, por ejemplo, que las «aventajas» se repartirían solo entre las tres primeras chalupas que hubieran salido a la mar, cuando lo usual era situar el límite en diez chalupas. Si se trataba de una ballena adulta, al primer heridor se le abonaban 8 ducados de vellón; al segundo, 6 ducados; y al tercero, 4. Si era una cría, los valores correspondientes eran, respectivamente, 4, 2 y 1 ducado de vellón. Eso sí, el primero en arponear tenía derecho a donar una de las alas a un santo que fuera de su devoción particular.

Cuando la ballena franca comenzó a escasear en el Cantábrico, Deba pasó a ser un importante puerto receptor de los productos balleneros que traían las expediciones que desde este y otros puertos vascos se realizaban a Noruega, Islandia y Terranova. El río era antaño navegable hasta, como mínimo, Altzola, junto a Elgoibar, y allí se desarrolló un importante puerto comercial. Aquella era la principal vía de comunicación entre Castilla y el mar, y por ella circulaban en gabarras las lanas y la sidra que se exportaban a In-

glaterra, así como, en sentido contrario, el hierro proveniente de Inglaterra que nutría los yunques vascos, y el saín de las ballenas cántabras y árticas que iluminaban los candiles de la Meseta. Precisamente era en Elgoibar donde se recaudaba la llamada alcabala, un impuesto que gravaba las transacciones comerciales y que, a diferencia del diezmo, que se lo quedaba la Iglesia, iba a engrosar las arcas reales.

Los Debareses se involucraron en expediciones de balleneo a distintos puntos del litoral, sobre todo de Galicia. Los beneficios de estas expediciones no eran desdeñables. En 1645, la joven Ursola de Leizaola denunció a Pedro de Itziar ante el tribunal eclesiástico por robarle su virginidad. No obstante, como este tenía ya concertado un ventajoso matrimonio con Mariana de Ajarrista, el desliz se compensó con 20 ducados que Pedro «le haya de dar y pagar de vuelta de Galiçia a donde está para haçer viaje a pesquería de ballenas».

QUÉ VEREMOS

El lugar aún conocido como Labatai, o portal de los hornos. La antigua villa, asentada en el arenal formado por la desembocadura del río Deba, estaba amurallada, y en su orilla oriental, probablemente donde hoy se halla la estación de tren, se encontraba el lugar donde se despiezaban las ballenas y se cocinaba la grasa para extraer de ella aceite. Aunque el lugar está hoy plenamente urbanizado, antaño se situaba extramuros y constituía un simple arenal periódicamente lavado por la marea, lo que facilitaba la eliminación de los inevitables y malolientes residuos que el despiece y el procesado de las ballenas comportaban.

En distintos puntos de Deba y de la próxima Itziar, conformando un recorrido, encontraremos paneles ilustrados con impresionantes

pinturas de José Ignacio Treku, que explican la historia de la localidad.

La lonja de Maaspe, presidiendo la orilla oriental del Deba, justo cuando se acaba el casco urbano y al inicio del primer meandro del río. Se cree que el edificio fue construido antes de 1520. En su interior se almacenaban las barricas de saín destinadas a ser transportadas río arriba mediante pequeñas gabarras, llamadas «alas» o «gallupas». Desde aquel punto viajaban hasta Altzola o Elgoibar y, a continuación, mediante carros o a lomos de caballería, alcanzaban Gasteiz (Vitoria) o las principales villas de Castilla. Para tener una buena vista del edificio es preferible cruzar por el puente y observarlo desde la orilla opuesta. Desde allí puede verse perfectamente la escalinata que daba acceso a la lonja directamente desde el agua.

La atalaya de Mendata, situada en la falda de los montes orientales de Deba. Está compuesta por un torreón de avistamiento que se halla adosado a un pequeño edificio de resguardo donde se refugiaban los vigías durante el período de pesca ballenera. Alcanzar la atalaya

Atalaya de Mendata. Aunque administrativamente pertenecía a Deba, como la torre de vigía se halla situada en un entrante de costa que no resulta visible desde esta localidad ni tampoco desde los puertos de Mutriku o de Ondarroa, en la práctica sus avisos solo beneficiaban a los habitantes de los caseríos de Itziar e Itxaspe, situados algo al interior.

obliga a un cierto paseo. En Deba debe tomarse la carretera que, circundando la ermita de Santa Catalina, lleva a Itziar y luego a Itxaspe. A unos 200 metros antes de este caserío hay que desviarse por el estrecho camino, aún transitable en automóvil, que conduce al mirador de Mendatagaina. Esta ruta queda interrumpida por una valla de seguridad, y allí tenemos que abandonar el vehículo y continuar a pie. En vez de tomar el camino al mirador, debemos seguir por la ruta asfaltada más allá de la valla y, a unos centenares de metros, desviarnos por el estrecho sendero que circunda la costa en dirección al *flysch* de Sakoneta. Caminados unos 600 metros a lo largo de este sendero y, venciendo intensos desniveles, podremos ya ver la atalaya en lo alto del monte. Como el terreno está cubierto de abundante maleza, el acceso más fácil a los restos arqueológicos es el punto que se halla en la perpendicular exacta de la atalaya con la costa, ya que allí el monte está más libre de vegetación por el paso de las personas. La posición exacta de la atalaya es: 43° 17' 45,5" de latitud norte y 2° 18' 54,8" de longitud oeste.

El lugar sirve también como mirador excepcional desde donde observar la geología kárstica de la región. La empresa Suhar Arkeologia, que recientemente ha restaurado los restos, tiene colgada en su página web una animación de cómo debía de ser el aspecto de la antigua atalaya.

La lonja de Maspe, situada en las orillas del río Deva.

La lonja de Albiz, situada a la entrada de Altzola, un caserío donde solo viven unos pocos centenares de habitantes. El edificio se levanta en la orilla oriental del río y junto al puente; la mejor visión del bastimento es desde la orilla opuesta. En su fachada se puede ver la arquería —hoy cegada— que en el pasado comunicaba con el interior de la lonja. Aquel era el destino final de las barcazas que transportaban el saín de las ballenas, pues un salto de agua impedía la navegación más allá. Es cierto que las mercancías solo recorrían 11 kilómetros desde el mar, pero, por escasa que pueda parecer esta distancia, en siglos pasados aquella era la brecha que permitía atravesar los montes y transportar mercancías de los pueblos de la costa al interior de la península ibérica.

Getaria, Zarautz

Período de actividad ballenera

Siglos XIII-XIX

Cita más antigua de actividad ballenera

1220 en Getaria
y 1237 en Zarautz

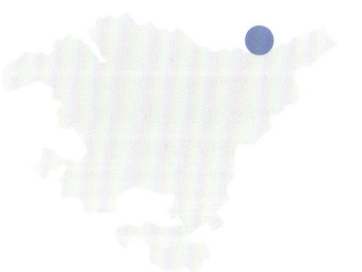

PAÍS VASCO

Getaria y Zarautz no solo se hallan muy próximas entre sí, sino que, al formar la costa un recodo, desde el extremo del muelle de una se puede divisar la playa de la otra. Esto llevó a inevitables conflictos sobre la propiedad de las ballenas, si bien uno de ellos, acaecido en 1878, tuvo un desenlace afortunado. La discusión entre los *arrantzales* o pescadores de ambas localidades se había complicado tanto, y fue tan imposible llegar a un acuerdo, que finalmente la ballena acabó abandonada en la playa. Y aquello permitió preservarla para la ciencia. Hoy, el esqueleto de este ejemplar, que se halla expuesto en el Aquarium de Donostia, es de los pocos de ballena franca que se conservan en España y uno de los cuatro que existen en Europa.

Getaria y Zarautz tienen un largo e intenso pasado pesquero y ballenero. Dada su proximidad, pues por mar las villas solo distan 3 kilómetros, no podemos hablar de una sin hacerlo de la otra. Su historia ha estado fuertemente entrelazada y, como dos buenas hermanas, ambas mantuvieron siempre una tensa relación que desembocó en abundantes desacuerdos y pleitos. Como consecuencia de esta rivalidad, o quizás para alimentarla, durante las guerras carlistas incluso eligieron bandos contrarios. En tiempos modernos han seguido caminos muy distintos: Getaria ha permanecido fiel a la pesca y las industrias asociadas, mientras que Zarautz se ha ido decantando por el turismo, lo que la ha llevado a crecer y modernizarse.

Getaria fue fundada por el rey Sancho VI de Navarra entre los años 1180 y 1194, lo que la convierte, junto con Donostia, en una de las villas más antiguas de Gipuzkoa. Se ha sugerido que la etimología de su apelativo proviene de *caetaria*, término derivado del griego *ketos* y más tarde del latino *cetus*, y que significaba 'pez grande' o 'monstruo marino', una raíz que compartiría con el término biológico «cetáceo». Pero también se ha propuesto que podría proceder del gascón *guaita*, del que derivaría «getari», que significa 'pueblo vigía', en alusión a los atalayeros que desde los tiempos más remotos se apostaban en lo alto de los montes en busca de ballenas. Sea como fuere, la pesca de los grandes cetáceos marcó en la localidad desde sus inicios una impronta que aún pervive.

Getaria se encuentra entre dos playas y dos montes; uno de ellos, el de San Antón, emerge directamente desde el mar y hace de frontera entre las playas. La población cuenta con algo más de 2.800 habitantes y desde siempre su modo de vida ha estado estrechamente ligado al mar. No sorprende por ello que fuera la cuna de importantes marinos, entre los que destaca Juan Sebastián Elcano (1486-1526), el primer navegante que logró completar la vuelta al mundo. Aún hoy, la villa vive principalmente de la pesca y posee, junto con Bermeo, una de las flotas de bajura más importantes del País Vasco. Además, disfruta de abundante turismo y los aledaños de la población están salpicados por viñedos, donde se cultiva hondarrabi zuri, la principal variedad de uva a partir de la cual se elabora el chacolí o *txakolin*, ese vino blanco característico de la zona y que hoy está protegido por la de-

Vista del puerto, Getaria.

nominación de origen chacolí de Getaria. El casco viejo de la villa mantiene un fuerte carácter y alberga numerosos edificios históricos, como la magnífica iglesia gótica del siglo xv.

Zarautz, por su parte, fue fundada por Fernando III de Castilla en 1237 y durante muchos siglos fue, igual que Getaria, una villa abocada al mar. Si en Getaria nació Elcano, se cree que fueron los astilleros de Zarautz los que construyeron la nao *Victoria* con la que este navegante circunnavegó el planeta. Sin embargo, cuando las ballenas comenzaron a escasear, la población buscó nuevas fuentes de ingresos y apostó por la industria textil, la agricultura y la construcción de barcos y muebles. A partir del siglo xix, su proximidad con Donostia y, sobre todo, sus 3 kilómetros de playa de arena

fina y dorada, sedujeron a la realeza y la alta burguesía. Aquí veranearon la reina Isabel II de España, la reina María Cristina de Habsburgo-Lorena, el rey Alfonso XIII o, más recientemente, la reina Fabiola de Bélgica. Como consecuencia de ello, el paseo marítimo Zarautzano se sembró de majestuosos edificios palaciegos para alojar a aquella sociedad aristócrata y burguesa. Antiguos edificios nobles, como el palacio de Narros, fueron reconvertidos también para este fin. En la segunda mitad del siglo xx, la democratización del turismo y la popularización del surf fueron dando paso a hoteles y bloques de apartamentos modernos. Hoy, con sus más de 22.000 habitantes, cifra que se triplica en temporada alta, Zarautz es uno de los puntos de veraneo más importantes del País Vasco.

HISTORIA BALLENERA

El inicio de la actividad ballenera en estas dos poblaciones es muy temprano. Aunque hay indicios de ella desde principios del siglo XIII, hasta 1220 no tenemos evidencias escritas. Aquel año, el rey Alfonso IX confirmó el Fuero Getaria y en el documento consignó la orden de que se reservara para sus arcas la primera ballena de la temporada que el puerto lograra capturar. Poco después, en 1237, Fernando III confiere el villazgo a Zarautz, y de modo semejante se reserva para él la tira de grasa que va de la cabeza a la cola de cualquier cetáceo que se aproveche.

Ambas poblaciones se hallan muy próximas a Donostia y esto hizo que el control ejercido por la Corona y la Iglesia fuera no solo temprano, sino además férreo. La administración económica y judicial, así como la recaudación de los diezmos, corrían a cargo del preboste de Donostia, una situación que perduró hasta bien entrado el siglo XVII. Esta estrecha vigilancia lógicamente incomodaba a los lugareños, que protestaron con frecuencia a la Corona hasta lograr que, en 1376, Enrique III reformara la antigua ley y cediera media ballena a los pescadores. A lo largo de los siglos, este privilegio dado a los pescadores fue a menudo discutido por las autoridades, que veían sus ingresos menguados, pero los Getarianos fueron tozudos en su resistencia y mediante periódicos regateos legales lograron mantener indefinidamente la reducción del tributo. Aun así, la

Corona no era la única que quería posar sus garras en las presas de los *arrantzales*, ya que el Concejo también exigía su parte. Esto llevó a los vecinos de estas localidades a exigir, en 1474, que se instaurara una ordenanza según la cual el Concejo debía reservar «la mitad de todas las ballenas que matasen a las obras del muelle, cercar y guardar mares». Más adelante, en 1682, la tributación al Concejo se consideraba aún excesiva y los vecinos consiguieron que la tasa se limitara a un tercio de cada ballena. De las otras dos partes, una iría a los maestres de chalupas, y la otra, a la marinería.

Hacia el siglo XVIII, cuando se comenzó a notar el declive de la población de ballenas, los mareantes Getarianos ampliaron su área de actividad abarcando otros puertos vecinos, principalmente el de Zumaia. Esto explica que esta última localidad se viera forzada a establecer ordenanzas para el reparto de «las ventajas» balleneras, que de hecho eran semejantes a las de otros puertos, si bien incorporaban cláusulas más modernas, como que cualquier gasto médico por accidentes ocasionados durante la captura de las ballenas había de ser cubierto e incluido en el reparto de ganancias.

Los beneficios de las ballenas eran abundantes, incluso después de que las autoridades requisaran sus respectivos tajadas. Además, en ciertas épocas se generaron excedentes que los propios pescado-

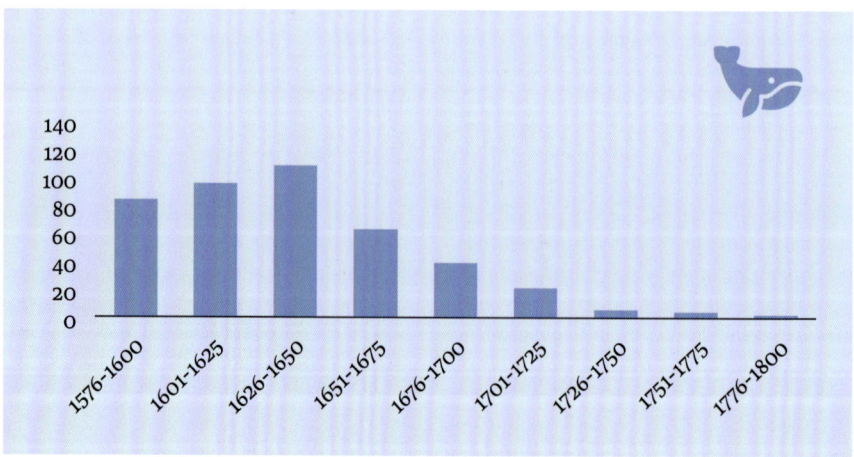

Estadísticas de captura de ballenas en Getaria por períodos de veinticinco años.

res no podían asimilar y, una vez hecho el reparto entre mareantes e Iglesia, el resto se vendía en subasta al mejor postor. Un documento de 1540 detalla el procedimiento. La subasta se celebraba en la sala concejil o en la Casa-lonja del Muelle, y el aprovechamiento de la ballena se hacía según la siguiente distribución: primero se apartaba la parte de la villa y los pescadores; la lengua y el ala se destinaban a la iglesia parroquial; el «quintal de mollaje», a obras en los puertos; finalmente, la barriga iba para las cofradías de Vera Cruz y del Rosario. Para acotar el tiempo de subasta, esta duraba lo que tardaba una vela en consumirse, y las pujas podían disputarse mientras hubiera llama. El remate se hacía al fiado, otorgando un mes para el pago.

Como ya se ha comentado, la rivalidad entre Getaria y Zarautz era feroz y se tuvieron que crear normas para acotar los derechos de cada puerto. En cualquier caso, si nos atenemos al cúmulo de litigios que ha llegado hasta nuestros días, no parece que estas normas resultaran suficientemente claras o que los *arrantzales* se aviniesen a seguirlas. Se acordó, por ejemplo, que la villa del primer arponero que hiriera la ballena tendría precedencia y que, a partir del momento en que esto sucediera, ningún arponero del puerto vecino tendría derecho a participar en la captura. Pero esta norma no solo no alivió la controversia, sino que más bien la azuzó, pues en varias ocasiones los Getarianos impidieron salir de puerto a las chalupas Zarautzanas alegando que ellos ya habían herido al cetáceo, cosa que no siempre se demostraba cierta. No fue hasta 1763, momento en que la captura de

ballenas en las costas cántabras ya era plenamente residual, cuando se logró que ambas localidades firmaran un documento de concordia mediante el cual se delimitaba con precisión la zona costera de capturas que correspondía a cada población. Aun así, los conflictos pervivieron y la última ballena capturada en aquel tramo de costa acabó pudriéndose porque los *arrantzales* de ambas localidades no fueron capaces de ponerse de acuerdo en cómo repartirla. No obstante, aquella historia tuvo un final feliz, pues el Ayuntamiento de Donostia adquirió el esqueleto y hoy es un elemento central de la colección del Aquarium de la ciudad (véase la página 348). Los arpones que se emplearon en la caza se guardan en Getaria, pero los Zarautzanos lograron hacerse con unas barbas, que se preservan en la sociedad Arkaitz Mendi, un club centrado en la caza y la pesca.

A pesar de que la autorización real para que los vecinos de Gipuzkoa, Bizkaia y las Cuatro Villas de la Mar pudieran explotar las pesquerías de Terranova no llegó hasta 1577, las expediciones a aquellas frías y productivas aguas comenzaron mucho antes, convirtiéndose aquel destino en una peregrinación estacional rutinaria para los navegantes de ambas villas. En un memorial escrito en 1619, el Zarautzano Matias de Echeveste explicaba cómo su padre, a la edad de 15 años, había hecho su primer viaje transatlántico en 1545 y entre aquel año y 1599 había participado en un total de veintiocho expediciones. En el mismo documento consignaba que los expedicionarios tenían «sueldo doble y traían más de dos mil ducados, una ganancia gruesa», lo que explica que hubo algún

año que llegaron a ir ochenta marineros solo de Zarautz. Pero no todo era miel sobre hojuelas. En 1577 el mal tiempo obligó a muchos expedicionarios a invernar en Terranova y ello produjo la muerte de quinientos cuarenta hombres, de los cuales diecisiete eran Zarautzanos.

Pero los Tratados de Utrecht y la disminución de las poblaciones de ballenas asfixiaron la pesquería y, a lo largo del siglo XVIII, el número de capturas anuales se hizo insignificante. La última de ellas, en 1878, fue la que ocasionó el litigio entre ambos pueblos que ya se ha mencionado. Eso sí, la «ballenería» dejó su rastro en las localidades. Como en otros enclaves balleneros, los huesos de los cetáceos fueron aprovechados en la construcción y el mobiliario doméstico: las vértebras servían de banquillos y las costillas y las mandíbulas se usaban como vigas y dinteles, o servían de apoyo para parras en algunos huertos. En la localidad próxima de Oikia se levanta el caserío Kondekua, un edificio barroco con portada de sillería construido en su origen por los condes de Villafranca y que hoy ha sido transformado en una finca agrícola; su pórtico de entrada estaba originalmente presidido por tres huesos de ballena, de los que aún hoy se conserva una formidable mandíbula.

Cómo nuestra ciencia cedió una *Balaena byscayensis* a cambio de una vulgar beluga

Delahaye del et lith.   *Imp. Becquet, Paris.*   *Van Beneden direxit.*

BALÆNA BYSCAYENSIS

Fig. 2, 3 ⅙, 4, 5, 6 ⅙, 7 ⅓, 8 à 12 ⅙.

El profesor Daniel F. Eschricht y una reproducción de la litografía del Dr. Monedero que ilustraba la obra *Ostéographie des cétacés vivants et fossiles*, publicada en 1880 por los paleontólogos Pierre-Joseph van Beneden y Paul Gervais.

En enero de 1854, el atalayero situado en lo alto del monte Ulía de Donostia avistaba el soplo de una ballena. Se trataba de un ballenato que después se vio que medía poco más de 7 metros. De inmediato se botaron las lanchas para darle caza. El cetáceo fue herido a la altura de Zarautz y llevado a puerto, donde se aprovechó su carne y su grasa. Afortunadamente, antes de que esto sucediera, un naturalista, el Dr. Monedero, realizó del animal un detallado dibujo que luego volcó en una litografía de la que hizo diversas copias para enviárselas a sus colegas europeos. Los huesos de la ballena yacieron inicialmente abandonados en la playa, pero finalmente fueron transportados a Pamplona con destino al Gabinete de Historia Natural del Instituto de Segunda Enseñanza de aquella población. Allí, amontonados en unas oscuras dependencias, permanecerían a lo largo de cuatro años.

Durante aquella etapa de olvido, una de las litografías de Monedero llegó a manos de Daniel Friedrich Eschricht, quien, además de director del Zoologisk Museum (Museo de Zoología de Copenhague), era uno de los mejores especialistas en cetáceos de su época. El naturalista advirtió de inmediato la importancia del espécimen, que él juzgó que podía pertenecer a la familia de lo que entonces se conocía como *nordkaper*, una especie que se creía desaparecida. Él mismo se desplazó a Pamplona, donde sus buenas artes lograron que el Instituto navarro le cediera el esqueleto a cambio de la osamenta de una vulgar beluga que a ojos de un científico español de la época debió de parecer, sin duda, muy exótica. Una vez en casa, montó cuidadosamente el esqueleto y lo expuso en el Museo bajo la denominación de *Balaena byscayensis*. Aquel esqueleto, combinado con la minuciosa litografía de Monedero, le permitió por fin distinguir la ballena franca de la ballena polar o de Groenlandia, dos especies que hasta entonces habían permanecido confundidas. Durante años, aquel esqueleto fue uno de los pocos completos conservados de la especie y fue reiteradamente reproducido en los tratados científicos de la época. Hoy permanece en el Zoologisk Museum de Copenague, aunque no está expuesto al público y la especie ya no se conoce como *Balaena byscayensis*, sino como *Eubalaena glacialis*.

Escudo ballenero en la fachada de la casa concejil construida en 1798 que se halla situada en el número 3 de la Nagusia Kalea (calle Mayor) de Getaria.

El casco antiguo de Getaria merece por sí mismo un paseo sosegado. En él abundan los edificios antiguos, algunos de ellos nobles y que muestran el escudo de la población, una ballena con un arpón clavado en su espalda.

Un buen ejemplo es el edificio concejil situado en la Nagusia Kalea. Otro es la antigua pista de frontón, un espacio que, además de servir para la práctica deportiva, es un lugar de reunión. Allí juegan los niños, ven pasar el tiempo los ancianos y se celebra un mercado. En la muralla que le da soporte se levanta el monumento a Juan Sebastián Elcano, hijo de la villa, y en su cabecera se muestra el escudo de la villa con la ballena arponeada junto a una placa que menciona al ilustre navegante.

La iglesia gótica de San Salvador. De bóvedas ojivales y catalogada como monumento nacional, el templo data originalmente de mediados del siglo XIV. En los siglos XVI y XVII fue muy ampliado para incorporar nuevas naves, que se asentaron sobre las antiguas murallas defensivas. Como resultado de la ampliación, la vía que entonces comunicaba la calle mayor del casco urbano con el puerto de pescadores quedó cubierta por el ábside de la iglesia, y pasó a constituir lo que hoy se conoce como

Paredes laterales del sepulcro que se halla en uno de los pórticos góticos laterales de la iglesia de San Salvador de Getaria. Se cree que el sarcófago alberga los restos de un miembro del linaje de los Zarautz o los Puerto, y muestra tallados en la piedra dos emblemas nobiliarios idénticos formados por un corazón, lo que parece un arpón invertido y una ballena.

el pasadizo Katrapona. En el interior del templo podremos contemplar, colgando en el aire, el exvoto de un galeón del tipo de los que navegaban a Terranova a la pesca de ballenas. Y más importante: en uno de los laterales de la nave principal, enmarcado en un arco gótico, se halla el sepulcro medieval de un noble en el que aparecen tallados en la piedra los escudos balleneros que representan su linaje y que incluyen la representación de un arpón y una ballena. La sepultura se halla hoy cubierta por una figura de Jesucristo cargando la cruz, de factura mucho más moderna.

El puerto de Getaria. Atravesando el pasadizo Katrapona, podremos descender desde el casco antiguo hasta la rada pesquera. Allí veremos los barcos, principalmente de arrastre y de bajura, que en su mayoría incorporan el escudo ballenero de la villa pintado en su casco, ya sea en la roda, en los costados de la proa o en las paredes del castillo de proa.

En Getaria, la gastronomía también refleja el pasado ballenero y lo ha incorporado a su imaginario gráfico. Una de las principales productoras de *txakolin*, la bodega Aizpurua, situada a las afueras de Getaria, luce en el etiquetado de sus botellas una iconografía moderna de una ballena franca. También en Getaria, el restaurante Kaia-Kaipe, situado junto al puerto, ofrece una excelente carta que puede disfrutarse en su comedor principal, presidido por un mural acristalado que muestra una dramática escena ballenera.

Barco de arrastre Getariano con el escudo de la villa pintado en la roda.

Escudos balleneros en el mobiliario urbano de Getaria y Zarautz.

Vidriera en la que se representa una caza ballenera en el restaurante Kaia-Kaipe de Getaria. Se trata de una obra realizada en 1990 por José Luis Alonso Susperregui, de la Unión de Artistas Vidrieros de Irun.

Tanto en Getaria como en Zarautz, si buscamos con atención hallaremos numerosas representaciones del escudo ballenero: el mobiliario urbano, como papeleras, pilones o bolardos de vía, los carteles anunciadores de las empresas transformadoras de pescado en el puerto, o los distintivos de la Policía Municipal.

En Zarautz, la casa situada en el número 4 de la calle Azara muestra en su fachada un antiguo dintel, probablemente de inicios del siglo XVI, con una escena ballenera labrada en piedra que representa a dos hombres, que se cree que eran padre e hijo de aquella casa, arponeando una ballena. En el lado izquierdo puede leerse la inscripción en letra gótica «M(art)yn Arruti Aguirre fecit», y en el centro destaca el escudo de armas de los Zarautz-Gamboa. Como describe José María Unsain (2012), el escultor fue extremadamente realista y representó la chalupa con el casco construido con una combinación de las dos técnicas que en la época empleaban los carpinteros de ribera: la del «tingladillo» y la del «a tope». Este era el método usual de construcción de las chalupas, tal como se puede ver en la que se exhibe en el Euskal Itsas Museoa (Museo Marítimo Vasco) de Donostia (véase la página 352).

Entre Getaría y Zarautz se extiende la ruta conocida como Bale Talaiak, o Ruta de las Atalayas, que recorre los promontorios y apostaderos desde los que en tiempos pasados los vigías oteaban el horizonte en busca de ballenas. Hoy, desde allí es posible continuar avistando cetáceos —delfines principalmente— y, desde luego, disfrutar de una visión espectacular del frente marítimo y las aguas abiertas del océano. Iniciando el recorrido en Getaria, el primer punto de interés es el monte de San Antón, también conocido como el Ratón de Getaria, que fue el emplazamiento de una antigua atalaya junto a una ermita medieval, ya desaparecida, y que se ubicaba donde hoy se halla el faro. Siguiendo el itinerario se alcanzan los magníficos acantilados del cabo Altzako Harria, donde se encontraba la atalaya de Lasuntalai, que permitía la vigilancia de la bahía de Malkorbe. A continuación, sobre el cabo de Allepunta veremos el enclave donde estaba la atalaya de Santa Cruz. Y, ya en las proximidades de Zarautz, alcanzaremos la ermita de Santa Bárbara, un pequeño templo construido en el siglo XVIII gracias a los donativos que los balleneros concedían a la Iglesia como parte de sus capturas. Finalmente, en la parte oriental de Zarautz existe una elevación, donde hoy se halla situado el camping de la población, que se conoce con el nombre de Talai Mendi, o monte de la Atalaya. Se supone que allí también se apostaban vigías para avistar los cetáceos, pero si esta atalaya realmente existió, no queda de ella rastro alguno.

Altorrelieve labrado en piedra que muestra la caza de una ballena. Forma parte de la fachada de la casa situada en el número 4 de la calle Azara de Zarautz.

Orio

Período de actividad ballenera

Siglos XVI-XVIII

Cita más antigua de actividad ballenera

1530

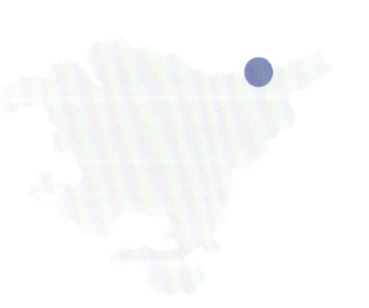

PAÍS VASCO

En 1901, Orio fue testigo de la última captura de ballena franca que tuvo lugar en aguas del Cantábrico. El cetáceo acabó convertido en jabón, y el consistorio destinó 100 pesetas a recompensar con una merienda a los cincuenta y cinco esforzados *arrantzales* que participaron en la matanza. Aun así, la gesta sirvió para demostrar que en aquellas fechas el oficio ballenero ya había caído por completo en el olvido.

Orio es una pequeña población que se encuentra en la desembocadura del río Oria, el cual, al desembocar en el mar Cantábrico, forma un estuario con abundantes marismas. Ello hizo que el casco antiguo de la población se situara hacia el interior, a lo largo del primer recodo del cauce fluvial. Hoy la localidad cuenta con una pequeña dársena moderna y con un espigón que protege la salida al mar, pero antiguamente el único puerto de abrigo para las embarcaciones eran los meandros del río. Esto permitió a Orio albergar una flota de bajura, pero impidió el atraque de barcos de grandes dimensiones. El pueblo se encarama en un monte, y a lo largo de sus estrechas calles peatonales abundan las casas con escudos labrados en piedra, muchos de ellos con motivos náuticos y balleneros. Al haber estado su economía estrechamente ligada al mar, Orio cuenta con una enraizada tradición trainera y ostenta el mejor palmarés en la Bandera de La Concha de San Sebastián.

Representación simbólica de la gesta ballenera de 1901 en la rotonda Santio Erreka.

HISTORIA BALLENERA

Sin una rada natural o unas playas adecuadas para el desembarque y procesado de las capturas, y situada además a muy corta distancia de Getaria y Zarautz, que sí disponían de un entorno adecuado para estas funciones, la localidad de Orio vio inicialmente obstaculizada su actividad ballenera. Ello no impidió que sus mareantes se desplazaran a otras localidades en busca del preciado saín. En 1559, por ejemplo, dos balleneros de Orio recibieron autorización de Plentzia para cazar ballenas desde Urdariyo hasta Galea, es decir, alrededor de la desembocadura del Nervión. Pero fue a partir de principios del siglo XVI, con el inicio de las pesquerías en Terranova, cuando los oriotarras vieron la oportunidad de explotar aquel filón del que habían permanecido apartados, y enseguida se firmaron los primeros documentos para organizar expediciones a tierras canadienses. La fiebre del oro ballenero duró hasta 1713, cuando el Tratado de Utrecht vetó el acceso a las generosas aguas de Terranova. A partir de entonces, la industria languideció en todo el litoral cantábrico y la caza local fue claramente a la baja, con muy pocos ejemplares registrados en los siguientes siglos. El último de ellos fue precisamente capturado en Orio en 1901.

Desde aquel momento la localidad ha permanecido fiel a su historia, y en distintos rincones de la villa podemos contemplar evocaciones antiguas y modernas de su pasado ballenero. En 2001 se cumplió el centenario de la última captura y, a partir de aquel año, cada lustro se organizan festejos conmemorativos de la efeméride. El elemento central es la recreación teatralizada de la caza del cetáceo —para lo que se emplea una ballena

Cada cinco años, en Orio se celebra el Balea Eguna (Día de la Ballena), para conmemorar la captura de la ballena de 1901.

de gran tamaño y diseño algo naíf—, que se lleva a cabo mediante unas traineras que salen al mar en busca del animal, le dan caza y lo remolcan muerto hasta el puerto. El éxito de la empresa se celebra con una danza o *aurresku* que baila un *txistulari*, y esto da paso a una larga lista de actos festivos que incluye conciertos, proyección de documentales, recitales, comidas populares, desfiles navales, charlas sobre el pasado marítimo de la población y la pesca ballenera, e incluso una romería.

La ballena que dio lugar a un *bertso*

La ballena cazada en Orio en 1901. CCBY 4.0 Euskal Itsas Museoa – Museo Marítimo Vasco, Diputación Foral de Gipuzkoa, San Sebastián.

El 14 de mayo de 1901, a las nueve de la mañana, unos vecinos de Orio que se encontraban en la Goiko Kale, la parte alta del casco antiguo, advirtieron con incredulidad el soplo de una ballena en la barra de arena situada frente a la desembocadura del río. Las campanas de San Nicolás tañeron a rebato, y del puerto salieron cinco traineras a la captura del cetáceo. El párroco, emocionado, registró el acontecimiento anotando los nombres de los patrones: Uranga, Manterola, Olaizola, Atxaga y Loidi. Enseguida estos alcanzaron al animal, pero no sabían bien cómo hacerse con él. De algún rincón llegaron unos arpones y lanzas. Se dice que estaban herrumbrosos, pero lo peor era que nadie sabía cómo manejarlos. Después de varios intentos infructuosos, la solución vino de la mano de un artificiero que suministró cartuchos de dinamita. Aquello sí funcionó. Y la ballena, ya cadáver, fue remolcada e izada al muelle próximo a la cofradía de pescadores. Allí permaneció quince días. El acontecimiento generó una amplia expectación, se tomaron fotografías, que afortunadamente han pervivido hasta nuestros días, y los medios de comunicación se hicieron amplio eco de la proeza. La ballena medía 12 o 14 metros de largo, según las fuentes; su perímetro, 9 metros, y la cola, 4 metros de ancho. Aunque no se sabe bien cómo se realizó el cálculo, se dice que el animal pesó 14.000 arrobas, lo que equivaldría a poco más de 16 toneladas. De hecho, un animal de aquellas dimensiones podría haber pesado el doble, por lo que esta cifra probablemente se refiera a los productos que de él se obtuvieron. La carne y la grasa se pusieron en tinas que fueron vendidas a 6 pesetas la unidad a la fábrica de jabones Lizariturry y Rezola de Donostia, según recoge José María Unsain (2012). Pero esto fue lo de menos, porque los oriotarras aprovecharon además para cobrar 2 reales a los curiosos que se acercaban a contemplar la insólita bestia marina, lo que, según dicen, redundó en unas ganancias totales de unas 1.000 pesetas. Tal fue la novedad, que acudieron visitantes de poblaciones distantes, como Donostia, donde para la ocasión se llegaron a contratar trenes especiales.

La revista *Blanco y Negro*, pionera en la publicación de imágenes y la primera en utilizar el color y el papel cuché en España, incluyó en su número 526, del 1 de junio de 1901, una fotografía de la ballena. Frente al animal, el fotógrafo dispuso una lancha sobre cuya proa se encumbró uno de los aguerridos *arrantzales* que participaron en la operación y «clavaron los arpones más certeros». El arrantzale sostiene en las manos un arpón que no dejaba lugar a dudas acerca de sus intenciones.

El párroco de Orio recogió todo ello en un *bertso*, canto vasco que se entona sin apoyo de instrumentos y que adopta la forma de poema con una rima y métrica determinadas. En tiempos modernos, este *bertso* ha sido popularizado por el cantautor oriotarra Benito Lertxundi, también conocido como el Bardo de Orio, y adaptado en una pieza musical denominada «Balea» por el compositor y pianista, asimismo oriotarra, Gabriel Loidi.

www.gabrielloidi.com/balea.html

QUÉ VEREMOS

En la parte alta del casco antiguo, en la fachada del edificio situado en el número 37 de la Nagusia Kalea (calle Mayor), lucen incrustados a ambos lados de la puerta principal dos emblemas labrados en piedra. Por su perfil en forma de cuña, estas piedras debieron de actuar como dovelas o piezas clave de sendos arcos de un edificio que precedió al actual y que, según José María Andoain, habría sido construido en 1515. La dovela de la derecha muestra el monograma latino del nombre de Jesucristo, «IHS», de «Iesus hominum salvator» ('Jesús salvador de los hombres') y, bajo este, una chalupa ballenera.

Si se tiene la suerte de acceder a la sociedad gastronómica Balea Elkartea, en el interior de su local se podrá contemplar el mural que recrea una escena ballenera. Hay que señalar que su factura es moderna y que Zabaleta, su creador, claramente se inspiró en grabados del siglo XIX, que, si bien reflejaban acertadamente la caza de una ballena franca, mostraban un modo de operación que difería en detalles del tradicional método vasco de captura.

El salón de plenos del Ayuntamiento de Orio. Aunque el acceso del público a su interior solo es posible en determinadas efemérides, es bueno saber que lo preside una magnífica vidriera que representa una escena ballenera. La obra fue realizada en 2003 por José Luis Alonso, miembro de los Artistas Vidrieros de Irún.

En la casa Makazaga, situada en el número 10 de la calle Almirante Oa, que hace esquina con la calle Antxiola, la fachada presenta dos ventanas góticas a pie de calle. En el dintel que las cubre podremos ver labrada en piedra una

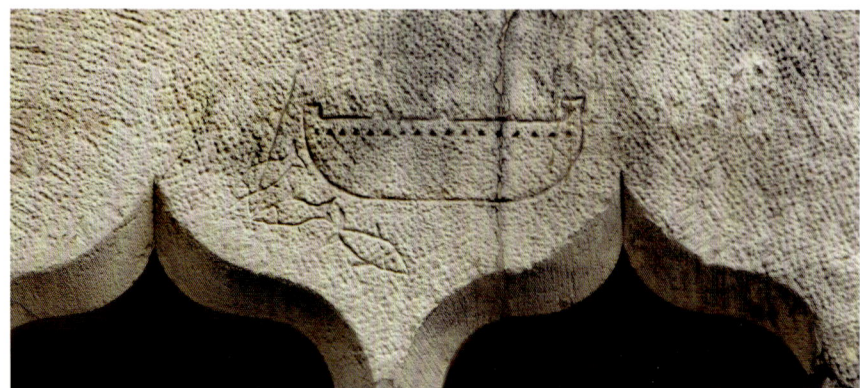

Antigua dovela incrustada en la fachada del edificio del número 37 de la Nagusia Kalea de Orio.

Dintel de las ventanas del número 10 de la calle Almirante Oa de Orio.

chalupa ballenera, con un arpón en su proa y, bajo la roda de la embarcación, tres ballenas.

Descendiendo la cuesta en dirección al río, en el número 6 de la Nagusia Kalea, justo antes de llegar a la iglesia de San Nicolás, veremos una puerta con un enorme dintel de piedra labrada que representa con todo lujo de detalles una nao ballenera del siglo XVI del tipo que se empleaba en las expediciones a Terranova. Gracias a la minuciosidad con la que el tallista cinceló la nave y su aparejo de velas, esta representación fue utilizada en la reconstrucción arqueológica de la arboladura de la nave ballenera vasca *San Juan*, hallada bajo las aguas en Red Bay, Labrador (véase la página 41). Las naos de este tipo navegaban con una tripulación de unos ochenta hombres, que incluía, además de pilotos y marinería, a varios carpinteros y calafateros. En unos barcos cuya construcción era aún imperfecta, la responsabilidad de estos últimos a lo largo de la prolongada travesía era mantener el casco en condiciones y minimizar la entrada de agua a través de la tablazón. Hay que decir, no obstante, que el bajorrelieve que hoy podemos contemplar en el edificio es en realidad una réplica —aunque excelente— del original, pues este fue trasladado al San Telmo Museoa (Museo de San Telmo), de Donostia, para asegurar su preservación.

La Casa de la Cultura (Kultur Etxea). En su parte posterior, el edificio da a una plazoleta con una escalinata cuyos muros muestran un mural

Fachada y detalle del dintel del número 6 de la Nagusia Kalea de Orio.

naíf que representa la pesca de la ballena. Allí se levanta un pequeño anexo y en el dintel de la puerta veremos la palabra «Balea» labrada en tipografía vasca. A su lado se disponen los retratos caricaturizados de los cinco arponeros que partieron en busca de la ballena de 1901 (véase el recuadro). Al otro lado de la plaza, un panel informativo nos relata los detalles de la singular captura.

En el paseo marítimo podremos contemplar una escultura moderna construida con un hueso de ballena, probablemente parte del cráneo de una moderna ballena varada, atravesado por un arpón.

Cruzando el río, llegamos a la rotonda Santiagoerreka, en la que se ha instalado recientemente una representación simbólica de la gesta ballenera de 1901. En su parte central se

levanta una estructura de madera que simula el costillar de una ballena y, a su alrededor, se disponen cinco montículos de plantas vivaces que representan las cinco chalupas que salieron a dar caza al cetáceo. La obra fue diseñada por ARI Arkitektura, y los elementos florales se deben a la empresa de paisajismo natural Kimubat, de Azpeitia.

Situado a poniente del pueblo se halla el promontorio conocido como Talay Mendi, donde se supone que se levantaba un antiguo puesto de vigías balleneros. Es probable que el apostadero fuera compartido con la vecina Zarautz, al hallarse en un punto intermedio entre ambas localidades. Sin embargo, aparte de la toponimia que claramente hace referencia a una atalaya, hoy no es posible descubrir allí ningún resto que permita identificar su antigua existencia.

Donostia, Aquarium, Euskal Itsas Museoa, San Telmo Museoa

Período de actividad ballenera
Siglos XII-XIX

Cita más antigua de actividad ballenera
1180

PAÍS VASCO

Dado que la industria ballenera era pestilente y generaba abundantes residuos, resulta sorprendente que germinara en una urbe histórica como Donostia. Sin embargo, las excelentes condiciones de su generosa bahía, abierta solo al norte y parcialmente protegida de los vientos del primer cuadrante por el monte Urgull y la isla de Santa Clara, facilitaban la manipulación y el procesado de los cetáceos capturados. Además, la concentración de población impulsó el comercio de los productos derivados de la ballena.

Donostia (San Sebastián) no necesita presentación. La maravillosa playa de la Concha, su magnífico casco urbano, su dinámica actividad cultural y su imbatible gastronomía configuran un atractivo de primer orden para el visitante. Con un área metropolitana que supera los 400.000 habitantes, es la segunda conurbación más importante del País Vasco, solo por detrás de Bilbo, y una de las poblaciones europeas con más alta calidad de vida.

Sin embargo, su origen fue muy humilde. Durante siglos, el único asentamiento humano en el lugar consistió en un pequeño monasterio que se levantaba en la actual ubicación del palacio de Miramar. Pero con el tiempo se reconocieron sus bondades como puerto de mar y, en 1180, el rey Sancho el Sabio de Navarra procedió a la fundación de la villa. No obstante, aquella tutela fue breve, y dos décadas más tarde la jurisdicción de la ciudad fue arrebatada por el Reino de Castilla, que la transformó en el principal puerto comercial de la Corona. Con el paso del tiempo y las guerras, la ciudad cambió de carácter y alternó repetidamente entre enclave comercial y base naval. A partir del siglo xvi creció en importancia mercantil debido a su estrecha relación con los puertos del norte del Atlántico. La ciudad exportaba lana, hierro y grasa de ballena, y recibía del exterior paños, pieles, plomo y cáñamo. Además, extramuros de la ciudad aparecieron astilleros navales, que construían los galeones y las chalupas que luego se dedicarían al comercio y la pesca.

A mediados del siglo xix se derribaron las murallas de la ciudad y ello permitió una rápida expansión económica y urbana. Pronto comenzó a atraer a visitantes foráneos y así llegaron algunos personajes históricos, como Mata Hari, León Trotski, Maurice Ravel o la reina regente María Cristina, que fue residente habitual del palacio de Miramar. La ciudad se expandió durante la *belle époque*, lo que dejó un importante legado arquitectónico de marcado estilo afrancesado que llevó a que Donostia fuera conocida como «la París del sur». Hoy combina esta herencia con importantes edificios contemporáneos, conformando un entramado urbano rico en contrastes, y es una ciudad volcada en el comercio y los servicios, con un particular énfasis en la gastronomía. En sus calles podremos disfrutar tanto de innumerables bares de *pintxos* como de exclusivos restaurantes con estrella Michelin.

Escena de caza basada en el escudo de armas de Lekeitio, pero situada en la bahía de la Concha, con el monte Igueldo al fondo. El grabado ilustra la obra de Mariano de la Paz Graells titulada *Las ballenas en las costas oceánicas de España*, publicada en 1889.

HISTORIA BALLENERA

Donostia fue uno de los principales centros neurálgicos de la pesca de ballenas en el País Vasco. Destacó tanto en la captura y el aprovechamiento de los cetáceos como en la comercialización de sus productos, ya fueran obtenidos localmente o en expediciones a aguas lejanas. En fecha tan temprana como 1180, el rey otorgó a la villa el privilegio de co-

brar 2 denarios por cada carga de «boquinas» —barbas de ballenas—. Las capturas llegaban a puerto con frecuencia y la grasa de las ballenas era derretida en grandes hornos repartidos por la ciudad llamados «lumeras». Pero la intensificación de la actividad llevó a que en 1415 se dictaran ordenanzas que obligaban a trasladar los hornos fuera de las murallas de la ciudad para reducir el peligro de incendios y las molestias generadas por los humos. El procesamiento de los cetáceos se trasladó entonces a las playas y, especialmente, a la zona del istmo que conecta el continente con el monte Urgull, que en tiempos antiguos fue una isla. Posteriormente, las normativas reguladoras del comercio de los productos balleneros se sucedieron con frecuencia. Así, en la *Recopilación de los Fueros de San Sebastián* de 1696 se precisan con esmero las medidas reglamentarias para el envasado del saín en barricas, y en el año 1707 la grasa de ballena se declara exenta del pago de derechos.

Como en otros puertos, también se dictaron medidas de protección de la actividad local. En 1720 se estableció que, una vez dado el aviso de ballena, las chalupas foráneas no estaban autorizadas a salir antes que las donostiarras. Además, otras localidades cercanas, como Pasaia, no tenían permitido el despiece y aprovechamiento de ningún cetáceo capturado y debían conducirlo a Donostia. Gracias a estos y otros privilegios concedidos por la Corona, el puerto adquirió pleno dominio sobre sus aguas circundantes.

Por otra parte, los *arrantzales* donostiarras abrazaron con entusiasmo las productivas expediciones a aguas foráneas, y la cantidad de buques y marineros que se implicaron en ellas fue muy elevada. En 1613, las cofradías dePasaia y Donostia enviaron un primer buque a Groenlandia, y este halló allí tal abundancia de ballenas que regresó con las bodegas repletas de saín. La noticia corrió como la pólvora y al año siguiente zarparon de Donostia 10 naos rumbo al paralelo 78. Sin embargo, esta vez los expedicionarios no tuvieron la misma suerte. Ingleses, rusos y holandeses que habían sabido del éxito corrieron a ocupar la zona enarbolando supuestos privilegios sobre la región e impidieron faenar a los guipuzcoanos. A pesar de este puntual fiasco, las expediciones distantes se hicieron habituales, particularmente a Terranova. Así, en un memorial escrito en 1643 que se conserva en el archivo Vargas Ponce del Untzi Museoa (Museo Naval), se detalla que de Donostia y Pasaia cada año partían rumbo a aquellas frías aguas 20 navíos de unas 600 toneladas de porte, lo que implicaba a unos 2.000 marineros.

Pero la bonanza duró poco más de un siglo. Cuando el colapso de la población de ballena franca dejó sin capturas a los balleneros locales y el Tratado de Utrecht firmado a principios del siglo XVIII impidió el acceso a Terranova, a los balleneros donostiarras no les quedó más remedio que enrolarse en buques holandeses y británicos. La Corona reaccionó, intransigente, prohibiendo aquella práctica;

y, aunque los prebostes de la ciudad fueron particularmente activos en combatir las ordenanzas reales que la castigaban, el veto se mantuvo y la industria languideció. Viendo la amenaza de una grave crisis en la industria, el Consulado de San Sebastián, principal autoridad comercial y marítima de la ciudad, creó en 1734 la Compañía Mercantil de Ballenas de San Sebastián con la intención de reflotar el

Con el objetivo de impulsar la entonces moribunda pesca ballenera, en 1734 se creó una compañía con accionariado privado y apoyo de la Corona, que acabó en un sonado fracaso.

negocio. En aquella fecha, un memorial redactado por los directores de la Compañía y que se conserva en el archivo Vargas Ponce listaba siete barcos balleneros fondeados en el puerto de Pasaia y pedía permiso para construir hornos en el «sitio llamado Codomaste de Pasaje» (actual Ondartxo, en el término municipal de Errenteria) donde derretir ciento ochenta barricas de «chinga», o grasa de ballena, que se hallaban en depósito. La iniciativa contó, después de dieciséis años de súplicas, con un limitado apoyo económico del rey Felipe V. Pero todo quedó en agua de borrajas. En octubre de 1739, justo cuando la Compañía comenzaba a operar, estalló la guerra con Inglaterra y los buques que debían nutrirla se destinaron a la Armada Nacional o al corso. Cuando diez años más tarde se firmó la paz, de la flota de la infeliz Compañía solo quedaba un navío de mediano porte, que se despachó rumbo al estrecho de Davis. Sin embargo, Sáñez Reguart nos explica que «temerosa la tripulación se quedó en Groenlandia, por no creerlo capaz de ir sólo», es decir, que la marinería no se fiaba mucho de su propia capacidad o de la de su barco para surcar aguas desconocidas. Ningún provecho pareció obtenerse de aquella expedición y, en años siguientes, la única actividad registrada por la Compañía fue la de transporte de madera de Santander a Ferrol.

A partir de entonces las ballenas aparecieron con cuentagotas y la última captura local se produjo en 1885. En aquella ocasión se trató de un ejemplar de nueve metros y medio de longitud, avistado y abatido por el vapor de pesca donostiarra *Mamelena 7*, que se encontraba faenando cerca de Capbreton. El cuerpo exánime del cetáceo fue remolcado hasta el puerto para ser exhibido públicamente, sin que conste ningún intento de obtener productos de él. Cabe destacar que, a partir del estudio de la xilografía del animal expuesto, publicada por *La Ilustración Española y Americana* el 15 de noviembre, se puede concluir que el ejemplar era un juvenil de rorcual común, no una ballena franca.

QUÉ VEREMOS

La progresiva urbanización de Donostia ha hecho desaparecer cualquier rastro de su antigua actividad ballenera. Aun así, lo más importante es lo que no se ve, y los archivos y museos de la ciudad atesoran abundante documentación y material de la época. Además, su pasado ballenero aparece por doquier: desde las ilustraciones de mapas antiguos, como el de Romeyn de Hooghe que aparece en el mapa de Pierre Mortier de 1694 y que muestra una escena de caza frente a los acantilados del monte Ulía, hasta la actual figura gigante del ballenero que, enarbolando un afilado arpón, desfila al ritmo de la música de los *txistularis* por las calles de la villa durante la Aste Nagusia (Semana Grande), o los murales pintados por Tomás Hernández-Mendizábal que decoran las paredes del Esperanza Kirol Elkartea (Club Deportivo Esperanza).

La peña del Ballenero. En lo alto del monte Ulía, situado en el margen oriental de la ciudad, se ubicaba la antigua atalaya, donde se colocaba un vigía que oteaba el horizonte en busca de las preciadas ballenas. Una vez avistada alguna de ellas, comunicaba mediante el humo de una fogata la noticia a los pescadores del puerto, quienes, arpon en mano, botaban sus chalupas para correr en busca

del cetáceo. En la actualidad el bosque ha crecido y la frondosidad de la vegetación impide una buena observación del frente marítimo, pero en fotografías antiguas, incluso de principios del siglo XX, el monte estaba despejado. En el lugar donde se cree que se emplazaba la torre de vigía, situado a poca distancia de las ruinas de un molino conocido como Chalet de las Peñas, se levanta un monumento con placas conmemorativas del lugar

Peña del Ballenero y monumento conmemorativo de la hoy desaparecida atalaya de avistamiento de ballenas. La antigua torre fue construida en 1611 por los mayordomos de la Cofradía de San Pedro, los cuales además asignaron un sueldo de 20 ducados al atalayero.

«Y, para la pesquería de las ballenas que pasan a vista de la tierra tienen puesto un hombre salariado al cabo de una montaña llamada Ulía en una atalaya, de donde miran cuando pasan, y da aviso a la villa por cierta seña: y estando certificados que pasa ballena, van luego los marineros con sus chalupas y armas y la matan», escribió Lope de Isasti en su *Compendio historial de la provincia de Guipúzcoa*, de 1625.

y su actividad. Esta atalaya fue construida a principios del siglo XVII para sustituir o complementar otra más antigua que, al parecer, existía en el monte Urgull, pero de la que hoy no se conserva ningún rastro.

El **Aquarium**. Con la leyenda «Casa donde se derrite la ballena», en un antiguo plano del puerto donostiarra se identificaba una construcción situada precisamente en el lugar que hoy ocupan las escaleras de acceso al actual edificio del Aquarium. Ubicada en el corazón de la dársena, esta institución es un verdadero tesoro marino. A tan solo un paso de la

Parte Vieja, el edificio se halla en el paseo del Muelle, en un entorno que combina los aires salobres del Cantábrico con el aroma de los *pintxos* que se cocinan en las cercanías. Con ya un siglo de antigüedad, ha evolucionado hasta convertirse en una de las principales atracciones de la ciudad gracias a su capacidad para mezclar ciencia, educación y diversión. Solo superado por el Guggenheim de Bilbo, es el segundo museo más visitado del País Vasco.

La historia del Aquarium se remonta a 1928, cuando el rey Alfonso XIII y la reina Victoria Eugenia lo inauguraron como uno de los primeros museos oceanográficos de España. Era el producto de dos décadas de trabajo de la Sociedad de Oceanografía de Guipúzcoa, una institución que tenía por objeto investigar el mundo marino y mejorar la pesca y la vida de los hombres de la mar. Al principio no fue más que una modesta instalación compuesta por tanques y exposiciones que mostraban la riqueza del golfo de Vizcaya, pero, a lo largo de las décadas, ha ido ampliándose y renovándose. Sin duda, su restructuración más importante fue la acometida en 1998, coincidiendo con el septuagésimo aniversario de la institución. Fruto de la remodelación fue la construcción del túnel de 360 grados que

Fachada principal y entrada al Aquarium.

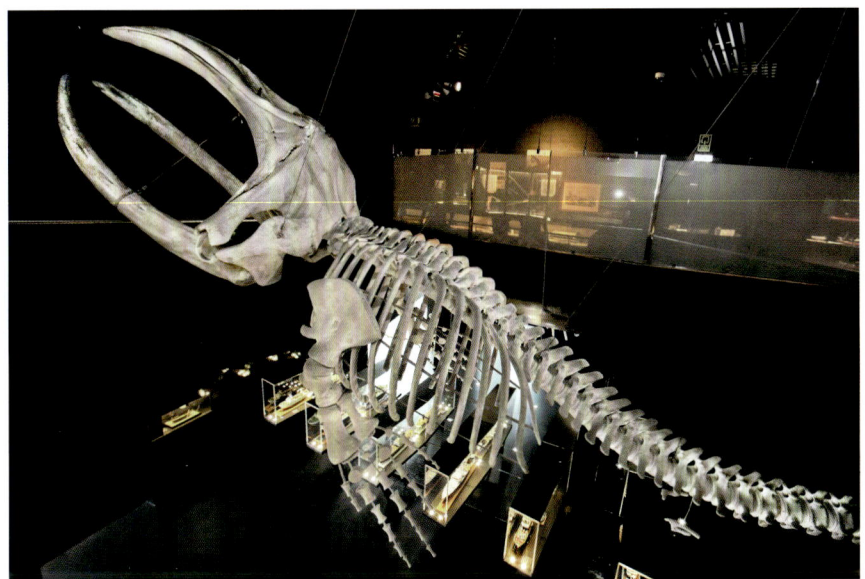

La joya de la corona: el esqueleto de la ballena franca capturada en 1878.

El Aquarium alberga una excelente colección sobre los cetáceos y su explotación. La misma puerta de acceso principal al edificio es ya una declaración de intenciones: en su hoja de gruesa madera, la mitad superior muestra una escena labrada de pesca ballenera con una nao del siglo xvi desdibujada en el horizonte.

La pieza clave del museo es, sin duda, el esqueleto de la ballena franca que corresponde al ejemplar de 12 metros capturado en las aguas de Getaria y Zarautz en 1878 (véase el recuadro). Entre las pocas cosas buenas que trajo la pandemia del coronavirus, el cierre obligado de la instalación al público permitió que el departamento de conservación procediera a una limpieza concienzuda de la osamenta, que hoy luce como nueva. Su notoriedad no es menor: es uno de los dos únicos esqueletos completos de ballena franca europea conservados en España y uno de los cuatro que existen en el continente. Los otros tres corresponden, respectivamente, a una ballena que apareció muerta en 1877 en Tarento (Italia) y que se halla en el Centro Musei della Scienze Naturali (Museo de Ciencias Naturales) de Nápoles, a un ejemplar capturado en Islandia en 1891 y que está depositado en el actual Statens Naturhistoriske Museum (Museo de Zoología de Copenhague) y que puede examinarse *online* en 3D y un ejemplar de origen incierto cuyo esqueleto se preserva en el Laboratorium de Bergara, pero del que únicamente hay en exhibición una de sus vértebras.

permite al visitante caminar inmerso en el mar y contemplar su fauna. El contenido del Aquarium es tan diverso como fascinante, e incluye desde especies locales del mar Cantábrico hasta exóticos arrecifes de coral, en total más de 10.000 peces de 250 especies. Además, hay una sección dedicada a la historia marítima vasca, con maquetas de barcos y artefactos que transportan al visitante a la época de los grandes exploradores. Asimismo, el Aquarium ofrece una amplia gama de actividades educativas que comprende talleres de biología marina y charlas acerca de la conservación de la biodiversidad marina o sobre historia marítima.

El Aquarium ha sabido combinar lo antiguo con lo nuevo. El edificio original sigue en pie, con su arquitectura tradicional, pero ha sido complementado con instalaciones modernas y tecnologías avanzadas. Quizás el mejor reflejo de ello sea su apuesta por la enseñanza de alto nivel, con su participación en un máster universitario en Biología Marina que organiza junto con el centro científico y tecnológico AZTI y universidades vascas, británicas, francesas y belgas.

La disputa que legó una ballena para la ciencia

Un ejemplo bien conocido de la sempiterna rivalidad que existía entre puertos balleneros fue la disputa que se encendió entre Getaria y Zarautz por una ballena capturada el 9 de febrero de 1878. El animal fue primero avistado por los atalayeros de Zarautz, y de este puerto partió de inmediato una trainera completa equipada con arpones. Sin embargo, instantes más tarde el animal fue avistado desde otros puntos. En Orio se botó una trainera que no pudo llegar a participar en la caza al no llevar arpones, pero desde Getaria partieron en una trainera diecinueve marineros armados con cuatro arpones y diecisiete dardos. El primer arponazo correspondió al zarauzano Roke Etxabe, pero, como este solo tenía un arpón, no pudo rematar al animal. Entonces acudieron los guetarianos, que sí lograron acabar con su vida. Estos últimos remolcaron la ballena a Getaria, pero al entrar en puerto fueron recibidos por carabineros armados que les ordenaron llevar la ballena a Zarautz. Los guetarianos se negaron en redondo a obedecer. El pleito trajo cola y el cadáver de la ballena, que permanecía inmovilizado por el juez, se descompuso hasta el punto de que resultó inservible para su aprovechamiento. Fue entonces cuando el Ayuntamiento de Donostia decidió adquirir los restos y encargó a Laureano Gordon, director de la academia municipal de dibujo, que preparase el esqueleto para su exposición en el gabinete dedicado a la historia natural del Instituto de Segunda Enseñanza de Guipúzcoa (hoy Centro Cultural Koldo Michelena). Puede resultar sorprendente que el encargo se le hiciera a un profesor de dibujo, pero al parecer este era aficionado a la taxidermia y además impartía sus clases de anatomía con esqueletos humanos, por lo que se asumió que algo bueno debía de tener para el trabajo. Gordon preparó y articuló la osamenta, pero el consistorio debió de percatarse de algunas anomalías, porque ocho años más tarde encargó la revisión del montaje al catedrático de Historia Natural de Santiago de Compostela Cándido Ríos Rial. Este advirtió varios fallos: faltaban costillas, que Gordon había reemplazado por tallas de madera, se habían perdido los rudimentos de la pelvis, varias falanges y el hueso hioides, y algunos huesos, como las vértebras cervicales y las escápulas, estaban incorrectamente montados. Como Ríos Rial nunca había visto un esqueleto de ballena, viajó al entonces Zoologist Museum de Copenhague para estudiar el espécimen de ballena franca que había sido capturado asimismo en las aguas de Getaria y Zarautz en 1854, y, con los apuntes que de ella tomó, rehízo el esqueleto hasta dejarlo prácticamente como hoy lo podemos contemplar en el que fue su destino final, el Aquarium de Donostia.

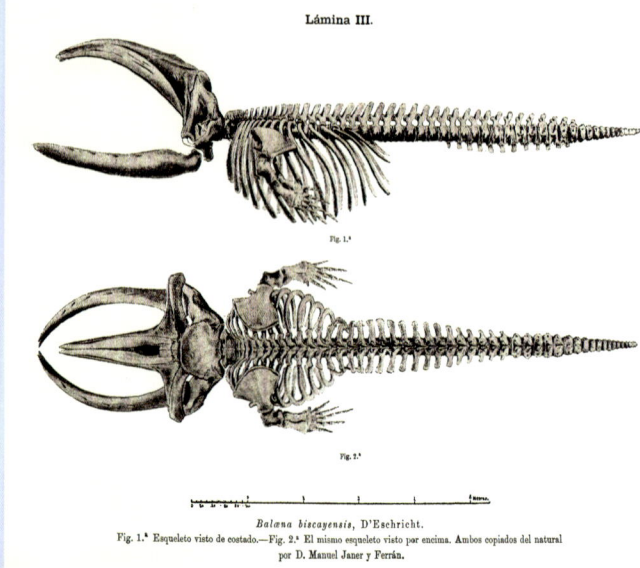

Esqueleto de la ballena franca capturada el 9 de febrero de 1878 entre Zarautz y Getaria, tal como fue publicado por Mariano de la Paz Graells en 1889. Los errores de montaje de Gordon ya habían sido corregidos.

No obstante, desde el punto de vista de la pesca de la ballena, la visita al Aquarium no se limita ni mucho menos a la contemplación de este excepcional esqueleto. En el altillo que circunda la sala principal del Museo y que gira alrededor de la ballena de 1878, se dispone una larga lista de elementos concienzudamente recopilados que conforman una extraordinaria exposición sobre aquella industria. Entre estos elementos, cabe mencionar las numerosas maquetas de embarcaciones, entre las que destaca la magnífica reconstrucción a gran tamaño de una nao de unos 400 toneles de porte y 31 metros de eslora, del tipo que navegaba a Terranova. Esta maqueta fue realizada por el modelista naval oriotarra Jesús María Perona Lertxundi, y fue el resultado de una larga investigación iconográfica y de documentos de construcción naval de la época, entre los que se contaba la nao labrada en piedra que aparece en el dintel de la puerta del edificio situado en el número 6 de la Nagusia Kalea de Orio (véase la página 341). La suerte quiso que, cuando se estaba gestando su construcción, se produjera el hallazgo del pecio de la nao *San Juan* en Red Bay, Labrador (véase la página 352), lo que permitió que Perona pudiera conocer con precisión la estructura del buque y las dimensiones y formas exactas de ciertos elementos náuticos. Los detalles de la construcción de la maqueta fueron recogidos en la obra de Miguel Laburu *La nao ballenera vasca del siglo* xvi.

En este modelo puede observarse que las naos eran naves con un alto francobordo, característica que se acentuaba por la presencia de elevados castillos a proa y popa. Disponían de tres mástiles, con el delantero o trinquete ligeramente inclinado hacia adelante. Tanto este mástil como el mayor enarbolaban velas cuadradas, mientras que el de mesana, situado en la parte trasera, armaba una vela latina. La diferencia entre las naos, que eran principalmente naves de transporte, y los galeones, de función predominantemente militar, radicaba en que estos últimos tenían un castillo de proa mucho más bajo para mejorar la maniobrabilidad y la velocidad. Además, el francobordo de los galeones era menor, lo que permitía montar cañones más pesados en cubierta sin comprometer la estabilidad de la nave. Nótese que, en el modelo, la superestructura del navío carece de toldilla y chupeta, y la cubierta principal está desprovista de cañones, un elemento común en los bu-

Fidedigna reconstrucción a escala 1:20 de una nao ballenera del siglo xvi integrada en un diorama junto con diversas chalupas situadas a su alrededor enzarzadas en el remolque de una ballena recién apresada.

ques de la época, incluso en los mercantes. La razón de que carecieran de artillería era que las naos balleneras debían dejar en cubierta espacio para la bita y el cabrestante que se usaban en el laboreo de las piezas cobradas. Aunque estas naos podían ser manejadas por una tripulación de 30 o 40 marineros, en los viajes transoceánicos solían embarcarse hasta un centenar de hombres. Esto se debía a que las faenas de captura de ballenas y remolque de los ejemplares cazados, así como su posterior despiece y procesamiento en tierra firme, requerían de una gran cantidad de manos.

En otras vitrinas podremos ver reconstrucciones de chalupas balleneras equipadas para la caza, con sus arpones, sangraderas y cabos de respeto.

Reconstrucciones a pequeña escala de los asentamientos que los expedicionarios vascos establecían al llegar a Terranova. Una vez allí, fabricaban paredes, vigas, puertas y ventanas con la madera que encontraban en el lugar, pero del País Vasco habían llevado consigo clavos de hierro y, sobre todo, abundantes tejas de barro cocido para impermeabilizar los techos. Pasados cinco siglos de aquellas expediciones, los restos más conspicuos que los arqueólogos encuentran de los establecimientos balleneros vascos son precisamente tejas y clavos. La práctica totalidad de los otros elementos que un día debieron de existir, y que sin duda los expedicionarios debie-

Las maquetas de edificaciones reproducen con fiel y minucioso detalle los campamentos de los balleneros en Terranova. En esta maqueta se puede ver un cobertizo donde se emplazaban los calderos para fundir la grasa, el cual carece de paredes para permitir la circulación de los humos. A un lado, un taller de carpintería —ese sí, cerrado—, donde se armaban las barricas en las que se almacenaba el saín; y, detrás, una caseta donde se guardaban las barricas ya listas para ser trasladadas a las bodegas del barco que las llevaría a casa en el viaje de regreso.

ron de abandonar en el lugar —como la madera de los edificios, la ropa, el calzado o el cordaje roto o en desuso—, han desaparecido devorados por el paso del tiempo.

En una larga vitrina se exponen numerosos utensilios relacionados con la pesca de la ballena. En primer lugar, se pueden ver distintos tipos de armas de caza: los habituales arpones de punta aflechada, un par de ejemplos de arpones de cabeza basculante y un fusil ballenero del siglo XIX que disparaba balas explosivas. A continuación, la vitrina contiene los principales productos extraídos de los cetáceos y ejemplos de sus diversas aplicaciones. Así, se pueden observar barbas

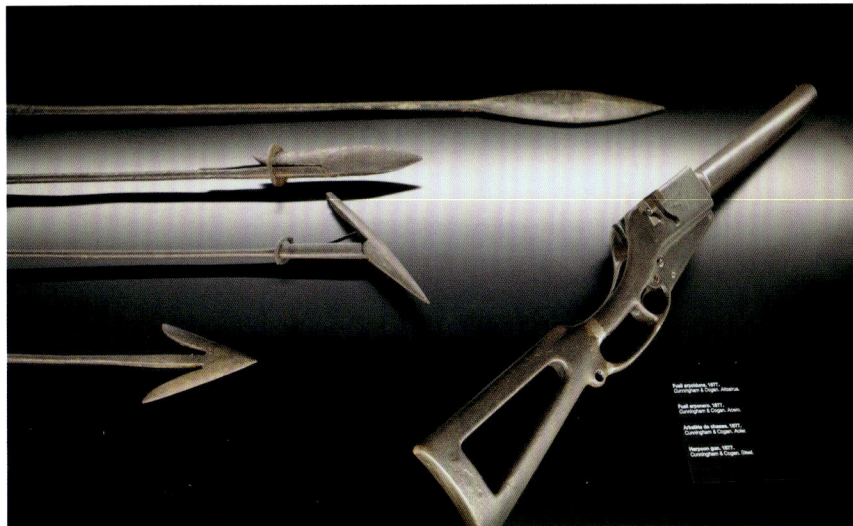

Entre los instrumentos para dar caza a las ballenas se pueden observar: a la izquierda y abajo, un arpón de hierro con punta aflechada y dos barbas, del tipo que usaron comúnmente los vascos y otros balleneros hasta mediados del siglo xix. En el centro, dos ejemplos de arpones con cabeza basculante, que comenzaron a aparecer a partir de 1840 y que pronto se fabricaron en acero e incluso en bronce; debido a su modesto tamaño, es probable que estos últimos se emplearan para dar caza a delfines, y no a ballenas. En la parte superior, una lanza sangradera, que se empleaba para acelerar la muerte de la ballena arponeada. El fusil de la derecha es un Cunningham & Cogan de 25 milímetros de calibre, que servía para disparar balas explosivas de hasta 45 centímetros de longitud. A partir de la segunda mitad del siglo xix, estas armas de fuego fueron ampliamente adoptadas por los balleneros norteamericanos, y reemplazaron en gran medida a las sangraderas que, aun así, continuaron en uso hasta el inicio de la pesca ballenera moderna.

El *scrimshaw* era una técnica de trabajo artístico que los balleneros llevaban a cabo en las largas horas en que no aparecían ballenas en el horizonte. Fue desarrollada por los balleneros ingleses y americanos de los siglos xvii y xviii, y consistía en labrar o grabar mediante incisiones a cuchillo escenas usualmente relacionadas con su vida a bordo. Para resaltar mejor el dibujo, las muescas solían pigmentarse con una mezcla de negro de humo y aceites o resinas.

de ballena franca y de rorcual común, y ejemplos de su uso como varillaje en la fabricación de corsés, paraguas y sombrillas. También se exhiben diversos tipos de aceite de cachalote y espermaceti, junto con lámparas de aceite que consumían estos productos. Finalmente, la vitrina contiene un nódulo de ámbar gris, que era un preciado material uti-

lizado en perfumería, y varios dientes de cachalote. Algunos de estos dientes se utilizaban como base para la elaboración de tallas, una técnica conocida como *scrimshaw*, ampliamente desarrollada y difundida por los balleneros del siglo xix y de la cual se muestra un ejemplo.

Respaldando estas vitrinas expositoras, también se pueden ver diversos grabados que ilustran la pesca ballenera a lo largo del tiempo. Algunos grabados provienen del *Diccionario histórico de los artes de la pesca nacional*, de Sáñez Reguart, y representan la pesca vasca, mientras que otros son más modernos y muestran la explotación americana durante el siglo xix.

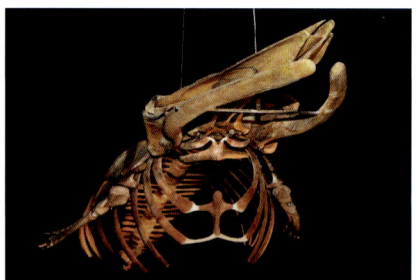

Esqueleto de rorcual aliblanco.

El Euskal Itsas Museoa.

Colgando del techo que da acceso a esta zona del Museo, veremos también un esqueleto completo de rorcual aliblanco, en este caso procedente de un ejemplar que permaneció varado.

El **Euskal Itsas Museoa** (Museo Marítimo Vasco), más conocido localmente por su antiguo nombre de Museo Naval, se halla situado en el paseo del Muelle, a una cincuentena de metros del Aquarium. Es un importante centro dedicado a la preservación y difusión del patrimonio marítimo vasco. La historia del edificio se remonta a mediados del siglo XVIII, cuando fue construido por el Consulado de Donostia para controlar el movimiento portuario, cobrar impuestos y mantener los muelles. Además, durante un tiempo albergó la escuela de náutica, y allí se formaron diversas promociones de marinos guipuzcoanos. Fue de los pocos edificios civiles que sobrevivieron a la destrucción de la ciudad en 1813 y, casi dos siglos más tarde, en 1991, fue transforma-

do en el museo actual. Sus archivos documentales son especialmente valiosos y contienen información sobre la navegación, la pesca y el comercio marítimo de Euskal Herría a lo largo de los siglos. Entre ellos destaca la colección de cartas náuticas y mapas antiguos, los manuscritos y los registros de embarcaciones.

El Museo ofrece una exhibición permanente y organiza exposiciones temáticas sobre contenidos que abarcan desde la construcción naval y la pesca hasta la vida a bordo y la mitología marina, siempre poniendo énfasis en la cultura y la identidad vascas. La exposición de la planta principal está dedicada a la pesca de la ballena y el papel central que esta tuvo en el desarrollo económico y comercial del País Vasco.

La exposición pone su foco en las expediciones a Terranova durante los siglos XVI y XVII. La pieza que domina la sala es una chalupa ballenera, fiel reconstrucción realizada a partir de los restos de una embarcación que naufragó en Red Bay (Labrador) y que fue hallada sepultada bajo el pecio de la nao *San Juan*, navío hundido en 1565. Después de un estudio pormenorizado, los arqueólogos canadienses

Reconstrucción de la chalupa ballenera vasca.

que excavaron el lugar decidieron dejar los restos del navío *San Juan* bajo el agua para asegurar su conservación, pero los de la chalupa fueron extraídos y expuestos en el museo del Red Bay National Historic Site. La chalupa, construida con madera de roble, medía 8 metros de largo e iba tripulada por un patrón y seis remeros sentados en bancos alternos. Durante la persecución de una ballena, el patrón actuaba como timonel. Sin embargo, cuando se alcanzaba al animal y llegaba el momento de herirlo, el patrón se trasladaba a proa y era quien arrojaba el arpón, aunque en ocasiones esta función podía ser también asumida por el remero más próximo a la proa. Estas chalupas eran rápidas, maniobrables y altamente marineras y, además de emplearse en la persecución de la ballena, también se usaban para pescar bacalaos o, en el Cantábrico, para la pesca costera. Además de esta reconstrucción, el Museo exhibe una maqueta muy detallada de la nao *San Juan*, si bien de menor tamaño y detalle que la que puede verse en el Aquarium.

El resto de la exposición se centra en el transporte de productos desde Terranova, que se realizaba mediante toneles de distintas medidas. Al momento de hundirse, el *San Juan* almacenaba aproximadamente unos mil toneles en sus bodegas, la mayor parte de ellos llenos de saín listo para el comercio. Diversos paneles describen los procedimientos empleados para su fabricación, una actividad que se llevaba a cabo en Terranova. Era una tarea

Taller de carpintería y tonelería.

artesanal y especializada. Los toneleros seleccionaban cuidadosamente la madera, que generalmente procedía de robles, con el fin de asegurar su durabilidad y resistencia. Las tablas eran cortadas y curvadas mediante vapor para darles forma de duela. Se ensamblaban sin necesidad de clavos, utilizando aros metálicos para mantenerlas unidas. El interior se quemaba ligeramente para sellar la madera y evitar filtraciones. Finalmente, se ajustaban las tapas y se comprobaba la estanqueidad del tonel para garantizar una conservación óptima del contenido. Los toneles variaban en tamaño, si bien el estándar era la barrica, que tenía una capacidad de 220 litros. Así, de mayor a menor, los distintos recipientes recibían el nombre de toneles, botas, pipas, barricas, medias barricas, terceroles y cuartos

de barrica. Esta variabilidad obedecía a diferentes usos, pero sobre todo permitía aprovechar al máximo el espacio en las bodegas, asegurando que la mercancía quedara bien estibada y que los toneles no se desplazaran durante la navegación a causa de los movimientos ocasionados por el oleaje. En las paredes de la exposición, los paneles describen cómo estos recipientes, una vez llenos de producto, se disponían en la nao. Su importancia era tal que la capacidad de carga de los barcos se medía por toneladas de arqueo, es decir, por el número de toneles —cada uno equivalente a cuatro barricas— que podían albergar sus bodegas.

El **San Telmo Museoa**, inaugurado en 1902, es el más antiguo del País Vasco. Tras una renovación en 2011, se transformó en el Museo de Sociedad Vasca y Ciudadanía y asumió la misión de ilustrar la evolución de la sociedad vasca desde la prehistoria hasta nuestros días. El Museo custodia amplias colecciones de etnografía, arqueología, historia, fotografía y arte contemporáneo. Se halla en el número 1 de la plaza de Zuloaga, en el casco antiguo donostiarra, y ocupa un antiguo convento dominico. En 2011 experimentó una profunda renovación de la mano de los arquitectos Fuensanta Nieto y Enrique Sobejano, que integraron modernos espacios y tecnologías expositivas en el imponente edificio renacentista del siglo xvi y ampliaron su superficie con un pabellón situado bajo el monte Urgull que acoge exposiciones temporales.

A pesar de su naturaleza generalista, el Museo cuenta entre sus exposiciones permanentes con dos elementos relativos a la pesca de la ballena.

La antigua iglesia del convento, decorada con once extraordinarios lienzos murales de gran tamaño que fueron realizados entre 1930 y 1932 por el pintor catalán José María Sert (1874-1945). El conjunto es, sin duda, uno de los más valiosos tesoros del Museo. A excepción de las pinturas del ábside, que representan el martirio de san Sebastián y el salvamento por san Telmo, patrón de los marineros, de unas barcas a punto de naufragar, el resto de los murales rehúye la temática religiosa y apela al corazón del imaginario vasco. Las pinturas representan de este modo distintas epopeyas etnológicas que Sert agrupó en lo que denominó «pueblos». Así, en uno de los laterales del templo pueden contemplarse dos grandes lienzos que personifican el «pueblo de navegantes» y el «pueblo de pescadores». Este último consiste en una dramática escena de un grupo de hombres que, a fuerza de brazos, suben a una ballena por una empinada rampa. A su lado, otro grupo se prepara

Reproducción fidedigna de las ropas de los *arrantzales* balleneros vascos.

Cómo un ilustre sastre acabó dependiendo del negocio ballenero

A partir del siglo xv, la fabricación de jabón, obtenido al mezclar abundantes cantidades de grasa con una sustancia alcalina como la lejía, se extendió rápidamente. Sin embargo, su uso predominante aún no era la higiene, sino que se centraba en utilidades industriales. Entre estas destacaba el lavado y desengrasado de la lana, que en España era una importante fuente de riqueza para Castilla, Navarra y Aragón. La grasa de ballena, más económica que otros aceites, fue rápidamente aprovechada para la producción de jabones, y ello representó una estable y suculenta fuente de ingresos para los balleneros vascos. Además, una vez tratada, la lana se exportaba a través de los puertos del norte de España, reforzando aún más la economía marítima vasca.

En este contexto, el Museo destaca la figura de Juan de Alcega, autor del primer tratado de sastrería que apareció en Europa, denominado *Libro de geometria, pratica y traça, el qual trata de lo tocante al officio de sastre*, publicado en Madrid en 1580. Este manual para la elaboración de prendas de la época aborda también el comercio de productos textiles, vinculándolo estrechamente con el comercio que mantenían los puertos del País Vasco con Europa y América. Todo ello ha llevado al Museo a participar en la iniciativa Juan de Alcega Project, junto con la asociación The Tudor Tailor, especialista en confeccionar reproducciones facsímiles de trajes del siglo xvi. El objetivo es investigar y recrear las prendas que usaban los marineros vascos de la época del ballenero *San Juan*.

Pueblo de pescadores, uno de los imponentes murales de José María Sert.

con cestos para recoger los preciados productos del cetáceo.

Ya en el interior del Museo propiamente dicho, la vitrina dedicada a la pesca ballenera contiene diversos artilugios de pesca y ejemplos de los productos que de ella se obtenían. Aquí podemos ver una barba de ballena, que de hecho proviene de un rorcual común, no de una ballena franca —la especie que era objeto de la pesca vasca tradicional—, y un corsé armado con «ballenas» o varillas hechas de tiras extraídas de barbas de ballena. A un lado, se exhibe una selección de sangraderas y arpones, la mayoría con cabezas articuladas típicas del siglo XIX. Sin embargo, el objeto más visible y que preside la sala es una enorme tinaja de barro utilizada para almacenar aceite de ballena. Proviene de una excavación realizada en la

Bretxa donostiarra en 1998, en la que se halló esta vasija junto con otras nueve; la mayor de ellas medía 185 centímetros de altura y 134 centímetros de diámetro. Debido a su gran tamaño y peso, estos panzudos recipientes estaban dispuestos unos contra otros, enterrados en un suelo de arena y rodeados por un muro de contención. Su origen se pudo datar con exactitud gracias a que una de las tinajas aún preservaba la firma de su fabricante, Cristóbal Mejía, un alfarero andaluz del siglo XVI. Se cree que este conjunto de tinajas se habría hallado en lo que podría haber sido una lonja del Ayuntamiento, aunque también es posible que pertenecieran a un depósito privado. En aquella época, algunos domicilios familiares que nada tenían que ver con el negocio ballenero ofrecían sus bodegas para almacenar tinajas de aceite de ballena y cobraban por ello. En un memorial de rentas de Martín de Urnieta se detalla que el alquiler anual de una bodega con veinte recipientes le proporcionaba 300 reales. Otra bodega que almacenaba treinta tinajas rentaba catorce ducados al año, aunque si la pesca no tenía éxito y algunas tinajas quedaban vacías, las llenas solo pagaban dos reales y medio cada una.

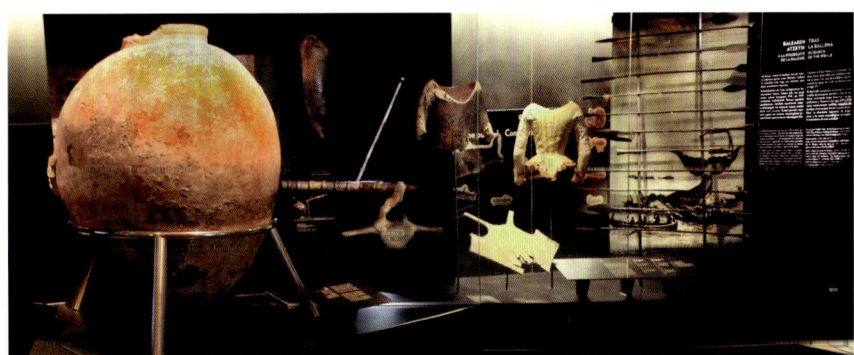

Una de las tinajas de la Bretxa y la exposición sobre pesca ballenera.

Pasaia, Errenteria, Albaola

Período de actividad ballenera
Siglos XVI-XVIII

Cita más antigua de actividad ballenera
1566

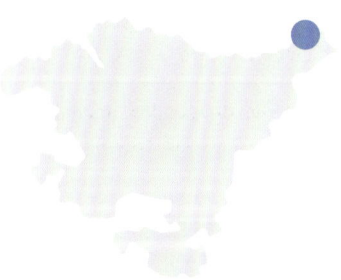

PAÍS VASCO

En la distribución de funciones entre distintas poblaciones, Pasaia y Errenteria nunca destacaron como centros importantes para la caza o el procesamiento de las ballenas. Sin embargo, la ría de Pasaia, o ría del Oiartzun, fue uno de los principales puertos de refugio y avituallamiento para las naos que partían hacia Galicia o Terranova.

Son pocos los pueblos cuya existencia dependa tanto de la orografía como Pasaia (Pasajes) y Errenteria (Rentería). Su razón de ser es la angosta y sinuosa ría que forma la desembocadura del río Oiartzun. Con un estrecho canal de entrada al puerto, que en algunos tramos escasamente supera los 100 metros de ancho, el vientre de la ría ofrece un magnífico abrigo ante los envites del mar Cantábrico. La abrupta topografía proporciona además un calado suficiente, lo que en tiempos pasados convirtió la ría en el puerto más seguro y fondable de todo el Cantábrico. Las flotas balleneras de Donostia y Hondarribia (Fuenterrabía), e incluso las de los puertos franceses de Donibane Lohizune (San Juan de Luz) y Ziburu (Ciburu), se aprovisionaban allí antes de cruzar el Atlántico o bien buscaban refugio en sus aguas durante los períodos de inactividad. Sin embargo, aquella escarpada orografía que representaba una ventaja para los barcos suponía una limitación para los habitantes de la zona, especialmente para los de Pasaia, localidad situada justo en la entrada de la ría. Los empinados montes no dejaban espacio para comodidades y al casco antiguo de la villa no le quedó más opción que desparramarse a lo largo de la estrecha orilla, formando una hilera de edificios que resigue los márgenes del cauce fluvial. Solo en tiempos modernos la población ha crecido hacia el interior. Esto explica que el conjunto urbano de Pasaia esté formado por dos distritos históricos, cada uno situado a un lado del río y cuyo nombre refleja la advocación de sus iglesias parroquiales: San Pedro, en la orilla occidental, y San Juan (Donibane), en la oriental. Las dos localidades permanecieron separadas hasta 1803, cuando el rey Carlos IV decretó su unión, y es a partir de entonces cuando el conjunto adoptó el nombre de Pasaia.

Errenteria, por su parte, no tuvo limitaciones orográficas, y ello le permitió desarrollar un entramado urbano más racional. En ambas poblaciones, el casco histórico se ha conservado bien y mantiene edificios de gran valor histórico y arquitectónico, que por sí solos bien valen una visita.

El distrito de Donibane (San Juan de Pasajes), con las casas alineadas a lo largo de la ría.

HISTORIA BALLENERA

La primera referencia sobre actividad ballenera en Pasaia data de 1566, cuando Donostia presentó una demanda contra unos maestres pinaceros de Pasaia por capturar dos ballenas y llevarlas a su propio puerto para el despiece y venta. Donostia sostenía que no tenían derecho a llevarlas allí, y el corregidor falló a su favor, dictaminando que cualquier ballena capturada en aguas de Pasaia debía ser remolcada hasta Donostia para su procesamiento. La sombra de la capital provincial siempre sobrevoló Pasaia y Errentería, que nunca lograron superar su rol de puerto auxiliar destinado a alojar astilleros y servicios portuarios que Donostia no podía o no quería asumir. En las épocas más activas de la pesquería transatlántica, cada primavera partían de Pasaia una veintena navíos de gran porte (600 toneladas o más) que iban tripulados por unos dos mil marineros procedentes de los más apartados rincones de Euskal Herria.

El aspecto positivo de esta dependencia fue que el avituallamiento de la flota se convirtió en una de las principales fuentes de riqueza de la zona, pues demandaba un intenso trajín comercial con las poblaciones vecinas y con Castilla. Aquella actividad no solo comportaba abundante trabajo local, sino que también generaba sustanciales comisiones comerciales

Pasaia prosperó en los siglos XVI y XVII al consolidarse como el principal puerto de abastecimiento para las expediciones balleneras transatlánticas. Escenografía en la Albaola Itsas Kultur Faktoria.

En cualquier caso, las naos balleneras nunca partían hacia Terranova sin antes desfilar frente a la basílica de Lezo, donde sus tripulantes se encomendaban al sorprendente santo Cristo imberbe que allí se venera. Esta enigmática figura del siglo X, envuelta en misterio y relatos de prodigios, ha suscitado desde siempre una profunda devoción popular. Su origen incierto ha dado pie a numerosas leyendas y controversias. Se dice que apareció en el siglo XV

En 1643, cuando la pesca de la ballena estaba ya agonizando en otros puertos del litoral, desde Pasaia aún zarparon rumbo a Terranova seis navíos de gran porte: tres de 300 toneladas, dos de 250 toneladas y uno de 130 toneladas.

de intermediación y conllevaba un intenso flujo de personas. Los productos necesarios para el abastecimiento de las naves eran muy diversos: desde lanas de Castilla, hasta herramientas y arpones manufacturados en Asturias y Bilbo, pasando por alimentos de distinta procedencia cuya conservación pudiera superar las largas travesías. Entre estos últimos eran frecuentes las galletas, las habas, el bacalao y la sardina seca, así como abundante vino o sidra, que nunca podían faltar en una expedición. La nómina de navíos armados en el puerto de Pasaia del año 1681 detalla que cada barco cargaba dos barricas y media de sidra por tripulante y una de chacolí por cada cuatro hombres. La industria del abastecimiento de las flotas a aguas lejanas consolidó el papel estratégico de Pasaia y dinamizó su economía, convirtiéndola además en una importante fuente de *arrantzales* balleneros que se embarcaban rumbo a las latitudes más altas del Atlántico.

flotando en un cajón en las aguas de la ría, lo que desencadenó una pugna por su propiedad entre los vecinos de Lezo, Pasaia y Errenteria. Fue objeto de robos y reubicaciones hasta que, tras una monumental tormenta, el Cristo «encaminó» sus pasos hacia Lezo, señalando así que esta debía ser su morada definitiva. Finalmente, cabe añadir que la notable falta de barba de la imagen ha hecho que este Cristo sea particularmente venerado por los marineros con problemas de garganta.

Como el resto de los puertos del Cantábrico, Pasaia y Errenteria se vieron inmersas en la decadencia de la industria ballenera que se inició en el siglo XVII. A partir de entonces, la pesca de la ballena fue adoptando un papel cada vez más residual y la última captura en el puerto tuvo lugar en 1834. Sin embargo, y como secuela inesperada de aquella historia, el 3 de agosto de 1959 el generalísimo Francisco Franco descargó en Pasaia un cachalote de 35 toneladas que había cazado con su yate *Azor* al norte del cabo Matxitxako. La jornada fue dura, sobre todo por la incapacidad de los marinos del *Azor*: el sacrificio del cetáceo requirió más de nueve horas, a lo largo de las cuales la infeliz bestia fue ametrallada con catorce arpones y ciento veinte balazos de carabina, estos últimos disparados personalmente por Franco.

QUÉ VEREMOS

Al no ser un centro de procesado de ejemplares capturados, y a pesar de que esporádicamente los dragados de la ría han traído a la superficie huesos de ballena, ni Pasaia ni Errenteria cuentan con un legado patrimonial ballenero significativo. Aun así, su papel en el abastecimiento de las naos transatlánticas sí ha quedado reflejado en algunos de sus edificios:

· En un antiguo bastimento del caserío de Añabitarte, en las afueras de Errenteria, un arco de medio punto del edificio culmina en un bloque de piedra tallado con la figura de una nao bajo la cual nadan dos criaturas de forma pisciforme, que podrían interpretarse como ballenas o bacalaos. Aunque su origen exacto es desconocido, el bajorrelieve sin duda hace referencia a las expediciones a Terranova en busca de estos productos.

· En la fachada del edificio de la Beheko Kalea (calle de Abajo) de Errenteria, podremos contemplar asimismo en lo alto de un dintel otro magnífico bajorrelieve de una nao transatlántica, aunque esta vez sin ballenas o bacalaos asociados.

· La Albaola Itsas Kultur Faktoria (Factoría Marítima Vasca Albaola) (véase el recuadro). Desde la perspectiva de la pesca ballenera, se trata del punto de mayor interés de la ría. Este museo astillero está ubicada en el distrito pasaitarra de San Pedro, y se puede acceder a él mediante un paseo a pie por el camino que lleva a puntas de San Pedro o, alternativamente, realizando un corto trayecto marítimo en un barquito de transporte que parte del muelle del Hospitalillo en Trintxerpe y que es gratuito para los visitantes del astillero. Eso sí, para la visita se requiere reserva previa.

Aspecto exterior de la Albaola Itsas Kultur Faktoria.

La nao *San Juan* en proceso de construcción.

Cuando la tenacidad es una virtud: la Albaola Itsas Kultur Faktoria

La línea divisoria entre el compromiso y la obstinación es muy fina. Sin embargo, se halle donde se halle, es indudable que, de no haber sido por el empeño personal y la perseverancia del donostiarra Xabier Agote, un proyecto tan magnífico y singular como la Faktoria Albaola jamás habría podido nacer ni, mucho menos, perdurar. Agote decidió de joven ser carpintero de ribera y, como en nuestro país la profesión se hallaba en estado agónico, se marchó a Estados Unidos a formarse en el Maine Maritime Museum. Al regresar a su tierra natal, fascinado por la arquitectura naval tradicional, fundó en 1997 la asociación Albaola con la misión de recuperar la construcción de embarcaciones que constituyen el patrimonio marítimo vasco. Logró que la Diputación de Guipúzcoa le cediera un antiguo varadero en desuso en una zona apartada de la bocana de la ría de Pasaia y, acompañado de un puñado de entusiastas, comenzó a rescatar del olvido técnicas y diseños navales.

Al principio revivieron embarcaciones menores, pero en la mente de Agote se hallaba siempre presente el descubrimiento del pecio del *San Juan*, una nao ballenera que las gélidas aguas del Labrador engulleron en 1565 y que arqueólogos canadienses habían localizado en 1978 a pocos metros de profundidad en perfecto estado de conservación (véase la página 41). En 2004, Agote obtuvo de los arqueólogos de Parks Canada los planos exactos de una de las chalupas del *San Juan* y, empleando materiales y herramientas idénticos a los que los carpinteros de ribera de la época debieron de usar, construyó e hizo navegar una réplica exacta de la embarcación. Diez años más tarde, con la experiencia adquirida, escaló su ambición. Nuevamente en colaboración con Parks Canada, pero esta vez con el respaldo adicional de la Unesco, que adoptó al *San Juan* como símbolo de su Convención para la Protección del Patrimonio Marítimo, comenzó la

La escuela de carpinteros de ribera acoge a estudiantes de todos los rincones del mundo.

Reconstrucción de una chalupa ballenera en el museo de la Albaola Itsas Kultur Faktoria.

construcción de una réplica a tamaño natural de la nao. Hoy, la monumental estructura de la nave, que acabará requiriendo para su construcción la madera de doscientos robles, se halla ya en un estado muy avanzado y constituye la joya de la corona de Albaola. Que una nao idéntica a la que zarpó de Pasaia en 1565 vuelva a surcar las aguas de la ría será pronto un sueño hecho realidad gracias al tesón y a las incontables horas de trabajo del grupo de apasionados que conforman la Asociación.

Por otra parte, el brillo de esta joya no logra encubrir los otros atractivos que ofrece la Faktoria Albaola. Así, además de contemplar la maravillosa nao en construcción, podremos ver las otras embarcaciones tradicionales de menor porte que se encuentran en estado variable de ensamblaje. A su alrededor, contemplaremos a los carpinteros en acción empleando métodos y herramientas tradicionales: las sogas y cabos son trenzados con máquinas movidas mediante manivelas y ruedas dentadas, y el calafateado de los cascos se lleva a cabo con la secular mezcla de estopa con pez o brea obtenida de la destilación de la resina del pino. Todo ello forma parte de otro sueño de Agote: Aprendiztegi, una escuela de formación en carpintería de ribera tradicional dedicada a la construcción de embarcaciones históricas, que recibe becarios que ansían adiestrarse en el oficio. La formación requiere tres años completos de estudios prácticos.

Además, Albaola tiene una vocación educativa, y en el edificio anexo al astillero cuenta con una instalación museística que recrea la pesca ballenera con reconstrucciones de las chalupas, botas y toneles, arpones y otros utensilios que los *arrantzales* empleaban en sus expediciones a las frías aguas de Canadá.

Hondarribia, Hendaia

Período de actividad ballenera

Desde el siglo XIII hasta 1809

Cita más antigua de actividad ballenera

1203

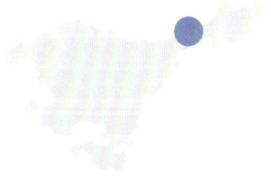

PAÍS VASCO Y LAPURDI

Los conflictos entre ambas localidades fueron frecuentes. Cada vez que España y Francia entraban en guerra, Hondarribia era de las primeras poblaciones en ser atacada por Francia y, desde la guerra de los Treinta Años hasta las guerras carlistas, cuenta con varios asedios en su haber. España, por su parte, también ocupó brevemente Hendaia en diversas ocasiones.

Hondarribia (Fuenterrabía) y Hendaia (Hendaya): dos localidades cuyos nombres describen bien su naturaleza. En vasco, «hondarribia» significa 'vado de arena' y «hendaia» significa 'bahía grande', lo que refleja su ubicación en un tramo de arenales generados por el río Bidasoa. Se hallan una a cada lado de la desembocadura del cauce fluvial, que tiene una amplia concha compartida. Además, como el Bidasoa marca la frontera entre España y Francia, la relación entre ambas villas ha oscilado a lo largo de la historia entre la colaboración y la rivalidad —esta última, en numerosas ocasiones, en forma de confrontaciones militares—. Sin embargo, al mismo tiempo, el espacio fronterizo era también un lugar para el encuentro. La minúscula isla de los Faisanes, situada en la boca misma del río, acabó siendo de soberanía compartida: pertenece a España los primeros seis meses del año y a Francia los últimos seis meses. Aprovechando esta extra-

ña condición, el lugar ha sido escenario de varios acuerdos históricos. En el islote se firmó el Tratado de los Pirineos, en 1659, y un año más tarde Felipe IV entregó a su hija María Teresa de Austria a Luis XIV de Francia para que la desposara. Como veremos más adelante en el texto, esta particular relación tuvo también consecuencias en la actividad ballenera de las localidades.

En la actualidad, Hondarribia tiene uno de los puertos pesqueros más importantes de Gipuzkoa, hecho que se refleja claramente en la arquitectura de la localidad. Además de muelles y varaderos, la localidad tiene una iglesia, la de la Marina, que se distingue por su peculiar púlpito, diseñado en forma de proa de barco, desde el cual el sacerdote ofrece sus sermones bajo un conjunto de maquetas de embarcaciones y otros exvotos marineros que cuelgan del techo, lo que refuerza la ambien-

Balcón de la planta noble del Ayuntamiento de Hondarribia, que luce a ambos lados del ventanal el escudo de armas consistorial con la escena de pesca de la ballena.

tación náutica del templo. Sin embargo, la economía del pueblo se sustenta hoy en día principalmente en el turismo y la restauración, esta última con una calidad que se considera comparable a la de Donostia.

Hendaia, por su parte, apostó por seguir el modelo de Biarritz y pronto se convirtió en un balneario vacacional de las élites, lo que modificó profundamente su casco urbano y desincentivó otras actividades económicas. Lo poco que quedaba de su lonja pesquera fue eliminado para permitir que Decathlon estableciera allí la sede de su marca de deportes acuáticos, Tribord.

HISTORIA BALLENERA

Alfonso VIII otorgó a Hondarribia el fuero fundacional en una fecha tan temprana como 1203, justo un año más tarde que Donostia. Es difícil determinar con certeza de qué vivía la población en aquel tiempo, pero la caza de ballenas debió de alcanzar tal importancia que se convirtió en carácter definitorio del puerto, que se vio reflejado en el escudo contemporáneo de la villa, cuyo único elemento iconográfico era una chalupa desde la que se arponea una ballena. En el caso de Hendaia, las menciones documentales son menores y muy posteriores, pero la villa igualmente adoptó la figura de una ballena, en este caso con tres arpones cruzados pendiendo sobre ella.

Antiguo escudo de armas de Hondarribia localizado en el pórtico de la iglesia parroquial. Muestra la iconografía de transición del siglo XVI, aún con una chalupa ballenera pero ya coronada con el castillo almenado.

La simbología del escudo de armas de Hondarribia ha evolucionado a lo largo del tiempo. De un pergamino de 1297 conservado en los Archives Nationales de París pende un sello de cera del Concejo que muestra una ballena que está siendo arponeada desde una pequeña embarcación de remo. Esta imagen, la primera del blasón de la localidad, se considera, además, la representación más antigua existente de la pesca ballenera. Algo posterior es el escudo bordado del estandarte de la Cofradía de Mareantes de San Pedro, que se cree que procede del siglo XV. Consta igualmente de una simple chalupa desde la que unos *arrantzales* arponean a una ballena, si bien en este caso se le añade una segunda embarcación. A partir de entonces, el blasón se va complicando. Tanto en el escudo labrado en piedra del pórtico de la iglesia parroquial como en la carta de confirmación del real privilegio sobre el preboste de Hondarribia, dado por Felipe II en 1564, se muestra una escena conceptualmente similar, pero ahora coronada por un castillo almenado, lo que reflejaba el amurallamiento de la población ordenado por los Reyes Católicos a partir del siglo XVI. Más tarde, y fruto de los avatares de la villa, el blasón se fue enriqueciendo con otros elementos, hasta llegar al complejo diseño actual. Sin embargo, siempre ha mantenido la escena de la caza de la ballena como su motivo central. En lo que respecta a esta escena, lo más significativo es que, a partir del siglo XVII, la chalupa de remo fue sustituida por un navío de gran porte, arbolado y con las velas al viento. El cambio, sin duda, reflejó la sustitución en aquella época de la pesca ballenera tradicional, que se ejecutaba desde la misma costa, por la de aguas lejanas, a las que se accedía mediante naos, galeones o pinazas.

En principio, la situación de ambas localidades, ubicadas en el interior de la ría y sin promontorios elevados desde los que otear en busca de cetáceos, no ofrecía las condiciones ideales para que desde allí se desarrollara con éxito la pesca. No obstante, en la práctica, por diversas razones, los arenales de su concha se convirtieron en el emplazamiento idóneo para el cuarteamiento y procesado de ballenas cazadas en otros lugares. Por un lado, al ser Hondarribia el puerto español más cercano a Francia, era común que los *arrantzales* de Hendaia, Biarritz o Anglet remolcaran las capturas hasta allí con el fin de evitar los elevados diezmos que imponía la Iglesia francesa. Ello no impedía que luego los mercaderes franceses acudieran a adquirir los productos de aquellas ballenas, lo que acabó generando problemas con las divisas y obligó a la exigencia de que los productos fueran pagados en moneda de curso legal en España, o bien en oro o plata.

Escudo en la roda de la proa de un barco pesquero del puerto de Hondarribia.

Otro factor que estimulaba la cooperación era que los mercados a uno y otro lado de la frontera demandaban productos distintos. En España se apreciaba principalmente el aceite para la iluminación o para fabricar jabones destinados a la industria lanera, mientras que la carne y las barbas eran frecuentemente desdeñadas. En cambio, en Francia, al disponer de abundante aceite de pescado que llegaba del Atlántico Norte y Terranova, las grasas de ballena tenían una demanda limitada, mientras que la carne, que se conservaba en salmuera y se destinaba al consumo humano, y las bar-

bas, que pronto comenzaron a recibir atención en la industria del vestido, tenían una fuerte demanda. Ello llevaba a decisiones estratégicas por parte de los balleneros. Cuando se capturaba una cría, que se sabía que rendiría muy poca grasa, se descuartizaba y subastaba en el lado francés, y lo contrario sucedía cuando se trataba de una ballena adulta, que se remolcaba hasta el lado español.

Todo lo dicho no obstaba para que Hondarribia y Hendaia, separadas únicamente por el

cauce del río, mantuvieran una feroz rivalidad que queda bien documentada en los numerosos registros que buscaban resolver los constantes rifirrafes. No hay dudas de que la rivalidad se intensificó a partir de 1638, cuando, durante el sangriento asedio de Hondarribia por parte de las tropas francesas, el príncipe de Condé hizo llover sobre la ciudad más de dieciséis mil balas de cañón. Aunque la paz se recuperó poco después, este suceso debía de seguir presente en la memoria colectiva cuando se produjo, el 3 de noviembre de 1665, la

agria disputa por una ballena en las proximidades del Bidasoa. El cetáceo fue avistado junto a un barco fondeado en la concha de Hondarribia, pero la primera chalupa en alcanzarla procedió de Hendaia. Su arponero logró herir al animal, pero no atraparlo. Como explica Azpiazu (2000b), enseguida se congregaron alrededor de la ballena hasta trece chalupas: ocho de Hondarribia y cinco de Hendaia. Tras horas de esfuerzos compartidos, entre todas lograron finalmente dar muerte al animal. Se había hecho tarde y la marea había descendido, por lo que se decidió esperar a la mañana siguiente para subir la ballena río arriba. Al caer la noche, los franceses aparecieron con hombres armados, se apropiaron de la ballena y se la llevaron a Hendaia. Aquel comportamiento vulneraba los acuerdos entre ambos puertos y desembocó en un encendido enfrentamiento que tardó años en cicatrizar.

En ambas localidades la actividad ballenera alcanzó su apogeo entre los siglos xiv y xvi. No se han preservado en ellas lumeras o depósitos de tinajas, pero al rehabilitar algunas casas del frente marítimo de Hondarribia se hallaron restos de huesos de ballena. La decadencia en la industria comenzó a notarse a partir del siglo xvi, cuando Hondarribia sufrió de manera particular las exigencias de naves y levas de marinos de Felipe II y se vio obligada a contribuir de manera excesiva a la formación de la Armada Invencible. Cuando se produjo el desastre de la Armada, el puerto se hallaba agotado. Tanto era así, que a partir de

1604 la misma casa real la eximió de más embargos. Pero el mal ya estaba hecho y el puerto nunca recobraría su antigua vitalidad. A esta debilidad económica se añadió, tanto en Hondarribia como Hendaia, la inexistencia de radas de calado que permitieran albergar naos capaces de navegar a Terranova o a Noruega. Por ello, mareantes de las dos poblaciones se enrolaron en expediciones transoceánicas de puertos vecinos, mayoritariamente de Pasaia, pero el grueso del negocio solo benefició a estos últimos puertos. Algunos hondarribiarras organizaron también expediciones a Galicia utilizando pinazas y galeones contratados en otros puertos, pero estas iniciativas fueron limitadas, en gran parte porque coincidieron con el inicio del desplome de la población de ballena franca en todo el Cantábrico. Las penurias no hicieron sino reavivar rivalidades históricas que aún deterioraron más la situación, y todo ello condujo al progresivo abandono de la práctica ballenera entre los siglos xvii y xviii. La última captura de una ballena en Hondarribia tuvo lugar en 1805.

En un documento notarial del año 1613 que refleja la creciente escasez de ballenas y los conflictos que esta generaba, se indica: «sobre las muertes de las ballenas y repartición del precio dellas [...] tenían cada año entre sí muchas diferencias y dellas resultan riñas y pesadumbres».

QUÉ VEREMOS

Tanto en Hondarribia como en Hendaia podremos contemplar, en sus respectivos ayuntamientos y edificios oficiales, iglesias, comercios, entidades sociales e incluso barcos pesqueros, representaciones con diversas variaciones iconográficas del escudo de armas de la población, con la pesca ballenera como elemento central.

El templo de Nuestra Señora de la Asunción y del Manzano, en Hondarribia, es la iglesia parroquial de la población. Se construyó sobre las antiguas murallas entre los siglos xv y xvi, si bien posteriormente experimentó diversas reformas, fruto de las cuales su arquitectura actual entremezcla elementos góticos, renacentistas y barrocos. Entre los elementos ornamentales veremos varios que reflejan la tradición ballenera de la villa:

En la fachada del muro de la torre barroca
pende un formidable escudo de armas de la
villa labrado en piedra, similar al que se encuentra en el ventanal del balcón del Ayuntamiento (véase la fotografía de la página
363). Data de 1762, cuando se levantó la torre, y por ello en su parte superior incorpora
la efigie de la Virgen de Guadalupe, patrona
de la ciudad, una figura que comenzó a aña-
dirse al blasón tras el sitio de 1638, ya que se
atribuyó a la Virgen la liberación de la plaza,
ocurrida el 7 de septiembre, víspera de su
festividad.

También en el exterior, en el pórtico de la fachada norte, que corresponde a la parte más

Bóveda de crucería del templo (*izquierda*), con detalle de las pequeñas esculturas de una nao ballenera (*derecha arriba*) y una ballena arponeada (*derecha abajo*) fijadas a sus nervios.

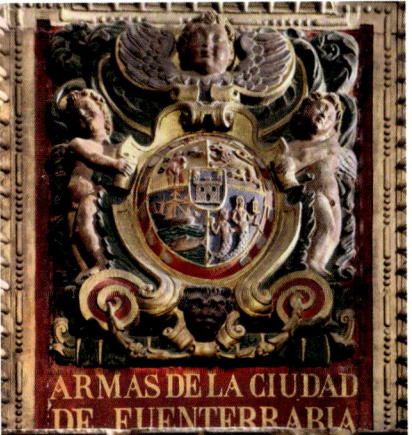

Blasón de Hondarribia que preside la puerta interior
de la sacristía de la iglesia parroquial del puerto de
Hondarribia.

antigua del edificio, veremos un escudo labrado en piedra del siglo XVI (véase la fotografía de l apágina 364). Según Unsain (2014), su
emplazamiento original no era este, sino que
fue reubicado allí en el siglo XIX desde otra
zona del bastimento que había sido afectada
por una reforma.

Ya en el interior del templo, sobre el dintel de
la puerta que da acceso a la sacristía desde la nave lateral, veremos un magnífico escudo policromado con el epígrafe «Armas de
la ciudad de Fuenterrabía». Esta talla es probablemente del siglo XVII, y en su cuartel izquierdo inferior, sobre la ballena arponeada,

puede observarse un galeón. Por otra parte, aún no aparece la Virgen de Guadalupe, por lo que el blasón puede situarse probablemente en las postrimerías del siglo xvi o primeras décadas del xvii. La viveza del policromado sugiere que ha sido restaurado en tiempos relativamente modernos.

En la nave lateral del templo, de los nervios de la bóveda, construida en el siglo xvi, cuelgan cuatro pequeñas esculturas alegóricas labradas en piedra. Una de ellas es una nao ballenera, y la otra, una ballena con un arpón clavado en el dorso.

La Cofradía de Mareantes de San Pedro, que agrupaba a los hombres de mar del puerto de Hondarribia, tuvo un particular protagonismo en la pesca ballenera. Sus ordenanzas obligaban a sus miembros a llevar a la playa del municipio las ballenas que pescaran y, explícitamente, prohibía transportarlas a Hendaia o «a la tierra de Irun Uranzu». Hasta hace poco, los cargos directivos de la Cofradía salían en procesión los días de san Pedro y Santiago y llevando con ellos varas de mando fabricadas con barba de ballena. Lamentablemente, estas fueron robadas y en 2008 fueron sustituidas por varas construidas con huesos de ballena hallados en el propio municipio. La Cofradía cuenta con un popular restaurante, la Hermandad de Pescadores, en el que no solo podremos ver su emblema histórico, compuesto por dos chalupas arponeando una ballena, sino que

Puerta de Santa María, en Hondarribia.

también podremos contemplar una curiosa decoración integrada por modelos de barcos, tortugas, peces y tiburones disecados, formidables quijadas de escualos e instrumentos navales y de pesca, incluidas delfi-

neras armadas en su astil, al modo de arpón ballenero.

El restaurante Zeria, de Hondarribia, ubicado en una casa originalmente construida en 1575.

Al iniciarse, en 1965, las obras de restauración, se hallaron bajo el suelo de la primera planta del edificio los huesos de una ballena cuya datación, realizada por la Universidad de Barcelona mediante carbono 14, indicó que procedían del año 1464. Así, la ballena debió de ser cuarteada casi un siglo antes de la construcción del edificio, cuando el emplazamiento se hallaba aún en el arenal. El hueso occipital, que se encuentra en notable buen estado, fue conservado y puede verse colgando de una de las paredes interiores del restaurante.

La Puerta de Santa María, que constituye el acceso meridional al recinto amurallado que hasta finales del siglo XVIII rodeaba por completo la villa. Esta puerta fue la principal vía de entrada a la fortificación antes de que en el siglo XVII se construyera el revellín de San Felipe. Ostenta un escudo de la villa tallado en piedra arenisca, que fue allí trasladado desde su emplazamiento original en un convento.

En la plaza de San Juan de Hondarribia, en el margen mismo del casco antiguo y bordeando el baluarte de San Felipe, se halla mirando el río Bidasoa un monumento en homenaje a los balleneros vascos. Fue realizado en 1954 por el escultor José Díaz Bueno y consiste en un bajorrelieve, enmarcado con pilastras y anclas, que muestra una dramática escena del arponeado de una ballena en aguas de Terranova.

En Hendaia, el rastro que ha dejado la pesca ballenera es mucho menor, pues en 1793, durante la guerra de los Pirineos, la villa fue destruida por completo. Sin embargo, no por eso hemos de dejar de visitar la magnífica playa de la Concha, sobre cuya arena en el pasado se cuartearon muchas ballenas. Además, podremos ver en distintos lugares variadas representaciones del escudo de armas histórico de la localidad, que en recuerdo de glorias pasadas incorpora una ballena sobre la que penden tres arpones. Finalmente, la empresa de ecoturismo Explore Océan organiza salidas al mar con un catamarán para observar cetáceos. Aunque la mayor parte de los avistamientos que se realizan son de delfines, periódicamente se observan calderones, orcas y rorcuales comunes.

Ignacio Mercader, el capitán Ahab de la revolución industrial vasca

La obsesión por acabar con una ballena concreta no es patrimonio exclusivo del capitán Ahab, el feroz tullido que perseguía obcecadamente a Moby Dick, puesto que Donostia tuvo su particular secuela en la persona de Ignacio Mercader Echániz, uno de sus insignes prohombres. Naviero y propietario de vapores que hacían la carrera de Cuba, fue además alcalde de Donostia, senador y presidente de la Cámara de Comercio. Mercader hizo construir en Inglaterra el que sería el primer vapor de pesca del País Vasco, al que denominó *Mamelena* en honor a su fallecida esposa, Mamá Elena. A este primer barco le siguieron hasta once *Mamelenas*, todos con el mismo nombre, pero con dígitos sucesivos, que se dedicaron a la pesca del besugo y otras especies menores. Sin embargo, cuando en 1881 una ballena se acercó tanto a la costa que llegó a quedar varada en la playa de Hondarribia, Mercader decidió ampliar el espectro de su negocio y compró en Norteamérica un arcabuz americano lanzaarpones para darle caza. Durante los siguientes once años, casi cada año la misma ballena, que fue bautizada con el nombre de Leticia, apareció por la zona de Hondarribia y el cabo Higuer, y en todos los casos Mercader salió raudo en su busca a bordo de uno de sus *Mamelenas*. En dos ocasiones le acertó con su arcabuz, dejándole heridas que devinieron en cicatrices bien visibles, e incluso una vez su vapor chocó contra ella, pero el animal resistió todos los ataques hasta que, en 1892, dejó de visitar la zona. Para desilusión de Mercader, nunca más se supo de ella.

Saint-Jean-de-Luz, Ziburu

Período de actividad ballenera

Siglos XVI-XVIII

Cita más antigua de actividad ballenera

1550

PAÍS VASCO Y LAPURDI

Una de las últimas ballenas capturadas en Saint-Jean-de-Luz fue sacrificada en noviembre de 1659, justo en el momento en que el rey de España, Felipe IV, y el de Francia, Luis XIV, firmaban el Tratado de los Pirineos. Fue bautizada como «la ballena de la paz».

Aquí nos encontramos nuevamente con dos villas hermanas, Ziburu (Ciboure) y Saint-Jean-de-Luz (Donibane Lohizune en vasco), situadas una frente a la otra y separadas tan solo por el cauce de un río, en este caso, el Ugarana. Como es habitual en estas situaciones, a lo largo de la historia ambas localidades se empeñaron en mantener su independencia y

Calle de la Ballena (rue de la Baleine), Saint-Jean-de-Luz.

compitieron entre ellas. Al mismo tiempo, inevitablemente, se vieron obligadas a colaborar. El río ofrecía un refugio natural para embarcaciones de porte medio, en especial en la orilla de Saint-Jean-de-Luz, lo que hizo que, en un paisaje dominado por las interminables playas de las Landas, esta última localidad prosperase, al ser el único puerto protegido de Francia entre Arcachón y la frontera con España. El principal recurso económico de las dos villas fue durante siglos la pesca, si bien a partir del siglo XVII Saint-Jean-de-Luz se convirtió en un bastión de piratas. Desde allí, y con la bendición del rey, los corsarios vascofranceses perseguían a los enemigos de Francia y aportaban abundantes riquezas a la población, lo que generó una pequeña edad dorada. El lado amargo de ello fue que la localidad acabó siendo conocida, especialmente por los británicos, con el poco cariñoso apelativo de «nido de víboras». Tanto Ziburu como Saint-Jean-de-Luz han logrado preservar una buena parte de su casco antiguo y hoy fundamentalmente viven del turismo.

HISTORIA BALLENERA

Los libros de cuentas del tesorero de la iglesia de Saint-Jean-de-Luz registran pagos en forma de «lengua» de ballena en distintos momentos de su historia, lo que demuestra la existencia de capturas esporádicas por parte de los mareantes de la localidad. A ello podemos añadir numerosas referencias en documentos vascoespañoles a la participación de marinos de Ziburu y de Saint-Jean-de-Luz en costeras organizadas a lo largo del Cantábrico, principalmente en Galicia. Sin embargo, en estas poblaciones no apareció una actividad ballenera organizada hasta el siglo XVII, coincidiendo con el auge de las expediciones balleneras vascoespañolas a Terranova. Así, durante los siglos XVI a XVIII, desde allí se armaron numerosos barcos balleneros para viajes con destino a Noruega, Islandia, Groenlandia y, especialmente, Terranova.

En aquellos años, la bahía, que hoy se encuentra protegida por diques, estaba expuesta al oleaje del norte, por lo que ofrecía un refugio limitado para las grandes naos que navegaban hacia esos lejanos caladeros. Debido a su gran tamaño, estas embarcaciones no podían adentrarse en el río; de ahí que los armadores locales se vieran obligados a invernar su flota en el más seguro puerto de Pasaia. Esta práctica comportó abundantes conflictos y en 1550 los concejos de Saint-Jean-de-Luz y Ziburu expresaron formalmente su queja por las frecuentes extorsiones que recibían por parte de las autoridades y los comerciantes de Donostia mientras sus buques permanecían allí refugiados.

En el siglo XVII, el capital de la villa descubrió el filón inversor que significaba la guerra de corso, y aunque este negocio ya era de por sí lo bastante lucrativo, al desarrollarse en el mar y requerir embarcaciones de cierto tamaño, la actividad corsaria y la pesca ballenera a menudo se complementaron mutuamente, retroalimentándose. El capital fluía de una a otra y las naves alternaban funciones según conveniencia. En teoría, la guerra de corso solo se podía dirigir contra enemigos de la nación. A pesar de ello, la codicia, o simplemente el hábito, hizo que también se practicara en momentos de paz y contra naves de bandera amiga. Esto despertaba las lógicas iras de los afectados, que solían responder con agresiones poco comedidas. De ahí que, en 1646, un buque del puerto de Donostia abordara a otro de Saint-Jean-de-Luz que se dedicaba a la pesca de la ballena frente a Santoña, se apropiara de él y lo condujera al puerto de Pasaia.

En consonancia con esta tensa relación, en Terranova la situación fue todo menos tranquila. Las expediciones vascoespañolas y vascofrancesas mantenían una tirante cordialidad y se auxiliaban en caso de necesidad, pero, al mismo tiempo, competían por cada centímetro de aquella tierra sin dueño. En un registro del año 1563, el representante de Donostia protestaba por las amenazas y malos tratos recibidos en Terranova por parte de los franceses, quienes, según relataba, los expulsaban de los puertos que ellos controlaban.

Posteriormente, cuando las expediciones vascoespañolas a Terranova se vieron impo-

sibilitadas por el Tratado de Utrecht y su actividad decayó, la flota lucense siguió activa, sobre todo en el archipiélago de las Spitzberg. Hasta allí se dice que enviaba entre 50 y 80 navíos y unos 3.000 hombres cada año. Los barcos tenían capacidad para unos 200 o 300 toneles y podían albergar hasta a 80 personas a bordo.

Con una industria ballenera en auge en Francia, y con la intención nunca disimulada de adquirir la preeminencia internacional en el negocio, en 1648 se creó en París la Compagnie de Navigation pour la Pêche des Baleines, cuya supuesta función debía ser monopolizar la explotación de los cetáceos en todos sus ámbitos, tanto operativos como comerciales.

Sin embargo, esta compañía estaba radicada a casi 800 kilómetros de distancia del mar y no llegó a hacer nada notable, razón por la que los locales decidieron crear la Compagnie de Mer de Saint-Jean-de-Luz. Esta tuvo igualmente una vida corta y acabó fusionándose con la Compagnie du Nord pour la Pêche de Baleines sin que, de nuevo, su actividad alcanzara gran relevancia. No obstante, estas iniciativas y el continuado apoyo financiero y político del Estado francés permitieron que la industria ballenera se mantuviera activa en la localidad hasta bien entrado el siglo XVIII. El último ballenero registrado en Saint-Jean-de-Luz fue el *Restaurateur*, que zarpó del puerto de Bayona en abril de 1784 con rumbo a Islandia y acabó desapareciendo durante la expedición en algún lugar desconocido.

Diderot, en su *Encyclopédie*, atribuye la invención del horno de ladrillos que se instalaba en la cubierta del barco para derretir la grasa de ballena a un marino de Ziburu, Joannis de Sopite, quien parece que habría comenzado a aplicar su idea durante la primera mitad del siglo XVII (véase la página 49). El invento comportó una revolución tecnológica, pues procesar el saín a bordo presentaba muchas ventajas. Por un lado, reducía la ocupación de las bodegas, ya que tres barriles de saín rendían como uno de aceite; así, si el cocinado se hacía durante la expedición, la nave podría regresar a puerto con el triple de producto que si volvía con el saín sin procesar. Por otro lado, derretir la grasa en alta mar desligaba al barco de su atadura a tierra firme y le permitía operar allí donde la costa era inaccesible o se hallaba plagada de indígenas poco amistosos. A pesar de ello, los balleneros holandeses y franceses tardaron décadas en incorporar la invención a sus naves, pues no la consideraban segura. No les parecía que la cubierta de un barco de madera que iba cargado con toneladas de aceite fuera el lugar más apropiado para encender hogueras.

QUÉ VEREMOS

Los antiguos cascos urbanos de Ziburu y de Saint-Jean-de-Luz merecen por sí mismos una visita. Aunque hoy están enfocados al turismo, han sabido mantener su carácter. En Saint-Jean-de-Luz encontraremos repetidas referencias a su pasado ballenero: desde la rue de la Baleine hasta diversos comercios y símbolos que rememoran con apelativos o con imágenes el pasado ballenero de la villa.

En Saint-Jean-de-Luz, el principal atractivo es sin duda la Casa de Luis XIV (Lohobiague-Enea o Maison Lohobiague). Fue construida en 1643 por el patriarca de la familia, Joannis de Lohobiague, quien, además de alcalde, fue armador de barcos que destinó indistintamente a la pesca de la ballena y al corso, razón por la que no resulta sorprendente que una de las fachadas del edificio dé a la plaza de los Corsarios (Place des Corsaires). La mansión se hizo famosa también porque, en 1660, al término de la guerra entre Francia y España, en ella se hospedó el rey Luis XIV antes de casarse en la iglesia de Saint-Jean-de-Luz con la infanta María Cristina, hija del rey de España. La suntuosa decoración de la mansión no puede ocultar el agradecimiento que sentía el erario familiar a la contribución que la pesca ballenera le había prestado. Así, en su interior podremos ver:

En una viga, la escena bíblica en la que Jonás, tras ser devorado por causa de sus pecados por el terrible leviatán, gracias a su arrepentimiento es vomitado y devuelto ileso a tierra firme.

En el comedor decorado en un abigarrado estilo imperio, las paredes lucen unos paneles que muestran escenas de caza ballenera. En uno de ellos se aprecia claramente una ballena franca, aunque tal vez no refleje la especie noratlántica, pues el método de caza en alta mar que la pintura representa se ajusta más al tipo de operación que se lle-

vaba a cabo en aguas australes durante los siglos XVIII y XIX que la propiamente vasca, muy ligada a tierra firme. De hecho, estas pinturas datan de una reforma del edificio que tuvo lugar en 1859, y sus autores, I. y T. Landelle, probablemente se inspiraron en grabados contemporáneos.

El retrato de Marsans de Lohobiague, hijo de Joannis, armador del *Marie*, un barco ballenero que entre 1664 y 1681 realizó expediciones a distintos puntos del Atlántico Norte, principalmente a Terranova y Groenlandia.

El retrato de Dominique de Haraneder, un pariente cercano de la familia perteneciente a uno de los linajes de armadores balleneros más importantes de la región. En 1671, cuando tenía 25 años, Dominique se enroló como capitán en una expedición a Terranova. A esta le siguieron otras, hasta que posteriormente decidió relegarse al más confortable oficio de armador. También conocido por el apelativo de Moco, tan solo en 1730 envió a las latitudes frías del océano Atlántico a cinco buques en busca de ballenas: el *St. Vincent*, el *St. Esprit*, el *St. François Xavier*, el *St. Dominique* y el *St. Paul*.

La llamada Casa de Luis XIV, morada de un opulento linaje ballenero y corsario.

Bidart, Guéthary

Período de actividad ballenera

Siglos XVI-XVIII

Cita más antigua de actividad ballenera

Siglo XVI

Estas dos villas fueron la cuna de muchos marineros y arponeros que se enrolaron en flotas balleneras de otros puertos, pero nunca lograron consolidarse como puertos de origen de expediciones ni jugaron un papel importante en el comercio de sus productos.

Situados entre Saint-Jean-de-Luz y Biarritz, tampoco los pintorescos pueblos de Guéthary y Bidart, muy cercanos entre sí, eludieron la pesca ballenera. Desde lo alto de acantilados de *flysch*, ambos disfrutan de vistas privilegiadas sobre el frente oceánico, pero no pudieron construir puertos que sirvieran de refugio a naves de porte, con lo que vieron limitados su desarrollo y protagonismo en las expediciones transatlánticas. A pesar de ello, el aroma ballenero que desprenden ambas poblaciones es innegable. Hoy las dos viven del turismo, en particular del relacionado con el deporte del surf, lo que hace desaconsejable su visita durante la temporada turística, cuando la afluencia de visitantes resulta excesiva.

HISTORIA BALLENERA

La evidencia de que la pesca ballenera tuvo una importancia no menor la vemos en los escudos de armas de ambas poblaciones. El de Bidart muestra, a un lado, la torre Koskenia, la atalaya desde la cual se alertaba a la población por medio de fuego y humo de la presencia de ballenas, y, al otro lado, un barco con las velas desplegadas. Por su parte, Guéthary no se queda atrás, y su escudo de armas muestra a seis pescadores a bordo de una chalupa, desde cuya proa un *arrantzale* arponea a una ballena; en el flanco izquierdo del blasón, un atento vigía observa con atención la escena. Sin embargo, Bidart y Guéthary siempre estuvieron administrativamente subordinadas a localidades vecinas más importantes, como Bayona. Dado que los impuestos de la pesca se declaraban y pagaban en estas ciudades, la documentación histórica local sobre su actividad ballenera es escasa.

Como era usual a lo largo de la costa, la proximidad entre ambas poblaciones, así como entre estas y otras vecinas, alimentó frecuentes conflictos. Buen ejemplo fue lo sucedido en 1619, cuando varias chalupas de Bidart salieron en pos de una ballena. Lograron arponearla, pero el animal las arrastró hacia el sur. Al ser advertida la situación desde Hendaia, tres o cuatro chalupas partieron de inmediato en su ayuda. Lo mismo sucedió en Hondarribia, donde se botaron diez o más barcas equipadas con muchos hombres, algunos de ellos armados. Una vez la ballena estuvo muerta, la trifulca fue inevitable. Y los franceses se llevaron la peor parte: tres o cuatro de ellos fueron dados por muertos y lancheros de Hendaia fueron hechos prisioneros y conducidos a Hondarribia. No sabemos bien qué sucedió después, pero sin duda debió de ser necesaria la intervención de las autoridades para lograr que las aguas volvieran a su cauce.

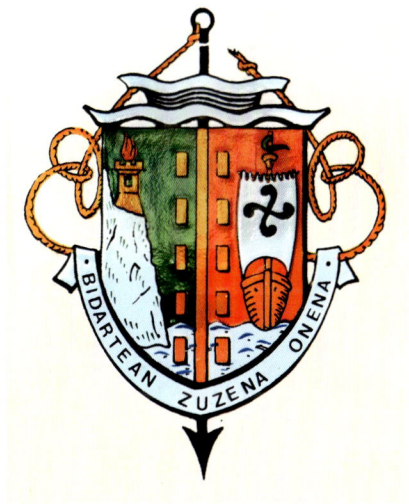

Escudo de armas de la villa de Bidart atravesado por un decisivo arpón ballenero y en el que aparecen representados una atalaya y un barco que navega.

Aunque Guéthary ha sufrido una profunda transformación en tiempos recientes, la población mantiene viva la memoria de su historia, y en sus calles abundan las referencias a su pasado ballenero.

QUÉ VEREMOS

Tanto en Bidart como en Guéthary veremos el escudo de armas, que representa los distintos motivos balleneros en indicadores de calles, fuentes y mobiliario urbano. Asimismo, podremos comprobar que con frecuencia villas privadas y comercios ostentan nombres y señales alusivas a su pasado ballenero.

En la iglesia parroquial de Bidart podemos contemplar la lápida sepulcral bajo la que yace enterrado quien se considera que fue uno de los últimos arponeros del pueblo, fallecido en 1660. En la losa originalmente se leía «Martin ᴅ Mendicabal ᴅɪᴛ Baroin 1660», aunque, lamentablemente, al hallarse la sepultura justo delante de la puerta de entrada del templo, el paso continuo de los feligreses ha ido desgastando la piedra y el escrito original se ha borrado, con lo que hoy solo puede apreciarse con nitidez el dibujo de un arpón labrado en el margen inferior derecho de la estela.

Iglesia de Bidart (*izquierda*) y la lápida (*derecha*) que hay en el pórtico de entrada del templo cubriendo la sepultura de un antiguo arponero.

Antigua atalaya Koskenia de Guéthary.
A la derecha, en su estado actual; a la
izquierda, su estado hacia 1900.

La atalaya Koskenia de Guéthary, ubicada en lo alto de un monte, en el camino del Faro. A pesar de hallarse a poco más de 200 metros del pequeño puerto de Guéthary, de hecho, se encuentra ya dentro de los límites municipales de Bidart. Cuando la atalaya perdió su uso como punto de avistamiento de ballenas, fue reconvertida en torre de alarma y, por ello, equipada con una campana; y ya en la década de 1950 pasó a utilizarse como pequeño faro que servía de luz de alineación para las embarcaciones que navegaban cerca de la costa. Esta reconversión de usos favoreció su conservación hasta nuestros días, aunque a costa de transformar su estructura y su aspecto exterior.

Biarritz, Bayona, Anglet

Período de actividad ballenera

Siglos XI-XVIII

Cita más antigua de actividad ballenera

1059 (Bayona) y 1190 (Biarritz)

PAÍS VASCO FRANCÉS Y LAPURDI

De Bayona procede el documento más antiguo conocido en todo el mundo sobre la pesca ballenera: el privilegio del año 1059 para vender carne de ballena en su mercado.

A pesar de que en algunas localidades situadas algo más al norte, como Capbreton, participaron en operaciones balleneras en aguas lejanas, Biarritz y Bayona marcan el límite septentrional de la región francesa del Cantábrico donde se practicó la pesca local de ballenas. Ambas ciudades estuvieron estrechamente relacionadas y resulta imposible comprender una sin la otra. Sin embargo, a pesar de su complementariedad, tuvieron trayectorias muy distintas. Biarritz era el único puerto natural que existía desde Saint-Jean-de-Luz en aquel tramo de costa y era base de barcas de bajura. Por este motivo, allí se asentó un pequeño puerto pesquero que, a pesar de contar con fortificaciones militares, hasta el siglo XIX estuvo poblado apenas por unos centenares de habitantes y administrativamente no pasó de ser más que una parroquia de Bayona. Sin embargo, en la segunda mitad del siglo XIX, sus playas de arena fina fueron descubiertas por la nobleza, que rápidamente transformó Biarritz en una ciudad balnearia. En menos de un siglo, su población se multiplicó por diez, y hoy es un destino de veraneo de primer orden, con calles franqueadas por mansiones y casas burguesas. Según se dice, fue aquí donde el deporte del surf fue practicado por primera vez en Europa en la década de 1950.

Por su parte, Bayona, situada unos pocos kilómetros al interior y extendiéndose a lo largo del río Adur, que desde allí es navegable hasta el mar, ofrecía un adecuado abrigo para la flota de altura. La ciudad tuvo desde antiguo importancia militar y económica, que en el medievo se reforzó gracias al comercio marítimo con Inglaterra. Al ser una importante sede militar, se dotó de abundantes fortificaciones, muchas de las cuales han llegado hasta nuestros días. Todo ello la llevó a jugar un papel fundamental en el histórico territorio de Lapurdi y a concentrar en sus calles el capital y el comercio de la región. En épocas recientes ha tenido un crecimiento moderado, lo que le ha permitido mantener en buen estado su rico patrimonio arquitectónico. Con sus casi 50.000 habitantes, hoy es una encantadora ciudad con aires de pueblo grande.

Vista de Biarritz.

HISTORIA BALLENERA

Según el historiador francés Théodore Lefebvre, en el año 1059 la ciudad de Bayona obtuvo del rey Enrique I de Francia el privilegio para vender carne de ballena en su mercado. Esta prerrogativa no habría tenido sentido si no existiera ya en aquella época un suministro regular de productos de ballena en la villa, por lo que esta concesión representa la cita más antigua de una pesca ballenera comercial que ha llegado hasta nuestros días en todo el mundo. Sin embargo, al hallarse esta ciudad situada a varios kilómetros de la costa, el papel que jugó fue esencialmente empresarial, aportando el capital necesario para las operaciones, organizándolas y, sobre todo, comerciando y exportando los productos obtenidos. De ahí que el origen de la carne que se vendía en las mesas de sus mercados sin duda proviniera del cercano puerto de Biarritz, y es probable que los ejemplares de los que esta procediera hubieran sido cuarteados en los arenales de Anglet, adyacentes a Biarritz. Confirmando esto, la primera noticia documental sobre la caza de ballenas en el puerto de Biarritz es del año 1199, cuando el rey Juan de Inglaterra concedió los derechos sobre todas las ballenas cazadas en la localidad a una familia burguesa de Bayona.

Así, la documentación que ha llegado hasta nuestros días indica que Biarritz, Bayona y Anglet explotaron el negocio de una forma

mancomunada, una colaboración que en la época les permitió convertirse en el centro neurálgico de la actividad ballenera en el sur de Francia. En 1255 se alcanzó entre las tres poblaciones un arbitrio sobre cómo comercializar la «ballenización», un término que abarcaba la captura de cualquier ballena y cría de ballena, e incluso de una marsopa. Asimismo, en 1281 el rey Eduardo I confirmó a los habitantes de Anglet y Biarritz la autorización para pescar «ballenas, ballenatos y cachalotes, tanto machos como hembras», con la condición

Reflejando la importancia de la pesca ballenera en la economía de Biarritz, desde al menos el año 1351 el escudo de armas de la ciudad incorpora una escena de pesca ballenera.

de que pagaran 15 libras al señor de Bayona. Algo más tarde, en 1335, se acordó que, cuando se diera muerte a una ballena, esta debía permanecer en la playa durante al menos dos mareas, para así asegurar que tanto los vecinos de Biarritz como los de Bayona conocieran la existencia del animal y su venta no pudiera ser realizada por sorpresa. Además, la venta se debía hacer bajo la atenta vigilancia del alcalde de Bayona y del abad de Biarritz, y a la subasta podían concurrir los habitantes de ambas poblaciones.

En la época de dominio inglés, la propia Corona británica controló la recaudación de los impuestos balleneros. Todo cambió a mediados del siglo XV, cuando Francia reconquistó estas villas y decidió aplicar en ellas el diezmo o «dime» eclesiástico, como era usanza común en España. Biarritz, Anglet y Bayona pasaron entonces a pagar esta tasa a la catedral de Bayona. Sin embargo, con la progresiva escasez de las ballenas, los beneficios que se obtenían de su pesca se hicieron cada vez más magros. Al final la situación se hizo insostenible, y en 1498 los pescadores se reunieron con el obispo de la diócesis en la capilla de Nuestra Señora de la Piedad de Biarritz y pudieron llegar al acuerdo de que el diezmo se reduciría a la mitad, es decir, a solo un veinteavo del beneficio obtenido. Eso sí —arguyó el siempre atento clérigo—, el porcentaje se extraería de la parte mejor de la ballena, es decir, de su lengua. Que se conozca, la última captura local de una ballena en Biarritz tuvo lugar el 3 de marzo de 1681.

Cuando finalmente se produjo el colapso de la población de ballenas francas de las aguas cantábricas, Biarritz y Anglet abandonaron la actividad. Por el contrario, Bayona, como centro inversor y comercializador que era, la mantuvo redirigiéndola al armamento de expediciones a Terranova y Groenlandia. Según el historiador Thierry du Pasquier, el primer buque que zarpó de Bayona hacia aquellas aguas gélidas fue el *Saint Pé*, que lo hizo en febrero de 1519, y los viajes posteriores con este o similares destinos se mantuvieron durante casi tres siglos. A resultas de esta tra-

En 1566, Ambroise Paré, el primer cirujano en abandonar durante las amputaciones la tradicional e ineficaz cauterización de heridas con hierro al rojo vivo, fue testigo ocular de la pesca de una ballena en Biarritz. En sus escritos, relata: «la carne no es estimada en nada. Pero la lengua, por ser blanda y deliciosa, la salan como tocino, que distribuyen en muchas provincias y se come en cuaresma con guisantes».

yectoria histórica, a Bayona le corresponde una doble notoriedad: la de haber sido el origen del documento ballenero más antiguo conocido, y la de haber sido el puerto desde el que zarpó en 1784 la última expedición ballenera vascofrancesa. Fue la del *Restaurateur*, un barco matriculado en Saint-Jean-de-Luz al que, lamentablemente, la suerte no acompañó y acabó sus días encallado en un islote de Terranova. Más tarde, Bayona continuó nutriendo de arponeros y capitanes a expediciones balleneras, pero estas ya siempre zarparon desde puertos del norte de Francia o desde los de Holanda o Inglaterra.

Varias décadas después, tras la caída de Napoleón Bonaparte en 1814 y la restauración de la casa de Borbón en el trono francés, Bayona tuvo una nueva oportunidad. Pero la dejó pasar. El nuevo gobierno intentó recuperar la industria ballenera con la complicidad de balleneros americanos que, como consecuencia de la guerra de Independencia de su país, habían perdido el acceso al mercado británico de aceite, y para ello dispuso abundantes ayudas económicas y reducciones de impuestos. Al poner en marcha aquella iniciativa, el primer puerto al que la Corona se dirigió fue Bayona. Sin embargo, los armadores de la ciu-

dad habían trasladado su negocio a la pesca del bacalao e hicieron oídos sordos. Como consecuencia de aquel desaire, las autoridades decidieron reubicar la actividad primero en Dunkerke y más tarde en Nantes, Honfleur, Saint Malo y El Havre. En el siglo XIX ya no quedaba rastro de la pesca ballenera en el País Vasco francés, y las aventuras balleneras francesas posteriores se centraron exclusivamente en puertos situados al norte de Burdeos (véase la página 57).

QUÉ VEREMOS

Este tramo de costa se ha visto profundamente alterado en tiempos modernos y los restos auténticos de atalayas o de hornos de fundido de grasa han desaparecido por completo. En Biarritz se conservó la llamada Tour de la Humade hasta la Segunda Guerra Mundial, cuando fue derruida. En el promontorio que domina el puerto de pescadores había también una antigua atalaya de vigía que igualmente desapareció, de modo que solo ha pervivido hasta nuestros días la toponimia del lugar. Modernamente, allí se ha construido un

pequeño monumento que recuerda la existencia de la antigua atalaya. Según se cuenta, aquel promontorio era también el lugar donde se reunían los biarrotas para discutir su futuro en momentos difíciles.

Monumento en la antigua atalaya de Biarritz.

En la iglesia de San José (Saint-Joseph) de Biarritz cuelgan de los arcos góticos que separan la nave central de las laterales varios antiguos pendones con los emblemas de la ciudad. Uno de ellos muestra en el blasón central una chalupa con cinco *arrantzales* dando caza a una ballena que nada entre aguas. La escena está flanqueada por dos arpones y el conjunto está coronado con el lema y las insignias de la ciudad.

El Musée de la Mer de Biarritz, hoy más conocido como Aquarium, luce en su fachada un bonito escudo en terracota que representa una escena de caza de ballena. En su interior, la exposición muestra diversas referencias al pasado ballenero de la ciudad y, curiosamente, incluye un arpón del yate *Azor* hallado en un cachalote que apareció varado el 7 de septiembre de 1960 en la playa de Côte des Basques, al sur de Biarritz. El malogrado cetáceo fue el indeseado resultado de un intento de captura por parte del generalísimo Francisco Franco (véase la página 159). En el museo, los cetáceos ocupan una sala completa, y en ella podremos ver el cráneo de una monumental ballena azul que apareció varada en las proximidades y los esqueletos de otras ballenas y diversos cetáceos, así como modelos de tamaño natural de orcas y delfines. La exhibición se completa con el acuario, que alberga focas y tortugas marinas.

Pendón en la iglesia de San José de Biarritz.

Huesos y arpones en el Musée Basque et de l'Histoire de Bayonne.

Independientemente de su legado ballenero, Bayona es una preciosa ciudad que merece por sí misma una visita. De hecho, a pesar del protagonismo de la pesca de la ballena en su historia, las referencias a esta son limitadas y se hallan en el Musée Basque et de l'Histoire de Bayonne (Museo Vasco y de la Historia de Bayona), situado a la orilla del río Nive. La exhibición museográfica se centra en la historia de la ciudad, y en la primera planta se reservan varias salas a la navegación y la pesca. Allí podremos ver una maqueta de un ballenero del siglo XVIII, así como una vitrina dedicada a la pesca ballenera que incluye un diorama con un buque ballenero navegando entre aguas procelosas, una costilla y una vértebra de una ballena, y un arpón ballenero. Se dice que este último proviene de Saint-Jean-de-Luz, y es posible que así sea, pero el diseño y la marca «S&P», grabada en la unión del vástago del arpón con su punta, indican que fue fabricado por los herreros James S. Snow y Nathaniel S. Purrington, cuya forja estaba situada en el muelle Howland de New Bedford, en Estados Unidos. Estos herreros estuvieron activos entre 1849 y 1885, por lo que el arpón debió de ser fabricado en este período. Aunque la flota francesa de pesca ballenera oceánica asentada en El Havre y Nantes estaba entonces en franco declive, aún continuó armando expediciones hasta 1867, por lo que bien pudo haber sido adquirido por un arponero francés en Estados Unidos o haber sido intercambiado con un arponero de esta nacionalidad. El tipo de arpón, de tradicional forma aflechada y cazoleta cóncava, corresponde a los que se usaban para la caza de ballena polar en aguas árticas, lo que cuadra bien con las expediciones francesas de aquel período final, cuyos principales destinos fueron el mar de Ojotsk, el mar de Bering y Alaska.

Apéndices

Glosario

Abarloar: Colocar una embarcación de costado junto al muelle.

Amadrinar: Unir una embarcación o una ballena al costado del barco.

Ámbar gris: Concreción o cálculo que se forma en el intestino del cachalote como resultado de una digestión parcial del alimento, principalmente compuesto por calamares de gran tamaño. La concreción puede ser de medida y peso muy variables, desde unos pocos gramos hasta decenas de kilos. Su precio siempre ha sido muy elevado. Antiguamente se le atribuían propiedades afrodisíacas, pero hoy se emplea sobre todo como fijador de aromas en la industria de la perfumería.

Armada o armazón ballenera: Embarcación o conjunto de embarcaciones y equipos que se destinaban a la pesca de la ballena.

Armador: Promotor de una armada ballenera. Generalmente era el principal financiador y el responsable de contratar naves y tripulaciones.

Arpón: Instrumento de hierro compuesto por un astil que termina en una punta de hierro de forma variable pero siempre equipada con aletas de retención. En los arpones lanzados a mano, su objetivo principal no era causar la muerte de la ballena, sino asegurarla a la lancha que la perseguía, razón por la que estaban atados a un cabo o estacha que lo ligaba firmemente a la embarcación. Una vez fijado, la muerte del cetáceo se provocaba lanceándolo con sangraderas. A partir de la segunda mitad del siglo xx, los arpones comenzaron a ser propulsados por cañones arponeros. Sus dimensiones se incrementaron y fueron equipados con una cabeza explosiva para aumentar su letalidad, lo que les permitía no solo capturar a la ballena, sino también acabar con su vida.

Arrantzale: Pescador vasco o, por extensión, hombre que vive de los oficios del mar.

Atalaya: Torre situada en lo alto de un promontorio que servía de refugio a los vigías encargados de otear el horizonte en busca de ballenas.

Autoclave: Recipiente de paredes gruesas y cierre hermético que se empleaba para extraer el aceite de la grasa, los huesos y otros tejidos de las ballenas mediante su cocción a alta temperatura y alta presión.

Ballena: Mamífero del orden de los cetáceos que se alimenta capturando por filtración pequeños peces o crustáceos planctónicos. Para ello, posee un aparato filtrador compuesto por centenares de láminas de queratina, cada una de ellas denominada barba. Por extensión, el término «ballena» servía también para denominar las tiras de queratina que se obtenían seccionando longitudinalmente las barbas y que en el pasado se emplearon para dar forma a los corsés o para fabricar resortes o varillas de paraguas.

Barbas de ballena: Láminas de queratina de forma aproximadamente triangular que penden a cientos del maxilar de las ballenas constituyendo el aparato filtrador que sirve a estos animales para alimentarse mediante filtración de los organismos que se hallan suspendidos en el agua.

Barco arponero (sinónimo de «cazaballenero»): Barco de pequeño o mediano tonelaje y navegación rápida que se emplea para dar caza a las ballenas y los cachalotes. Se caracteriza por tener una proa elevada sobre la que se sitúa el cañón arponero y, en los modelos modernos, por presentar un puente volante que une el castillo de proa, donde se asienta el cañón, con el puente de mando de la nave.

Barrica o barril: Recipiente en el que se almacenaba el aceite de ballena. Podía ser de capacidad variable, pero lo más usual era que fuera de unos 80-100 litros.

Buque factoría o factoría flotante: Buque siempre de gran porte que incorporaba a bordo grúas y equipos que permitían el cuarteamiento de las ballenas capturadas por los barcos arponeros, así como la extracción del aceite o, en los modelos más modernos, el congelado de la carne.

Cabrote: Ballenato o cría de ballena.

Caldera: Recipiente de grandes dimensiones que servía para extraer el aceite de la grasa y los huesos mediante su cocción en agua hirviendo.

Cañón arponero: Cañón colocado en la proa de las chalupas o de los barcos cazaballeneros que se empleaba para disparar arpones de gran calibre que servían para hacer presa y dar muerte a las ballenas.

Carabela: Buque de los siglos xiv y xv de porte mediano y casco afinado que carecía de cubierta a proa y que estaba parcial o completamente equipado con velas latinas. Tenía navegación rápida y gran capacidad de maniobra, por lo que era el tipo de barco empleado en la pesca

de ballena costera o en viajes de exploración a aguas lejanas. Sin embargo, cuando se necesitaba transportar a muchos tripulantes o grandes cantidades de carga, como era usual en las expediciones balleneras a Terranova o Groenlandia, por lo general las carabelas eran sustituidas por las naos.

Casa de ballenas: Edificio, generalmente de grandes dimensiones, alrededor del cual giraba la actividad ballenera en una localidad. En ella se guardaban los arpones, sangraderas, cuchillas de despiece y otros utensilios empleados en la pesca y se almacenaban los productos obtenidos. Además, con frecuencia servía de lugar de reunión de las armadas y consejos.

Castillo de proa: Plataforma o cubierta elevada situada en la proa del barco y en la que, en tiempos modernos, se armaba el cañón arponero.

Cazaballenero: *Véase barco arponero.*

Cetárea: Vivero de peces y crustáceos que se sitúa al lado del mar y comunica con él directamente, lo que permite la renovación del agua.

Chalupa: Pequeña embarcación maniobrada con remo o, en ocasiones, equipada con pequeñas velas.

Chimán: En el argot ballenero de Galicia, una ballena de grandes dimensiones.

Cofa: Barril o plataforma en lo alto de un mástil donde se situaban los vigías cuando buscaban ballenas.

Costera: Período en que se desarrolla una pesca determinada.

Cuaderno de bitácora o *logbook*: Libro de anotaciones donde se registraba, mediante entradas diarias, las condiciones meteorológicas, la posición del barco, los datos de navegación, las actividades realizadas durante la jornada y los cetáceos avistados y capturados.

Desguace: Cortado y despiece de una ballena capturada.

Destazado: *Véase desguace.*

Diezmo: Impuesto sobre los beneficios obtenidos de una ballena, que se pagaba a la Corona o a la Iglesia. El término deriva de la tasa que se aplicaba originalmente en tiempos medievales y que consistía en una décima parte de los productos. Posteriormente, esta proporción varió, en general tendiendo hacia la reducción de la cuantía.

Eslora: Longitud de un barco medida desde su proa hasta su popa.

Espermaceti, o esperma de ballena: Aceite que se extrae de la cabeza de cachalote. Al enfriarse, el aceite de espermaceti se solidifica, y por ello se usaba para fabricar velas, pero también se empleaba para alimentar lámparas de aceite. Producía una luz blanca y brillante, y ardía sin desprender los desagradables olores típicos de los aceites y grasas de ballena u otros animales.

Estacha: Cabo que fija el arpón o cualquier otro objeto al barco, o cabo que se da a otro buque o al muelle para el fondeo.

Factoría: Espacio industrial equipado con maquinillas, calderas, autoclaves y frigoríficos donde se procesaban las ballenas capturadas. El lugar central estaba ocupado por la plaza de despiece, a cuyo alrededor se situaban el resto de los espacios e instalaciones.

Factoría flotante: *Véase buque factoría.*

Factoría terrestre: Factoría ballenera ubicada en tierra firme.

Guano: Residuo de los tejidos procesados en calderas y autoclaves una vez se ha extraído de ellos el aceite que contenían. Estos residuos se desecaban y trituraban en un molino para obtener un polvo muy rico en nitrógeno que se comercializaba como fertilizante o como aditivo de piensos animales.

Harina: Residuo semejante al guano pero que provenía de la cocción de los huesos y que, por ello, tenía un elevado contenido en calcio. Resultaba útil como aditivo de piensos animales.

Hartman: Autoclave de alta presión equipado con un rotor interno que trituraba tejidos duros. Se empleaba sobre todo para la extracción del aceite de los huesos.

Lengua de ballena: La lengua era la parte más apreciada de la ballena por su ternura, y frecuentemente era el impuesto exigido por la Iglesia, que la consumía en tiempos de cuaresma por considerar que la ballena era un pez. En ocasiones, sin embargo, el término «lengua» también se aplicaba a la tira longitudinal de tocino o grasa hipodérmica que se extraía de la región ventral de la ballena, y que era la que más aceite producía.

Lumera: Horno o fogón donde se colocaban los calderos en los que se cocinaba la grasa de las ballenas para extraer aceite.

Manga: Anchura máxima de un barco, medida de borda a borda.

Mareante: Marinero, hombre de mar.

Nao: Buque de los siglos xiv a xvi generalmente equipado con dos mástiles con velas cuadradas y otro posterior, más pequeño, equipado con vela latina. Contaba con varias cubiertas, lo que le confería gran porte y capacidad, y se utilizaba generalmente para el transporte de carga. Fue el tipo de nave más empleado en las expediciones balleneras a Terranova y Groenlandia.

Pinaza: Embarcación de pequeño tamaño, de remo o de vela, que se empleaba, entre otros usos, en la pesca de la ballena.

Plaza o playa de desguace (o de despiece): Lugar central en una factoría ballenera moderna en la que se descuartizaban los ejemplares capturados. El suelo acostumbraba a estar forrado de madera para permitir el corte de la carne sin que las cuchillas perdieran su filo.

Saín: Denominación que antiguamente se le daba a la grasa o tocino de la ballena. Por extensión, también se aplicaba al aceite que de ella se extraía.

Sangradera: Lanza de mango muy largo y punta en forma lanceolada que se empleaba para dar muerte a las ballenas que previamente habían sido sujetadas a la lancha o chalupa mediante un arpón lanzado a mano.

Scrimshaw: Denominación inglesa de las obras de artesanía realizadas en materiales obtenidos de los cetáceos, principalmente los dientes y el hueso mandibular de los cachalotes y las barbas de las ballenas. El ejemplo más típico son los dientes con escenas grabadas al buril y resaltadas mediante una mezcla de negro de humo y grasa.

Fuentes

Bibliografía

Aguilar, À. (1986). «A review of old Basque whaling and its incidence on the right whales of the North Atlantic». En: *Right whales: past and present status*. R. L. Brownell Jr., P. B. Best y J. H. Prescott (eds.). *Reports of the International Whaling Commission*, Special Issue 10, págs. 191-199.

Aguilar, À. (2013). *Chimán. La pesca ballenera moderna en la península ibérica*. Barcelona: Publicacions i Edicions de la Universitat de Barcelona, 375 págs.

Aguilar, À., y Borrell, A. (2007). «Open-boat whaling in the Straits of Gibraltar ground and adjacent waters». *Marine Mammal Science*, 23 (2), págs. 322-342.

Aguilar, A., y López de Prado Nistal, C. (2015). *De punta Balea a cabo Morás. La caza moderna de la ballena en Galicia*. Bueu: Museo Massó, 119 págs.

Aguilar, A., y Sandberg, O. R. (2014). «Norwegians in Iberia. The Compañía Ballenera Española (1914-1927)». En: *Whaling and history*, vol. IV. J. A. Ringstad (ed.). Sandefjord: Kommander Chr. Christensens Hvalfangstmuseum.

Albaola (2017). *Euskal Herria marítima. A la vista de la nao San Juan*. Elkarlanean / Albaola Itsas Kultur Faktoria, 125 págs.

Alberdi Lonbide, X. (2013). «El más oculto "secreto": las cacerías de cachalotes y la industria del refinado de esperma en el País Vasco durante los siglos XVII y XVIII». *Boletín de la Real Sociedad Bascongada de los Amigos del País*, 69 (1-2), págs. 331-381.

Azkarate, A., Hernández, J. A., y Núñez, J. (1992). *Balleneros vascos del siglo XVI (Chateau Bay, Labrador, Canadá). Estudio arqueológico y contexto histórico*. Vitoria: Servicio de Publicaciones del Departamento de Cultura del Gobierno Vasco, 261 págs.

Azpiazu, J. A. (2000a). «Los balleneros vascos en Cantabria, Asturias y Galicia». *Itsas Memoria, Revista de Estudios Marítimos del País Vasco*, 3, págs. 77-97.

Azpiazu, J. A. (2000b). *Balleneros vascos en el Cantábrico*. San Sebastián: Ttarttalo, 172 págs.

Azpiazu, J. A. (2008). «Una ciudad volcada al mar. Los siglos XVI y XVII». En: *San Sebastián, ciudad marítima*. J. M. Unsain (ed.). San Sebastián: Untzi Museoa, págs. 41-86.

Barkham Huxley, S. (1979). «Los balleneros vascos en Canadá entre Cartier y Champlain». *Boletín de la Real Sociedad Bascongada de los Amigos del País*, 35, págs. 3-24.

Barkham Huxley, S. (1987). «Los vascos y las pesquerías transatlánticas, 1517-1713». En: *Itsasoa. El mar de Euskalerria, la naturaleza, el hombre y su historia*, vol. 3. San Sebastián: Etor, págs. 26-210.

Barkham Huxley, M. (2000). «La industria pesquera en el País Vasco peninsular al principio de la Edad Moderna: ¿una edad de oro?». *Itsas Memoria, Revista de Estudios Marítimos del País Vasco*, 3, págs. 29-75.

Barkham Huxley, M. (2008). «La economía marítima donostiarra en "el largo siglo XVI"». En: *San Sebastián, ciudad marítima*. J. M. Unsain (ed.). San Sebastián: Untzi Museoa, págs. 175-193.

Canga Argüelles, F. (1888). «Memoria sobre la pesca de la ballena en las costas de Asturias y sus inmediatas». *Revista de Pesca Marítima*, 74.

Canoura Quintana, A. (2001). «Propiedad y recursos en la Galicia pesquera del siglo XVII». VII Congreso Nacional de la Asociación de Historia Económica, Zaragoza, 19-21 septiembre, 23 págs.

Canoura Quintana, A. (2002). *A pesca da balea en Galicia nos séculos XVI e XVII*. Santiago de Compostela: Xunta de Galicia, 169 págs.

Casariego, J. E. (1959). «La antigua caza de la ballena». *Nautilus*, 162, págs. 222-228.

Castañón, L. (1964). «Notas sobre la pesca de la ballena en relación con Asturias». *Boletín del Instituto de Estudios Asturianos*, 51, págs. 4-26.

Ciriquiain Gaiztarro, M. (1961). *Los vascos en la pesca de la ballena*. San Sebastián: Biblioteca de Autores Vascos. Ediciones Vascas, 354 págs.

Du Pasquier, T. (2000). *Les baleiniers basques*. París: S. P. M., 452 págs.

Egaña-Goya, M. (2020). «Nuevas estelas vascas en Placencia-Terranova, nueva lectura». *Eusko Ikaskuntzen Nazioarteko Aldizkaria = Revista Internacional de los Estudios Vascos*, 65 (1-2), págs. 327-348.

Egaña-Goya, M. (2021). «500 años de presencia vasca en el Atlántico Norte». *Aranzadi Etnografia Bilduma*, 2, págs. 1-181.

Escallada González, L. de (1999). *La casa de las ballenas y el camino de Santiago en Isla*. Santander: Ediciones Tantín, 118 págs.

González Echegaray, R. (1978). *Balleneros cántabros*. Santander: Institución Cultural de Cantabria (CSIC), 291 págs.

Graells, M. P. (1889). «Las ballenas en nuestras costas oceánicas». *Memorias de la Real Academia de Ciencias Exactas, Físicas y Naturales de Madrid*, 13 (3), págs. 1-115.

Irujo, X., y Miglio, V. G. (2015). *Basque whaling in Iceland in the XVII century*. Basque Law series 2, Barandiaran Chair of Basque Studies & Strandagaldur ses, California: University of California, 405 págs.

Laburu, M. (1989). *La nao ballenera vasca del siglo XVI*. San Sebastián: Publicaciones de la Caja de Ahorros Municipal, 73 págs.

Laburu, M. (1991). *Ballenas, vascos y América*. San Sebastián: Cámara Oficial de Co-

mercio, Industria y Navegación de Guipúzcoa, 130 págs.

Llovo Taboada, S. (2024). *A salga en Cee e Dumbría*. Santiago de Compostela: Andavira Editora.

Lorrio, F. (2006). *A Factoría Baleeira Massó. Colección de fotografías con escritos de diversos autores*. Bueu: Museo Massó, 112 págs.

Miglio, V. G. (2015). «Basque whalers in Iceland in the 17th century: Historical background». En: *Basque whaling in Iceland in the XVII century*. X. Irujo y V. G. Miglio (eds.). Basque Law Series, 2, Barandiaran Chair of Basque Studies & Strandagaldur ses, California: University of California, págs. 21-52.

Rey-Iglesia, A., Martínez-Cedeira, J., López, A., Fernández, R., y Campos, P. F. (2018). «The genetic history of whaling in the Cantabrian Sea during the 13th-18th centuries: Were North Atlantic right whales (*Eubalaena glacialis*) the main target species?». *Journal of Archaeological Science: Reports*, 18, págs. 393-398.

Ríos Rial, C. (1890). *La ballena euskara (*Balaena euskariensis*): Memoria del esqueleto de esta especie que de la propiedad del Excmo. Ayuntamiento existe en el Museo de Historia Natural del Instituto Provincial de segunda enseñanza de Guipúzcoa, y noticia de los principales esqueletos de cetáceos existentes en el Museo Zoológico de Copenhague*. San

Sebastián: Imprenta de los Hijos de I. R. Baroja, 102 págs.

Rodríguez Santamaría, B. (1923). *Diccionario de artes de pesca de España y sus posesiones.* Madrid: Sucesores de Rivadeneira, págs. 103-122.

Sandberg, O. R. (2008). «The pioneers at the whaling station at Bunavoneader, Isle of Harris (1903-1920): Peter E. A. Herlofson and his son Carl F. Herlofson». En: *Whaling and the Hebrides.* Kershader: The Islands Book Trust, págs. 149-153.

Sandberg, O. R. (2022). *Ambra. Historien om Carl Fredrik (Ekken) Elligers Herlofson, 1872-1939, og hans hvalfangst på Island, Hebridene og i Spania.* Sandberg Arkitektur, 165 págs.

Sanpera, C., y Aguilar, A. (1992). «Modern whaling off the Iberian Peninsula during the 20th century». *Reports of the International Whaling Commission*, 42, págs. 723-729.

Sáñez Reguart, A. (1791-1795). *Diccionario histórico de los artes de la pesca nacional.* Madrid: Imprenta de la Viuda de D. Joaquín Ibarra, 4 vols.

Soraluce, N. (1878). *Memoria acerca del origen y curso de las pescas y pesquerías de ballenas y de bacalaos, así que sobre el descubrimiento de los bancos e isla de Terranova.* Vitoria: Imprenta Hijos de Mantelli, 52 págs.

Tena García, S. (2008). «Orígenes y florecimiento medieval». En: *San Sebastián, ciudad marítima.* J. M. Unsain (ed.). San Sebastián: Untzi Museoa, págs. 13-40.

Tønnessen, J. N., y Johnsen, A. O. (1959-1970). *Den moderne hvalfangsts historie.* Sandefjord: Norges Hvalfangstforbund, 4 vols.

Tønnessen, J. N., y Johnsen, A. O. (1982). *The history of modern whaling.* Londres: C. Hurst and Co., 798 págs.

Unsain, J. M. (2012). *Balleneros vascos. Imágenes y vestigios de una historia singular.* San Sebastián: Untzi Museoa, 175 págs.

Valdés Hansen, F. (2010). *Los balleneros en Galicia (siglos XIII al XX).* La Coruña: Fundación Pedro Barrié de la Maza, 591 págs.

Vales, D. G. (2024). «A reconstruction of the marine mammal harvest by the Real Compañía Marítima through the analysis of historical sources (AD 1790-1804)». *The Holocene*, 09596836241231444.

VV.AA. (2018). *Baleeira de Morás.* Departamento de Investigación Social do Concello de Xove / CEMMA, 123 págs.

Archivos

Archivo Histórico Provincial de Cantabria.

Biblioteca Dixital de Galicia, GALICIANA.

Biblioteca Virtual del Principado de Asturias.

Euskadiko Artxibo Hitorikoa (Archivo Histórico de Euskadi).

Hemeroteca Digital de la Biblioteca Nacional de España.

Museo Massó.

Museo Naval, Archivo Vargas Ponce.